普通高等教育“十五”国家级规划教材

工程训练

刘胜青　陈金水　主编

高等教育出版社

内容简介

本书是普通高等教育"十五"国家级规划教材。

本书根据新世纪人才培养目标和重点高等工科院校金工系列课程改革指南的精神，结合国内工程训练课程的改革实践，借鉴香港地区及国外同类课程的有益经验编写而成。

本书主要内容有制造综述、铸造成形、锻压成形、连接成形、钳工、机械加工（含车、铣、刨、磨等）、新材料新技术（含新材料、零件的模具成形、特种加工技术、快速原型制造技术、数控技术、CAD/CAPP/CAM、机电一体化技术、FMS 等）以及现代生产系统等。本书涉及制造、控制、管理及医学等多方面的相关知识。

本书主要作为高等院校工科类专业及部分文、理、医科专业的教学用书，也可供高职、高专、成人高校相关专业选用，还可作为工业企业及经贸管理人员的培训教材。

图书在版编目(CIP)数据

工程训练/刘胜青，陈金水主编. —北京：高等教育出版社，2005.5（2010 重印）

ISBN 978-7-04-016467-1

Ⅰ.工... Ⅱ.①刘...②陈... Ⅲ.金属加工-高等学校-教材 Ⅳ.TG

中国版本图书馆 CIP 数据核字(2005)第 018791 号

出版发行	高等教育出版社	购书热线	010-58581118
社　　址	北京市西城区德外大街 4 号	免费咨询	800-810-0598
邮政编码	100120	网　　址	http://www.hep.edu.cn
			http://www.hep.com.cn
		网上订购	http://www.landraco.com
经　　销	蓝色畅想图书发行有限公司		http://www.landraco.com.cn
印　　刷	北京明月印务有限责任公司	畅想教育	http://www.widedu.com
开　　本	787×960　1/16	版　　次	2005 年 5 月第 1 版
印　　张	20.75	印　　次	2010 年 8 月第 14 次印刷
字　　数	380 000	定　　价	27.10 元

本书如有缺页、倒页、脱页等质量问题，请到所购图书销售部门联系调换。

物料号　16467-00

前　言

为了适应新世纪人才培养的需要，本书根据原国家教委颁布的“工程材料及机械制造基础课程教学基本要求”和“重点高等工科院校金工系列课程改革指南”的精神，结合当前国内外金工系列课程教学改革和工程训练中心建设成果编写而成。

随着科学技术的发展和社会对“基础厚、专业面宽，具有工程实践能力和创新精神的高素质人才”的需求不断增加，越来越多的高等院校为工科和部分文理医科专业的学生开设了“工程训练”实践课。因此，按照新世纪人才培养目标，体现当前工程实践教学改革成果，提供一本有较大工程实践教学空间、有助于培养学生工程实践能力和创新精神的新教材是我们编写本书的初衷。

本书以提高工程素质、培养动手能力、启发创新思维为主线，以传授产品制造和科学管理的基础知识为重点，通过课堂教学、实习和实验等教学环节，使学生在掌握制造和管理基本理论的同时，树立大工程意识，学习科学研究的基本方法，培养分析和解决实际问题的能力，养成团结协作的工作作风和严谨的科学态度，在知识、能力和素质等方面都得到较全面的训练和提高。

本书在体系、内容方面的主要特色是：

1. 本着“拓宽基础、精选内容、注重创新”的编写原则，比较好地处理了理论知识与实践技能、基础知识与专业内容、传统制造技术与现代制造技术之间的关系，引入了研究生课题和毕业论文的部分研究成果，全书涉及的学科领域广，信息量大。

2. 注重多学科知识的交叉与融合，在体系上具有创新和突破。例如第十章以制造为基础，以产品为主线，将生产过程中的设计、制造、管理、销售以及环保等主要环节有机地串接起来，为学习者提供了现代生产系统的理念和背景。又如将新材料、快速原型制造技术与医学的相关知识有机地结合起来，充分体现了现代科学技术的知识结构和内涵。

3. 通过增编学习提示、实验报告示例和设计实验项目等方式，为学习者提供了自学的空间和开展科研工作的入门指导，同时也为不同类型的学校开设自创意实验，综合性、设计性实验和各类创新教学活动提供了参考平台。

4. 本书在注重内容的基础性和实用性的同时，也考虑了内容的先进性和前瞻性。

本书由刘胜青（四川大学）和陈金水（天津大学）任主编，参加编写的有刘胜青(第一章,第六章第二～五节,第九章第一～七节、第九节,第十章及实验项目,第一章、第五章～十章的思考与分析),陈金水(第二章),储洪庆(第三章及第九章部分内容),蔡惠民(第四章),梅筱琴(第五章,第六章第一节以及实验报告示例),罗阳(第七章,第八章,第九章第八节)。

本书由东华大学刘烈元教授审阅。

四川大学工程训练中心李天心、杨怡等老师为本书编写提供了部分资料,并引用了韩英老师论文的部分内容。在此一并致谢。

编 者

2004 年 10 月

目　录

第一章 制造综述

【学习提示】

本章的主要教学要求是：

(1) 熟悉毛坯与零件的关系，毛坯的种类以及组成零件的表面；

(2) 学会分析典型机械产品组成的方法及材料的选用；

(3) 了解钢铁材料的改性方法和金属材料的分类；

(4) 掌握切削加工的原理及常用加工方法；

(5) 了解常用机床的结构及传动类型；

(6) 熟悉车刀的结构、种类、选用及刀具的演变；

(7) 了解零件加工质量的评定及有关国家标准；

(8) 掌握常用量具的使用和维护方法。

第一节 零件和毛坯

机械加工的具体对象是组成机械产品的各种零件。零件是机器、仪表以及各种设备的基本组成单元，不同类型的零件具有不同的形状及功能。

一、零件

生产中根据零件的结构，通常将形形色色的机械零件分为五大类，即轴类(图 1-1)、盘套类(图 1-2)、机身机座类(图 1-3)、箱体支架类(图 1-4)和其他类(图 1-5)。

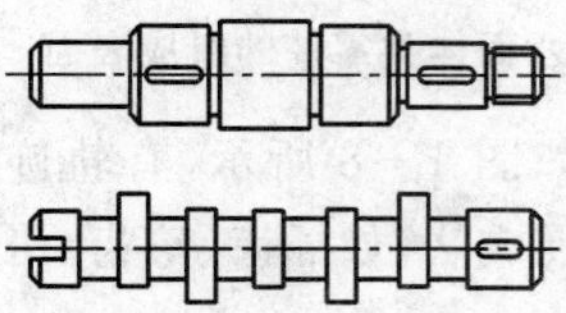

图 1-1 轴类零件

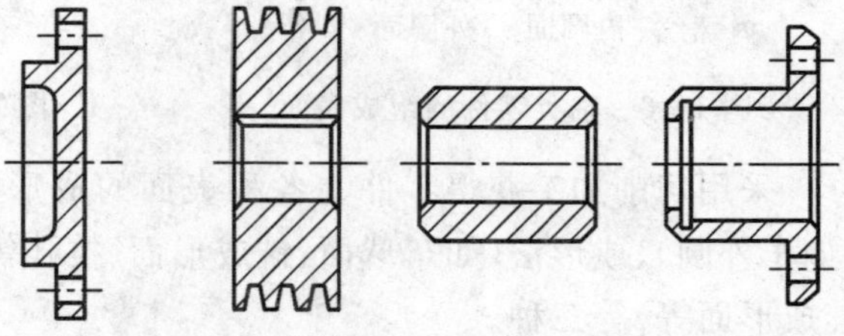

a) 端盖 b) 带轮 c) 轴套 d) 轴承套

图 1-2 盘套类零件

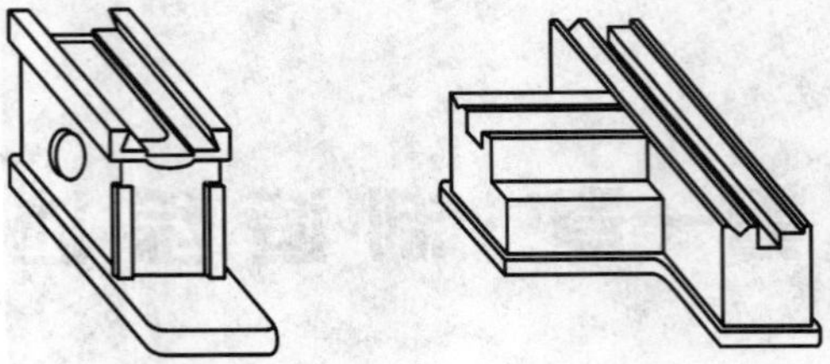

图 1-3　机身机座类零件

图 1-4　箱体支架类零件

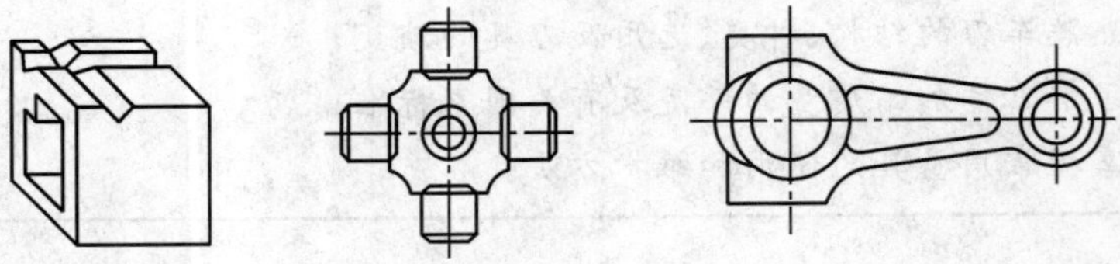

图 1-5　其他类零件

不同类型的零件都是由各种表面组成的。这些表面有外圆面、内圆面、锥面、螺纹面、成形面以及沟槽(图1-6),还有平面、斜面(图1-7)等。生产中常常采用铸造、锻造及切削等加工方法来获得这些表面。

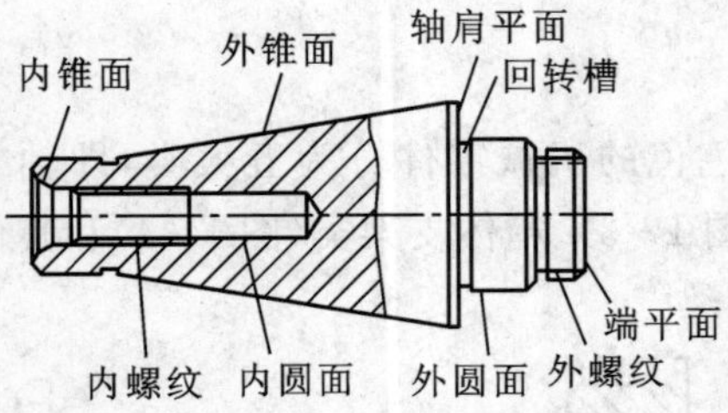

图 1-6　轴类零件的组成表面

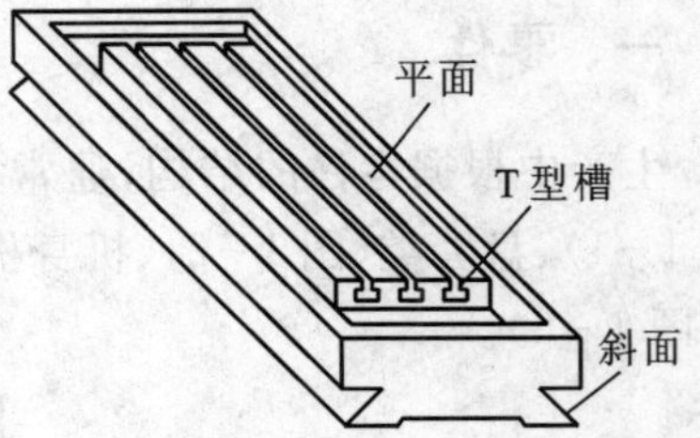

图 1-7　六面体类零件的组成表面

采用切削加工获得零件上各种表面的成形方法如图 1-8 所示,有轨迹法(如车外圆)、成形法(如车球面、铣成形面、拉孔等)和展成法(如插齿、滚齿、钳工锉成形面等)等三种。

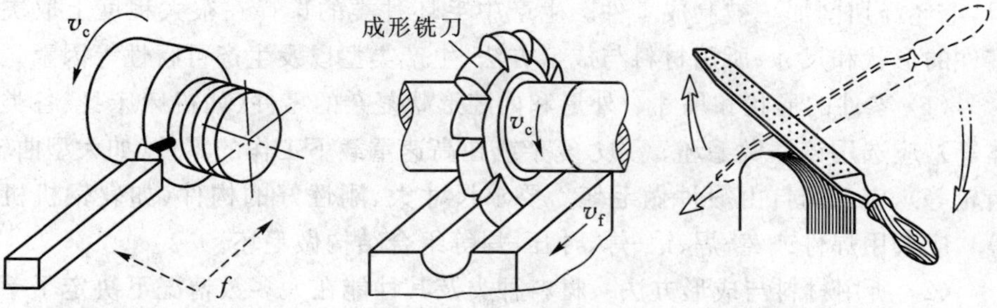

a) 轨迹法(车外圆) b) 成形法(铣凸圆弧面) c) 展成法(锉削外圆弧面)

图 1-8 零件表面的成形方法

二、毛坯

毛坯是将工业产品或其零件、部件所要求的工艺尺寸、形状等略为放大，制成坯型，以供切削加工用的劳动对象，如切成的棒料、浇成的铸件、锻成的锻件等①。

1. 常用毛坯的种类

(1) 型材类 矿石经熔化、冶炼和浇注被制成铸锭或扁坯。铸锭和扁坯(统称原材料)通常不能直接用来加工零件，冶金厂将钢铸锭用热轧制方法制成用来加工零件的型材(即毛坯)。型材分为带材、板材、棒材、线材、管材等，可按规格型号和材料种类直接购买。

(2) 铸件类 铸件是液态成形件。它分为铸铁件、有色金属铸件和铸钢件，其中铸铁件的应用最为广泛。在车床中铸件的质量大约占其总质量的70%～80%。

(3) 锻件类 锻件是金属在固态下受力而塑性成形的毛坯。用来制成锻件的材料必须具有良好的塑性。中低碳钢及部分铝合金和铜合金具有较好的塑性，均可用来制作锻件；铸铁因其塑性极差而不能锻造。

(4) 焊件类 焊件是借助于高温下金属原子间的扩散和结合作用，将两个构件连接成的一个整体。焊件一般采用低碳钢和低合金钢材料。采用焊接方法，将锻件、铸件、型材或机械加工的半成品组合成整体，就得到毛坯组合件。这类组合件适用制作大型零件的毛坯，如大型柴油机的缸体、重型机床的床身等。

2. 毛坯种类的选择

绝大多数机械零件的毛坯都是由原材料通过铸造、锻造、焊接等成形方法获

① 摘自《辞海》1453 页。

得，毛坯经切削加工被制成零件。生产中毛坯种类的选择在很大程度上取决于零件的形状和尺寸、所用材料与成形方法、生产类型以及生产可行性等因素。

(1) 零件的形状和尺寸　外形和内腔形状复杂的零件(如机床床身、各类箱体等)，应选用铸件做毛坯。受力复杂或在高速重载下工作的零件(如大型曲轴、齿轮等)，应选用自由锻件做毛坯。要求尺寸大、刚性好的构件(如轧钢机机架等)，应选用焊件或铸-焊、锻-焊、冲压-焊等组合结构做毛坯。

(2) 所用材料与成形方法　材料种类及其性能在大多数情况下决定了毛坯的成形方法。当所选材料为铸铁时，只能采用铸造成形。对于某些合金材料(如镍基合金)，因其切削加工和锻压性能均差，只能采用精密铸造成形。高锰钢由于难于切削加工，用其制造坦克、拖拉机履带板时，只能采用铸造成形。碳钢具有良好的塑性，因此应采用压力加工(锻造或冲压)成形。

(3) 生产类型　生产中通常按产品生产的重复程度和工作地的专业化程度将生产过程分为大量生产、成批生产和单件小批量生产三种类型，这就是通常所说的生产批量。同一产品(或零件)当批量不同时，所选用的毛坯种类及成形方法显然是不一样的。一般来说，单件小批量生产时，应选择常用材料、通用设备和工具、低生产率的生产方法。在大批量生产时，应选用专用材料、专用设备和专用工夹具，以获得高的生产率和精度较高的毛坯，如大批量生产轴承外圈时就应选用合金结构钢和模锻方法。

(4) 生产可行性　生产可行性包括当前条件(含设备、工艺和加工方案的可行性等)和发展的可能性(含新工艺、新技术、新设备、新材料以及资金的投入、产品的开发等)。

第二节　典型机械产品

机械产品种类繁多，功能各异，这里以大家最常见的汽车和机械加工中用量最大的普通车床为例进行分析。

一、汽车的组成单元

汽车是20世纪最重要的交通工具和人们最喜欢的机械产品之一，小轿车的基本组成单元及各单元的功能和零件选材如图1-9所示。轿车主要由发动机、传动机构、行驶机构、电子/电气设备等部分组成，而这些机构总成又分别由内含许多零件的组件构成。

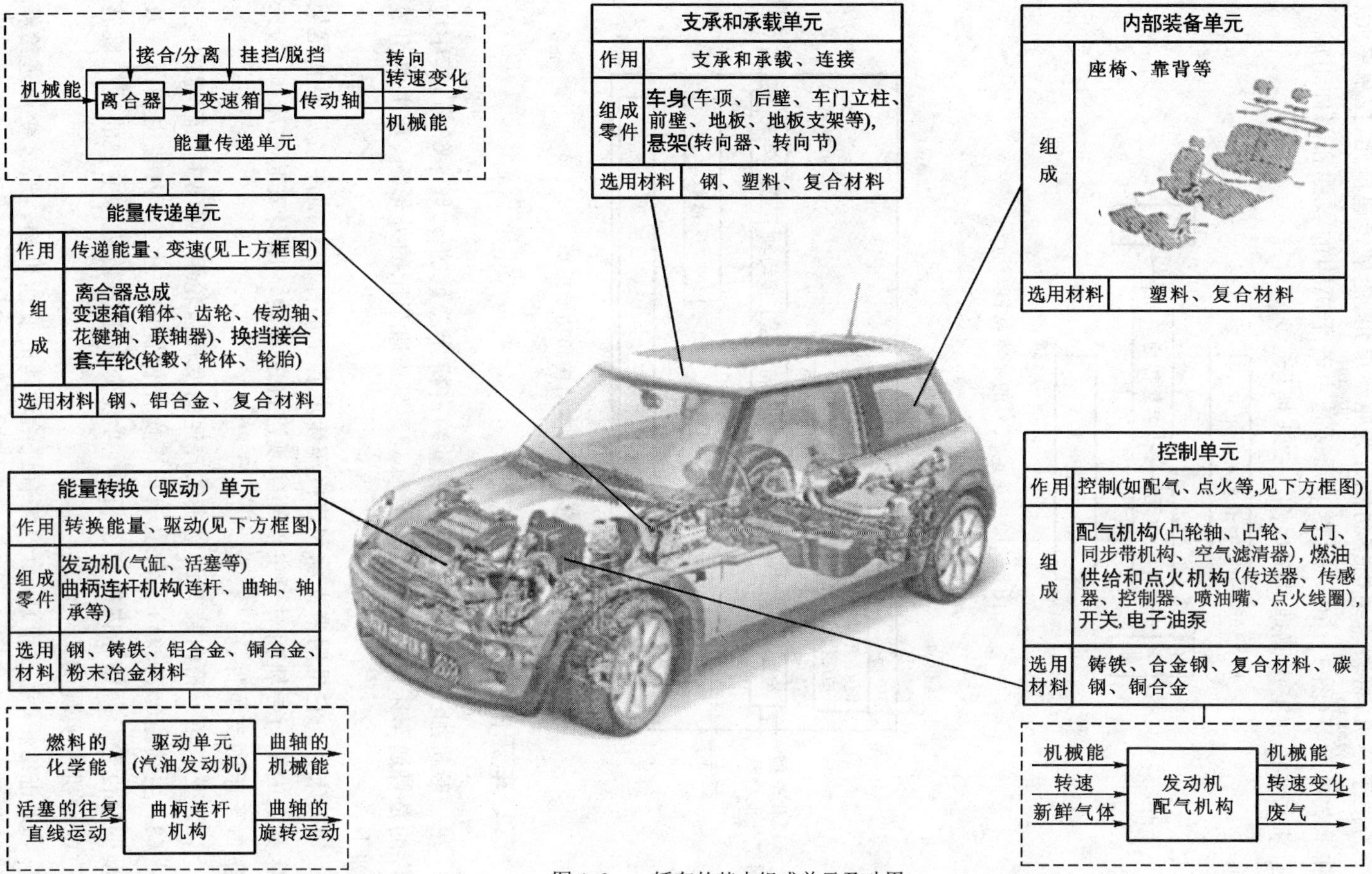

图 1-9 轿车的基本组成单元及功用

为便于分析，将轿车结构按功能分为驱动单元、能量传递单元、控制单元、支承和承载单元等(图 1－10)，这些单元又是由若干机构的零件和部件组成。汽车的基本结构和工作原理框图如图 1－11 所示。

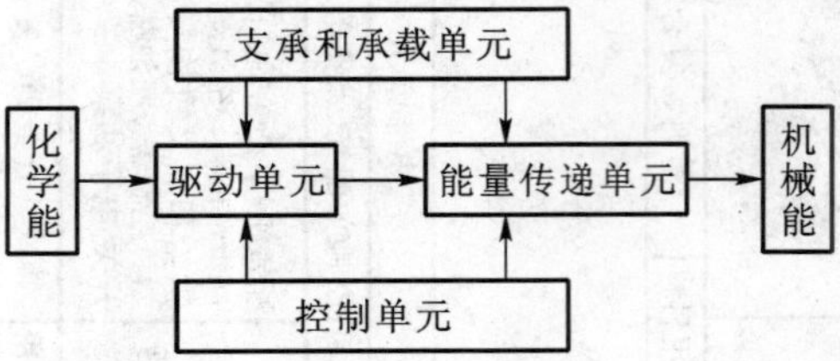

图 1－10　组成汽车的基本功能单元

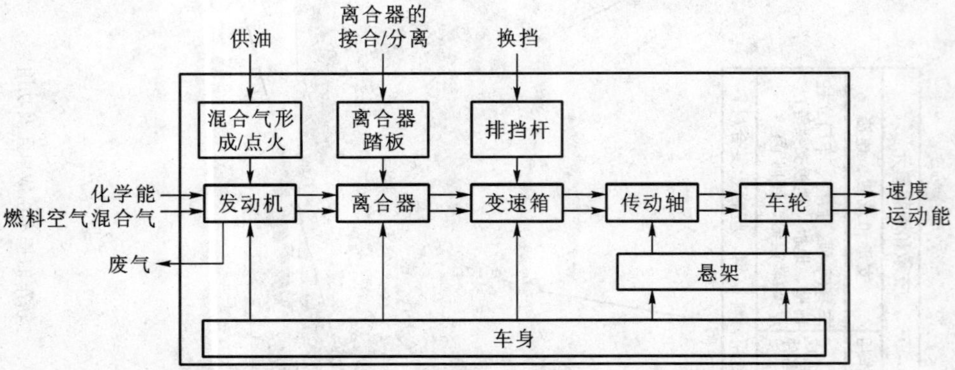

图 1－11　汽车的基本结构和功能框图

二、车床的组成部件

在一般机加工车间里，车床的数量约占机床总量的 50%～60%，其中应用最广的是普通车床。图 1－12 是 CA6132 型普通车床的外形图，其主要组成部件如下：

(1) 床身　它是用来支承和连接车床上各个部件的基础件。刀架和尾架可沿床身上的平行导轨相对于主轴箱实现准确的移动。床身安装在床脚上，床脚是整台车床的支承件。

(2) 变速箱　箱内装有调整主轴转速的变速齿轮组，实现主轴转速的调节。

(3) 主轴箱(床头箱)　它位于车床操作位置的左上方，内装主轴部件及主运动变速齿轮。调整箱内的变速机构，可改变主轴的转速。主轴的反向旋转是通过电动机来实现的。

(4) 进给箱(走刀箱)　箱内装有进给运动的变速机构。通过变换进给箱各手柄的位置，使丝杠和光杠分别获得不同的转速，从而调整刀具的进给量。

(5) 溜板箱(拖板箱)　它与刀架相连，是车床进给运动的操纵箱。接通光

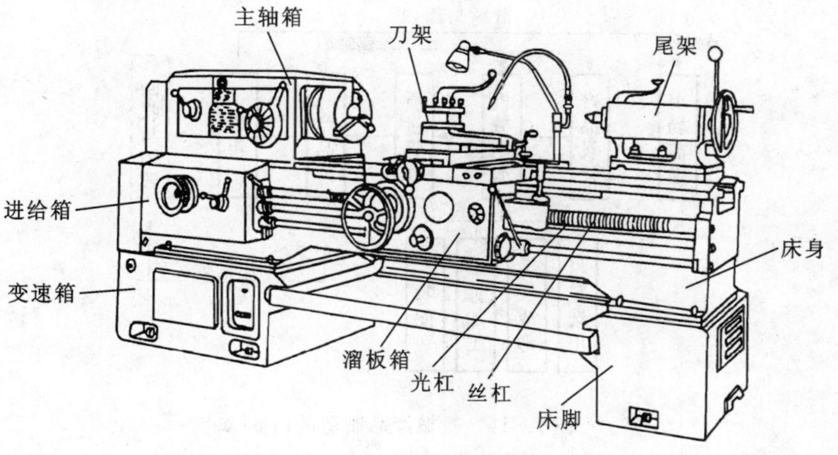

图 1－12 普通车床的外形

杠可使车刀作横向或纵向直线进给运动；接通丝杠，闭合对开螺母可车削螺纹。溜板箱中有互锁机构，它使丝杠和光杠不能同时使用。

(6) 刀架 它由大刀架、横刀架、转盘、小刀架和方刀架组成(图 1－13)，其作用是夹持车刀并使其作纵、横或斜向进给运动。

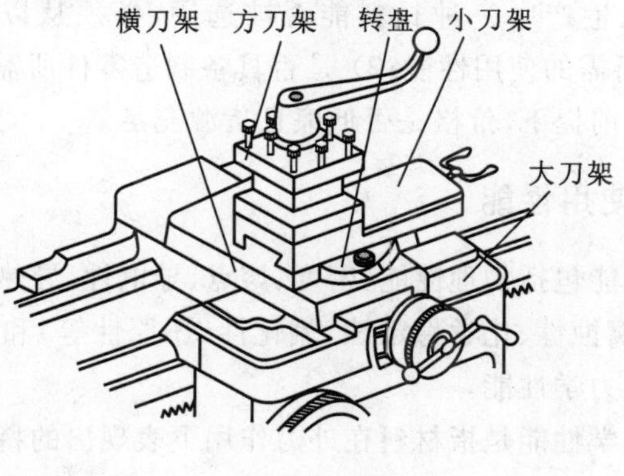

图 1－13 刀架

三、机械产品制造的内涵

产品是指提供给市场，满足人们某些欲望或需求的一切东西，产品是制造的结果。制造是一种将物料、能量、资金、人力资源、信息等资源按照社会需求转变为有形的物质产品和无形的软件、服务等具有更高应用价值的产品的行为和过程。制造的内涵有狭义和广义之分：狭义的制造，是指生产环境内与物流有关的加工和装配过程；而广义的制造，则包括市场分析、产品设计、工艺分析、生产准备、加工装配、质量保证、生产管理、市场营销、售前和售后服务，以及产品报废后的回收处理等整个产品生产周期内的一系列相互关联的生产活动(图 1－14)。

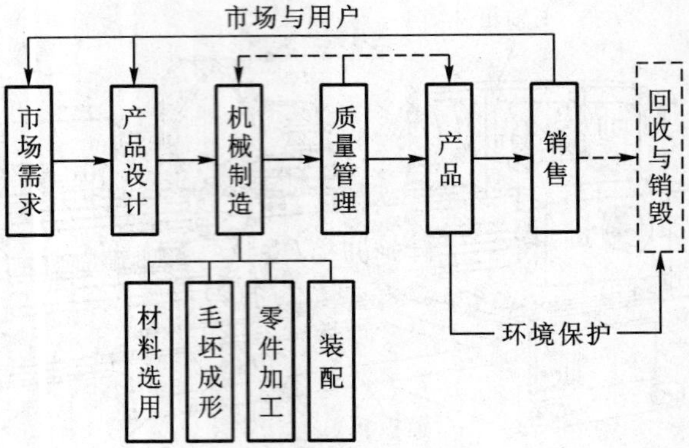

图 1 - 14　机械产品制造的内涵

第三节　零件材料的选用

以一辆现代化轿车为例，它大约由 10 000 到 20 000 个各种不同材质的零件组成，所用材料如图 1 - 15 所示。不难看出，其组成材料可分为金属材料和非金属材料两大类。在生产中一种材料能否被选用，必须从以下三个方面考虑：1）是否满足零件所需的使用性能；2）是否具备制造零件所需的工艺性能；3）在满足上述两方面的前提下，价格是否低廉且货源充足。

一、材料的使用性能

材料的使用性能包括物理性能（密度、熔点、导电性、导热性、热膨胀性、磁性等）、化学性能（耐腐蚀性、化学稳定性、氧化性、还原性等）和力学性能。本节主要讨论金属材料的力学性能。

金属材料的力学性能是指材料在外力作用下表现出的特征，又称机械性能。材料的力学性能是选材和机械零件设计的重要依据，它包括材料的强度、硬度、塑性、冲击韧性及疲劳强度等。

（1）强度　是材料在外力作用下抵抗变形和破坏的能力。按外力作用方式的不同，可分为抗拉、抗压、抗弯、抗扭强度等，单位均为 MPa。最常用的是抗拉强度（符号为 σ_b，用它来表示材料抵抗断裂的能力，生产中一般以 σ_b 作为最基本的强度指标）和屈服强度 σ_s。

（2）硬度　是材料抵抗其他物体压入其表面的能力。硬度是衡量材料软硬程度的指标，同时也是设计机械零件时必须考虑的技术条件和选择加工工艺的参考。一般说来，硬度较高的材料耐磨性较好，强度也较高。

生产中常用的硬度测量方法有布氏硬度法（所测得的硬度值用符号 HBS 或 HBW

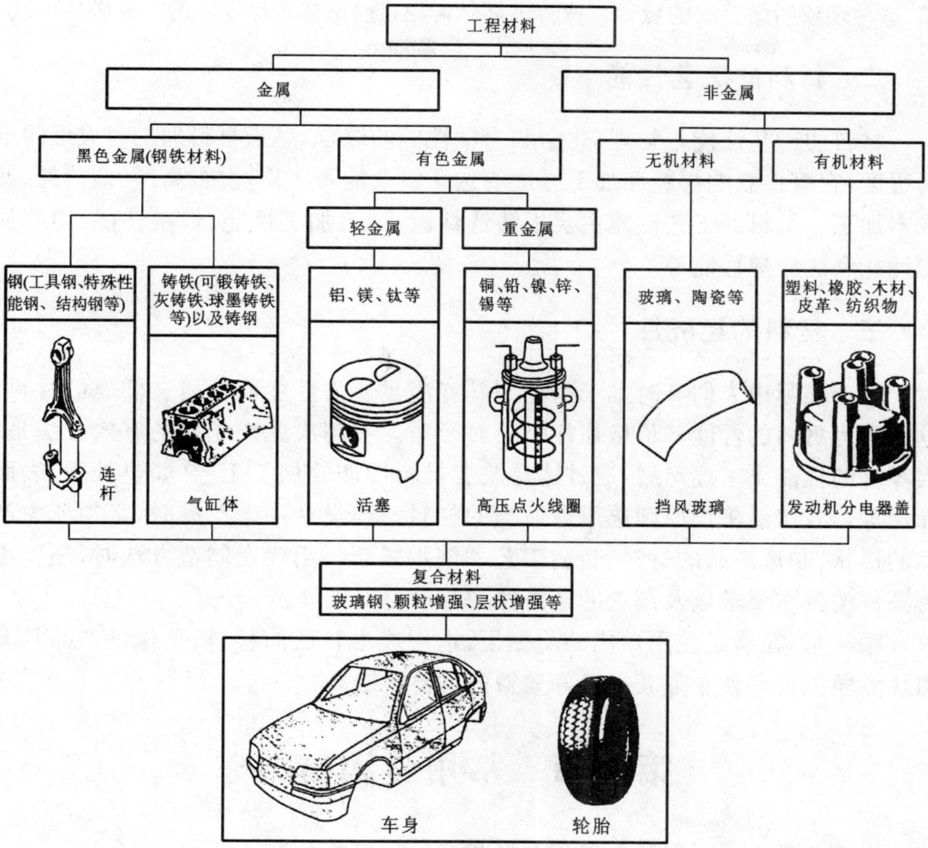

图 1-15　汽车用材料的分类

表示)和洛氏硬度法(硬度值可以用 HRA、HRB 和 HRC 表示,其中常用的是 HRC)。

(3) 塑性　是材料在外力作用下产生永久变形而不致破坏的能力。常用的塑性指标是伸长率 δ(%)和断面收缩率 ψ(%)。δ 和 ψ 越高,材料的塑性越好。

(4) 冲击韧度　是材料抵抗冲击载荷的能力,用符号 α_k(J/cm^2)表示。其值主要取决于材料的塑性、硬度和承受的温度,其中温度对冲击韧度值的影响最为显著。α_k 值很大的材料称为塑性材料;反之,则称为脆性材料。脆性材料断裂时无明显的塑性变形,破坏极大,生产中必须避免这种情况。

(5) 疲劳强度　是指材料在多次交变载荷[①]作用下不会引起断裂的最大应力[②]。生产中承受交变载荷的大多数零件,常常出现材料在远低于屈服点[③]时就断裂的现

① 交变载荷——受力大小和方向呈周期性变化的载荷。

② 应力——材料受外力作用时,其内部会产生一个与外力大小相等、方向相反的力称为内力。单位截面上的内力称为应力,用符号 σ 表示。

③ 屈服点——材料开始产生明显塑性变形时的最低应力值,用符号 σ_s 表示。

象，这种现象叫做金属的疲劳。疲劳破坏是齿轮、连杆、弹簧等零件的主要破坏形式。

二、材料的工艺性能

材料的工艺性能是物理、化学和力学性能的综合，是指材料加工时成形的难易程度，它直接影响材料和加工方法的选择以及能否实现优质、高产、低消耗、低成本加工。材料的工艺性能主要指铸造性能、压力加工性能、焊接性能、切削加工性能和热处理性能等。

三、材料的经济性

生产实际中人们有时难于选择到既能满足所需性能而价格又低廉的材料，这是因为材料的性能和价格往往是一对矛盾。要解决此类矛盾的有效方法是，当零件的性能要求确定后，通过选择改变材料性能的加工工艺（如热处理、表面涂层等），并按经济性原则选用最适当的材料。当设计一个产品时，必须考虑产品的形状、制造产品的材料、制造工艺和使用场合。当确定制造方法时，还要考虑零件的技术要求以及制造的经济性和劳动力安排等。

很显然，在满足使用性能的前提下，选用成本较低的材料，是保证产品具有市场竞争能力和使企业获得良好效益的重要举措。

第四节　常用金属材料

生产中把金属材料分为黑色金属和有色金属两大类。

一、黑色金属

工业中使用最多的钢和铸铁是黑色金属。钢和铸铁都是以铁和碳为主要成分的合金，通常称其为铁碳合金。合金是由两种以上的金属或金属与非金属相互熔合而成，并具有金属性质的材料，较之纯金属它具有更好的力学性能和工艺性能。

（一）钢

钢是碳的质量分数 w_C 为 0.02%～2.11%的铁碳合金。

1. 钢的分类、牌号[①]及应用

按化学成分钢可以分为碳素钢与合金钢。

碳素钢
- 低碳钢（$w_C \leqslant 0.25\%$）
- 中碳钢（w_C 在 0.25%～0.60%之间）
- 高碳钢（$w_C > 0.60\%$）

① 各类钢铁材料牌号的编号方法可查阅相关资料，如机械零件设计手册、金属材料手册等。

- 合金钢
  - 低合金钢
  - 合金钢

按用途钢可以分为结构钢、工具钢和特殊性能钢。

- 结构钢
  - 碳素结构钢：牌号示例　Q235
  - 优质碳素结构钢：牌号示例　45
  - 合金结构钢：牌号示例　40Cr
  - 用途→
    - 做工程结构件（如汽车车身、船舶、高压容器、桥梁、建筑构件等）
    - 做机器零件（如机床和汽车上的变速齿轮、传动轴、连杆、摩擦片、凸轮等）
- 工具钢
  - 碳素工具钢：牌号示例　T10A
  - 合金工具钢：牌号示例　W18Cr4V、Cr12
  - 用途→
    - 制作工具（如扳手、改刀等）
    - 制作刀具（如车刀、铣刀等）
    - 制作量具（如游标卡尺等）
    - 制作模具（如汽车车身冷冲模等）
- 特殊性能钢
  - 不锈钢：牌号示例　1Cr17　主要用做化工容器、汽轮机叶片、食品设备及原子反应堆装置等
  - 耐热钢：牌号示例　4Cr9Si2　主要用做锅炉材料、过热器管道、发动机排气阀等
  - 耐磨钢：牌号示例　ZGM13　主要用做破碎机齿板、大型球磨机衬板、坦克和拖拉机履带等

按质量，钢可分为普通、优质、高级优质等，其分类依据为钢中所含杂质元素硫(S)、磷(P)的多少。

此外，生产中常常用具有良好综合力学性能的铸钢（用来铸造铸件的钢，又称浇钢）来制造形状复杂，要求具有较高强度、韧性、塑性或其他特殊性能的机器零件，如水轮机转子、燃气轮机叶片、大齿轮、箱体等。铸钢按化学成分常分为碳素铸钢和合金铸钢，其中碳素铸钢应用最广。

2. 钢的热处理

钢的热处理是钢材零件的一种改性工艺，是将固态金属或合金采用一定的方式进行加热、保温和冷却，从而改变材料的整体或表面组织，获得所需力学性能的工艺方法。经过热处理可提高材料的使用性能，延长零件的使用寿命，充分发挥材料性能的潜力，显著提高经济效益。据统计，各类产品中需要进行热处理的零件的比例大致为：机床约70%；汽车、拖拉机约80%；刃具、量具和模具的工作部分，则为100%。

根据热处理时加热、冷却的方法以及热处理工艺所获得的产品性能的不同，热处理可分为：

(1) 普通热处理　包括退火、正火、淬火和回火等。

1) 退火　是将钢件加热到一定温度，保温后缓慢冷却（通常是随炉冷却）的工艺。其作用是降低材料的硬度和脆性；细化晶粒，消除内应力。退火通常作为铸件、锻件和焊件进行切削加工前的预备热处理。

2) 正火　是将钢加热到一定温度，保温后在静止空气中自然冷却的工艺。由

于这种工艺的冷却速度较之退火快，故材料获得的强度、硬度高于退火，但消除内应力的效果不如退火彻底。正火时钢件在炉外冷却，不占用设备，生产率较高。低碳钢零件常采用正火代替退火，以改善零件的切削加工性能。对于比较重要的零件，正火可作为淬火前的预备热处理；普通零件常用正火作为最终热处理。

3）淬火　是将钢加热到一定温度，保温后在水、油或盐水溶液中快速冷却的工艺。其作用是提高钢的强度和硬度，增加耐磨性。

4）回火　是将淬火后的工件加热到一定温度，保温后冷却至室温的工艺。经过淬火的工件由于脆性大、内应力大且尺寸不稳定，所以必须进行回火。采用不同的回火温度，材料可得到不同的性能。生产中将中碳钢淬火并进行高温回火（500～600 ℃）的工艺称为调质。调质后的材料可获得好的综合力学性能，常用于重要机械零件，如齿轮、传动轴、连杆等。需要提高弹性和韧性的零件，如弹簧、锻造模具等，则应在淬火后采用中温回火（350～500 ℃）。对于工作部分要求硬度高、耐磨性好的零件，如量具、模具、刃具等，则应在淬火后采用低温回火（150～250 ℃）。

普通热处理方法的工艺曲线如图 1-16 所示。

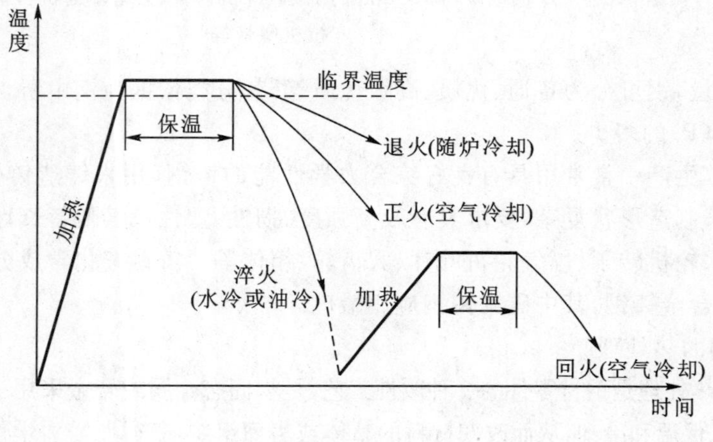

图 1-16　普通热处理方法的工艺曲线示意图

（2）化学热处理　这是一种将工件置于一定温度的活性介质（固体或气体）中保温，使所需的元素（如碳、氮）渗入工件表层，改变表层的化学成分，从而获得所需性能（如耐磨性、耐蚀性和抗氧化性等）的热处理工艺。常见的化学热处理方法有渗碳、渗氮和碳氮共渗等。

1）渗碳　是将碳原子渗入到工件表层的热处理工艺。主要用于低碳钢和低合金钢工件，表层渗碳后的工件经淬火和低温回火，可在提高工件表层的硬度和耐磨性的同时，保持心部原有的韧性，提高工件的使用寿命。采用渗碳工艺的典型零件有活塞销、齿轮、心轴等。

2）渗氮　是将氮原子渗入工件表层的热处理工艺。渗氮层较薄，但渗氮层的强度、耐磨性和耐疲劳强度均高于渗碳层。目前渗氮主要用于精密机床的主轴、丝杠、齿轮及汽车和汽轮机的阀门、阀杆、活塞杆等。

(3) 表面淬火 这是一种仅对工件表层快速加热并急骤冷却的热处理工艺。这种工艺可达到既提高工件表层硬度和耐磨性，又使心部仍保持足够塑性和韧性的目的，常用于中碳钢与中碳合金钢零件，如机床和汽车的传动齿轮和曲轴采用表面淬火后，就能达到表层有较高硬度和耐磨性而心部仍保持足够韧性的技术要求。

表面淬火常用的方法有火焰淬火(图 1-17)、感应加热淬火(图 1-18)和电接触加热淬火(图 1-19)等。

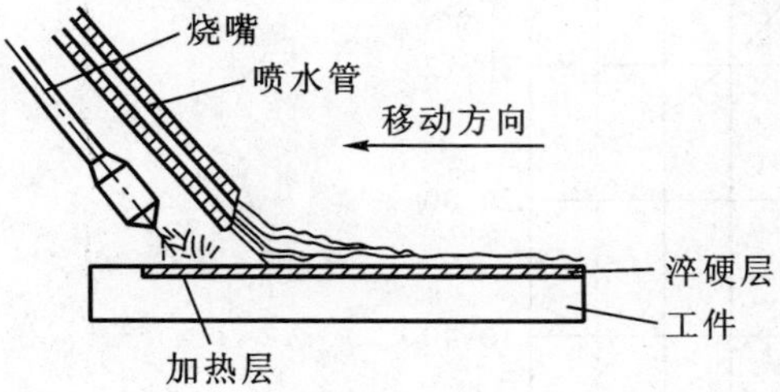

图 1-17 火焰淬火

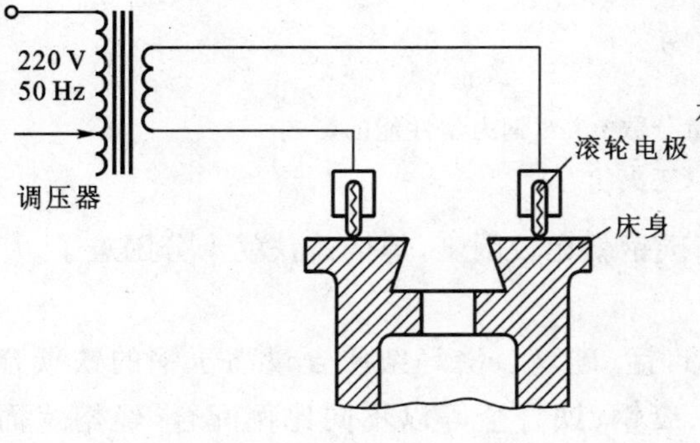

图 1-19 电接触加热淬火

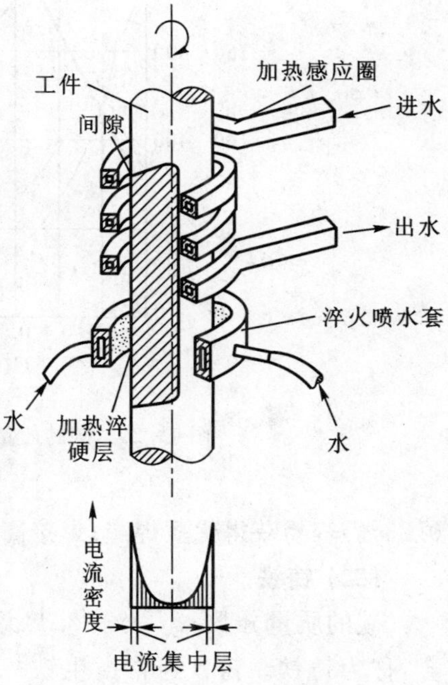

图 1-18 感应加热淬火

3. 碳的质量分数 w_C 对钢性能的影响

碳是影响钢的组织和性能的主要元素，钢的碳的质量分数 w_C 对其力学性能的影响如图 1-20 所示。当钢中碳的质量分数 $w_C \leqslant 0.9\%$时，随着碳的质量分数 w_C 的增加，钢的强度、硬度增加，而塑性和韧性则下降。当碳的质量分数 $w_C > 0.9\%$以后，钢中出现一种脆硬的组织渗碳体(Fe_3C)，此时钢的硬度仍随碳的质量分数 w_C 的增加而增加，但强度却明显下降。所以生产中有使用价值的碳钢的碳的质量分数 w_C 不超过 1.4%。

碳的质量分数 w_C 对钢的工艺性能也有直接的影响。如用于压力加工的材料必须具有良好的塑性，所以适宜的材料是低碳钢和低合金钢。焊接时，随着碳的质量分数 w_C 的增加，材料的焊接性能则明显下降。焊接低碳钢($w_C <$

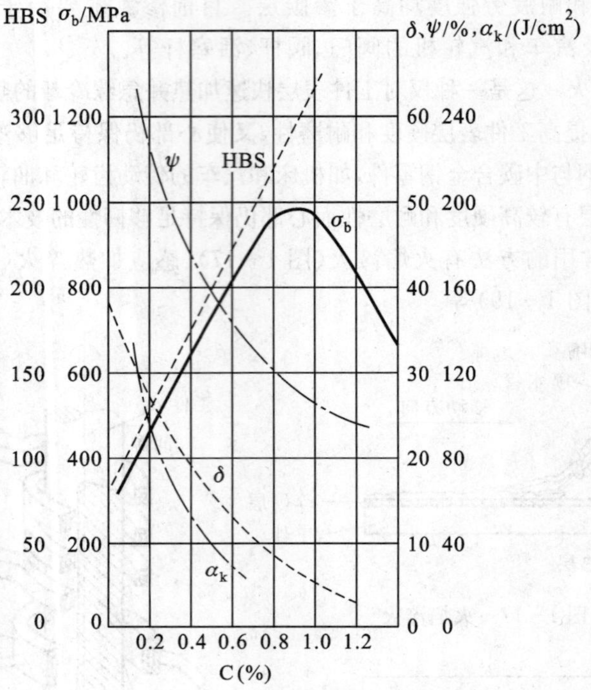

图 1-20　碳的质量分数 w_C 对钢力学性能的影响
（正火状态）

0.25%）容易获得优质焊缝；焊接高碳钢就比较困难，焊接铸铁就十分困难了。

（二）铸铁

碳的质量分数 w_C 大于 2.11%，锰、硅、硫、磷等杂质含量高于钢的铁碳合金，称为铸铁。铸铁通常由生铁①、废钢、铁合金等以不同比例配合，经熔炼而成。铸铁中的碳多以石墨②形式存在，故其抗拉强度、塑性和韧性比钢差，无法进行锻压加工。但铸铁的熔炼和浇注成形工艺简便，成本低廉，且具有优良的铸造性能、减摩性能、抗震性能以及切削加工性能，在机械制造工业中仍是最重要的工程结构材料之一。在各类机械中，铸件质量通常占机械总质量的 40%～90%，主要用来制作机床床身、箱体、箱盖、支座、内燃机缸体、缸套、活塞以及凸轮轴、曲轴等零件的毛坯。

1. 灰口铸铁的分类、牌号和应用

根据灰口铸铁中石墨形态的不同，灰口铸铁分为普通灰铸铁、孕育铸铁、可

① 生铁——碳的质量分数 w_C 大于 2.11%的铁碳合金，由铁矿石在炼铁高炉内冶炼而成。
② 石墨——矿物名，化学成分为 C，晶体呈六方板状或片状，集合体为鳞片状。

锻铸铁和球墨铸铁等，它们的牌号、用途见表1-1。生产中通常将石墨呈片状的铸铁称为灰铸铁。

表1-1　灰口铸铁的分类、牌号和应用

铸铁类型	灰口铸铁			
	普通灰铸铁	孕育铸铁	球墨铸铁	可锻铸铁
石墨形态及图示	粗大片状 	细小片状 	球　状 	团絮状 
处理方法	铸铁自液态结晶缓慢冷却	浇注前向铁水中加入孕育剂(75%Si-Fe)，形成大量晶核，生长成较细小的石墨，从而提高铸铁的强度和硬度	浇注前向铁水中加入球化剂(稀土镁合金)，使石墨全部呈球状	将白口铸铁①加热到900～980 ℃，长时保温并缓慢冷却，获得团絮状退火石墨的高强度铸铁
牌号示例	HT150	HT350	QT500-7	KTH350-10
用途举例	机床床身、支架、带轮、承受中等压力的阀体、泵体、飞轮、支柱、手轮等	特别适用于强度和硬度要求较高、承受重载荷的厚壁重要铸件，如气缸、油缸、重型机床床身、凸轮、泵体等	机床底座、连杆、曲轴、凸轮、齿轮、泵、阀及高速重载荷铸件等	适宜制作薄壁、形状复杂的小型铸件，如汽车的前后轮壳、曲轴、凸轮轴、传动链条等

2. 特殊性能铸铁

在铸铁中加入一定数量的合金元素或铸铁经过某种处理后，就获得具有某些特殊性能(如耐磨性、耐蚀性、耐热性)的铸铁，称为特殊性能铸铁。这类铸铁的力学性能不如钢，但生产方便、成本低、使用性能较好，仍得到较广泛的应用。生产中常用的这类铸铁有：用来制作机床导轨、汽车发动机缸套、活塞环等零件的耐磨铸铁(MT)；用来制作轧辊、凸轮轴等零件的冷硬铸件(LT)；用来制作炉底、换热器、加热炉内传送链条等零件的耐热铸铁(RT)以及用来制作化工设备的管道、阀门、泵体、贮盛器的耐蚀铸铁(ST)等。

3. 铸铁的热处理

分布在铸铁基体上的石墨因其强度、硬度、塑性和韧性都很低，所以可将石墨处看成“空洞”或“裂纹”。因此，可以把铸铁视为布满许多空洞或裂纹的钢，所

① 白口铸铁——所含碳主要以游离渗碳体(Fe_3C)及珠光体的形式存在，断口呈银白色，故得此名。其性硬而脆，很难切削加工。

以原则上适用于钢的热处理方法也适用于铸铁。这里必须指出的是铸铁热处理时,只能改变基体的组织,不能改变石墨的形态。石墨对基体的割裂作用只能随石墨形状和尺寸的变化而改变,从表 1-1 中可以看出,球墨铸铁和可锻铸铁的力学性能比灰铸铁好得多。但是由于石墨的存在,使所有的铸铁均不能进行压力加工,而只能通过铸造方法成形。

二、有色金属及其合金

除铁以外以及铁不作为主要合金成分的所有金属及其合金统称为有色金属。在制造业中使用的有色金属主要有铜及其合金、铝及其合金、轴承合金及钛合金等。

(一) 铜及铜合金

纯铜(Cu)是一种具有红色外观的金属,又叫紫铜。它具有良好的耐腐蚀性、导电性、导热性,硬度、强度远低于钢,韧性好,适宜压力加工。但切削加工性能差,很容易和其他金属形成合金。常用的工业纯铜的牌号为 T1、T2、T3 等。机械零件中常用的是铜合金。

1. 铜合金的分类、牌号[①]及应用

铜合金的种类很多,生产中最常用的有以下几种:

(1) 黄铜(铜锌合金)　至少含有 50%以上的铜,并且以锌为主要合金元素的铜合金称为黄铜。合金元素的加入使黄铜具有很好的耐腐蚀能力和较好的工艺性能(如铸造性能、切削性能)以及强度等。

普通黄铜是指 Cu-Zn 的二元合金,常用黄铜的牌号有 H68、H62 等。H68 俗称三七黄铜,良好的塑性、韧性使之适宜于制造形状复杂的管、套类零件,故又有弹壳黄铜之称。普通黄铜常用于制作散热器、垫圈、阀座等。

在普通黄铜中加入少量其他合金元素(如 Si、Mn、Al、Pb 等),可获得具有某种所需性能的特殊黄铜。如在普通黄铜中加入铅后得到的铅黄铜(HPb59-1),具有良好的切削加工性能,故又称铅黄铜为易切削黄铜。特殊黄铜常用于制作蜗轮、水泵、叶轮及汽车齿轮的齿圈等。

按加工方法,黄铜可分为压力加工黄铜(牌号首位是字母“H”,如 H62、HSn62-1)和铸造黄铜(牌号首位是字母“Z”,如 ZCuZn38、ZCuZn31Al2)。

(2) 青铜　至少含有 60%的铜,并且以锡为主要合金元素的铜合金称为青铜。青铜原指铜锡二元合金,故又称为锡青铜。现代生产中将黄铜(铜锌合金)和白铜(铜镍合金)以外的铜合金统称为青铜。常用的青铜有锡青铜、铝青铜、硅青铜、铍青铜等。含锡量低于 7%的锡青铜(如QSn4-3)塑性好,适宜压力加工成形;含锡量大于 10%的锡青铜如(ZCuSn10P1),则应采用铸造成形。牌号首

① 有色金属牌号的编号方法可查阅相关资料,如机械零件设计手册、材料手册等。

位字母Q和Z分别表示成形方法为压力加工和铸造。锡青铜主要用来制作耐磨、耐蚀件,如轴承、弹簧、蜗轮、丝杠、螺母等。

2. 铜合金的强化

材料强化是指采用一定的工艺方法提高材料强度、硬度、塑性和韧性的综合效应。生产中除少数铜合金[如铍青铜(QBe2)]外,一般铜合金都不能采用热处理来强化。铜合金的强化主要是通过合金化、形变等方法来实现,因此,铜合金不宜用在重载荷及有强烈摩擦的地方,它主要用来制造要求具有耐蚀、导热、导电、减摩、抗磁等性能的零件。

(二) 铝及铝合金

纯铝(Al)是一种具有银白色外观的金属,密度仅为铜的1/3;其导电性、导热性仅次于铜和银;铝在大气中表面极易生成一层致密而坚固的氧化膜,故其在大气中有良好的耐腐蚀能力。铝的塑性好、强度低,变形性能好且价格低廉。我国铝资源极其丰富。常用的工业纯铝的牌号为1A99、1A97、…、1A30。生产中常用的是铝合金。

1. 铝合金的分类、牌号及应用

铝合金的种类很多,按成形方法可作如下分类:

(1) 形变铝合金　生产中将具有塑性,适宜压力加工的铝合金称为形变铝合金。按性能特点和用途,形变铝合金可分为防锈铝合金[如3A05(LF5)]、硬铝合金[如2A12(LY12)]、超硬铝合金[如7A06(LC6)]、锻铝合金[2A14(LD10)]四种。代号中首位字母是“铝”的汉语拼音的第一个字母,第二位字母是四种铝合金名称的汉语拼音的第一个字母。

形变铝合金具有良好的塑性,适宜用各种压力加工方法(如拉伸、冲压、模锻)制成线材、管材、型材、冲压件、模锻件以及形状复杂、薄壁、尺寸精度高的零件,在航天、仪表、汽车工业中应用广泛。如用形变铝合金为材料,采用冲压-焊接工艺制造载重汽车的车身,能使汽车的有效载荷得到很大的提高。当车身质量降低40%时,汽车的有效载荷将会增加1 t(10 kN)左右。

(2) 铸造铝合金　这类铝合金用铸造方法成形,主要系列有Al-Si系(铝硅合金)、Al-Cu系(铝铜合金)、Al-Mg系(铝镁合金)以及Al-Zn系(铝锌合金)。其中Al-Si系铸造铝合金(又称硅铝明)应用最为广泛,常用作发动机气缸、内燃机活塞、小轿车气缸盖等。

铸造铝合金可用牌号或代号来表示,如牌号为ZAlSi12的Al-Si系铸造铝合金,可用代号ZL102来表示。

2. 铝合金的强化

铝合金常用的强化方法有合金化、热处理、形变和变质方法等。强化后材料的最高强度可达400～700 MPa。铝合金适宜制作要求质量轻,受力不大且耐振、耐腐蚀的零件。

第五节　金属切削机床

生产中将毛坯制成零件的主要方法是采用切削加工。切削加工是利用切削刀具与毛坯(铸件、锻件、型材等)或工件之间的相对运动,切除表面多余的材料,以获得符合零件图要求的零件的加工方法。切削加工主要用于金属材料,如各种碳钢、合金钢、铸铁和有色金属的加工;但也可用于工程塑料、合成橡胶等非金属材料的加工。

由工人手持刀具对工件[①]所进行的切削加工,称为钳工(见第五章);由工人操作机床对工件所进行的切削加工,称为机械加工。

一、机床的基本类型及结构

机床又称工作母机,是机械加工所必备的设备。机床的类型繁多,但最基本的有五种(图 1-21),即车床、钻床、刨床、铣床和磨床。

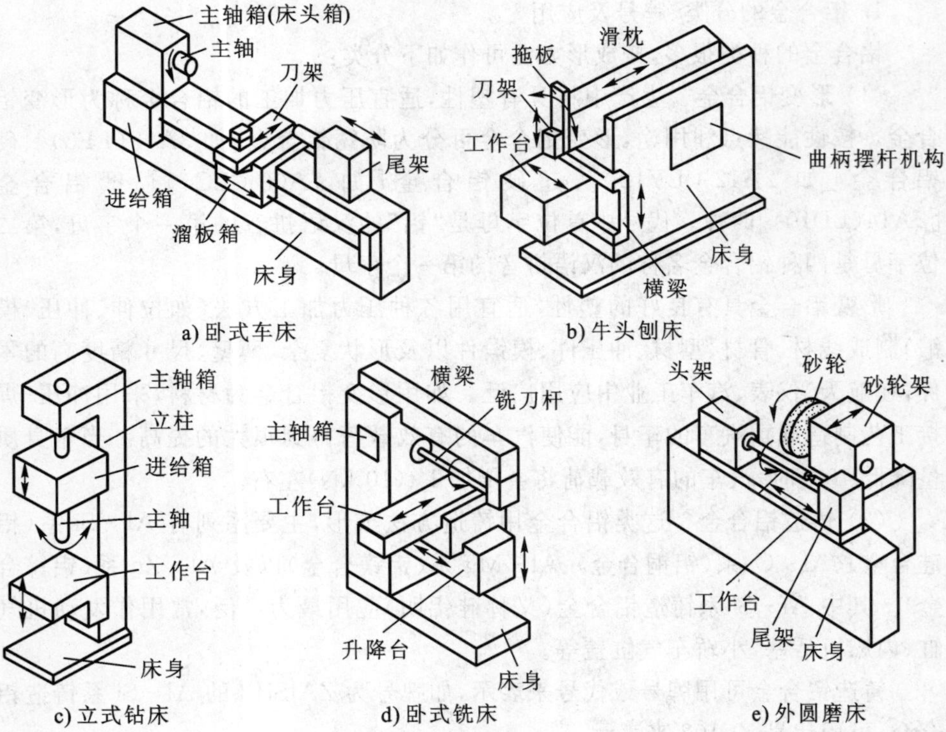

图 1-21　机床的基本类型及结构

---

① 本书约定:毛坯——需要加工而尚未加工的制品;工件——未加工完的在制品;零件——加工以后的合格产品。

由于不同类型机床的加工对象和要求不同，所以机床外形、布局、构造等方面各不相同。但是按功能可以看出，机床是由以下几个基本部分组成的：

(1) 基础部件　其作用为支承和连接机床的各部件，如床身、立柱、底座等。

(2) 主传动部件　其作用是实现机床的主运动，如车床、铣床、钻床的主轴箱，磨床的磨头，牛头刨床的曲柄摆杆机构等。

(3) 进给传动部件　其作用是实现机床的进给运动，如车床的进给箱、铣床的升降台等。

(4) 刀具安装部件　主要用于安装刀具，如车床、刨床的刀架，钻床、立式铣床的主轴等。

(5) 工件安装部件　主要用于安装工件，如车床的卡盘和尾架，钻床、铣床、刨床、磨床的工作台以及磨床的头架和尾架等。

(6) 动力装置　它是机床的动力源，机械传动机床的动力源是电动机。

二、机床的切削运动

切削加工时，工件和刀具之间必须具备一定的相对运动，即切削运动。机械加工的切削运动是由机床来实现的。根据切削运动在切削过程中所起的不同作用，可将机床的运动分为主运动和进给运动。

1. 主运动

主运动是由机床提供的主要运动，它促使刀具和工件之间产生相对运动，从而使刀具切削工件。

2. 进给运动

进给运动是由机床提供的运动，它使刀具与工件之间产生附加的相对运动，加上主运动即可不断地或连续地切除切屑，并得到具有所需几何特性的已加工表面。

五种基本机床的切削运动分析见表 1-2。不难看出，任何一种机床主运动只有一个，而进给运动可以有一个或几个。对于机床总体而言，主运动和进给运动既可以由工件完成，也可以由刀具完成；既可是旋转运动，也可是直线运动；既可是连续运动，也可是断续运动。

表 1-2　常用机械加工方式的切削运动

序号	加工方式		主运动(Ⅰ) 状态及执行件	进给运动(Ⅱ) 状态及执行件
1	车削加工 (卧式车床) (图 1-21a)	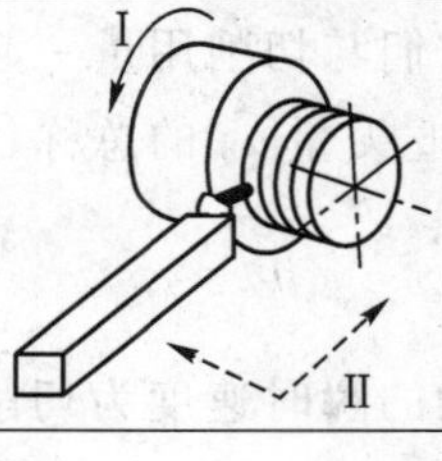	工件的连续旋转运动	刀具的(纵向、横向)直线运动

续表

序号	加工方式		主运动（Ⅰ）状态及执行件	进给运动（Ⅱ）状态及执行件
2	刨削加工 （牛头刨床） （图 1－21b）	牛头刨削 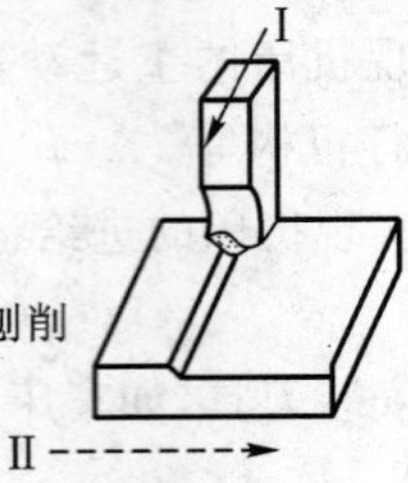	牛头刨削：刀具的直线往复运动 龙门刨削：工件的直线往复运动	工件做垂直于主运动方向的横向间歇直线运动 刀具做垂直于主运动方向的横向间歇直线运动
3	钻削加工 （立式钻床） （图 1－21c）	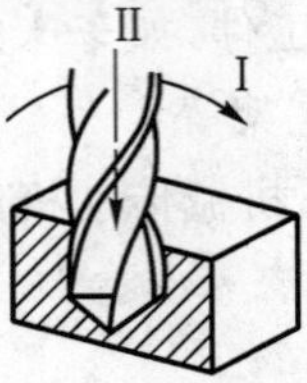		钻头的旋转运动	钻头沿轴向的直线运动
4	铣削加工 （卧式铣床） （图 1－21d）			刀具的连续旋转运动	工件的（纵向、横向、垂直上下）直线运动或工件的旋转运动
5	磨削加工 （外圆磨床） （图 1－21e）	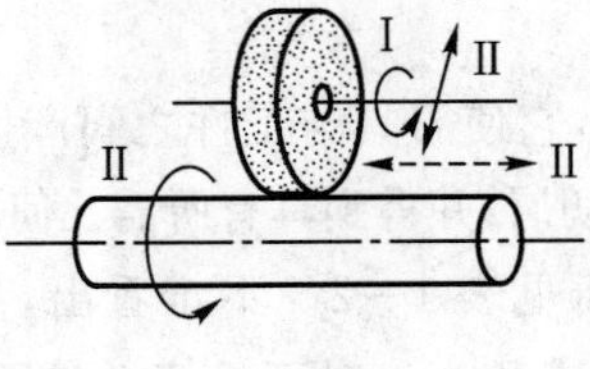		砂轮的高速旋转运动	工件的旋转运动为圆周进给运动，工件作纵向往复直线进给运动，砂轮作径向切深运动

三、加工时的切削用量

在切削过程中工件上存在着三个表面，即已加工表面、过渡表面和待加工表面，如图 1－22 所示。图中 b_D 为切削层公称宽度；h_D 为切削层公称厚度；A_D（$A_D = b_D \times h_D$）为切削层公称横截面面积，它们与切削用量一起，统称为切削要素。切削用量是切削速度 v_c、进给量 f 和背吃刀量 a_p 的总称，它直接影响切削加工的生产率、加工质量及生产成本。

1. 切削速度 v_c

切削刃选定点相对于工件主运动的瞬时速度为切削速度，用 v_c 表示，单位

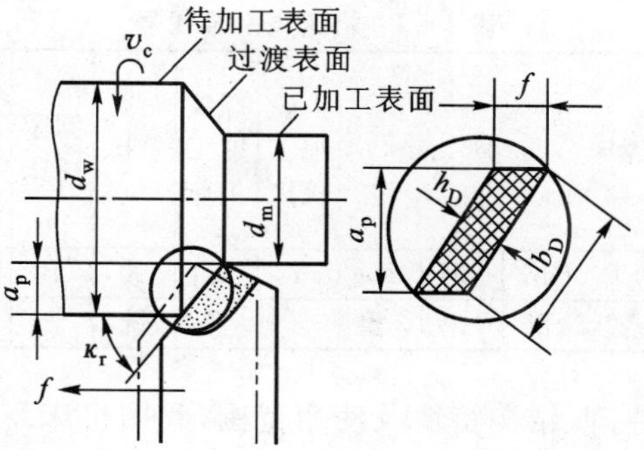

图 1-22　车削时的切削要素

为 m/min 或 m/s。

主运动为旋转运动(如车削、铣削等)时,切削速度为其最大线速度。其计算公式如下:

$$v_c=\frac{\pi dn}{1\,000}\text{或者 } v_c=\frac{\pi dn}{60\times 1\,000} \tag{1-1}$$

式中 v_c 的单位为 m/min 或 m/s,d 为切削刃选定点处工件的直径 d_w 或刀具直径(mm),n 为工件或刀具的转速(r/min 或 r/s)。

2. 进给量 f

在主运动的一个循环内,刀具在进给运动方向上相对工件的位移量,可用刀具或工件每转或每行程的位移量来表述和度量,如车削时的进给量是指工件转一转时,刀具沿进给方向移动的距离,故又称走刀量 f,单位为 mm/r(又称为每转进给量)。对于铣削,进给量常用每齿进给量(mm/z)和每分钟进给量(mm/min)来表述。

3. 背吃刀量 a_p

背吃刀量是在垂直于进给运动方向上测量的主切削刃切入工件的深度。如车削时,背吃刀量是指工件待加工表面和已加工表面之间的垂直距离,故又称切削深度或吃刀量,单位为 mm。车削外圆时背吃刀量的计算公式如下:

$$a_p=\frac{d_w-d_m}{2} \tag{1-2}$$

四、机床的分类及编号

为方便对种类、规格繁多的机床进行区别、管理和使用,我国对国产机床实行统一分类编号。只要根据机床型号查阅相关资料,就可知道机床的结构特征和主要技术规格,就能正确地选用和操作机床。常用机床的类别代号见表1-3。

表 1-3　机床类别及代号

类别	车床	钻床	镗床	磨床			齿轮加工机床	螺纹加工机床	铣床	刨床插床	拉床	特种加工机床	切断机床	其他机床
代号	C	Z	T	M	2M	3M	Y	S	X	B	L	D	G	Q
读音	车	钻	镗	磨	2磨	3磨	牙	丝	铣	刨	拉	电	割	其

按机床的工作原理、结构特性及使用范围，我国机床划分为 12 类。机床的类别代号按机床名称以汉语拼音的第一个字母（大写）表示，并按名称读音。

机床的型号是用来表示机床类别的主要参数和主要特征的代号。按 JB 1838—85 的规定，机床型号采用汉语拼音字母和阿拉伯数字按一定规律组合的形式表示。例如，CM6136 型精密卧式车床型号中的字母及数字意义如下：

C M 6 1 36

36——机床主参数代号（表示床身上工件最大回转直径 360 mm 的十分之一）

1——机床系别代号（卧式车床系）

6——机床组别代号（卧式车床组）

M——机床通用特性代号（精密型）

C——机床类别代号（车床类）

对于规格相同而结构和性能有重大改进的机床，应在原机床型号的后面用字母 A、B、C…来表示改进的顺序。

金属切削机床的详细划分，需查阅《金属切削机床型号编制方法》标准(JB 1838—85)。

五、机床的传动

不同机床的主运动和进给运动要求不同的运动形式（旋转运动或直线运动）和运动速度，因此机床需要采用不同的传动形式。按传动介质的不同，机床传动可分为机械传动、液压传动、电气传动和气压传动等。其中机械传动应用最为广泛。

机械传动利用传动元件将动力源（电动机）的运动和动力传送到主轴和刀架上，从而实现工件与刀具之间的相对运动。通过不同的传动元件可使机床的运动实现改变速度（变速）、改变方向（换向）和改变运动性质。生产中常用的机械传动方式如图 1-23 所示。

(1) 变速和换向机构　机床电动机输出的转速经变速机构，可获得切削加工时主轴所需要的转速或工作台所要求的移动速度，而通过换向机构可改变运动方向。绝大多数情况下，一对传动副既可变速又可换向。当采用图 1-24 中

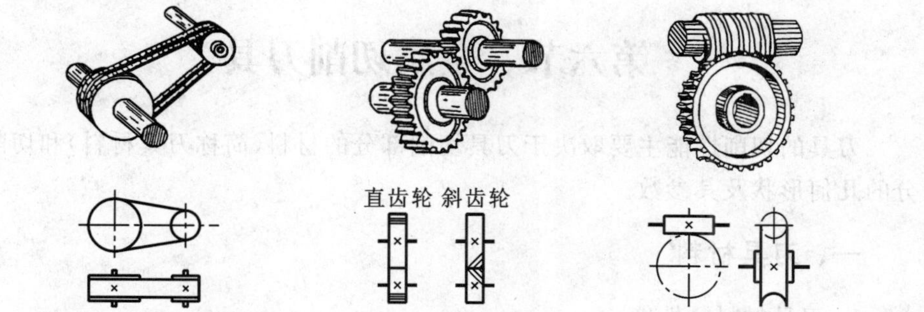

a) 带传动　　b) 齿轮传动　　c) 蜗杆传动

图 1-23　常见的机械传动方式

所示的滑移齿轮传动时，$z_2 \neq z_5$（z 为齿轮齿数），故可实现变速，与此同时从动轴与主动轴旋转方向相反，即实现了换向。图 1-24是生产中常用的变速及换向机构的举例。

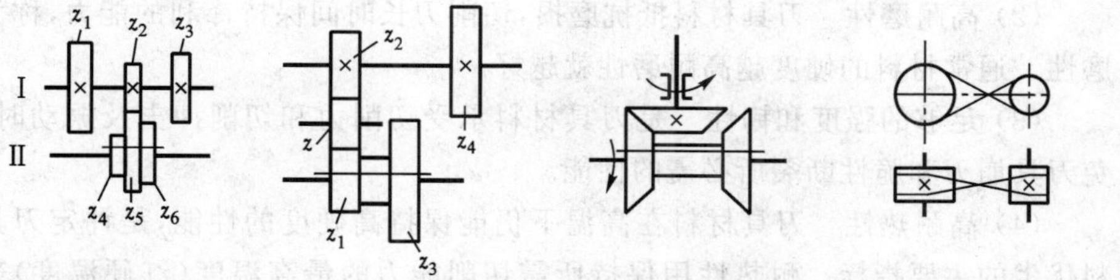

a) 滑移齿轮传动　　b) 中间齿轮传动　　c) 锥齿轮传动　　d) 交叉带传动

图 1-24　变速和换向机构举例

(2) 改变运动性质的机构　齿轮齿条传动（图 1-25a）和丝杠螺母传动（图 1-25b）都能将电动机输入的旋转运动改变为机床或运动部件的往复直线运动。曲柄摆杆机构是将摆动变成往复直线运动的机构（图 1-25c）。

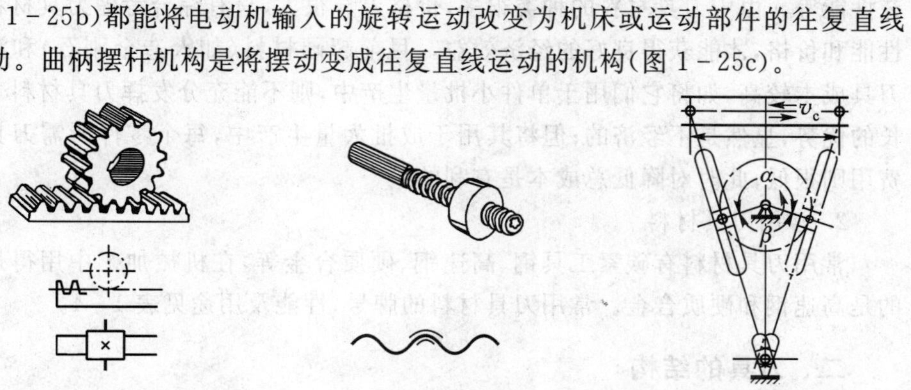

a) 齿轮齿条机构　　b) 丝杠螺母机构　　c) 曲柄摆杆机构

图 1-25　改变运动性质的传动机构

第六节 金属切削刀具

刀具的切削性能主要取决于刀具切削部分的材料(简称刀具材料)和切削部分的几何形状及其参数。

一、刀具材料

1. 刀具材料的性能

在切削过程中,刀具的切削部分要承受高温、高压、强烈摩擦以及冲击和振动等作用,因此,刀具切削部分的材料必须具备以下性能。

(1) 高硬度 刀具材料的硬度必须高于工件材料硬度的 2～3 倍,其室温硬度要求在 60 HRC 以上。常用金属材料,如 45 钢的硬度为 24 HRC;灰铸铁 HT200 的硬度为 170～241 HBS。

(2) 高耐磨性 刀具材料抵抗磨损,切削刃长时间保持锋利的能力,称为耐磨性。通常材料的硬度越高耐磨性就越好。

(3) 足够的强度和韧性 是刀具材料承受切削力和切削冲击及振动时,避免刀具崩刃和脆性断裂所必需的性能。

(4) 高耐热性 刀具材料在高温下仍能保持高硬度的性能,是评定刀具材料优劣的主要指标。耐热性用保持所需切削能力的最高温度(红硬温度)来衡量,故耐热性又称红硬性。

(5) 良好的工艺性和经济性 为便于制造刀具材料应具备一定的工艺性能,如塑性成形性能(锻压加工)、磨削加工性能、焊接性能、热处理及表面涂层工艺性能等。由于刀具材料的种类很多,价格差异很大,只有综合考虑刀具材料的性能和价格,才能获得良好的经济效益。目前超硬材料(如人造金刚石)和涂层刀具成本较高,如将它们用于单件小批量生产中,则不能充分发挥刀具材料寿命长的优势,显然是不经济的;但将其用于成批大量生产中,每个零件所需刀具的费用则很低,此时对降低总成本是有利的。

2. 常用刀具材料

常用刀具材料有碳素工具钢、高速钢、硬质合金等,在机械加工中用得最多的是高速钢和硬质合金。常用刀具材料的牌号、性能及用途见表 1-4。

二、刀具的结构

1. 车刀的组成

车刀是最基本的切削刀具,由刀柄和刀体组成。刀柄是刀具的夹持部分,刀体是刀具的切削部分(俗称刀头)。外圆车刀的切削部分是由“三面二刃一刀

表 1-4　各类刀具材料的性能及用途

种类	常用牌号	主要成分	硬度/HRC (HRA)	抗弯强度 /×10³ MPa	红硬性 /℃	切削速度 v_c/(m/min)	应用范围
优质碳素工具钢	T8A T10A T12A	含碳量为0.7%～1.3%的优质碳素钢	60～64 (81～83)	2.5～2.8 一般	200～250	$v_c<6$	用于手动工具，如丝锥、板牙、铰刀、锯条、锉刀、錾子、刮刀等
合金工具钢	9SiCr CrWMn	碳素工具钢中加入少量Cr、W、Mn、Si等合金元素	60～65 (81～83.6)	2.5～2.8 一般	350～450	$v_c<10$	用于手动或低速机动刀具，如丝锥、板牙、铰刀、拉刀等
高速钢	W18Cr4V W6Mo5Cr4V2	含有W、Cr、V、Mo等合金元素的合金钢	62～70 (82～87)	2.5～4.5 好	500～600	$v_c<30$	用于各种中速及形状复杂的刀具，如钻头、铣刀、拉刀、齿轮刀具、车刀、刨刀、丝锥、板牙等
硬质合金：钨钴类	K*(红色)　加工铸铁件	WC、TiC(高硬度、高熔点的金属碳化物粉末)为基体，Co、Ni、Mo为黏接剂	74～82 (89～94)	0.9～2.5 差	800～1 000	$100<v_c<300$	用于高速切削的车刀刀头、刨刀刀头等。用于钻头、滚刀、铣刀等形状复杂刀具时，多采用镶片结构。特小型钻头、铣刀做成整体式
硬质合金：钨钴钛类	P*(蓝色)　加工钢件						

* 根据 GB2075—87 规定，K 类硬质合金相当于旧牌号 YG 类，P 类相当于旧牌号 YT 类。

尖”，即前刀面、主后刀面、副后刀面、主切削刃、副切削刃和刀尖组成的(图 1-26)。

前刀面是刀具上切屑流过的表面。主后刀面是刀具上与工件过渡表面相对的表面。副后刀面是刀具上与工件已加工表面相对的表面。主切削刃是前刀面与主后刀面的交线，在切削过程中担任主要的切削任务。副切削刃是前刀面与副后刀面的交线，靠近刀尖部分承担少量切削工作并起修光和终切作用。主切削刃与副切削刃连接处相当少的一部分切削刃为刀尖，将刀头刃磨成一小段圆弧或直线时，称为过渡刃。过渡刃能增加刀尖处的强度，改善刀尖的散热条件。

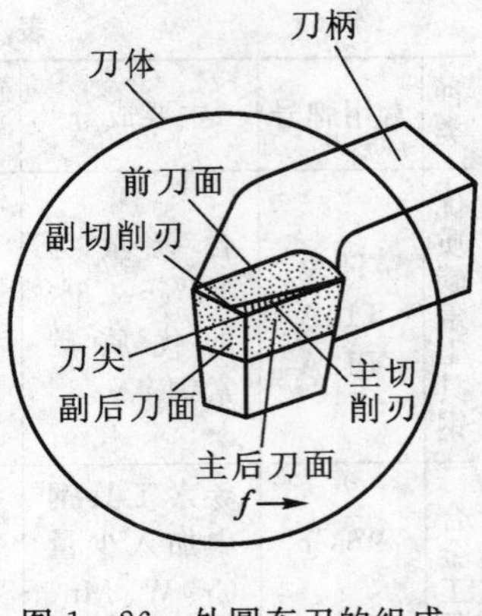

图 1-26 外圆车刀的组成

2. 刀具角度

刀具角度分为标注角度（即图样上标出的角度）和工作角度（即切削加工时的实际角度）。为了确定刀头上各刀面及切削刃在空间的实际位置，必须建立一定的参考系，作为标注、刃磨和测量刀具角度的基准。

（1）车刀标注角度的基准系　车刀的标注角度是用车刀静止参考系作为基准系来描述的，它是一组彼此互相垂直的空间直角坐标平面（图 1-27）。确定静止参考系的条件是：$v_f=0$（v_f 是进给速度），车刀刀尖与工件轴线等高，刀柄中心线垂直于刀具进给方向。

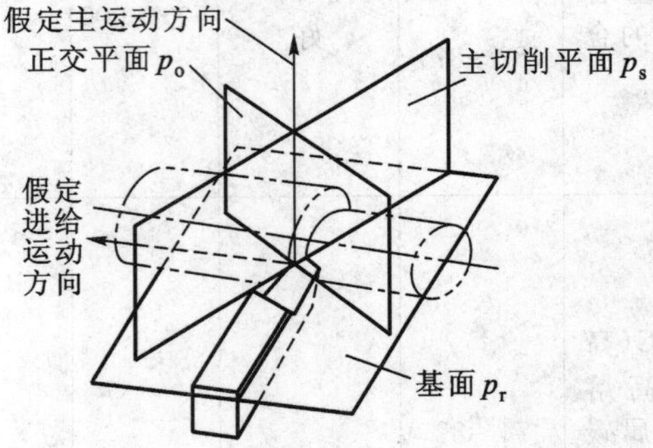

图 1-27 车刀静止参考系的坐标平面

基面 P_r 过切削刃选定点的平面，它平行或垂直于刀具在制造、刃磨及测量时适合于安装或定位的一个平面或轴线，一般说来，其方位要垂直于假定的主运动方向。对于车刀而言，基面一般为过切削刃选定点的水平面，它应与图 1-27中的铅垂面垂直。

主切削平面 P_s 通过主切削刃选定点与主切削刃相切并垂直于基面的平面。

正交平面（又称主剖面）P_o 通过切削刃选定点并同时垂直于基面和切削平面的平面，即图 1-28 中的铅垂面。

（2）车刀的主要标注角度　它们是在刀具静止参考系的坐标平面内测得的。

前角 γ_o 是在正交平面内测得的前刀面与基面间的夹角，用 γ_o 表示（图 1-

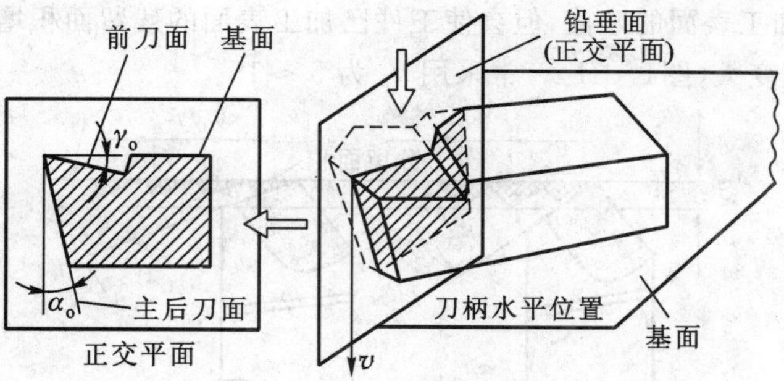

图 1－28　正交平面内测量的角度

28)。其大小将影响切削刃的锋利程度和强度。γ_o 加大则刃口锋利,切削较轻快;γ_o 过大会降低刀尖或切削刃的强度和散热能力,加快刀具磨损甚至产生崩刃。常用 $\gamma_o = -5° \sim 25°$。

主后角 α_o　是在正交平面中测得的主后面与切削平面之间的夹角,用 α_o 表示(图 1－28)。α_o 的大小影响主后面与工件过渡表面之间的摩擦程度,增大 α_o 能使切削刃锋利,但会导致其强度降低。常用 $\alpha_o = 4° \sim 12°$。

主偏角 κ_r　是在基面内测得的主切削平面与假定工作平面(即假定进给运动方向)间的夹角,用 κ_r 表示。当主切削刃为直线时,主偏角就是主切削刃在基面上的投影与进给方向之间的夹角(图 1－29)。κ_r 的大小将影响切削分力的比例(图 1－30)。当切削条件相同时,减小主偏角,会使径向力 F_p 增大,使刚度差的工件产生变形和振动,从而影响加工质量。外圆车刀常用的主偏角为 45°、60°、75°、90°等。加工刚度差的细长轴时,常采用 κ_r 为 75°或 90°。

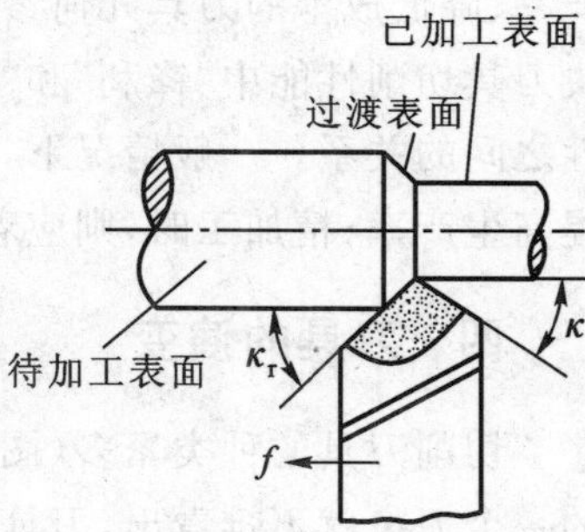

图 1－29　车刀的主偏角和副偏角

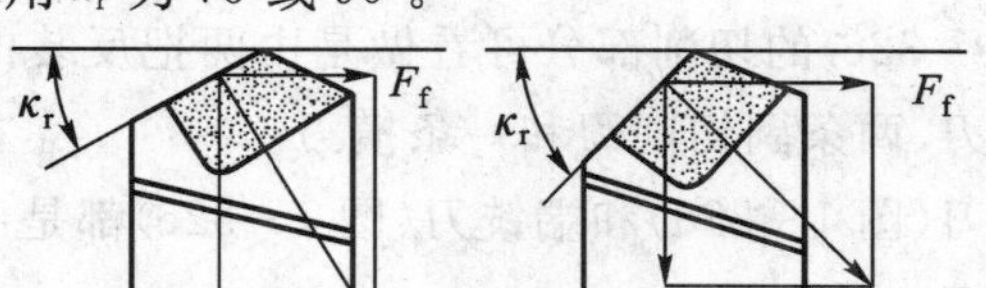

图 1－30　主偏角对切削分力的影响

副偏角 κ'_r　是在基面内测得的副切削平面与假定工作平面(即假定进给运动方向)间的夹角,用 κ'_r 表示(图 1－29)。当副切削刃为直线时,副偏角就是副切削刃在基面上的投影与进给反方向之间的夹角。增大副偏角虽减小了副切削刃与工件已加工表面的摩擦，但会使工件已加工表面的残留面积增大，致使表面粗糙度 Ra 值变大(图1－31)。常采用 κ'_r 为 5°～15°。

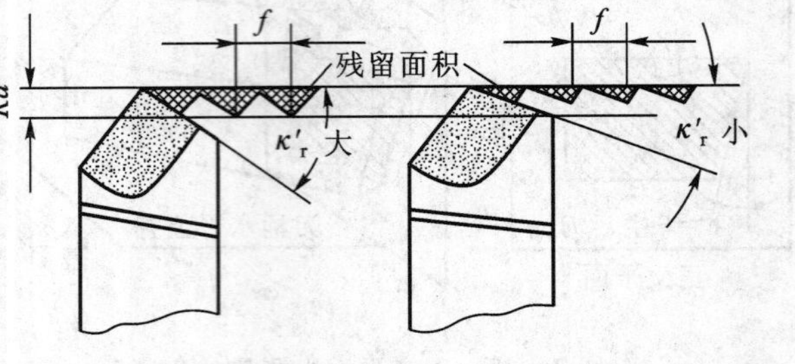

图 1－31　副偏角对表面粗糙度的影响

三、刀具的合理几何参数

刀具能否胜任切削，除了取决于切削部分所选用的材料外，还与切削部分的几何参数有很大的关系。在保证加工质量和刀具耐用度的前提下，能够提高生产率、降低成本的刀具几何参数，称为刀具合理几何参数。它的确定能有效地解决刀具切削性能中“锋利”和“坚固”这对矛盾，处理好刀具锋利性与强度和耐磨性之间的关系。一般情况下，粗加工和半精加工时，应主要考虑刀具的耐用度和提高生产率；精加工时，则应着重考虑保证零件的加工质量。

四、刀具的演变

切削刀具的种类繁多(图 1－32)，不论刀具的结构简单或是复杂，分析其中的一个刀齿就不难看出，刀具都是以外圆车刀的切削部分(图 1－32a)为基本形态演变而成的。

刨刀(图 1－32b)的切削部分有一条主切削刃和一条副切削刃。刨削属于断续切削，故刨刀刀杆的断面尺寸大于车刀。

麻花钻头(图 1－32c)的切削部分可看做是由两把反装的车刀组成的，故有两条对称的主切削刃、两条副切削刃和一条横刃。

螺旋槽圆柱铣刀(图 1－32d)和端铣刀(图 1－32e)都是由多把车刀组成的。铣削属于多刀断续切削。

砂轮(图 1－32f)是由许多细小磨粒用胶黏剂黏接而成，每一颗细小磨粒都相当于一把车刀，因此磨削属于多刀切削。

通过对钳工和机械加工刀具的分析可以得出这样的结论：任何切削加工方法中用于切割与切削的刀具的切削部分都为楔形(图 1－33)。楔形的棱边即为切削刃。

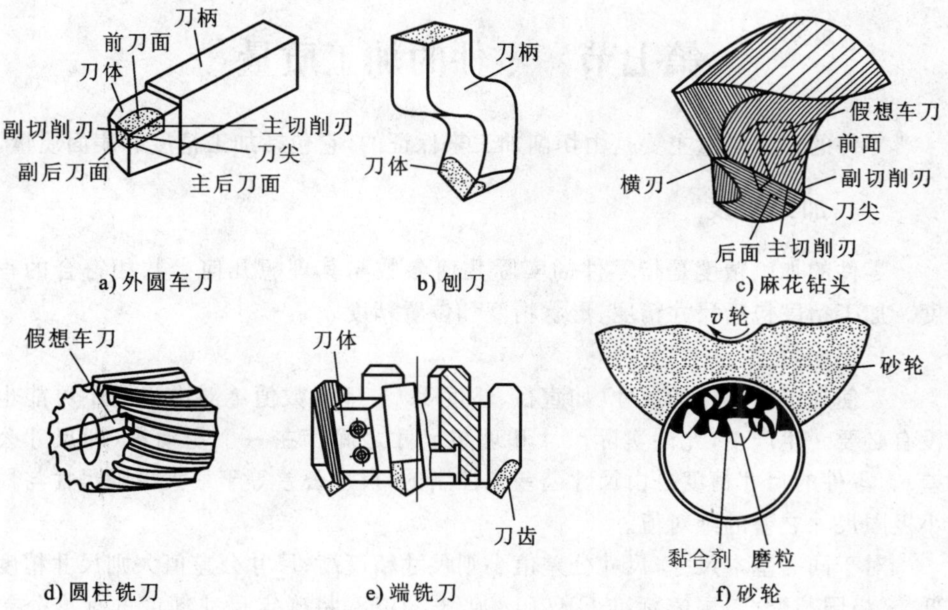

图 1-32 刀具的演变

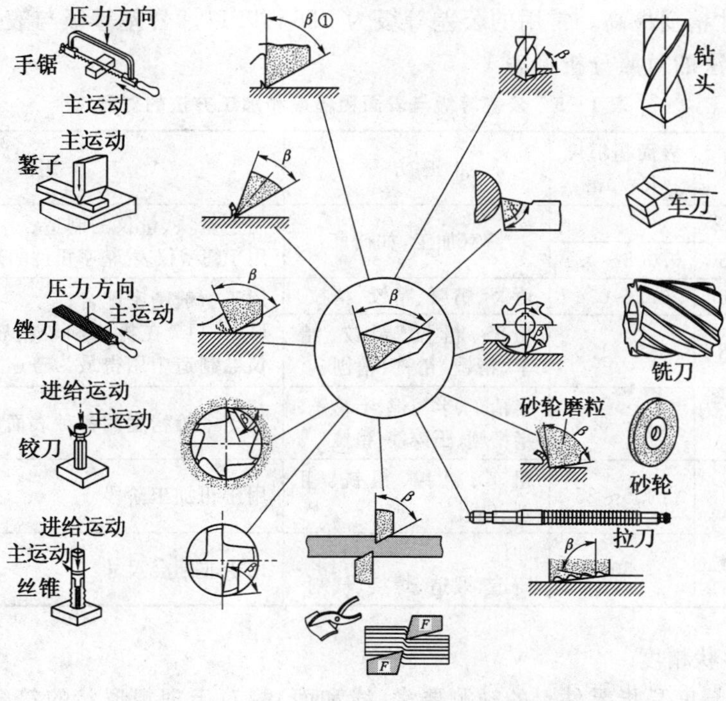

图 1-33 切割与切削刀具的楔形部分

① β——楔角，是在正交平面内测得的，其值为 $\beta=90°-(\gamma_o+\alpha_o)$。

第七节　零件的加工质量

零件的加工质量主要是由切削加工来保证的，它包括加工精度和表面质量。

一、加工精度

零件的加工精度是指零件的实际几何参数与其理想几何参数相符合的程度。加工精度包括尺寸精度、形状精度和位置精度。

1. 尺寸精度

要使加工后零件的尺寸（如直径、长度等）与理想数值绝对准确既不可能也没有必要。生产中，允许实际尺寸和理想尺寸之间存在一个变动量（即尺寸公差）。零件的尺寸精度是由尺寸公差来控制的，尺寸公差等于最大极限尺寸与最小极限尺寸之差的绝对值。

对于同一基本尺寸，尺寸公差值小则尺寸精度高；尺寸公差值大则尺寸精度低。《极限与配合》国家标准 GB/T1800. 3—1998，将确定尺寸精度的标准公差等级分为 20 级，分别用 IT01、IT0、IT1、IT2、…、IT18 表示。IT01 尺寸公差值最小，尺寸精度最高。常用的公差等级为 IT6～IT11。公差等级与表面粗糙度和加工方法的对照分析见表 1 - 5。

表 1 - 5　公差等级与表面粗糙度和加工方法的对照

公差等级	表面粗糙度 $Ra/\mu m$	加工方法	应用
IT01～IT2		精密加工，如研磨	用于量块、量仪的制造； 用于精密仪表、精密机件的光整加工
IT3～IT5	0.008～0.1		
IT5～IT6	0.2～0.4	珩磨、精磨、精铰、精拉	用于一般精密配合； IT6～IT7 在机床和较精密的机器、仪器制造中用得最为普遍
IT7～IT8	0.8～1.6	粗磨、粗拉、粗铰、精车、精镗、精铣、精刨	
IT9～IT10	3.2～6.3	半精车、半精镗、半精铣、半精刨、压铸件、粗拉	用于中等精度的各种表面的加工
IT11～IT13	12.5～25	粗车、粗镗、粗铣、粗刨、钻孔	用于粗加工阶段
IT14	50	冲压	用于非配合尺寸
IT15～IT18		铸造、锻造、焊接、气割	

2. 形状精度

形状精度是指零件上的被测要素（线和面）相对于理想形状的符合程度，它是由形状公差来控制的。形状精度包括直线度、平面度、圆度、圆柱度、线轮廓度和面轮廓度等。从图 1 - 34 可知，具有同一基本尺寸的 4 根轴，由于形状不同，尽管实际尺寸都控制在 $\phi25_{-0.013}^{\ 0}$ mm之间，但用于与相应的孔配合时，其使用效果却大不相同。通常形状精度与加工方法、机床精度、工件的安装和工艺系统刚度等因素有关。

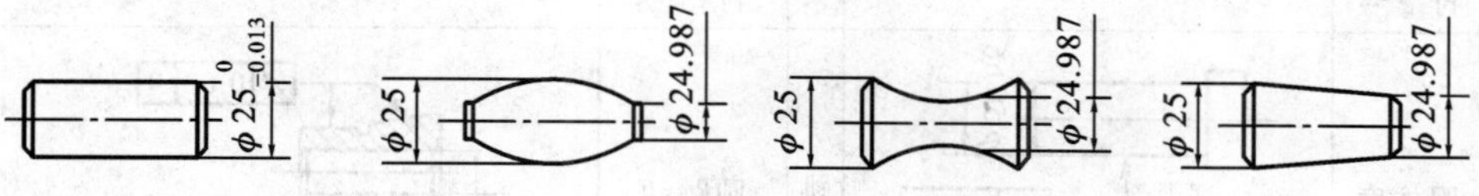

图 1-34 轴的形状误差

3. 位置精度

位置精度是指加工后零件上的被测要素（点、线、面）的实际位置与理想（图纸）位置的接近程度，是由位置公差来评定的。位置精度包括定向（平行度、垂直度、倾斜度）、定位（同轴度、对称度、位置度）以及跳动（圆跳动、全跳动）精度三大类。

形状公差和位置公差习惯上称为形位公差。常用的形位公差及标注示例见表 1-6。

表 1-6 常用形位公差及标注举例

形状公差		位置公差		
项目与符号	标注举例	分类	项目与符号	标注举例
直线度 —	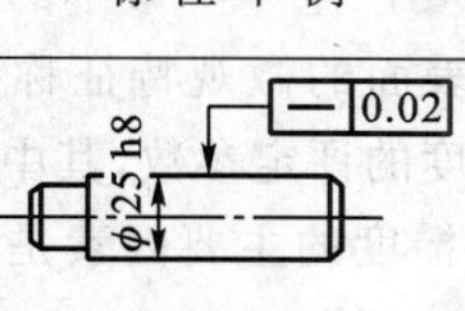 ϕ25h8 圆柱面上任一母线的直线度公差为 0.02	定向	平行度 //	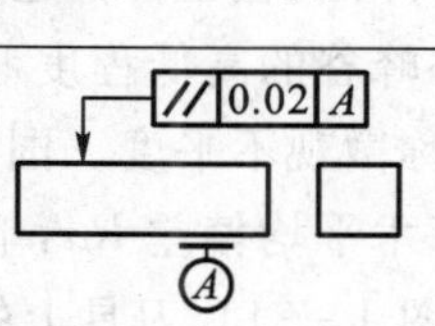 平面对基准平面 A 的平行度公差值为 0.02
平面度 ▱	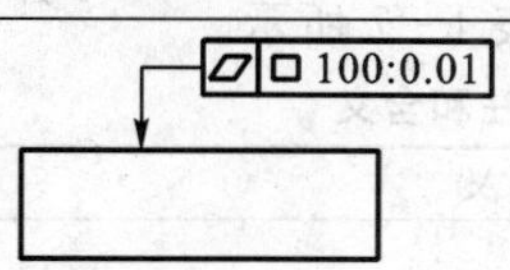 被测表面上任意 100×100 的正方形面积上的平面度公差为 0.01	定向	垂直度 ⊥	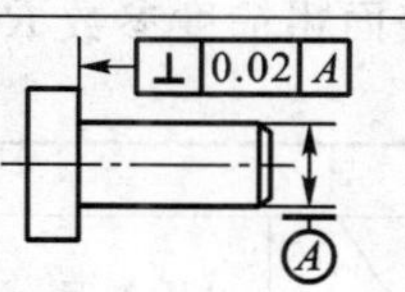 被测端面对基准轴线 A 的垂直度公差值为 0.02
圆度 ○	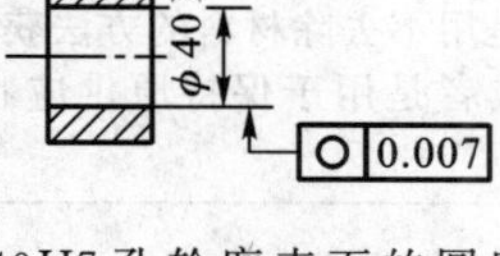 ϕ40H7 孔轮廓表面的圆度公差为 0.007	定位	同轴度 ◎	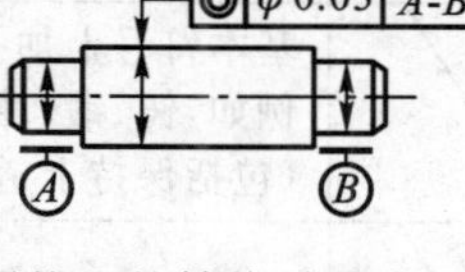 被测圆柱面的轴线对基准 A、B 公共轴线的同轴度公差值为 ϕ0.03

续表

形状公差		位置公差		
项目与符号	标注举例	分类	项目与符号	标注举例
圆柱度 ⌭	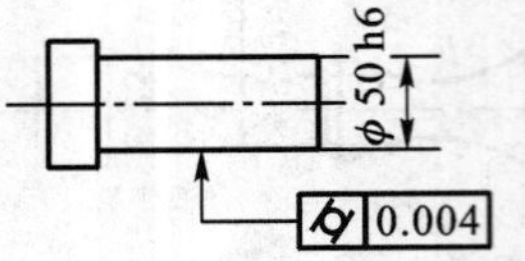 φ50h6 圆柱轮廓表面的圆柱度公差为 0.004	跳动	圆跳动 ↗	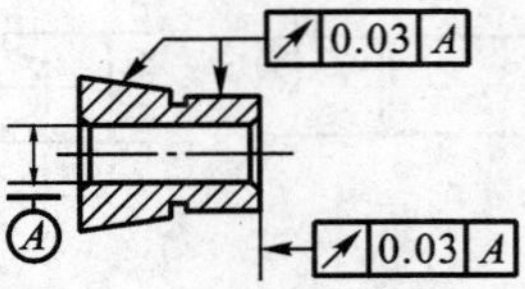 被测端面、外圆、锥面对基准轴线 A 的端面、径向、斜向圆跳动公差值为 0.03

二、表面质量

表面质量是指零件表面层的状况，其参数有表面粗糙度、表面变形强化和残余应力等，这里主要介绍表面粗糙度。

1. 表面粗糙度

在切削加工中，由于加工痕迹、工艺系统的振动以及刀具和工件表面之间的摩擦等原因，在工件的已加工表面上不可避免地要产生一些微小的峰谷。用这些微小峰谷的高低程度和间距大小来描述零件表面的微观特征称为表面粗糙度，也称微观不平度。国家标准规定了表面粗糙度的评定参数，其中最常用的是轮廓算术平均偏差 Ra，单位为 μm。影响表面粗糙度的主要因素是切削残留面积(见图 1-31)、刀具上的积屑瘤和工艺系统的振动等。

2. 表面粗糙度的标注方法

表面粗糙度参数 Ra 的标注方法和含义如表 1-7 所示。

表 1-7　表面粗糙度的标注和含义

符号	意义
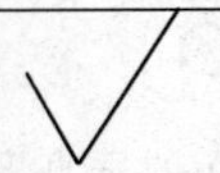	基本符号，单独使用该符号是没有意义的
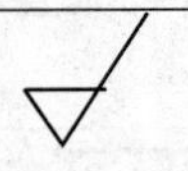	基本符号上加一短画，表示表面粗糙度是用去除材料的方法获得的。 例如，车、铣、钻、磨、剪切、抛光、腐蚀、电火花加工等
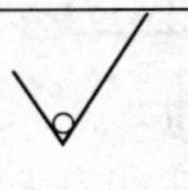	基本符号上加一小圆，表示表面粗糙度是用不去除材料的方法获得的。 例如，铸、锻、冲压、热轧、粉末冶金等，或者是用于保持原供应状况的表面(包括保持上道工序的状况)
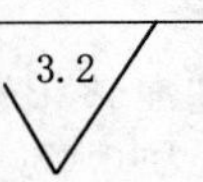	用任何方法获得的表面，Ra 的最大允许值为 3.2 μm

续表

符　号	意　义
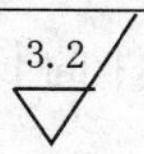	用去除材料的方法获得的表面，*Ra* 的最大允许值为 3.2 μm
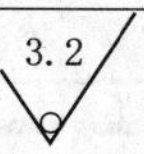	用不去除材料的方法获得的表面，*Ra* 的最大允许值为 3.2 μm
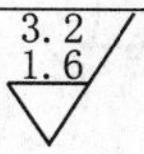	用去除材料的方法获得的表面，*Ra* 的最大允许值（Ra_{max}）为 3.2 μm，最小允许值（Ra_{min}）为 1.6 μm

3. 表面粗糙度与尺寸精度的关系

通常，切削加工所获得的尺寸精度与加工时使用设备的精度、刀具和切削条件等因素有关。机床的种类不同，采用的加工方法不同，所达到的公差等级也不同。尺寸精度愈高，零件的加工过程愈复杂。因此，设计零件时，在保证使用性能的前提下，应尽可能选用比较低的尺寸精度，以简化加工工艺，降低加工成本。一般来讲，尺寸精度越高的表面，其表面粗糙度的 *Ra* 值越小（见表 1－5）。但表面粗糙度 *Ra* 值小的表面，其尺寸精度不一定高。如某些零件或制品（机床溜板箱手柄、手轮、车床主轴锁紧螺母、进给刻度盘、金属电吹风的外壳、各种镀银工艺品等）的装饰性表面，对这些表面的主要要求为外观和装饰效果，故这些表面的表面粗糙度 *Ra* 值要求很小，但因其不与其他表面配合，故对尺寸精度的要求并不高。表面粗糙度直接影响零件的尺寸精度、配合性质、耐腐蚀性以及耐磨性、密封性等，从而影响零件的工作性能和使用寿命。在满足使用性能的前提下，为降低生产成本，应选用最经济的表面粗糙度值。不同加工方法所获得的表面粗糙度值是不一样的（见表 1－5）。生产中常常将零件图上所标注的表面粗糙度值作为选择加工方法的重要依据之一。

第八节　常用量具及测量方法

量具是用于加工前后及加工过程中，对毛坯、工件及零件进行检测的工具。生产中所用量具的种类很多，按其测量原理可分为刻线量具和非刻线量具两大类。

一、刻线量具

这类量具利用刻线（或数字）能测量出被测部分的数值。刻线量具又分为绝对读数量具和相对读数量具。

1. 绝对读数量具

利用这类量具能直接读出被测部分的绝对数值。

(1) 钢直尺　常用米制钢直尺的规格有 150 mm(图 1－35a)、300 mm、600 mm、1 000 mm 等,其精度为 0.5～1 mm。它可直接测量被测件的长度(图 1－35b)、宽度、直径等。

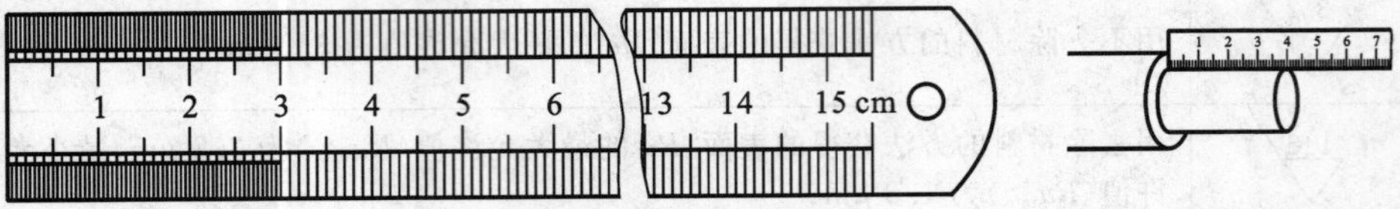

a) 外形及刻度　　　　　　　　b) 应用举例

图 1－35　钢直尺

(2) 游标卡尺　它是带有测量卡并采用游标进行读数的精密量尺。游标卡尺结构简单,可直接测量出工件或零件的内径、外径、深度(图 1－36)和高度。其测量精度可分为 0.1 mm、0.05 mm、0.02 mm 三个量级,测量范围有 0～125 mm、0～150 mm、0～200 mm、0～300 mm 等。

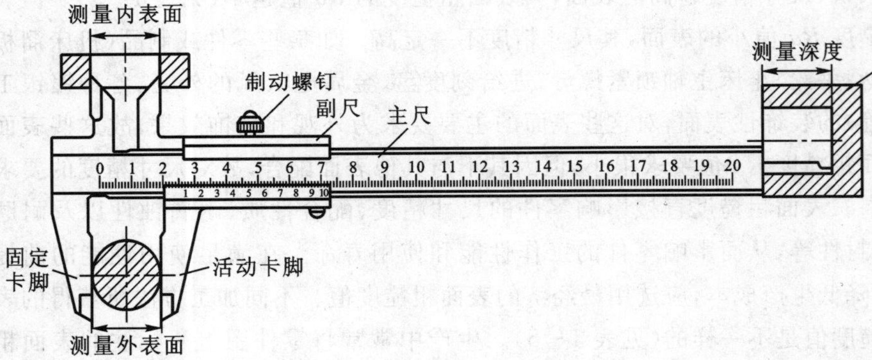

图 1－36　游标卡尺的结构及应用

图 1－37 为读数精度为 0.02 mm,测量尺寸范围为 0～150 mm 的游标卡尺。它由主尺和副尺(游标)两部分组成(图 1－37a)。主尺上每小格为 1 mm,当两卡贴合(主尺与副尺的零线对齐)时,主尺上的 49 mm 正好等于副尺上的 50 格。此时副尺上的每格长度为(49/50) mm＝0.98 mm,表示主尺与副尺每格

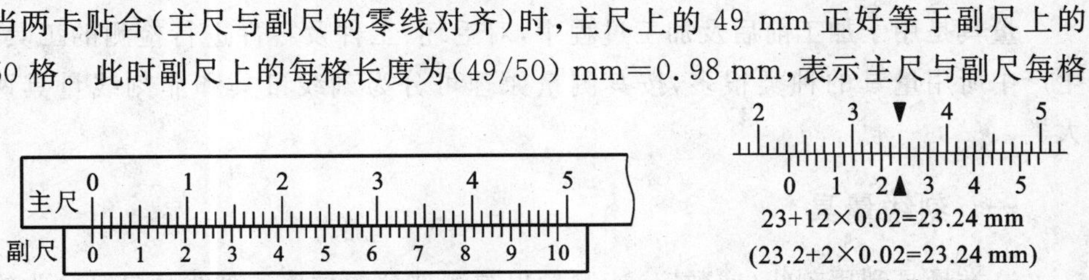

a) 刻线原理　　　　　　　　b) 读数示例

图 1－37　游标卡尺的读数原理

相差 0.02 mm。测量时，先在主尺上读出副尺零线所对左边的整毫米数，然后找出副尺上与主尺刻线对准的刻线，读出数值乘以 0.02(结果为小数)。主尺上的整数加上副尺上的小数即为测量的尺寸(图 1-37b)。目前有一种用光栅做传感器，能对位移量进行精密测量，其测量值可直接由显示屏上读出，且有准确、快捷的液晶显示的游标尺，正在得到推广使用。

游标深度尺用于测量深度和长度(图 1-38)。游标高度尺(图 1-39)用于测量高度和精密划线。

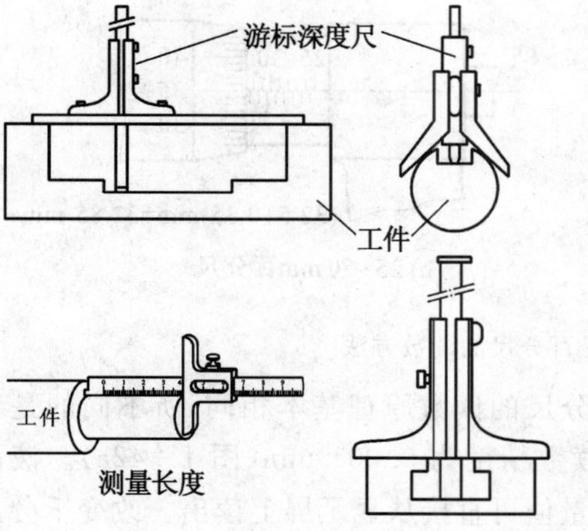

图 1-38 游标深度尺的应用

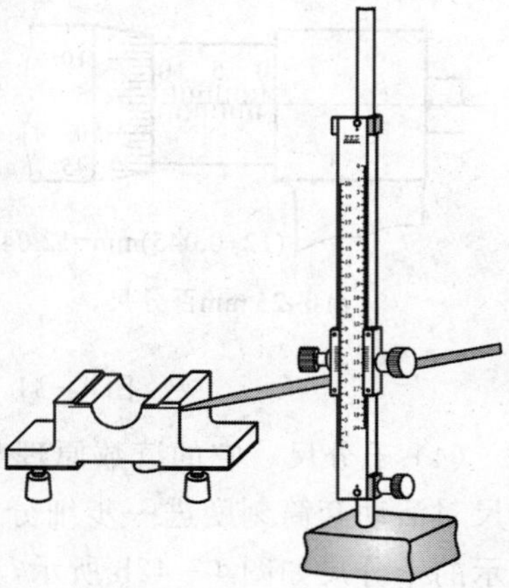

图 1-39 游标高度尺的应用

(3) 百分尺 它是用微分套筒读数，测量精度为 0.01 mm 的量尺，又叫分厘卡。按其用途可分为外径百分尺、内径百分尺和深度百分尺；按其测量尺寸范围可分为 0～25 mm、25～50 mm、50～75 mm 等多种。

图 1-40 是测量尺寸范围为 0～25 mm 的外径百分尺。弓架左端是固定砧座，右端的固定套筒(即主尺)在其轴线方向上刻有一条中线(即基准线)，中线上

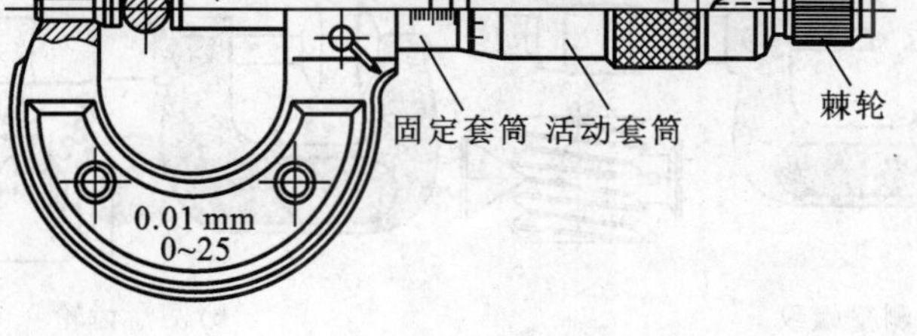

图 1-40 外径百分尺

下各有一排间距为 1 mm 的刻线，上下两排刻线之间互相错开 0.5 mm。活动套筒(即副尺)的左端圆周上均布 50 条刻线。活动套筒与螺距为 0.5 mm 的测量螺杆相连。活动套筒转动一周，则带动测量螺杆沿轴向移动 0.5 mm。因此，活动套筒转过一格，测量螺杆轴向移动的距离为(0.5/50)mm=0.01 mm。当百分尺的测量螺杆与固定砧座接触时，活动套筒的边缘与轴向刻线的零线应重合；同时，圆周上的零线应与中线对齐。

百分尺的测量尺寸为固定套筒上的读数(为 0.5 mm 的整数倍)加上固定套筒中线对准的微分套筒上的格数乘以 0.01 mm(图 1-41)。

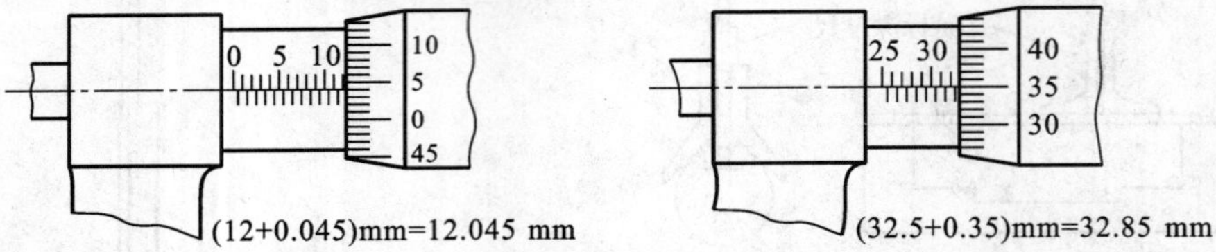

a) 0~25 mm百分尺　　b) 25~50 mm百分尺

图 1-41　外径百分尺的读数方法

(4) 千分尺　它的读数原理与百分尺的读数原理基本相同，所不同的是千分尺对活动套筒刻度进一步细分，其读数精度为 0.001 mm(图 1-42a)。液晶显示的千分尺如图 1-42b 所示，其测量值可直接从显示屏上读出。改变千分尺测头的形状，可扩大千分尺的应用范围(图 1-43)。

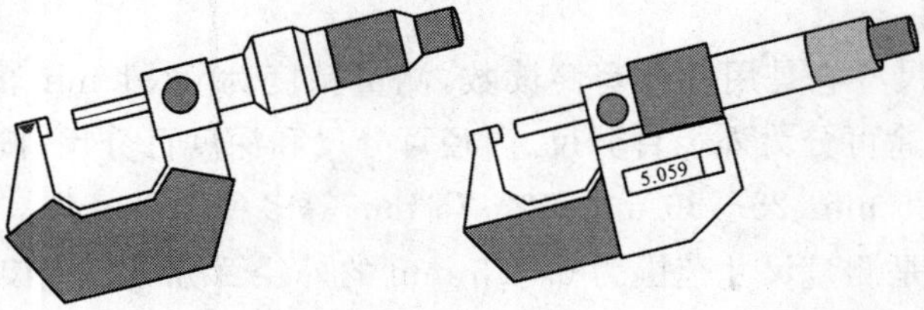

a) 普通千分尺　　b) 液晶显示千分尺

图 1-42　千分尺

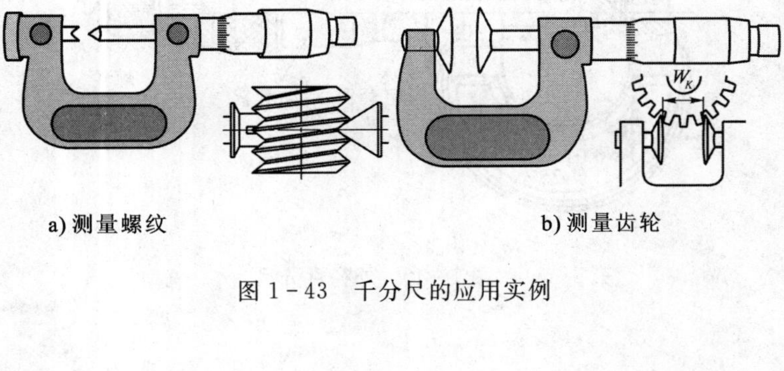

a) 测量螺纹　　b) 测量齿轮

图 1-43　千分尺的应用实例

(5) 万能角度尺　它是利用游标读数来测量任意角度的量尺(图 1 - 44)。扇形板带动游标可沿扇形主尺的弧线移动,角尺可用卡块紧固在扇形板上,可移动的刀口直尺则用卡块固定在角尺上,基尺与主尺连成一体。

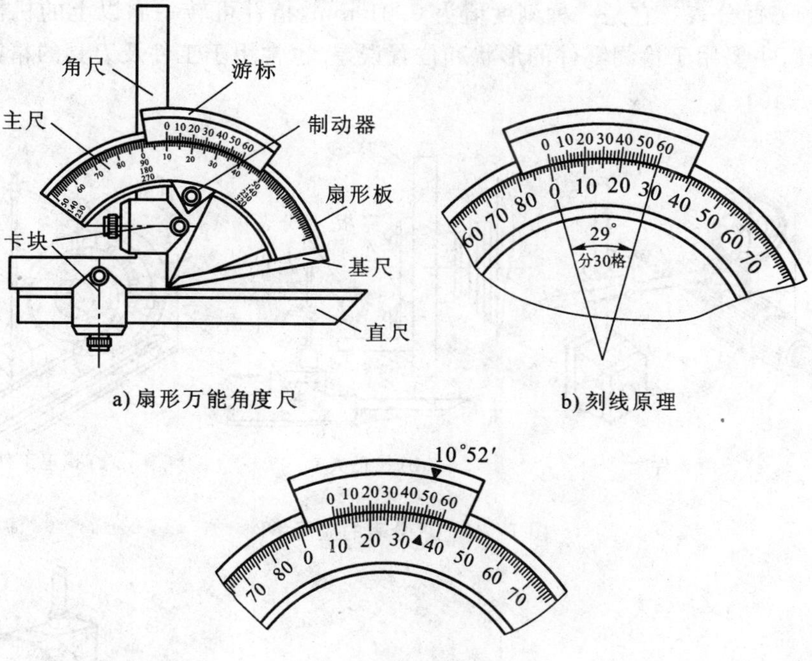

a) 扇形万能角度尺　　b) 刻线原理

c) 读数示例

图 1 - 44　扇形万能角度尺的结构及读数原理

万能角度尺的刻线原理和读数方法与游标尺相同。主尺刻线每格为 1°,游标刻线将主尺上的 29°等分成 30 格时,游标刻线的每格为 29°/30＝58′,主尺 1 格与游标 1 格的差值为 2′,即该角尺的测量准确度为 2′。为了便于读数,游标上标出了以分为单位的实际读数(图 1 - 44c)。测量时通过改变基尺、角尺、直尺间的相互位置,能测量 0°～320°范围内的任意角度(图 1 - 45)。

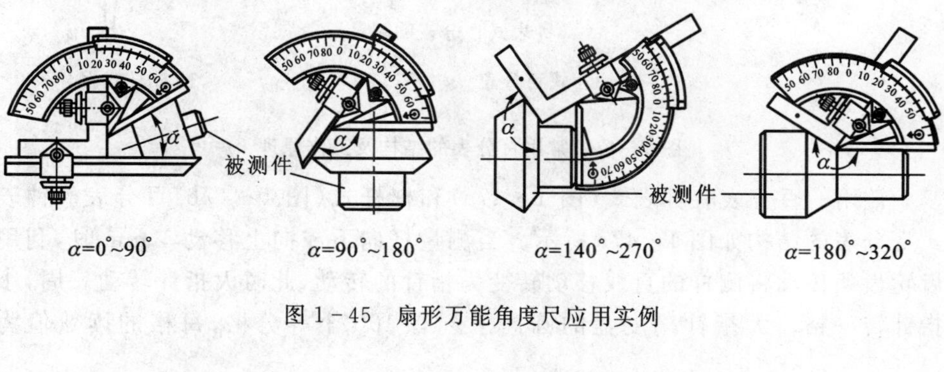

α=0°~90°　　α=90°~180°　　α=140°~270°　　α=180°~320°

图 1 - 45　扇形万能角度尺应用实例

2. 相对读数量具

相对读数量具又称为比较量具或指示量具。它与绝对读数量具不同的是：它采用比较测量的方法，只能测出相对数值，不能测出绝对数值。

(1) 百分表　它是一种刻度值为 0.01 mm，指针可转一周以上的机械式指示量具，主要用于检测零件的形状和位置误差，也常用于工件及刀具的精密找正(图 1-46)。

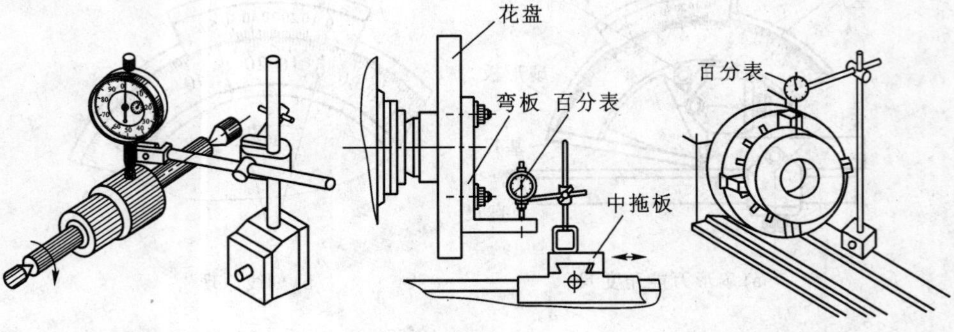

a) 检测零件　　b) 找正夹具　　c) 找正工件

图 1-46　百分表的应用举例

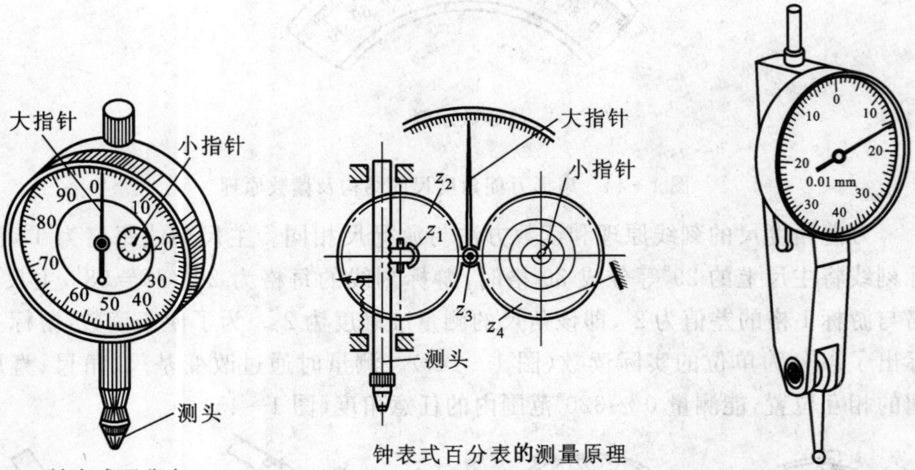

a) 钟表式百分表　　b) 杠杆式百分表

图 1-47　常用百分表的结构及工作原理

常用的百分表有钟表式(图 1-47a)和杠杆式(图 1-47b)百分表。钟表式百分表的结构如图 1-47a 所示。当测量杆向下或向上移动 1 mm 时，利用齿轮齿条传动将测杆的直线移动转变为指针的转动，此时大指针转动一周，小指针转一格。大指针刻度盘的圆周上刻有 100 个等分格，每格的读数值为

0.01 mm。若将小指针刻度盘的圆周分为10个等分格，每格读数值为1 mm，则总读数10 mm为该百分表的测量范围。杠杆式百分表则是利用杠杆齿轮放大的原理进行测量，其测杆头为球面，可根据测量需要灵活改变位置，因此得到了广泛使用。

(2) 内径百分表　它是一种用来测量孔径相对值及其形状精度的百分表(图1-48)，其测量精度为0.01 mm。内径百分表备有成套的可换测头及附件，以测量不同的孔径。它的测量范围有6～10 mm，10～18 mm，18～35 mm，35～50 mm，50～100 mm，100～160 mm等多种。测量时百分表的接管轴线应与被测孔轴线重合，以保证测量精度。

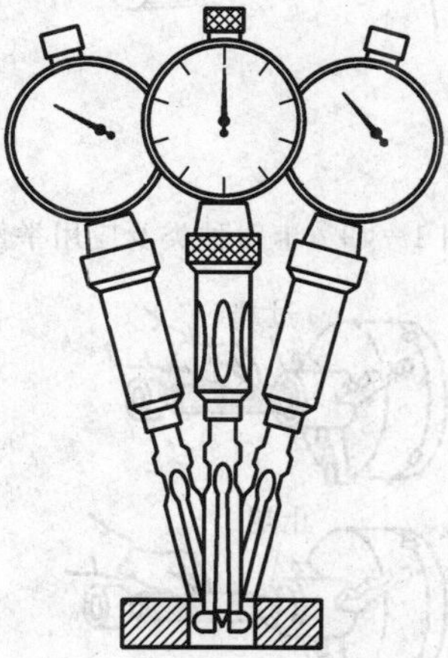

图1-48　内径百分表测量示意图

二、非刻线量具

这类量具不能直接测出被测部分的准确尺寸。

(1) 卡钳　它是一种间接量具，用作测量尺寸时必须与刻线量具配合使用(一般常与钢尺或游标尺配用)。卡钳分为外卡钳(图1-49a)和内卡钳(图1-49b)两种。

(2) 塞规与卡规　它是用于成批大量生产的一种专用量具(图1-50)。

塞规用于测量孔径(图1-50a)和槽宽，短端叫“止端”，用来控制最大极限尺寸；长端叫“过端”，用来控制最小极限尺寸。测量时，只有当“过端”能通过而“止端”不能通过时，工件(或零件)的被测尺寸才在公差范围之内，视为合格品。

卡规是用来测量外径或厚度的量具(图1-50b)，其测量原理和使用方法与塞规相同。

(3) 刀口形直尺　它是用光隙法检验表面平面度和直线度的量尺，又称刀口尺或刃口尺(图1-51)。使用时刀口应紧贴被测表面，然后根据两者间有无

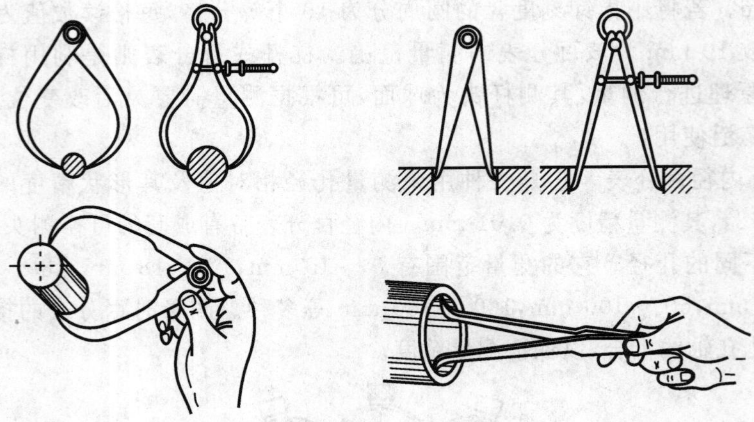

a) 外卡钳　　　　b) 内卡钳

图 1-49　卡钳种类及应用举例

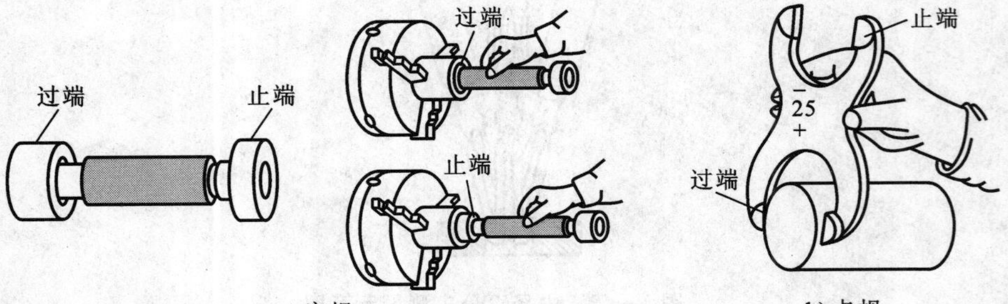

a) 塞规　　　　b) 卡规

图 1-50　塞规与卡规

光隙来判断被测表面是否平直。光隙的大小可用塞尺测得。检查平面度时应在长度、宽度和对角线等方向上检测。

(4) 塞尺　它是测量贴合面间隙的薄片量具(图 1-52),由一组厚度不等的

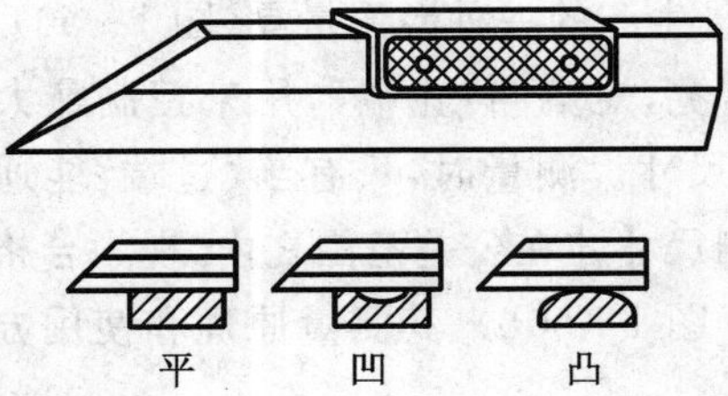

图 1-51　刀口形直尺及其应用

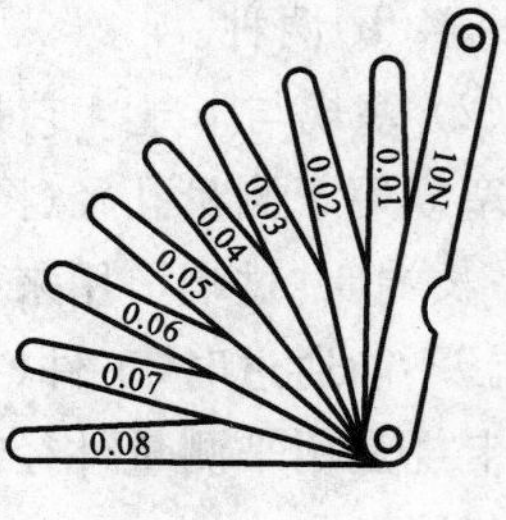

图 1-52　塞尺

薄钢片组成。每片钢片上印有厚度标记，测量时若两贴合面间能插入 0.02 mm 的塞片，而用 0.03 mm 的塞片插不进去时，则间隙值在 0.02 ～0.03 mm 之间。测量时选用的尺片数目越少越好。

(5) 90°角尺　它是检验直角用的量规，用来检验两个被测表面是否垂直或保证划线及工具切入时的垂直度，故又称直角尺。检测时，根据光隙判断被测两表面间是否垂直(图 1－53)，两接触面间的间隙值可用塞尺测得。

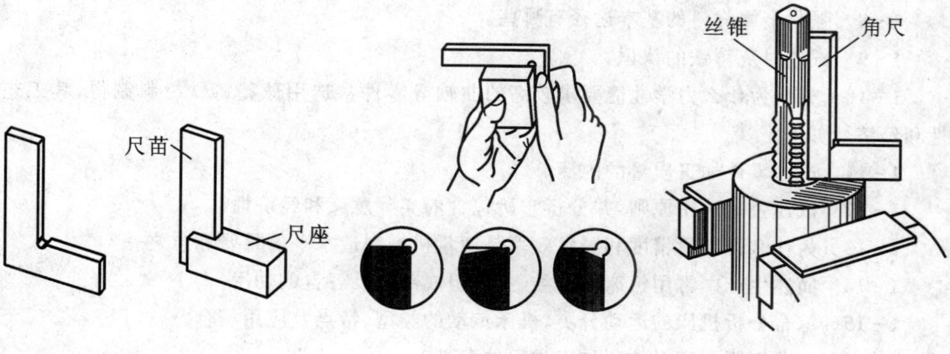

图 1－53　角尺及应用

三、常用量具的使用要领

量具是一种测量工具，要求经常保持洁净，以保证测量准确。

(1) 刻线量具　使用这类量具时，测量前应检查并校核零线，测量完后应擦干净。游标卡尺测量时应保持两卡爪清洁，卡爪与被测表面接触时位置应准确，用力应适度；读数前应拧紧制动螺钉，以免副尺移动而影响测量精度。

应用百分尺、千分尺测量时，首先转动活动套筒，当测量螺杆将要接近工件或零件时，旋转活动套筒后端的棘轮，当棘轮发出“嘎嘎”声时，表示压力适中，即可读数。

应用百分表测量时，必须把百分表牢靠地固定在表架上，测量时百分表测量杆的触头应垂直并贴紧被测表面，转动表盘使大指针对零，缓慢转动或移动被测物体。百分表用完之后要擦净，放入盒内时应使测量杆处于自由状态，应检查并保持测头表面的清洁。

(2) 非刻线量具　使用这类量具时，测量前应检查内外卡钳，并与校核卡爪对齐。测量时被测表面与测头之间原则上应尽可能垂直。

思考与分析

1－1　简述毛坯的主要成形方法及选用原则、零件的分类及你所了解的零件成形方法。

1－2　试述为什么机械零件设计时，首先应考虑所选材料的力学性能。

1-3　分析塑性和强度在零件制造和使用中的意义。合金的力学性能为什么优于纯金属?

1-4　综合分析钢铁材料的分类以及各自的应用,并列举实例。

1-5　常用热处理工艺有哪些,它与其他热加工工艺有什么不同。

1-6　曲轴、连杆等重要零件为什么要进行调质处理,用低碳钢做成的齿轮为什么要采用渗碳淬火工艺?

1-7　哪些构件(含零件、工、量具)要采用淬火+低温回火的热处理工艺?

1-8　强化金属材料的基本途径有哪些。

1-9　试述对灰铸铁的认识。

1-10　分析为什么力学性能要求较高的曲轴等零件常选用球墨铸铁材料制得,其工艺性和经济性如何?

1-11　试述零件加工质量的内涵。

1-12　试述公差选用原则,并分析它所包含的实际意义和经济性。

1-13　为什么说测量精度和测量效率是衡量机械制造水平的重要标志之一?

1-14　简述生产中常用机床的分类、主要组成部分及各自的功用。

1-15　综合分析机床的运动分类,机床传动的类型、特点及应用场合。

1-16　综述切削要素对控制加工过程的意义。

1-17　试述车刀切削部分的主要基本角度和选用原则。

1-18　试述刀具材料应具备的主要性能,常用刀具材料的种类及其选用方法。

1-19　综合分析提高零件加工精度的基本途径。

1-20　尝试为下列汽车零件选择材料以及成形方法

气缸盖、气缸体、曲轴、车架和车身、车灯罩、传动齿轮、前桥壳体、活塞、连杆

第二章 铸造成形

【学习提示】

铸造是获得零件毛坯的主要方法之一，其基本方法是将熔融金属在铸型中冷却并凝固成形。本章主要学习铸造的工艺过程及特点等相关知识。

本章的主要教学要求是：

(1) 学习铸造生产的工艺过程和主要工序的相关知识；

(2) 熟悉各种造型制芯方法，并能独立完成简单铸件的造型操作；

(3) 了解铸件材料的铸造性能和铸件结构对铸件质量的影响；

(4) 了解特种铸造的特点、应用及铸造生产的发展趋势。

第一节 铸造概述

铸造是一种液态金属成形的工艺方法，主要用于生产零件毛坯。

铸造具有悠久的历史。根据文献记载和出土文物考证，我国的铸造生产技术至少已有四千多年的历史。铸造生产技术的历史大致可分为两个大的发展阶段：前两千年是以青铜铸造为主，发展冶铸技术，形成了灿烂的商周青铜文化。如湖北省出土的总重达十吨左右的164件青铜器编钟，铸造精巧，音律准确，音色优美，充分证明了该时期铜合金的冶炼技术和铸造技术达到了很高的水平。后两千年是以铸铁生产为主，如以生铁铸造农具、手工工具为主的铸铁生产技术使社会生产面貌发生了巨大的变化，推动了铸造技术的发展。早在战国时期，我们的祖先已能通过石墨化热处理和脱碳热处理分别获得黑心可锻铸铁和白心可锻铸铁。尤其使人惊奇的是，早在西汉晚期出土的铁器文物中还出现了石墨球化良好的球状石墨。

近半个世纪以来，随着国民经济的快速发展，我国的铸造技术得到了迅速发展。铸造生产作为工业生产的基础产业，在机械制造业中占有重要位置。据估计，在机械各行业中铸件质量所占的比例为：机床、内燃机、重型机器约占70%～90%；风机、压缩机约占60%～80%；拖拉机、农业机械约占40%～70%；汽车约占20%～30%。

铸造是将金属加热熔化，使其具有流动性，然后浇入具有一定形状的铸型型腔中,在重力或外力(压力、离心力、电磁力等)的作用下使金属充满型腔,冷却并凝固成铸件(或零件)的一种金属成形方法,如图 2-1 所示。

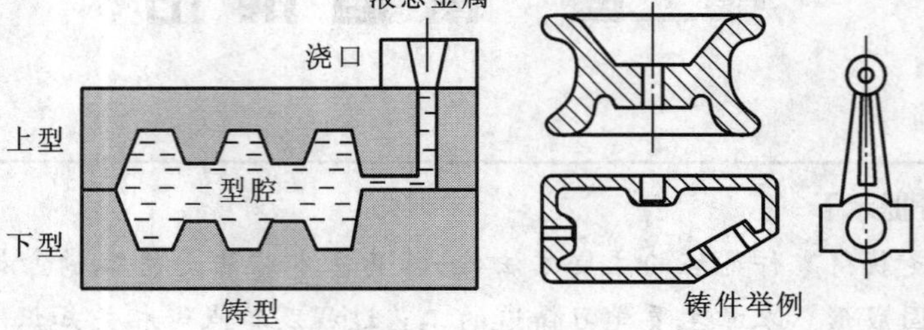

图 2-1　铸造成形

铸件毛坯经切削加工成为零件。但有些铸件无需切削加工就能满足零件的设计要求,直接作为零件使用。

一、铸造生产的工艺过程

铸造生产是一种复杂的多工序组合的生产工艺,它包括以下主要工序:

(1) 生产工艺准备。根据要生产的零件图、生产批量和交货期限,制定生产工艺方案和工艺文件,绘制铸造工艺图。

(2) 生产准备。包括准备熔化用材料、造型制芯用材料和模样、芯盒、砂箱等工艺装备。

(3) 造型与制芯。

(4) 熔化与浇注。

(5) 落砂清理与铸件检验等。

图 2-2 所示为砂型铸造的工艺过程。

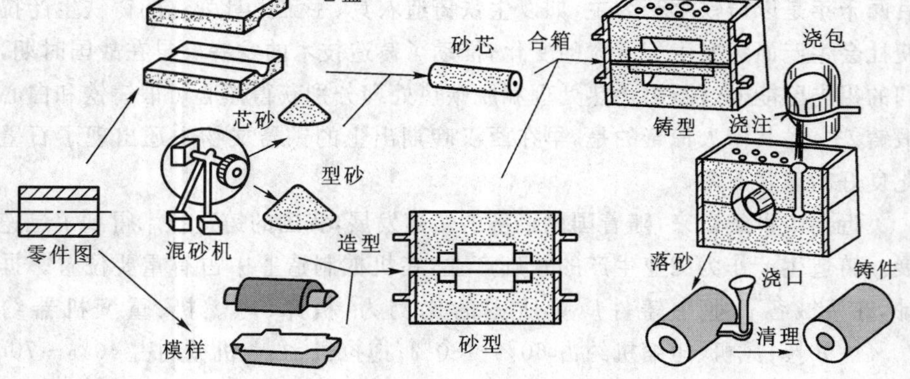

图 2-2　砂型铸造的工艺过程

二、铸造的工艺特点

铸造是生产零件毛坯的主要方法之一，尤其对于某些脆性金属或合金材料（如各种铸铁、有色合金等）的零件毛坯，铸造几乎是惟一的加工方法。与其他加工方法相比，铸造工艺具有以下特点：

（1）铸造可以不受铸件的材料、尺寸大小和质量的限制。铸件材料可以是各种铸铁、铸钢、铝合金、铜合金、镁合金、钛合金、锌合金和各种特殊合金材料；铸件的质量可以小至几克，大到数百吨；铸件的壁厚可以从 0.5 mm 到 1 m 左右；铸件的长度可以从几毫米到十几米。

（2）铸造可以生产各种形状复杂的毛坯，特别适用于生产具有复杂内腔的零件毛坯，如各种箱体、缸体、叶片、叶轮等。

（3）铸件的形状和大小可以与零件很接近，既节约金属材料，又节省切削加工工时。

（4）铸件一般使用的原材料来源广、价格低，还可以直接利用一部分报废的机件、废钢、切屑和下脚料等。

（5）铸造工艺灵活，生产率高，既可以以手工生产的形式，也可以进行机械化生产。

与其他种类的毛坯相比，铸件的生产成本低。但铸造生产也存在一些缺点：如有些铸件的质量不够稳定，废品率比较高；铸件的组织粗大，其力学性能不如同类材料的锻件的力学性能好；铸件的尺寸精度低、表面粗糙。但随着铸造新材料、新工艺、新设备和新技术的推广和应用，铸造生产中存在的这些问题正在不断地得到解决。因此，铸造生产仍然是机械工业的基础，是生产零件毛坯的主要方法。

铸造方法的种类繁多，一般可分为砂型铸造和特种铸造两大类。砂型铸造是用型砂和芯砂作为造型和制芯的材料，利用重力作用使液态金属充填铸型型腔的一种工艺方法。除砂型铸造外，其他铸造方法统称特种铸造。

砂型铸造分为手工造型（制芯）和机器造型（制芯）两类。手工造型是指造型和制芯的主要工作均由手工完成；机器造型是指主要的造型工作，包括填砂、紧实、起模、合箱等均由造型机完成。常用的手工造型方法有：整模造型（含挖砂、假箱造型）、分模造型（含活块模、吊砂造型）、刮板造型、模板造型、骨架模造型和气化模造型等。机器造型也有各种不同的造型方法，主要有压实造型、震实造型、震压造型、高压造型和无箱挤压造型等。

常见的特种铸造方法有：熔模铸造、金属型铸造、压力铸造、低压铸造、离心铸造、陶瓷型铸造、连续铸造等。

第二节 造型材料

制造砂型与型芯的材料称为造型材料。用来制造砂型的材料称为型砂，用于制造型芯的材料称为芯砂，统称为型砂。型砂的质量直接影响着铸件的质量和成本。由于型砂的质量不好而产生的气孔、砂眼、粘砂和夹砂等铸造缺陷造成的废品约占铸件总废品的50%左右。为保证铸件的质量，降低铸件的成本，必须合理选用型砂的种类，严格控制型砂的性能。

一、型砂的主要性能要求

型砂(含芯砂)的主要性能有强度、透气性、耐火度、退让性、流动性、紧实率和溃散性等。砂型铸造使用的铸型有湿型、干型和表面干型等，因此，型砂的性能分为湿态性能和干态性能。若无特殊标明，型砂的性能一般指湿态性能。

(1) 强度　强度是指型砂和芯砂抵抗外力破坏的能力，包括抗压、抗拉和抗剪切强度等，其中湿压强度影响最大。湿型铸造用型砂的湿压强度一般控制在4～10 N/cm^2(40 000～100 000 Pa)。

(2) 透气性　透气性是指气体通过紧实后的型砂和芯砂内部空隙的能力。透气性差说明高温金属浇入铸型时产生的大量气体不能及时从砂型中排出，会使铸件形成气孔和浇不足等铸造缺陷。湿型铸造用型砂的湿透气性一般控制在40～80以上。

(3) 耐火度　耐火度是指型砂和芯砂承受高温金属液热作用的能力。使用耐火度低的型砂会使铸件表面产生粘砂缺陷，造成清理铸件困难，甚至使铸件成为废品。

(4) 退让性　铸件冷却凝固收缩时，型砂能被压缩、退让的能力称为退让性。退让性差会使铸件收缩时受阻碍而产生内应力、变形和裂纹等缺陷。

(5) 流动性　型砂在重力或外力的作用下，砂粒间相对移动的能力称为流动性。流动性好的型砂易于充填，紧实后铸型的紧实度均匀，型腔表面光洁、轮廓清晰。

(6) 溃散性　型砂的溃散性是指落砂清理铸件时铸型容易溃散的程度。溃散性好则型砂容易从铸件上清除，铸件表面光洁，节约落砂清理的工作量。

目前在铸造生产车间，对手工造型的湿型铸造一般只检测型砂的湿强度、透气性和含水率；对机器造型用型砂，除检测型砂的湿强度、透气性和含水率外，往往要检测型砂的紧实率，因为型砂的紧实率与型砂的含水率和流动性有着十分密切的关系。

二、型砂的种类及制备

1. 型砂的种类

型砂由原砂、粘剂和附加物组成。铸造用原砂要求用含泥量少、颗粒均匀、形状为圆形和多角形的海砂、河沙或山砂等。铸造用粘结剂有粘土（普通粘土和膨润土）、水玻璃砂、树脂、合脂油和植物油等，分别称为粘土砂、水玻璃砂、树脂砂、合脂油砂和植物油砂等。

（1）粘土砂　粘土砂由原砂、粘土、水和附加物按一定配比混制而成。铸造用原砂是以 SiO_2 为主要成分的硅砂。硅砂中的 SiO_2 含量越高，型砂的耐火度就越高。铸造用粘土有膨润土和普通粘土。粘土黏剂必须有适量的水才能发挥粘接作用，所以型砂中应加入适量的水。为了改善型砂的某些性能和提高铸件的质量，型砂中还要加入一些附加物。如在湿型砂中加入煤粉以降低铸件的表面粗糙度值，防止机械粘砂和化学粘砂；在干型型砂中加入锯末以提高型砂的退让性，防止铸件产生裂纹和应力。

由于湿型铸造的铸型不用烘干，节省了烘干设备和燃料，工序简单，生产率高，铸件成本低，便于组织机械化自动化生产，被广泛应用于中、小铸件的生产中。铸铁件常用的湿型砂配比和性能要求见表 2-1。干型铸造由于铸型经烘干后强度高、透气性好，所以，铸件质量稳定，成品率高，但需烘干设备和消耗燃料，生产周期较长，铸件成本较高，适用于大型铸铁件和中大型铸钢件生产。

表 2-1　铸铁件常用的湿型砂配比及性能

型砂种类	型砂成分/%（质量）				型砂性能			
	新砂	旧砂	膨润土	煤粉	水分/%	紧实率/%	透气性	湿压/（Pa）
手工造型面砂	40～50	50～60	4～5	4～5	4～6	45～55	40～80	40 000～100 000
机器造型单一砂	10～20	80～90	1.0～1.5	3～4	3～5	40～50	≥80	≥7

（2）水玻璃砂　用水玻璃（硅酸钠水溶液）为粘结剂配制而成的型砂称为水玻璃砂。由于水玻璃来源广、价格低，铸型强度高，无需烘干，所以水玻璃砂广泛应用于中、大型铸钢件和大型铸铁件的生产。

（3）树脂砂　以人工合成树脂为粘结剂配制而成的型（芯）砂称为树脂砂。常用的合成树脂有呋喃树脂、糠醛树脂和酚醛树脂等，其加入量为沙子质量的 1.5%～3%。树脂砂铸型具有硬化快、强度高、发气量大、流动性好、溃散性好等特点。因此，采用树脂砂生产的铸件尺寸精确、表面光洁、清砂容易。由于树脂砂的流动性好和快干自硬的特点，便于实现造型与制芯的机械化和自动化生产，所以树脂砂是一种很有发展前景的新型造型材料。目前，为了提高铸件在国际市场的竞争力，国内广泛应用树脂砂生产出口铸件。

2. 型砂的选用及配制

生产不同类型的铸件需要选用不同的型砂和芯砂。单件小批量生产的中、小型铸铁件和小型铸钢件，常用手工造型，采用湿型干芯的粘土砂进行生产；大型铸铁件和中、大型铸钢件采用干型干芯或水玻璃砂生产；批量生产的中、小型铸铁件采用机器造型，选用湿型和树脂砂芯进行生产；对于铸件尺寸和表面质量要求高的铸件及各种复杂型芯，采用树脂砂进行生产。

型砂的配制工艺对于型砂的性能有很大影响。型砂的配制在混砂机中进行，各种原材料在混砂机中经碾轮的碾压、搓揉与均匀混合而形成如图 2－3 所示的型砂结构。

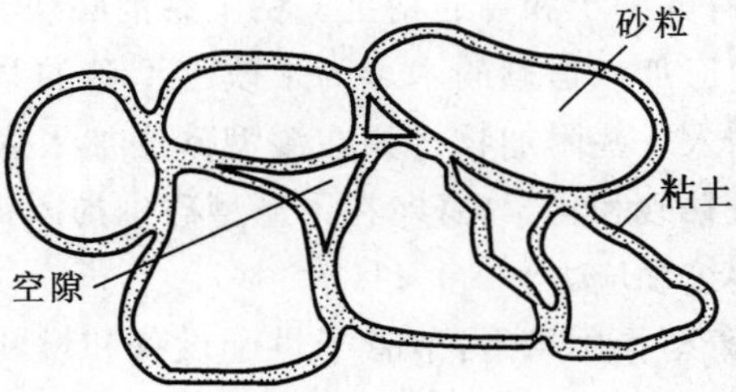

图 2－3　型砂结构示意图

粘土砂的混砂工艺是：先加入新砂、旧砂、粘土和煤粉等，干混 2～3 min，再加水湿混 5～10 min 后出砂，并堆放 4～5 h 后使用。型砂的性能是否符合要求要用型砂性能测定仪进行检测，生产现场一般只检测型砂的湿压强度、透气性和含水率。

第三节　造型与制芯

造型与制芯是为零件毛坯准备合格的铸型。铸造中将熔融金属浇入铸型，经冷却凝固和清理后便获得铸件，因此铸件的质量和成本与造型工艺紧密相关。据统计，铸件的缺陷约有 30%～60% 是由铸型引起的，铸件的成本约有 40%～50% 用于造型。合理选用造型与制芯方法，不仅关系到铸件的质量和成本，而且还影响到能否按期交付铸件等问题。

一、模样和芯盒

生产铸件时，先由零件图绘制铸造工艺图（见图 2－22）（铸造工艺图是在零件图上用红蓝铅笔将分型面、芯子结构尺寸、浇冒口系统和加工余量、起模斜度等工艺参数表示出来的图）。然后，根据铸造工艺图制作模样和芯盒。模样用来形成铸件的外部轮廓，芯盒用来制作砂芯，形成铸件的内部轮廓。造型时分别用模样和芯盒制作铸型和型芯。图 2－4 分别表示零件、模样、芯盒和铸件的关系。

制造模样和芯盒所选用的材料与铸件的大小、生产规模和造型方法有关。单件小批量生产、手工造型时常用木材制作模样和芯盒，大批量生产、机器造型时常用金属材料（如铝合金、铸铁等）或硬塑料制作模样和芯盒。

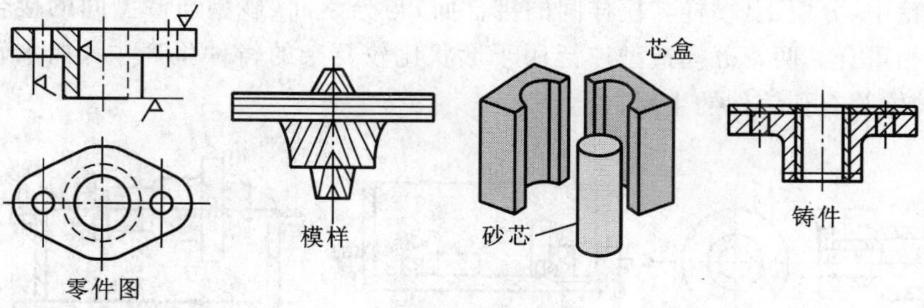

图 2-4　零件、模样、芯盒与铸件的关系

二、造型方法

1. 手工造型

手工造型因其具有操作灵活、适应性强、工艺装备简单、无需造型设备等特点，被广泛应用于单件小批量生产中。但手工造型生产率低，劳动强度较大。手工造型的方法很多，常用的有以下几种：

（1）整模造型　整模造型操作简便，造型时整个模样全部置于一个砂箱内，不会由于上、下模样定位不准而出现错箱缺陷。整模造型适用于形状简单、最大截面在端部的铸件，如齿轮坯、轴承座、罩、壳等，如图 2-5 所示。

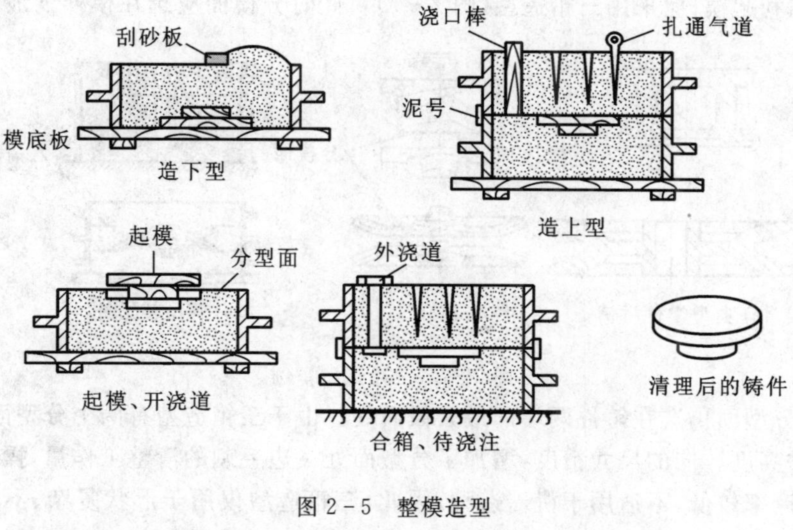

图 2-5　整模造型

（2）分模造型　当铸件的最大截面在铸件的中间时，为了便于造型和起模，模样要分成两半或几部分，这种造型称为分模造型。两箱分模造型如图 2-6 所示，模样从最大截面处分为两部分（用销钉定位），造型时上、下模样分别置于上、下砂箱中，分模面（模样与模样间的接合面）与分型面（砂型与砂型间的接合面）位置相重合。两箱分模造型广泛用于形状比较复杂的铸件生产中，如水管、轴套、阀体等有孔铸件的生产。

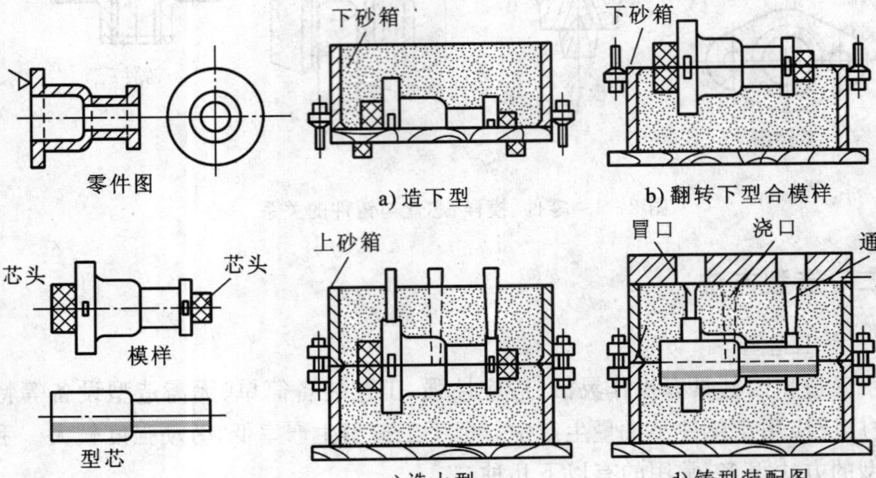

图 2-6　套管的两箱分模造型过程

铸件形状为两端截面大、中间截面小（如带轮、槽轮、车床四方刀架等）时，为保证顺利起模，应采用三箱造型（图 2-7）。此时分模面应选在模样的最小截面

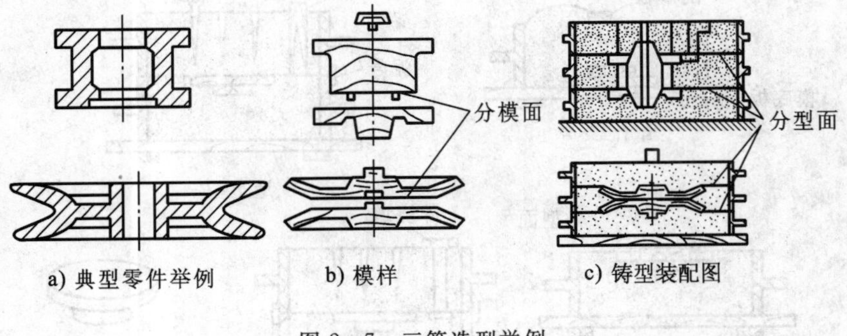

图 2-7　三箱造型举例

处，而分型面仍选在铸件两端的最大截面处。由于三箱造型有两个分型面，降低了铸件高度方向的尺寸精度，增加了分型面处飞边毛刺的清整工作量，操作较复杂，生产率较低，不适用于机器造型，因此，三箱造型仅用于形状复杂、不能用两箱造型的铸件生产。

(3) 挖砂造型　当铸件的外部轮廓为曲面(如手轮等)而最大截面不在端部,且模样又不宜分成两半时,应将模样做成整体,造型时挖掉妨碍取出模样的那部分型砂,这种造型方法称为挖砂造型。挖砂造型的分型面为曲面,造型时为了保证顺利起模,必须把砂挖到模样的最大截面处(图 2-8)。由于是用手工挖砂,挖砂造型的操作技术要求高,生产效率低,只适用于单件、小批量铸件的生产。

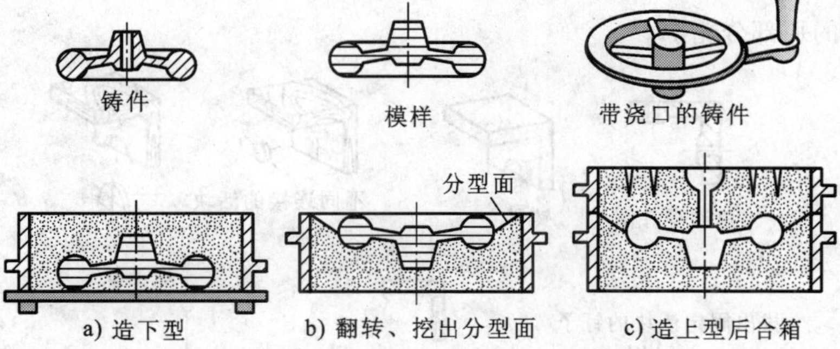

图 2-8　手轮挖砂造型的工艺过程

(4) 假箱造型　挖砂造型需每型都挖砂,操作麻烦,生产效率低,当成批生产此类铸件时可以采用假箱造型。假箱造型是利用预先制好的半型当假箱,作为底板,再在上面放模样进行造型的方法。图 2-9 为假箱造型的工艺过程。假

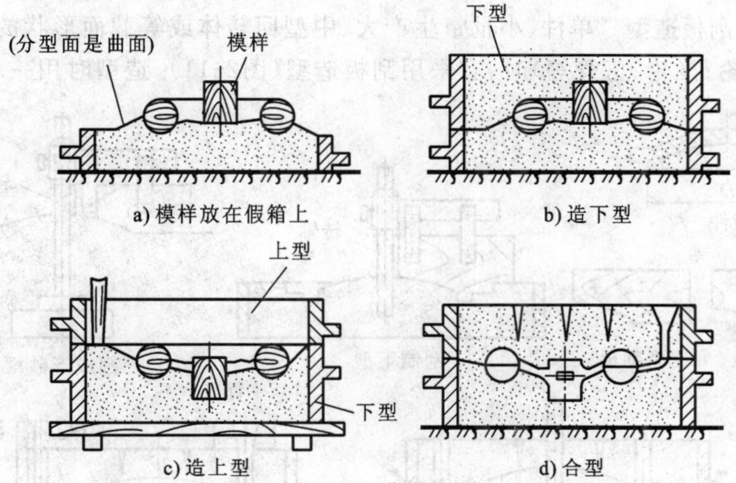

图 2-9　手轮的假箱造型工艺过程

箱造型可免去挖砂操作,操作简单,假箱可多次使用,造型效率高,适用于需要挖砂造型的形状较复杂铸件的小批量生产。

挖砂造型和假箱造型只适用于手工造型,如果这类铸件的批量大而需要机

器造型时,可以采用曲面模板造型。

(5) 活块模造型　这种造型方法将铸件上妨碍起模的部分(如凸台、筋条等)做成活块,用销子或燕尾结构使活块与模样主体形成可拆连接,起模时先取出模样主体,活块模仍留在铸型中,起模后再从侧面取出活块(图 2-10)。活块模造型主要用于带有突出部分而妨碍起模的铸件采用单件小批量、手工造型生产形式的场合。如果这类铸件的批量大而需要机器造型时,可以用砂芯形成妨碍起模的那部分轮廓。

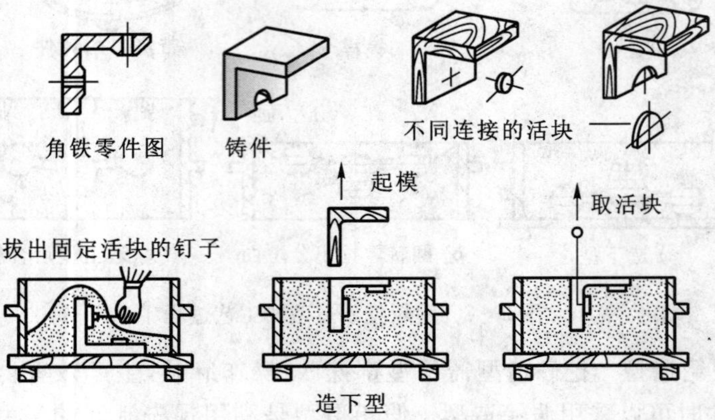

图 2-10　角铁的活块模造型工艺过程

(6) 刮板造型　单件、小批量生产大、中型回转体或等截面形状的铸件(如齿轮、带轮、飞轮、弯管等)时,宜采用刮板造型(图2-11)。造型时用一块与铸件

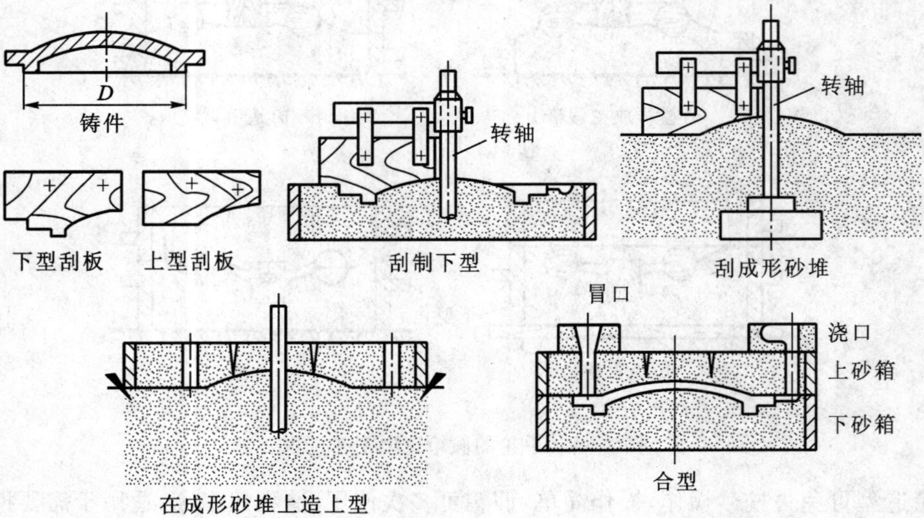

图 2-11　刮板造型的工艺过程

截面形状相应的刮板(多用木材制成)来代替模样,在上、下砂箱中刮出所需铸件的型腔。刮板造型只需要刮板而不用模样,节省制模材料和工时,缩短了生产周期。但这种方法造型时操作复杂,对工人技术要求较高,生产率较低,一般仅用于大、中型回转体铸件的生产。

(7) 组芯造型和地坑造型　对于难以找到合适分型面的复杂铸件,可以采用组合型芯造型的方法,简称组芯造型。组芯造型是用芯盒制得型芯,由型芯组合成铸件型腔的一种造型工艺。

单件、小批量生产大型或重型铸件(如大型的机身、底座)时,常以地坑或地面代替下砂箱进行造型,称为地坑造型。这种方法造型时利用车间地坑代替下砂箱,只需配置上砂箱,从而减少了砂箱的投资。但这种造型方法的劳动量大,对工人技术水平要求较高,生产率低。

2. 机器造型

机器造型是现代化铸造车间成批大量生产铸件的主要造型方法。与手工造型相比,机器造型的生产率高(每小时可生产 30～120 个铸型),铸件的尺寸精度高,表面光洁,铸件的质量稳定,便于组织自动化生产,减轻了劳动强度,改善了劳动条件。但机器造型的设备和工艺装备费用高,生产准备周期长,对型砂性能的要求高。机器造型适用于中、小型铸件的大批量生产。

机器造型按型砂的紧实方法分为压实造型、震实造型、震压造型、微震压实造型、高压造型、射砂紧实造型和射压造型等。

(1) 压实紧实　利用油压、气压或机械压力通过造型机的压头压实砂箱内型砂的紧实方法称为压实紧实(图 2－12)。压实紧实造型(简称压实造型)的生产率

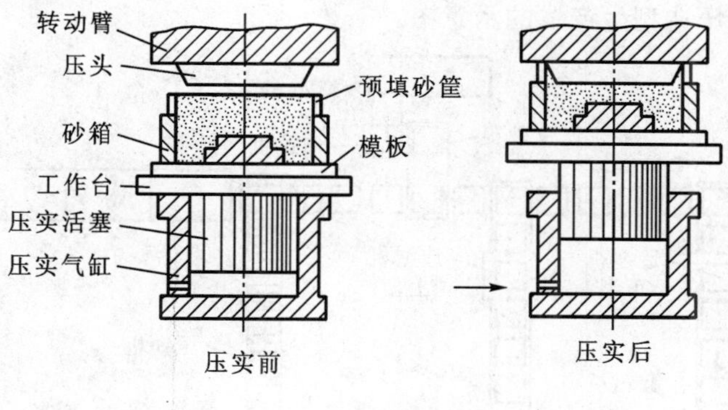

图 2－12　压实造型

高,造型机结构简单,噪声小,但砂型沿高度方向的紧实度不均匀,砂箱愈高则紧实度的不均匀性愈严重,因此压实造型只适用于砂箱高度小于 150 mm 的砂箱造型。

(2) 震压紧实　同时采用震击和压实两种紧实型砂的方法称为震压紧实。震压

造型时，工作台将砂箱连同型砂升一定高度后突然下落，与机体相撞，产生震击使型砂紧实，待型砂紧实到一定程度后，再用上压法加压紧实(图 2-13)。与压实造型相比，震压造型的型砂紧实度比较均匀，铸件质量较好，但噪声较大，生产率较低。震压造型广泛应用于中、小型铸件的批量生产中，是目前我国一般铸造车间用得比较多的一种造型方法。

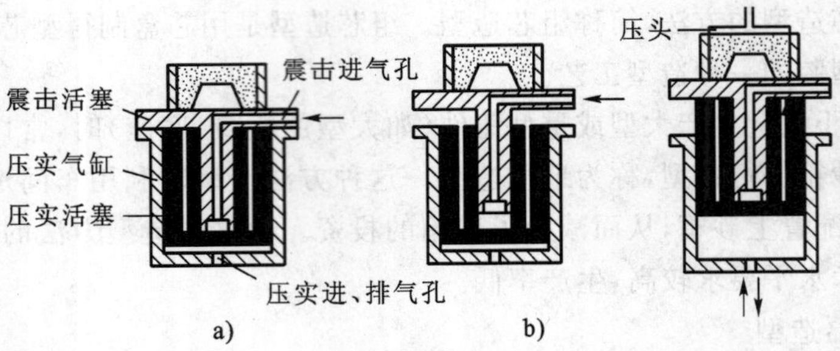

图 2-13　震压造型

压实造型和震压造型可以是单机生产，也可以组成机器造型生产流水线。

(3) 高压紧实　用压实压强大于 700 000 Pa 的压力紧实型砂的工艺称为高压紧实。采用高压紧实方法的造型称为高压造型。高压造型机采用高压实比压强，同时附有微震机构和多触头式压头，使铸型紧实度高而均匀。高压造型生产的铸件与其他机器造型方法生产的铸件相比，具有尺寸精度等级高、表面粗糙度值小、铸件废品率低、生产率高、噪声小、粉尘少、易于自动化生产等特点。但高压造型机的结构复杂，工艺装备要求高，型砂控制严，投资大，设备维修保养要求较高。高压造型生产线是目前专业铸造厂广泛采用的一种先进的生产方法。图 2-14为高压造型生产线的示意图。

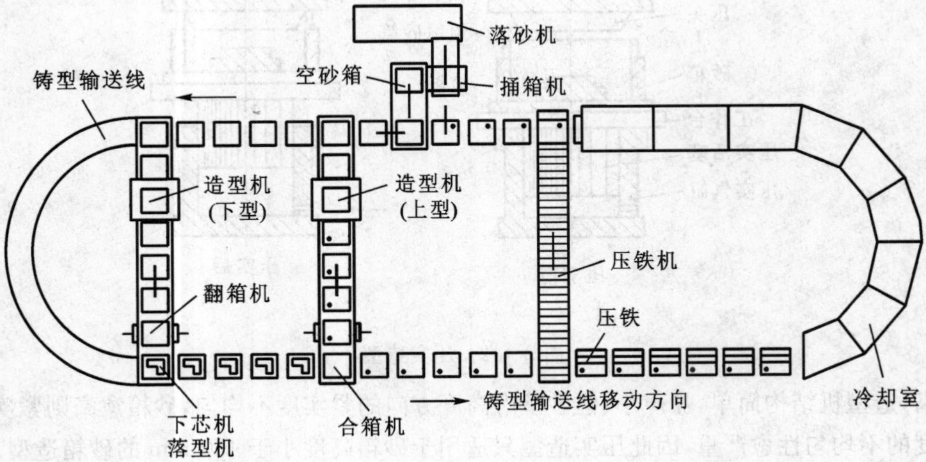

图 2-14　高压造型生产线示意图

三、制芯

型芯用来形成铸件的内部空腔或局部外形。由于型芯的表面被高温金属液包围,长时间受到浮力作用和高温金属液的烘烤;铸件冷却凝固时,砂芯往往会阻碍铸件的自由收缩;砂芯清理也比较困难。因此造芯用的芯砂要比型砂具有更高的强度、透气性、耐高温性、退让性和溃散性。造芯用的芯砂除粘土砂外,形状比较复杂、性能要求较高的砂芯一般使用树脂砂、合脂砂或植物油砂。

生产中制芯方法有手工制芯和机器制芯两种。手工制芯由于无需制芯设备,工艺装备简单,因此应用得很普遍。机器制芯一般用于大批量生产中,如热芯盒射芯机制芯或壳芯机制芯等。

根据砂芯的大小和复杂程度,手工制芯用芯盒有整体式芯盒、对开式芯盒和可拆式芯盒等,如图 2-15 所示。

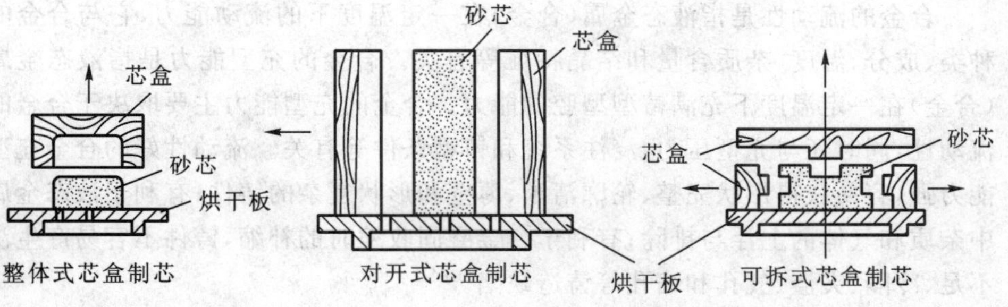

图 2-15 芯盒制芯示意图

为了提高砂芯的强度,制芯时应在砂芯中放入芯骨。一般大砂芯使用铸铁芯骨,小砂芯使用铁丝制成的芯骨。为了提高砂芯的透气性,制芯时应在砂芯中开通气道或扎通气孔,如图 2-16 所示。为了提高砂芯的耐高温性能,大部分砂芯表面要刷涂料。铸铁件一般用石墨涂料,铸钢件一般用石英涂料。为了进一

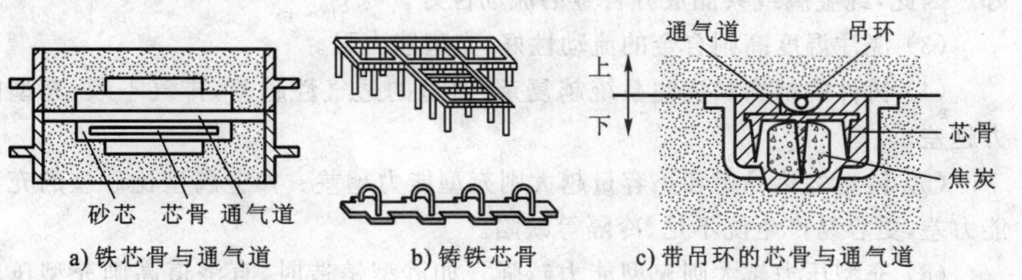

图 2-16 砂芯中的芯骨和通气道

步提高砂芯的强度和透气性,防止铸件产生气孔、呛火等缺陷,粘土砂芯应烘干后再使用。

第四节 合金的铸造性能及铸造工艺

为了保证液态金属能顺利充满铸型型腔，并经冷却凝固后获得形状和性能都符合设计要求的铸件（或零件），在铸造生产中必须准确把握合金的铸造性能，并按照合金的铸造性能特点和不同铸造方法的铸造工艺特点，合理选择铸造工艺参数。

一、合金的铸造性能

合金在铸造成形过程中所表现出来的工艺性能称为合金的铸造性能。合金的铸造性能主要指合金的流动性、收缩率、氧化性和吸气性等。

1. 合金的流动性和充型能力

合金的流动性是指液态金属（合金）在一定温度下的流动能力，它与合金的种类、成分、温度、杂质含量和结晶特征等有关。合金的充型能力是指液态金属（合金）在一定温度下充满铸型型腔的能力。合金的充型能力主要取决于合金的流动性，同时还与充型压力、浇注系统和铸型条件等有关。流动性好的合金充型能力强，容易获得形状完整、轮廓清晰、薄壁和形状复杂的铸件；有利于液态金属中杂质和气体的上浮与排除；有利于合金凝固收缩时的补缩，铸件不容易产生浇不足、冷隔、夹渣、气孔和缩孔等铸造缺陷。

影响合金流动性和充型能力的主要因素有以下几方面：

(1) 合金的种类。不同的合金有不同的流动性，灰铸铁的流动性最好，铜合金、铝合金的流动性次之，铸钢的流动性最差。

(2) 合金的成分。不同成分的同类合金有不同的结晶温度范围和结晶特征，结晶温度范围越小则其凝固层的内表面比较平滑（层状结晶），流动性就越好。因此，纯金属或共晶成分合金的流动性好。

(3) 浇注温度高则合金的流动性好，充型能力强。

(4) 铸件的结构和浇注系统越复杂，铸型的透气性越差，排气不顺，充型能力越差。

(5) 铸型的热导率和热容量越大则充型能力越差。如金属型比砂型的充型能力差，更容易产生浇不足、冷隔等缺陷。

(6) 充型压力越大则充型能力越强。如砂型铸造时，直浇道高则充型压力大，充型能力强。

2. 合金的收缩

液态金属在冷却和凝固过程中体积和尺寸的减小称为收缩。收缩是铸件产生缩孔、缩松、裂纹、变形、应力和尺寸变化的基本原因。在铸件形成的过程中，合金的收缩可以分成三个不同的阶段，即液态收缩、凝固收缩和固态收缩。

合金的收缩与合金的种类、化学成分，铸件结构、铸型条件和浇注温度等因素有关。不同的合金有不同的收缩率。在常用的铸造合金中，铸钢的收缩率最大，灰铸铁的收缩率最小。液态收缩和凝固收缩是形成铸件缩孔和缩松的主要原因。生产中常采用设补缩冒口、降低浇注温度和浇后补浇的办法防止缩孔和缩松的产生。铸件凝固后在铸型中冷却时产生的固态收缩，会受到来自铸型、型芯和浇冒系统的机械阻力。因此，铸件的实际线收缩率比其自由线收缩率小，并会产生铸造应力，导致铸件产生裂纹、变形等。生产中通过提高型(芯)砂的退让性，合理布置浇冒系统来降低铸型对铸件固态收缩时的阻力，防止铸件中裂纹、变形、应力的产生。

3. 合金的吸气性和氧化性

合金材料在熔化和浇注过程中吸收气体的能力称为吸气性。如果合金材料在熔化和浇注过程中吸收的气体在凝固时来不及析出和排除，就会形成气孔缺陷。为了防止铸件产生气孔缺陷，可以采用缩短熔炼时间、选用烘干过的清洁炉料、烘干炉前处理材料和浇注工具、提高型(芯)砂的透气性、降低型砂的含水率或对铸型进行烘干等工艺措施。

合金的氧化性是指合金液与空气接触时被氧化的程度。合金液被氧化形成的氧化渣是铸件产生夹渣缺陷的主要原因。因此，在熔化和浇注过程中要尽量减少合金氧化，并采取有效的除渣措施。

二、铸造工艺

铸造工艺包括选择并确定铸型的分型面、模样和砂芯的结构、浇注系统及铸造工艺参数等主要内容。

1. 分型面和浇注位置的选择

分型面是指上、下砂型的接合面。选择分型面位置的主要依据是铸件的结构形状。不同的造型方法分型面可以有不同的选择。浇注位置是指浇注时铸件在型腔内所处的位置。为了便于造型操作和保证铸件的质量，分型面和浇注位置的选择原则如下：

(1) 为了便于取模，分型面应选择在模样的最大截面处，如图 2-17 所示。

(2) 尽量减少分型面的数目。采用机器造型或批量生产时应采用一个分型面的两箱造型方法。分型面应尽量取平面，避免采用挖砂、活块造型方法(机器造型时不能采用挖砂和活块工艺)。生产中常常采用一些工艺措施来减少分型面的数目，图 2-18 是利用外型芯将三箱造型变为两箱造型的实例。

(3) 应使铸件的全部或大部分放在同一个砂型中，以减少错箱、飞边毛刺的产生，提高铸件的尺寸精度，如图 2-19 所示。

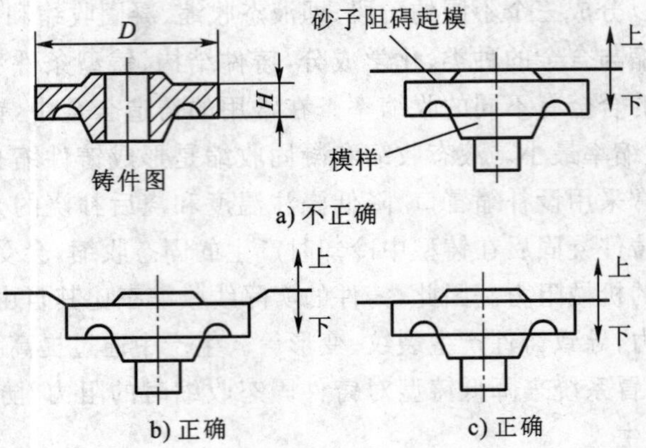

图 2-17　分型面的位置

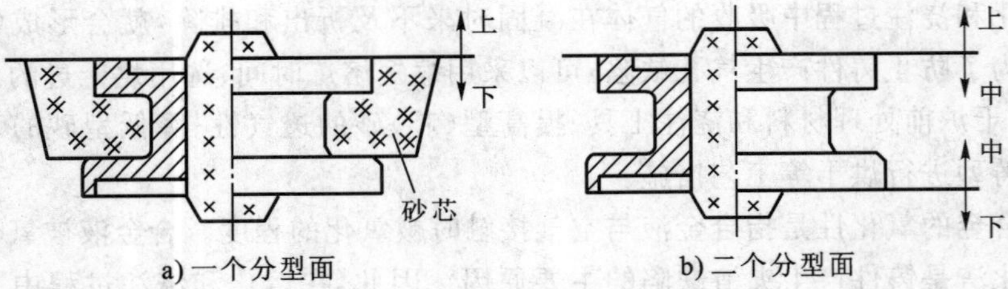

图 2-18　减少分型面数目的实例

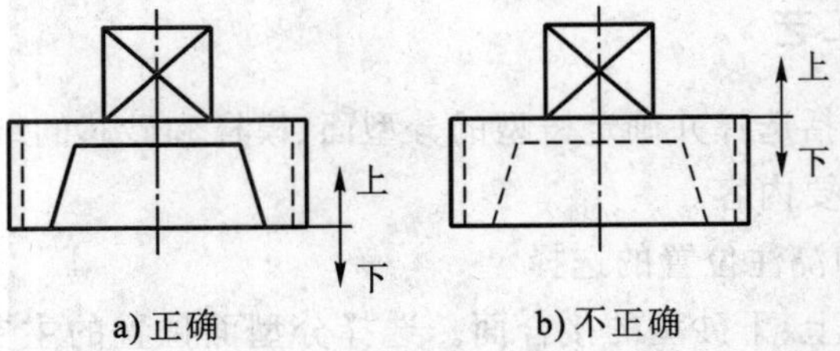

图 2-19　管子堵头分型面位置的选择实例

(4) 铸件中重要的加工面应朝下或垂直于分型面，否则，浇注时液态金属中的渣子和气泡总是浮在上面，导致铸件上表面的缺陷较多，如图 2-20 所示。

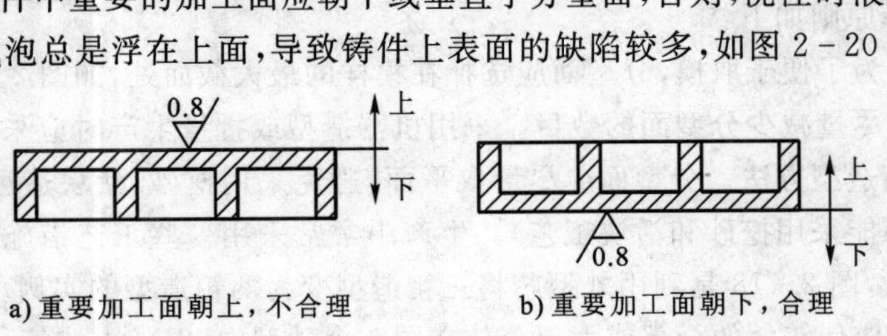

图 2-20　浇注位置的确定

2. 浇注系统的选择

浇注系统是铸型中液态金属流入型腔的通道。浇注系统一般由浇口杯、直浇道、横浇道和内浇口组成(图 2-21)。浇注系统各组成部分的主要作用是:浇口杯起承接来自浇包的液态金属并使之流入直浇道的作用,还有一定的挡渣作用,一般作成漏斗状或盆状;直浇道连接浇口杯和横浇道,引导金属液从浇口杯流入横浇道,并为液态金属充满整个型腔提供足够的充型压力头;横浇道将金属液均匀地分配给各个内浇道,并起主要的挡渣作用;内浇道连接横浇道和铸型型腔,起控制金属液的充型速度和流向的作用,引导金属液平稳、均匀、快速地充满整个铸型型腔,并有调节铸型和铸件的温度分布的作用。可见,浇注系统的结构、形状尺寸和位置高低对铸件的质量有重要的影响。

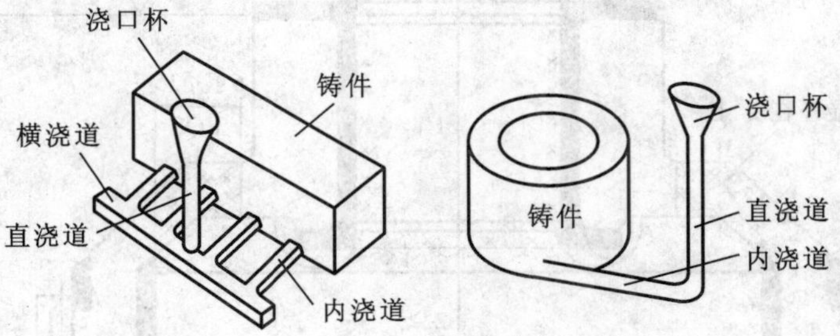

图 2-21　浇注系统的结构图

3. 铸造工艺参数的选择

铸造工艺参数通常是指进行铸件工艺设计时必须确定的一些工艺数据,包括加工余量、铸件收缩率、起模斜度等。

(1) 加工余量

在铸件加工表面上留出的,准备在切削加工时切去的金属层厚度称为加工余量。加工余量的大小与铸件的大小、合金种类、铸造方法和浇注时该表面所处的浇注位置有关,确定加工余量时可查有关手册。一般铸铁件的加工余量在3～6 mm左右。

(2) 铸件收缩率

铸件凝固后从高温冷却到室温的线收缩率称为铸件收缩率。铸件收缩率以尺寸的缩小值与铸件公称尺寸的百分比表示。铸件收缩率 K 表示为:

$$K = \frac{L_1 - L_2}{L_2} \times 100\%$$

式中,L_1 为模样(或芯盒)的工作面尺寸(mm); L_2 为铸件尺寸(mm)。铸件的收缩率与合金种类和收缩时合金的受阻情况等有关。铸铁件的收缩率一般为 0.8%～1.0%;铸钢件的收缩率一般为 1.8%～2.2%左右。

(3) 起模斜度

平行于起模(出芯)方向的模样(芯盒)壁上留出的一定斜度称为起模斜度。起模斜度与铸件壁厚和起模(出芯)方向的高度有关,确定起模斜度可查有关手册,一般控制在0.5°～3°左右。

4. 铸造工艺图

铸造工艺图如图2-22所示。

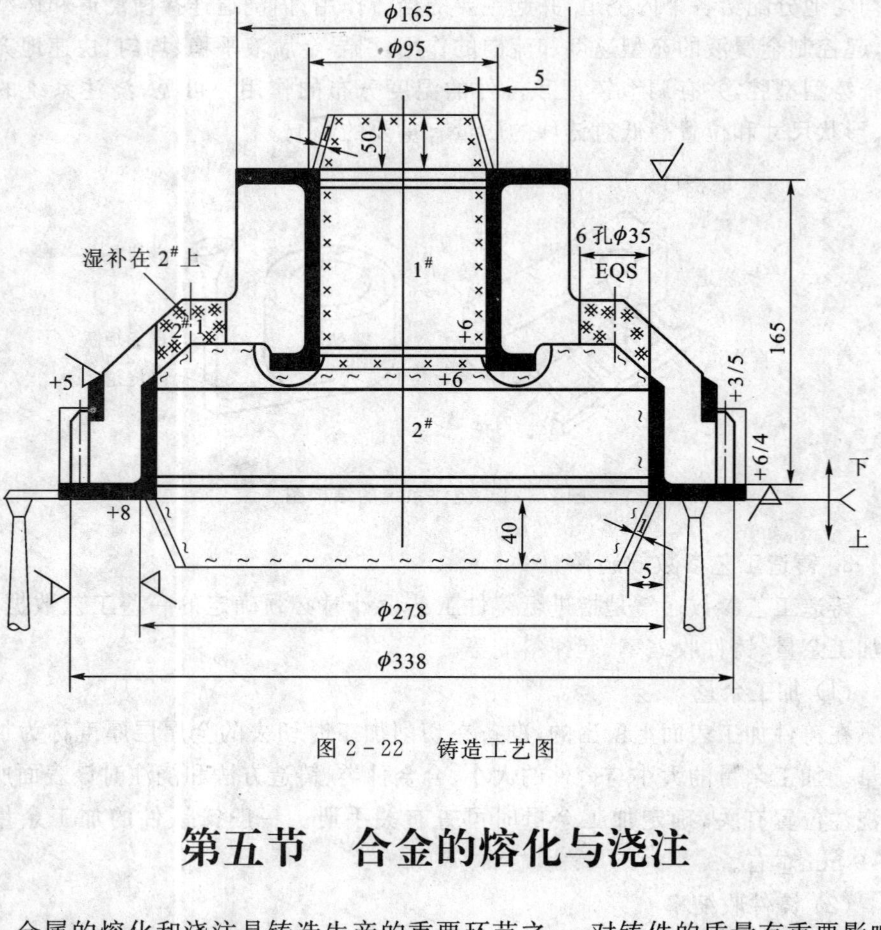

图2-22　铸造工艺图

第五节　合金的熔化与浇注

金属的熔化和浇注是铸造生产的重要环节之一,对铸件的质量有重要影响。若熔化工艺控制不当,会使铸件因成分和力学性能不合格而报废;若浇注工艺不当,会引起浇不足、冷隔、夹渣、气孔和缩孔等铸造缺陷。

不同的铸造合金材料要选用不同的熔化设备和熔化工艺。铸造生产中常用的熔化设备有冲天炉、感应电炉、三相电弧炉、电阻炉和焦炭炉等。

一、铸铁的熔化

铸铁是由铁、碳和硅等组成的铁碳合金。工业上常用的铸铁成分大致为：w_C 2.0%～4.0%，Si 0.6%～3.0%，Mn 0.2%～2.0%，P 0.05%～1.2%，S 0.05%～0.15%。根据铸铁中的石墨存在形态的不同，铸铁可分为普通灰铸铁（呈片状石墨）、球墨铸铁（呈球状石墨）、可锻铸铁（呈团絮状石墨）和蠕墨铸铁（呈蠕虫状石墨）。由于石墨形态的不同，各种铸铁的力学性能和物理性能有较大的差别，可根据不同的使用要求选择不同的铸铁。为了进一步提高铸铁的某些性能，铸铁中还可以加入铬、钼、铜、铝等合金元素，制成具有某些特殊性能的合金铸铁。

为了获得不同成分的合格铁水，应选用不同的熔化设备。工业上常用的铸铁熔化方法有冲天炉熔化、电炉熔化和冲天炉与电炉双联熔化等。

1. 冲天炉熔化

冲天炉是铸铁车间的主要熔化设备。冲天炉熔化操作方便，可连续生产，生产率高，投资少，成本低，被广泛应用于普通铸铁的生产中。

图 2-23 为冲天炉结构示意图，它由炉体、加料系统、送风系统、出铁口和出渣口等组成。冲天炉利用了热对流原理，熔炼时焦炭燃烧的火焰和热炉气自下而上运动，冷炉料自上而下移动，在物、气逆向流动过程中进行热交换和冶金反应，最终将炉料熔化成合格的铁水。

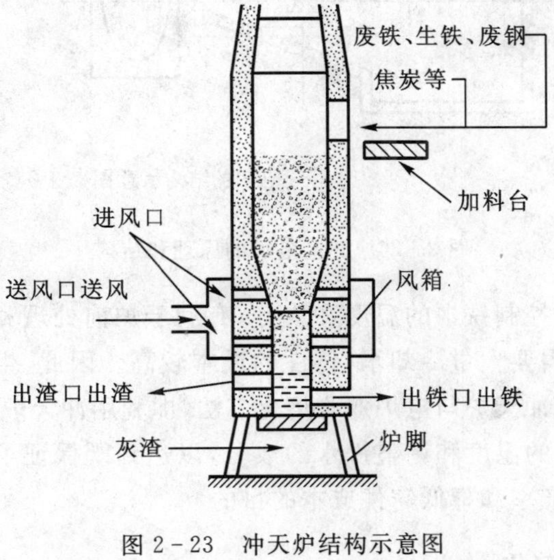

图 2-23　冲天炉结构示意图

冲天炉熔化的铁水出炉温度一般在 1 400～1 550 ℃左右。

2. 感应电炉熔化

对于质量要求高的高强度铸铁应选用感应电炉熔化。铸铁车间用的感应电炉有工频感应电炉和中频感应电炉。由于电炉熔化铁水出炉温度高，便于铁水成分的控制和炉前处理，因此这种方法被广泛应用于球墨铸铁和合金铸铁的生产中。

感应电炉的基本原理如图 2－24 所示。金属炉料置于坩埚中，坩埚外面绕有通水冷却的感应线圈，当感应线圈通过交变电流时，在感应线圈周围就产生交变磁场，交变磁场使金属炉料中产生感应电动势并引起涡流，使金属炉料加热和熔化。

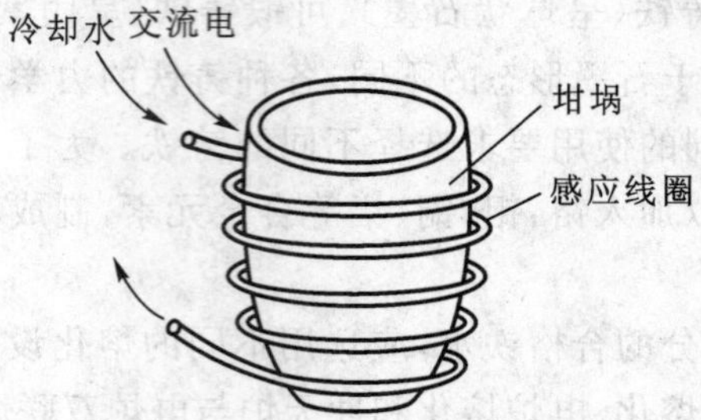

a) 感应电炉的原理图

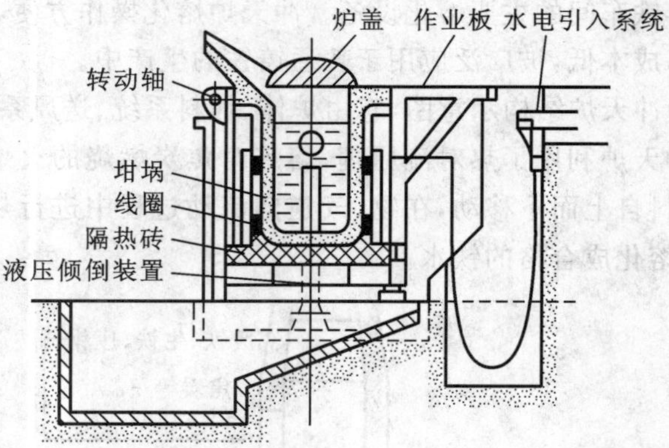

b) 感应电炉的结构示意图

图 2－24　感应电炉的原理和结构

电炉熔化便于控制铁水的温度和成分，有利于炉前处理和组织生产。但这种方法耗电量大，需要大量冷却水，铸件的成本较高。因此，生产球墨铸铁和合金铸铁时往往采用冲天炉与电炉双联熔化方法，即利用冲天炉熔化铁水，再通过感应电炉提高铁水的温度和调整铁水的成分，以达到既保证了铁水温度和铁水成分，又提高了生产率和降低铸件成本的目的。

二、铸钢的熔化

铸造用钢称为铸钢，铸钢的碳的质量分数 w_C 小于 2.11%，硅、锰、磷、硫等元素也比铸铁少。铸钢的熔点高，铸造性能差，生产工艺复杂，工艺出品率低。但铸钢具有较高的强度、塑性和冲击韧性，较好的导热性、导电性和导磁性，焊接性能也好，被广泛应用于生产性能要求较高、结构形状复杂的铸件毛坯。

电弧炉能以废钢为原料熔炼出符合铸件要求的各种钢水，且熔炼周期短，开炉和停炉方便，容易与造型工艺配合，便于组织生产，因此被广泛应用于铸钢车间。三相电弧炉是铸钢车间的主要熔炼设备(图 2-25)。三相电弧炉主要由炉体，石墨电极、电极夹持和升降机构，倾炉机构等三部分组成。它利用三相电流通过石墨电极与金属炉料之间放电产生的电弧所发出的热量，使金属炉料熔化和冶炼。

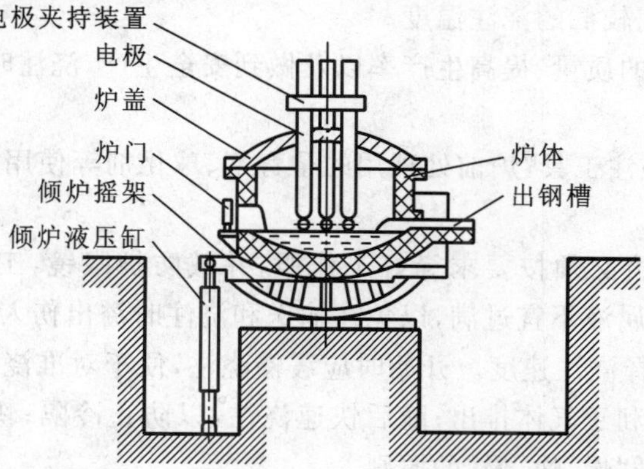

图 2-25　三相电弧炉

除三相电弧炉外，铸钢车间还广泛使用感应电炉熔化钢水。

三、有色金属合金的熔化

常用的铸造有色金属有铸造铝合金、铸造铜合金、铸造镁合金和铸造锌合金等。

有色金属的熔点低，常用的熔化用炉有坩埚炉和反射炉两类，用电、油、煤气或焦炭等作为燃料。电阻坩埚炉和焦炭坩埚炉是中、小工厂熔化有色金属的常用设备。图 2-26 是坩埚炉的示意图。

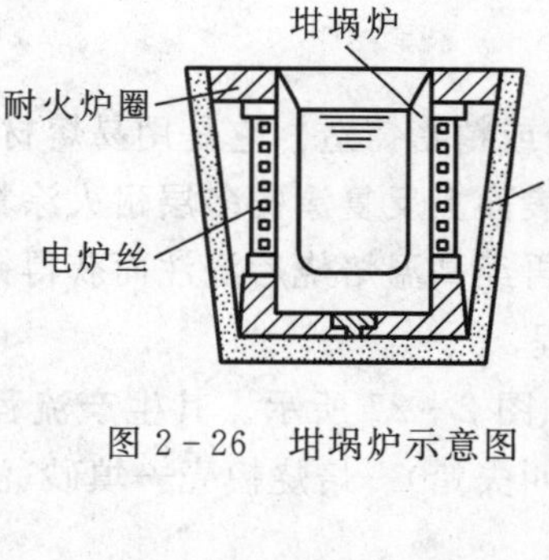

图 2-26　坩埚炉示意图

四、浇注

把金属液从浇包注入铸型的操作过程称为浇注。浇注时应根据铸件的大小、铸件结构的复杂程度和铸型条件正确控制浇注温度。生产上要遵循“高温出炉、低温浇注”的原则。因为提高金属液的出炉温度有利于夹杂物的彻底熔化和熔渣上浮，便于清渣和除气，减少铸件的夹渣和气孔缺陷；采用较低的浇注温度则有利于降低金属液中的气体溶解度、液态收缩量和高温金属液对型腔表面的烘烤，避免产生气孔、粘砂和缩孔等缺陷。因此，在保证金属液充满铸型型腔的前提下，尽量采用较低的浇注温度。

为确保铸件的质量、提高生产率以及做到安全生产，浇注时应严格遵守下列操作要领：

(1) 浇包，浇注工具，炉前处理用的孕育剂、球化剂等使用前必须充分烘干，烘干后才能使用。

(2) 浇注人员必须按要求穿好工作服，并戴防护眼镜，工作场地应通畅无阻。浇包内的金属液不宜过满，以免在输送和浇注时溢出伤人。

(3) 正确选择浇注速度。开始时应缓慢浇注，便于对准浇口，减少熔融金属对砂型的冲击和利于气体排出；随后快速浇注，以防止冷隔；快要浇满前又应缓慢浇注：即要遵循“慢、快、慢”的原则。

(4) 浇注时应及时将铸型中冒出的气体点燃顺气，以免由于铸型憋气而产生气孔，以及由于气体的不完全燃烧而损害人体健康和污染空气。

(5) 对于液态收缩和凝固收缩比较大的铸件(如中、大型铸钢件)，浇注后要及时从浇口或冒口补浇。

第六节 特种铸造

特种铸造是指不同于砂型铸造的其他铸造方法。本节主要介绍几种常用的特种铸造方法，即熔模铸造、金属型铸造、压力铸造、低压铸造和离心铸造等。

一、熔模铸造

熔模铸造又称失蜡铸造或精密铸造。它是用易熔材料(如蜡料)制成模样并组装成蜡模组，然后在模样表面上反复涂覆多层耐火涂料制成模壳，待模壳硬化和干燥后将蜡模熔去，模壳再经高温焙烧后浇注而获得铸件的一种铸造方法。

1. 熔模铸造的生产流程

熔模铸造的生产流程如图 2－27 所示。其生产流程包括：压制蜡模—制作蜡模组—制模壳—熔模(又叫失蜡)—焙烧模壳—填砂、浇注—清理等。

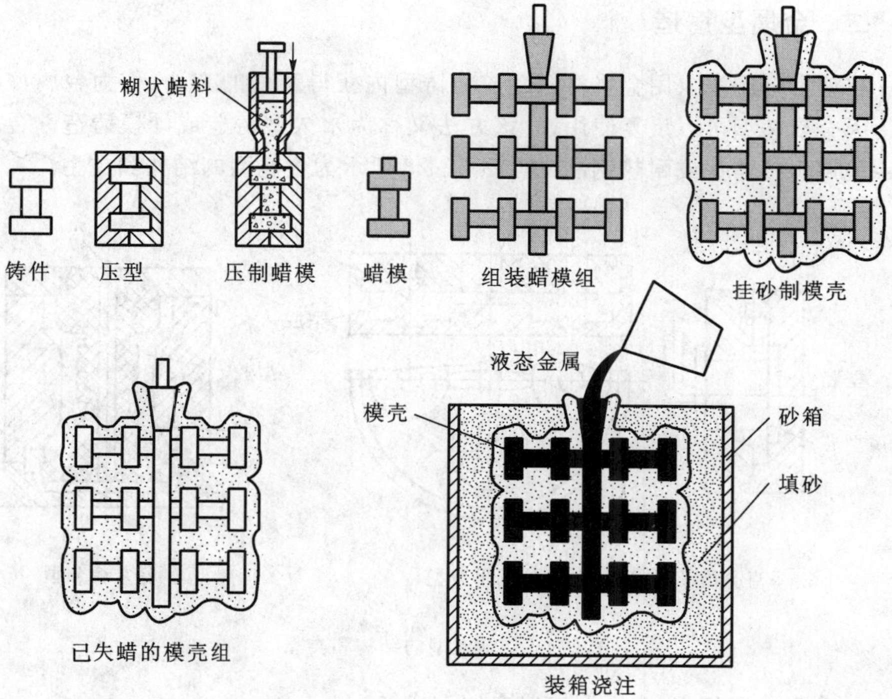

图 2-27 熔模铸造的生产流程

2. 熔模铸造的工艺特点及应用

熔模铸造工艺具有以下特点：

(1) 铸件精度高。蜡模精度较高，模壳强度、耐火度高，型腔表面光洁，无分型面，无起模、合箱等操作，因此铸件的尺寸精度等级可达 CT4～CT7，表面粗糙度 Ra 值可达 6.3～1.6 μm。铸件可以不经机械加工直接使用，节约了加工工时和金属材料。

(2) 适用于各种铸造合金。尤其适用于如不锈钢、耐热钢、硬质合金和磁性材料等特殊铸造合金的铸件生产。

(3) 特别适用于制造复杂铸件。因为这种方法是用熔化方法去除蜡模，故适用于生产难于用砂型铸造或难于用切削加工成形的复杂、薄壁铸件，如飞机的叶片、高合金钢成形铣刀等。

但是，熔模铸造工艺过程复杂，生产周期长，生产成本高，影响铸件质量的因素多，必须严格控制各工序的质量才能稳定生产。目前，熔模铸造广泛应用于航空、汽车、机床、仪表等制造部门，如叶片、叶轮、成形刀具、锥齿轮以及艺术品、装饰品等小型铸件的批量生产。

二、金属型铸造

将液态金属浇入用金属材料制成的铸型内获得铸件的方法，称为金属型铸造。因金属铸型可以反复使用，故该方法又称为永久型铸造或硬模铸造。金属型一般用耐热铸铁或耐热钢制成。图 2-28 所示为金属型的结构和类型。

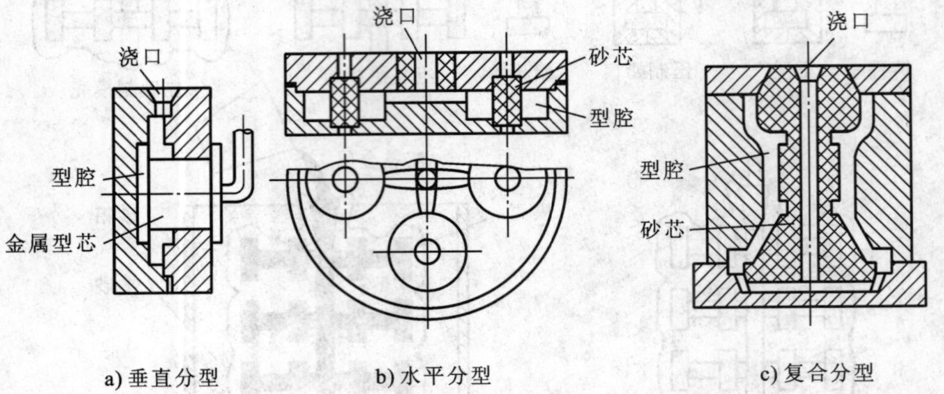

图 2-28　金属型的结构和类型

与砂型铸造相比，金属型铸造有如下特点：

(1) 金属型导热性好，冷却速度快，故铸件的晶粒细，组织致密，铸件的力学性能较砂型铸造的铸件提高 10%～20%。

(2) 由于一个金属型可反复使用几百次乃至几万次，因此这种方法的生产率高。

(3) 金属型铸件的尺寸精度高，表面光洁，一般尺寸精度可达 CT7～CT9，表面粗糙度 Ra 值为 12.5～6.3 μm。

但是，金属型成本较高，加工周期较长；金属型的冷却速度快，容易产生冷隔、浇不足等铸造缺陷。因此，生产中要严格控制金属型铸造的浇注温度、金属型预热温度和开型时间。

金属型铸造主要用于生产铝、镁、铜等低熔点的有色金属铸件，如活塞、油泵壳、气缸体等的生产。

三、压力铸造

金属液在高压下高速充填铸模型腔，并在保持压力下凝固成形的方法称为压力铸造。压力铸造的充型压力一般在几个 MPa 到几十个 MPa。压铸模材料一般使用耐热合金钢。

压力铸造是在压铸机上进行的。压铸机分为热压室压铸机和冷压室压铸机两大类。热压室压铸机的压室与坩埚炉联成一体，冷压室压铸机的压室与保温坩埚炉是分开的，但目前用得最多的是卧式冷压室压铸机。图 2-29 为卧式冷压室压铸机工艺过程的示意图。

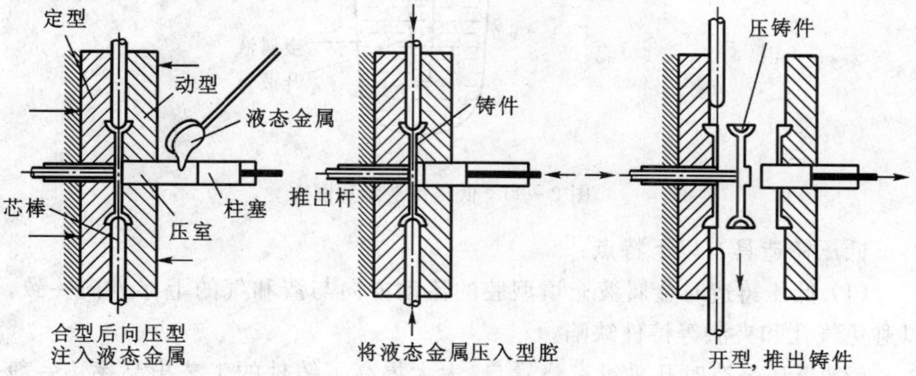

图 2-29　卧式冷压室压铸机工艺过程示意图

与砂型铸造相比，压力铸造有如下特点：

(1) 金属液在压力下充型，可以铸出形状复杂的薄壁铸件。

(2) 金属液在压力下结晶，铸件内部组织致密，力学性能比砂型铸件高20%～40%。

(3) 由于使用金属型，因此压铸件的尺寸精度高，表面光洁，一般尺寸精度可达 CT6～CT8，表面粗糙度 *Ra* 值为 6.3～3.2 μm。

(4) 易于实现机械化、自动化生产，生产率高。

但是，压铸模制造周期长，费用高，压铸设备投资大。压力铸造主要用于薄壁且形状复杂的有色合金小铸件的大批量生产。它广泛用于汽车、航空、电器、仪器、电信器材、医疗器械等行业中，如发动机气缸体、气缸盖、变速箱体以及仪表和照相机的壳体、管接头、齿轮等。为进一步提高压铸件的内在质量，还有真空压铸、吹氧压铸等新工艺。

四、低压铸造

金属液在较低压力下充填铸模型腔，并在该压力下凝固成形的方法称为低压铸造。低压铸造的充型压力一般为 20～60 kPa。低压铸造的铸型一般采用金属型或金属型与砂芯组合型。图 2-30 为低压铸造示意图。

低压铸造的工艺过程为：向存有金属液的密封坩埚中通入干燥的压缩空气，使金属液通过升液管自下而上进入型腔内，并保持一定压力直至型腔内的金属凝固，然后放掉坩埚内的气体，使升液管和浇口内尚未凝固的金属液流回坩埚中，打开铸型取出铸件。

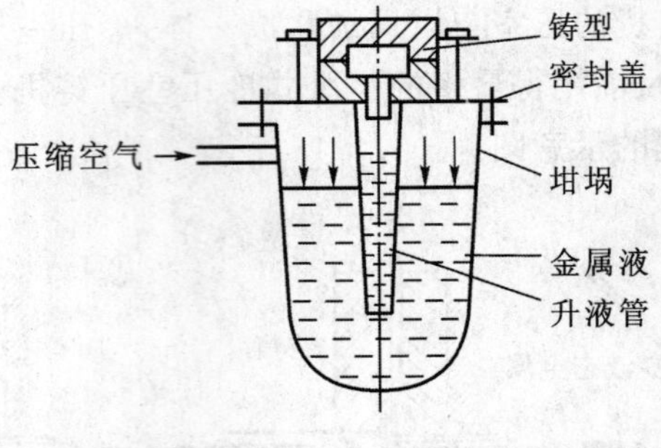

图 2-30 低压铸造示意图

低压铸造具有以下特点：

(1) 低压铸造时金属液充填型腔的流动方向与渣和气的上浮方向一致，可以避免气孔和夹渣等铸件缺陷。

(2) 低压铸造时几乎没有浇冒口，大大提高了铸件的工艺出品率。一般低压铸造的铸件工艺出品率高达 90%～98%。

(3) 由于金属液是在一定的压力下充填型腔，有利于获得轮廓清晰、表面光洁的铸件，尤其适合于生产较大的复杂薄壁铸件。

(4) 低压铸造设备简单，易于实现机械化、自动化生产。

低压铸造广泛应用于生产铝、镁合金铸件，如气缸体、气缸盖及铝活塞等形状复杂、要求高的铝合金铸件。

五、离心铸造

离心铸造是将金属液浇入旋转的铸型中，使之在离心力作用下充填铸型并凝固成形的方法。

根据铸型旋转空间位置的不同，常用的离心铸造机有立式和卧式铸造机两类。图 2-31 所示为离心铸造的铸件成形过程。

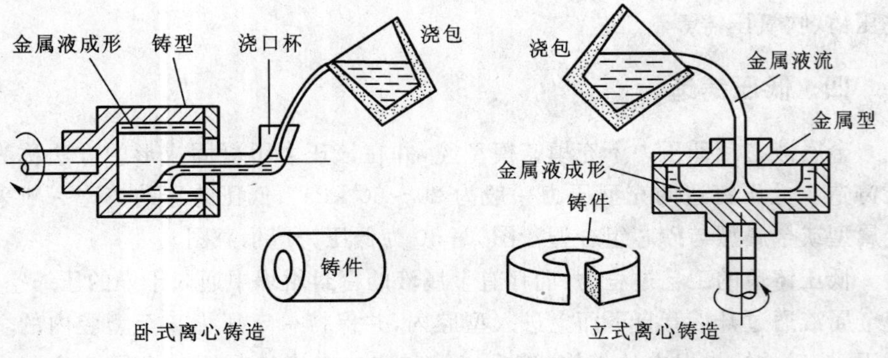

图 2-31 离心铸造及其铸件成形过程

离心铸造工艺的特点如下：

(1) 金属液在离心力作用下充满型腔并凝固，金属液中的渣、气等的密度较小，被甩到铸件的内表面，因此铸件的内部组织致密，缩孔、气孔、渣眼等缺陷较少，铸件的力学性能高。但铸件内孔的尺寸不精确，表面质量较差，要有较大的内表面加工余量。

(2) 不用型芯可生产圆筒形中空铸件。该方法不需要浇注系统，提高了金属材料的利用率。

离心铸造常用于铸造管、套类空心旋转体铸件以及双层金属（如钢套铜衬）的复合材料铸件的生产。这种方法生产的铸件质量可从几十克至十几吨，直径可从几毫米至几米，几乎所有的铸造合金都可以用离心铸造方法生产。

第七节 常见铸造缺陷

铸造的工艺过程复杂，影响铸件质量的因素很多，如原材料控制不严、工艺方案不合理、生产操作不当、管理制度不完善等原因都可能使铸件产生各种铸造缺陷。常见的铸件缺陷、特征及其产生的原因见表 2－2。

表 2－2 常见的铸件缺陷及产生原因

缺陷名称	特征	产生的主要原因
气孔 	在铸件内部或表面有大小不等的光滑孔洞	① 炉料不干或含氧化物、杂质多；② 浇注工具或炉前添加剂未烘干；③ 型砂含水过多或起模和修型时刷水过多；④ 型芯烘干不充分或型芯通气孔被堵塞；⑤ 型砂透气性差；⑥ 浇注温度过低或浇注速度太快等
缩孔与缩松 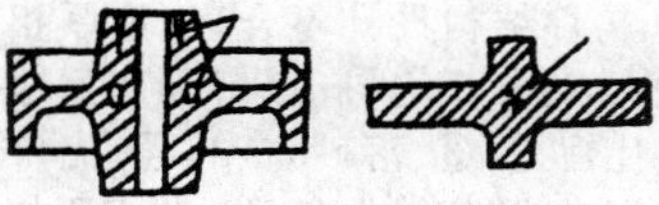	缩孔多分布在铸件的厚断面处，形状不规则，孔内粗糙	① 铸件结构设计不合理，如壁厚相差过大等；② 浇注系统和冒口的位置不对；③ 浇注温度太高；④ 合金的化学成分不当，收缩率过大，冒口太小或太少
砂眼 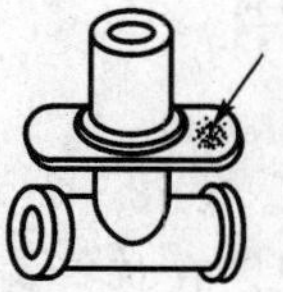	在铸件内部或表面有型砂充塞的孔眼	① 型砂强度太低或砂型和型芯的紧实度不够，故型砂被金属液冲入型腔；② 合箱时砂型局部损坏；③ 浇注系统不合理，内浇口方向不对，金属液冲坏了砂型；④ 合箱时型腔或浇口内的散砂未清理干净

续表

缺陷名称	特征	产生的主要原因
粘砂 	铸件表面粗糙，粘有一层砂粒或砂粒与金属的烧结层	① 原砂耐火度低或颗粒度太大；② 型砂含泥量过高，耐火度下降；③ 浇注温度太高；④ 湿型铸造时型砂中的煤粉含量太少；⑤ 干型铸造时铸型未刷涂料或涂料太薄
夹砂(结疤) 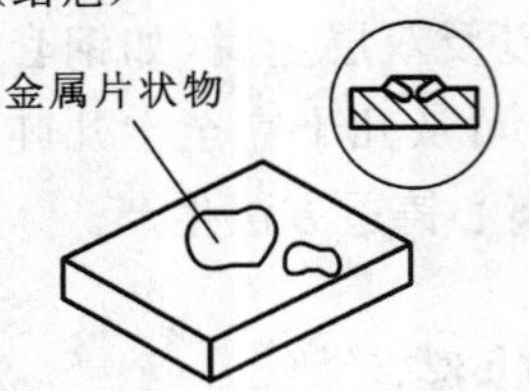	铸件表面产生的金属片状突起物，在金属片状突起物与铸件之间夹有一层型砂	① 型砂热湿拉强度低，型腔表面受热烘烤而膨胀开裂；② 砂型局部紧实度过高，水分过多，水分烘干后型腔表面开裂；③ 浇注位置选择不当，型腔表面长时间受高温铁水烘烤而膨胀开裂；④ 浇注温度过高，浇注速度太慢
错型 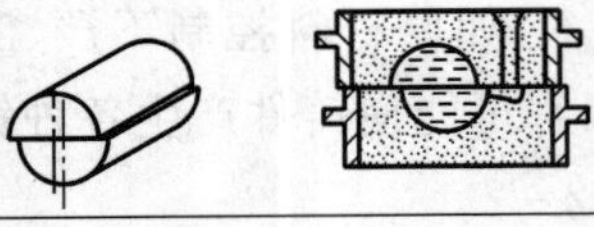	铸件沿分型面有相对位置错移	① 模样的上半模和下半模未对准；② 合型时上下砂箱错位；③ 上下砂箱未夹紧或上型未加足够压铁，浇注时产生错箱
冷隔 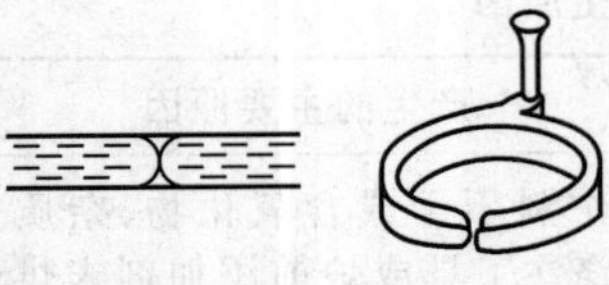	铸件上有未完全融合的缝隙或洼坑，其交接处是圆滑的	① 浇注温度太低，合金流动性差；② 浇注速度太慢或浇注中有断流；③ 浇注系统位置开设不当或内浇道横截面积太小；④ 铸件壁太薄；⑤ 直浇道(含浇口杯)高度不够；⑥ 浇注时金属量不够，型腔未充满
浇不足 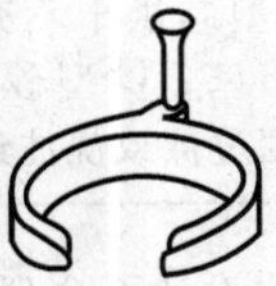	铸件未被浇满	
裂纹 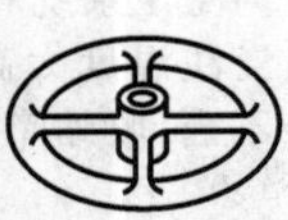	铸件开裂，开裂处金属表面有氧化膜	① 铸件结构设计不合理，壁厚相差太大，冷却不均匀；② 砂型和型芯的退让性差；③ 落砂过早；④ 浇口位置不当，致使铸件各部分收缩不均匀

第八节　铸造方法的选用

各种不同铸造方法有其不同的工艺特点和适用范围。表 2-3 为几种常用铸造方法的适用范围、铸件精度和经济性分析的比较情况。在选择铸造方法时，必须根据铸造合金的种类、铸件的结构形状和大小、生产批量、生产现场的设备条件和工艺条件、环境保护及经济性等因素进行综合考虑。

表 2-3 常用铸造方法的比较

比较项目 \ 铸造方法	砂型铸造	熔模铸造	金属型铸造	压力铸造	离心铸造
适用金属	不限	不限，但以铸钢为主	以有色合金为主	铝、锌等低熔点合金	黑色金属、铜合金等
铸件的大小及质量范围	不限	一般小于 25 kg	中小铸件	一般为 10 kg 以下的小铸件	不限
生产批量	不限	成批、大量，也可单件生产	大批、大量	大批、大量	成批、大量
铸件尺寸精度(CT)	9	4	6	4	—
铸件表面粗糙度 $Ra/\mu m$	较粗糙	1.6～12.5	6.3～12.5	0.8～3.2	内孔粗糙
铸件内部晶粒的大小	粗	粗	细	细	细
铸件的机械加工余量	最大	较小	较大	较小	内孔加工余量大
生产率(取决于机械化程度)	手工造型(低)、机械造型(高)	中	中、高	高	中、高
设备费用	手工造型(低)、机械造型(高)	较高	较低	较高	中等
工艺出品率/%	65～85	60～85	70～80	90～95	80～90
应用举例	各种铸件	刀具、叶片、自行车零件、机床零件、刀杆、风动工具等	铝活塞、水暖器材、水轮机叶片、一般有色合金铸件等	汽车化油器、喇叭、电器、仪表、照相机零件等	各种铁管、套管、环、辊、叶轮、滑动轴承等

第九节 零件结构的铸造工艺性分析

零件结构的铸造工艺性通常是指零件的本身结构是否符合铸造工艺的要求。审查零件结构的铸造工艺性一般从零件材料的铸造性能和铸造工艺性两方面考虑。

一、从合金的铸造性能审查铸件结构的合理性

(1) 铸件的壁厚要合理

不同的合金和不同的铸造方法,对铸件允许的最小壁厚都有要求。铸件的壁厚过小会产生浇不足和冷隔等缺陷。表 2－4 所示为砂型铸造时铸件允许的最小壁厚。铸件的壁厚要力求均匀,内壁厚应小于外壁厚,以便使各部位能均匀冷却,防止产生缩孔、缩松、内应力和裂纹等缺陷。图 2－32 所示为铸件壁厚力求均匀的实例。

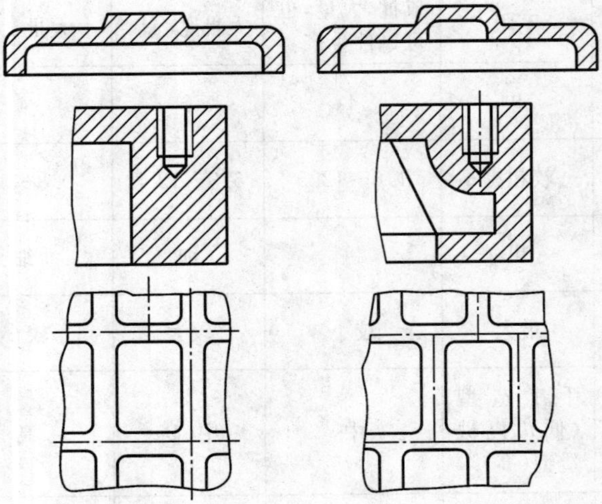

图 2－32　铸件壁厚力求均匀的实例

表 2－4　砂型铸造时铸件允许的最小壁厚　　mm

铸件尺寸	铸钢	灰铸铁	球墨铸铁	可锻铸铁	铝合金	铜合金
≤200×200	6～8	4～6	6	4～5	3	3～5
200×200～500×500	10～12	6～10	12	5～8	4	6～8
≥500×500	18～25	15～20			6	

(2) 铸件中壁与壁的连接和过渡形式要合理

铸件中的厚壁与薄壁相接处、拐弯和壁与壁的交接处应采取逐渐过渡的形式,并采用较大的过渡圆角连接,以免形成热节,引起缩孔和裂纹等缺陷。图 2－33所示为铸件中壁与壁的连接和过渡形式。

(3) 铸件应尽量避免在水平方向上有大平面

铸件中水平方向上大的平面不利于液态金属的充填,易造成浇不足、冷隔和夹砂等缺陷;不利于气体和夹杂物的排除,易出现气孔和夹渣等缺陷;铸型顶部

大的平面由于较长时间内受高温金属液的烘烤，极易造成夹砂缺陷。因此，应尽量避免铸件在水平方向上有大平面，如图 2-34 所示。

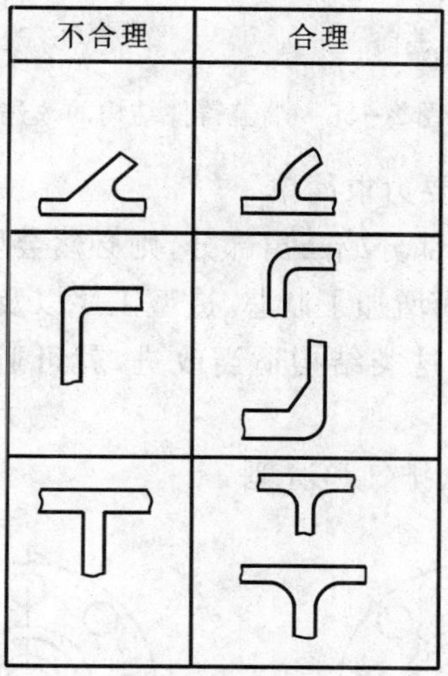

图 2-33　铸件中壁与壁的连接和过渡形式

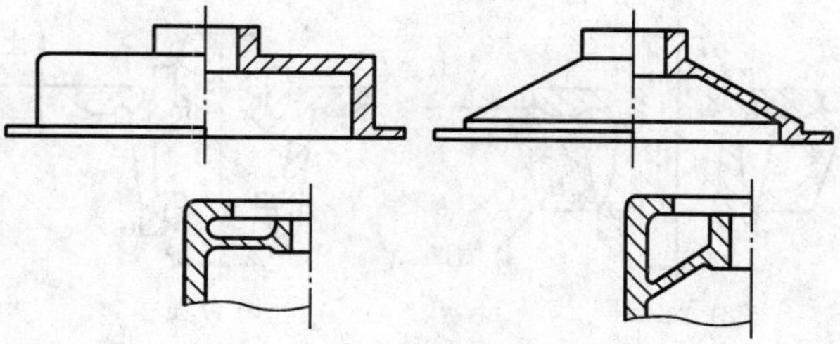

a) 不合理　　b) 合理

图 2-34　防止铸件中水平方向上有大平面的措施

二、从简化铸造工艺操作的角度审查铸件结构的合理性

为了简化造型、制芯、合型和清理等操作，缩短生产制造周期和降低成本，铸件的结构应尽量符合铸造工艺要求。

(1) 减少和简化分型面

铸件的分型面应尽量少，且分型面应尽可能为平面。在图 2-35 中，取消了上部法兰凸缘后使铸件只有一个分型面。

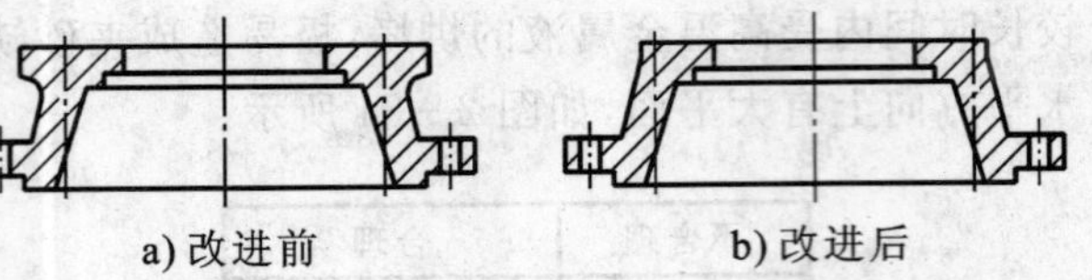

图 2－35　端盖铸件结构的改进

（2）铸件的外部结构要力求简单

铸件侧壁上如有凹入部分或凸出部分，则必然会妨碍起模。为此，生产中不得不增加砂芯或活块，从而增加了制芯、造型工序以及模具制造的工时。如果在不影响使用的情况下能对这类结构适当改进，就可避免这些工艺上的缺点，如图 2－36和图 2－37 所示 。

（3）便于砂芯的固定、排气和清理

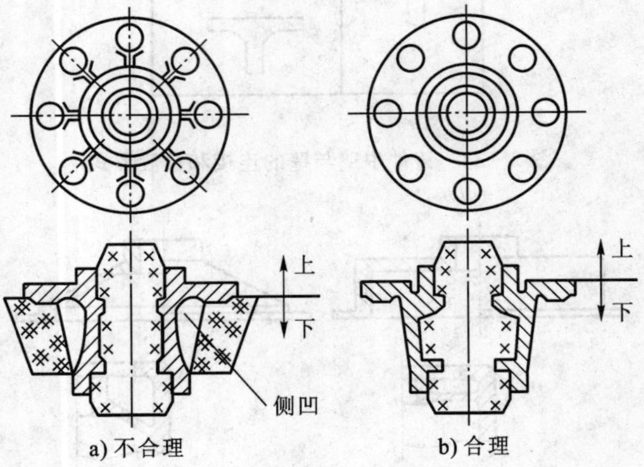

图 2－36　改进铸件的外表侧凹结构

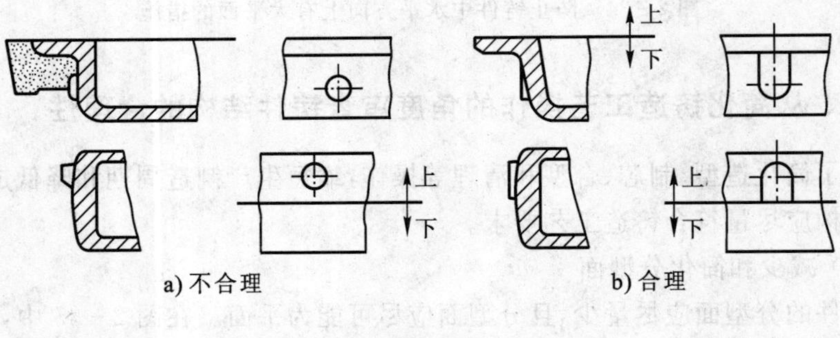

图 2－37　改进铸件的外部结构

如图 2－38 所示，图 a 设计的轴承支架结构不便于砂芯的固定和排气，图 b 的结构就比较合理。

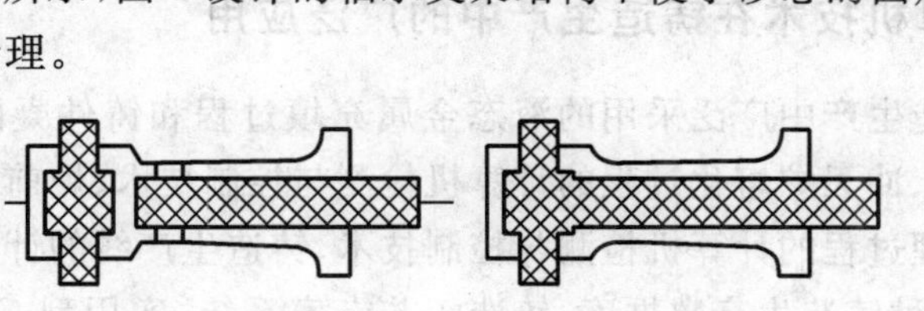

图 2－38　轴承支架铸件结构的改进

第十节　铸造生产的发展

铸造生产在机械制造中占有重要的地位。随着铸造技术的迅速发展和铸造生产机械化、自动化程度的不断提高，铸造生产正在逐步改变劳动强度大、劳动条件差、生产率低、铸件质量不够稳定的现状。当前，铸造技术发展的趋势是，在加强铸造成形基础理论研究的同时，充分利用电子技术、计算机技术、控制技术、信息管理技术和材料科学的新成果，大力发展和应用铸造新材料、新技术、新工艺，在稳定和不断提高铸件质量的前提下发展机械化、自动化、专业化的铸造生产，使铸造生产进一步成为优质、高产、低耗、无害和价廉的成形工艺。

一、铸造新材料的开发和应用

感应电炉的使用，真空熔炼技术、检测与分析技术和计算机控制技术的广泛应用，为提高和稳定熔炼质量，研制新型铸造材料创造了有利条件。如铸态球墨铸铁、蠕墨铸铁、各种能满足高性能要求的高合金铸铁，耐磨、耐高温、耐腐蚀、耐辐射等特殊性能材料和各种复合材料等不断涌现。这些新材料除满足一般的工业发展需要外，不断地为国防科技和航空航天技术提供支持。

二、铸造新工艺、新方法的开发和应用

目前在砂型铸造生产中，广泛采用了高压造型、射压造型、气流冲击造型、真空密封造型等先进的造型方法和树脂砂、复膜砂等新型的造型材料。这些新工艺、新材料的广泛应用，大大提高了铸件的尺寸精度，降低了铸件的表面粗糙度值，提高了生产率，降低了铸件的废品率，有力地提高了铸造生产的机械化和自动化程度。

特种铸造新工艺，如实型铸造和磁型铸造、双金属铸造、连续铸造、挤压铸造、液态金属冲压、熔模真空吸铸复合技术、超级合金等离子滴铸工艺等新的铸造方法正在逐步得到推广和应用。

三、计算机技术在铸造生产中的广泛应用

目前,铸造生产中广泛采用的液态金属充填过程和铸件凝固过程的计算机数值模拟技术、冲天炉熔化过程的计算机检测与控制技术、炉前化学成分快速测定技术、砂处理过程的计算机检测与控制技术、铸造生产线的计算机在线检测与控制技术和各种铸造生产数据库、铸造工艺专家系统、实用型 CAD 软件等新技术,使铸造生产的面貌发生了根本性的改变。

(1) 计算机模拟技术在铸造生产中的应用

铸件成形是在密闭的型腔内,在高温的条件下进行的,液态金属充填和凝固过程所发生的许多物理化学现象,以及许多铸造缺陷的产生过程都很难用常规方法进行检测和分析。早在计算机出现的初期,人们就开始利用计算机数值模拟技术研究液态金属的充填和凝固过程,并不断开发和完善铸造工艺过程的各种计算机数值模拟应用软件。例如,利用计算机浇注软件来预测液态金属充型时的流向、流速、流量的变化规律,排气除渣情况和充填效果,从而为浇注系统的优化设计提供理论依据。利用铸件凝固模拟软件进行铸件凝固过程的温度场计算,模拟铸件在凝固过程中的温度变化情况和温度场分布,从而可以准确地预测缩孔、缩松、气孔、夹渣、裂纹和应力等铸造缺陷发生的部位与大小。目前,这些模拟软件在解决铸造缺陷和新产品试制中,尤其在缩短产品的试制周期、降低铸件的废品率和铸件成本、提高铸件的质量等方面取得了较满意的经济效果。

(2) 铸造专家系统

铸造具有四千多年的悠久历史。长期以来,人们在铸造生产实践中积累了十分丰富的实际经验。然而,铸造又是一种工艺过程十分复杂的成形方法,影响铸件质量的因素很多,有些铸件质量问题,虽然从理论上尚未被人们认识,但却有很好的实际解决办法。专家系统由知识库、数据库、推理机、知识获取部分和解释部分等部分组成。专家系统是利用具有相当数量和权威性的知识,经过推理和分析过程,解决某实际问题的计算机软件系统。铸造专家系统就是要将丰富的铸造实际经验和知识,经过科学的归纳和总结,建立知识库,根据用户提供的数据、信息和有关事实,利用专家系统中的专家知识或经验进行推理判断,最后得出结论,达到为设计和生产解决实际问题的目的。因此,铸造专家系统可以很好地完成生产故障的分析和铸件缺陷的分析与改进、生产状况与产品的预测和规划、生产工艺过程的优化与设计、生产过程的诊断以及控制与监测等任务。例如,我国自行研制的"铸件质量分析专家系统"软件,可完成对铸件缺陷的类型、部位进行自动诊断和分析,指出产生缺陷的原因和提出防止措施等工作。

(3) 铸造工艺 CAD

铸造工艺设计包括铸造工艺图、铸件图、铸型装配图和工艺卡、模样图、模板

图、芯盒图和专用量具等工艺装备的设计。目前，这些设计内容都可以在铸造工艺设计数据库或铸造专家系统的指导下，通过计算机辅助设计完成，设计结果可直接由计算机数值模拟软件进行模拟验证和修改。例如，浇冒系统计算机辅助设计和铸件的充填与凝固数值模拟软件已在生产中得到广泛应用，并取得了很好的效果。

(4) 铸造工艺过程的计算机检测与控制

如图 2-39 所示，铸件生产一般包括砂处理、合金熔化、造型制芯和清理与检验等主要工艺过程。目前，随着铸造生产机械化程度的不断提高和计算机应用的普及，这些工艺过程都可以使用计算机进行在线检测与控制，实现铸造生产的高度自动化，从而大大提高了铸造生产的自动化水平，使产品质量、铸件成本、生产效率和铸造生产面貌等均得到了大幅度改进。例如，在砂处理过程中，利用砂处理在线自动检测与控制软件，可以对砂处理的全过程，包括型砂配料、混砂、性能检测与控制、旧砂处理等进行自动检测与控制。又如，冲天炉熔化过程的计算机检测与控制系统，可以根据不同的熔化材料和冲天炉的结构特点，以铁水温度为目标，适时优化风量、风压、风速和底焦高度等，以保证冲天炉熔化过程的优质、高效运行。铸造自动生产线上的计算机在线检测与控制，不仅可以分别调控各工部的工艺过程和工序质量，还可以全面协调各工部的生产进度，保证全线生产的顺利进行。

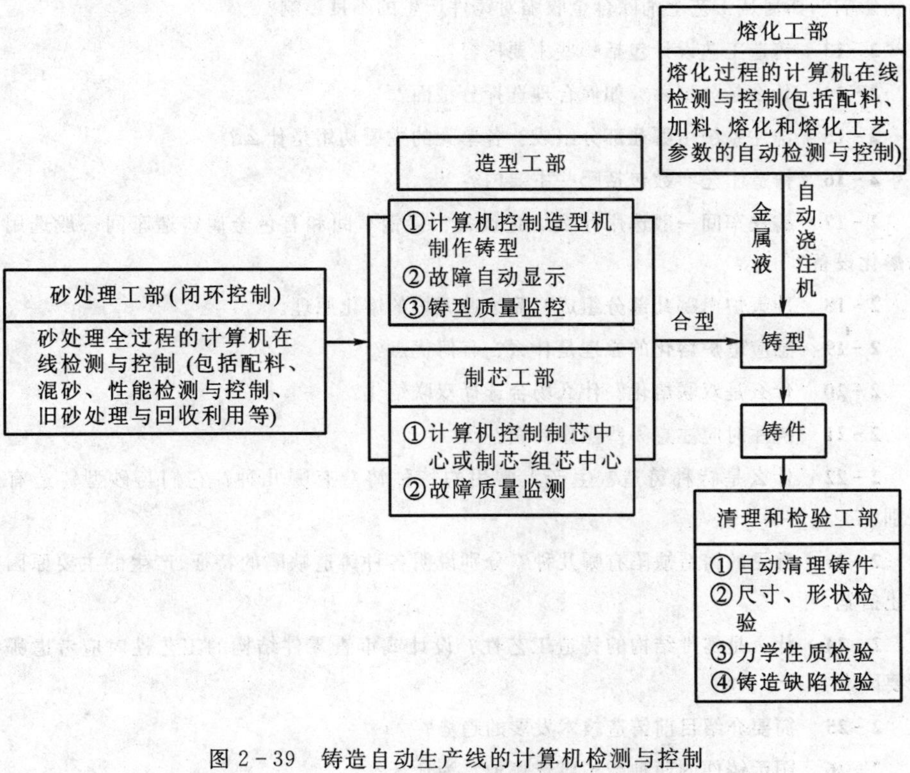

图 2-39　铸造自动生产线的计算机检测与控制

思考与分析

2-1 什么是铸造？铸造生产包括哪些主要工艺过程？

2-2 常用的铸造方法有哪几种？为什么铸造生产是生产零件毛坯的主要方法？

2-3 型砂(芯砂)由哪些材料组成？常用的型砂(芯砂)有哪几种？

2-4 型砂(芯砂)应具备哪些主要性能？型砂(芯砂)的性能对铸件的质量有何影响？

2-5 什么是模样和芯盒？一般用什么材料制造模样和芯盒？

2-6 什么是造型与制芯？有哪些常用的手工造型与制芯方法？

2-7 与型砂相比，芯砂的成分和性能有何不同？如何从工艺上改善砂芯的性能？

2-8 与手工造型相比，机器造型有何优缺点？

2-9 在机器造型中，铸型的紧实方法有哪几种？

2-10 什么是合金的铸造性能？生产中常涉及到的铸造性能有哪些？

2-11 合金的流动性和充型能力有何不同？对铸件的质量有何影响？影响合金充型能力的主要因素有哪些？

2-12 铸造合金在冷却和凝固的不同阶段所表现的收缩有几种？它们对铸件的质量有何影响？如何从工艺上消除合金收缩对铸件产生的不良影响？

2-13 铸造工艺设计包括哪些主要内容？

2-14 什么是分型面？如何合理选择分型面？

2-15 浇注系统由哪几部分组成？各单元的主要功用是什么？

2-16 铸造工艺参数包括哪些主要内容？

2-17 铸铁车间一般选用什么熔化设备？铸钢车间和有色金属铸造车间一般选用什么熔化设备？

2-18 冲天炉由哪几部分组成？简述冲天炉的熔化原理。

2-19 感应电炉熔化的原理是什么？有何优点？

2-20 什么是双联熔化？什么场合选择双联熔化？

2-21 浇注时应注意哪些操作要领？

2-22 什么是特种铸造？生产上常用的特种铸造有哪几种？它们与砂型铸造有何区别？

2-23 常见的铸造缺陷有哪几种？分别说明各种铸造缺陷的特征、产生的主要原因和防止措施。

2-24 什么是零件结构的铸造工艺性？设计或审查零件结构的工艺性时应考虑哪些主要因素？

2-25 简要介绍目前铸造技术发展的趋势？

2-26 图示铸件的两种结构应选哪种？为什么？

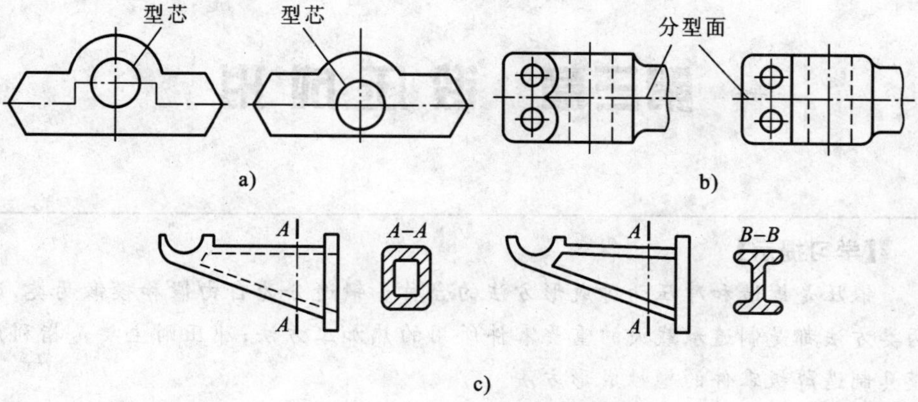

题 2－26 图

2－27　试确定图示铸件的分型面和浇注位置。

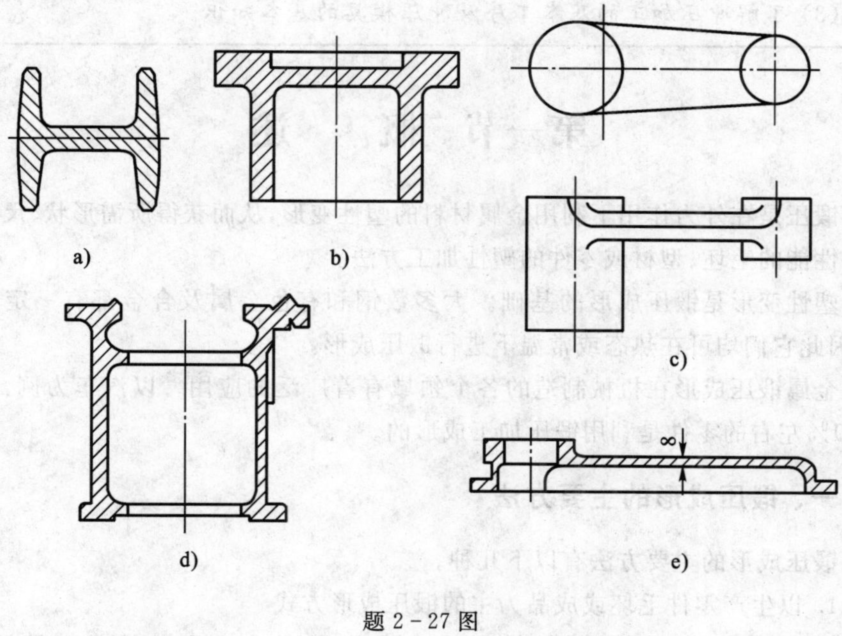

题 2－27 图

第三章 锻压成形

【学习提示】

锻压是锻造和冲压两种成形方法的合称。锻造分为自由锻和模锻两类，这两类方法都是制造承载大的重要零件所用的热加工方法；冲压则主要是指利用模具制造薄板零件的塑性成形方法。

本章的主要教学要求是：

(1) 了解锻压生产的主要过程及其工艺特点；

(2) 认识自由锻的基本工序及应用范围，了解胎模锻和模锻生产的有关知识；

(3) 了解冲压加工的基本工序及冲压模具的基本知识。

第一节 概 述

锻压是在外力作用下利用金属材料的塑性变形，从而获得所需形状、尺寸和力学性能的毛坯、型材或零件的塑性加工方法。

塑性变形是锻压成形的基础。大多数钢和有色金属及合金都有一定的塑性，因此它们均可在热态或常温下进行锻压成形。

金属锻压成形在机械制造的各个领域有着广泛的应用。以汽车为例，汽车上70%左右的零件是利用锻压加工成形的。

一、锻压成形的主要方法

锻压成形的主要方法有以下几种。

1. 以生产零件毛坯或成品为主的锻压成形方式

1) 锻造　将金属坯料加热到一定温度后，放在上下砧铁或模具间，在外力作用下使之产生塑性变形的方法称为锻造(图3-1)。按照成形方式的不同，锻造又可分为自由锻造和模型锻造两大类。自由锻造按设备和操作方式又可分为手工自由锻和机器自由锻两类。在现代工业生产中，手工自由锻已逐步为机器自由锻所取代。锻造主要用于生产各种重要的、承受重载荷的机器零件的毛坯，如机床的主轴和齿轮、内燃机的连杆、炮筒、枪管以及起重吊钩等。

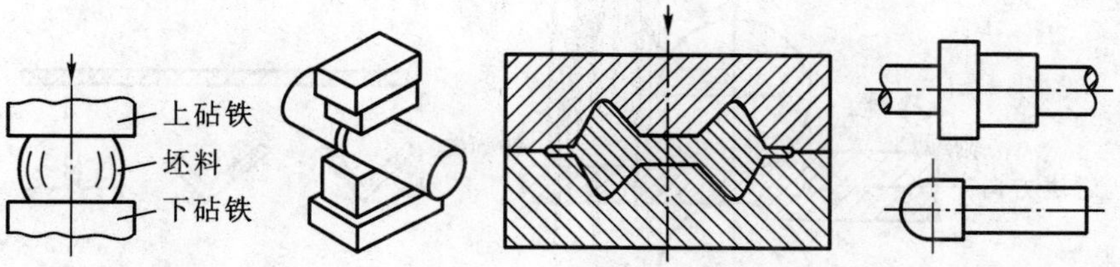

a) 自由锻　　b) 胎模锻　　c) 模锻　　d) 锻件实例

图 3-1　锻造

2) 冲压　利用冲模使金属薄板受力而产生分离或变形的工艺称为冲压(图 3-2)。冲压一般在常温下进行,故又称为冷冲压。冲压工艺又可细分为落料、冲孔、弯曲、拉深等。冲压广泛用于汽车、拖拉机、仪表及日用品等的工业生产中。

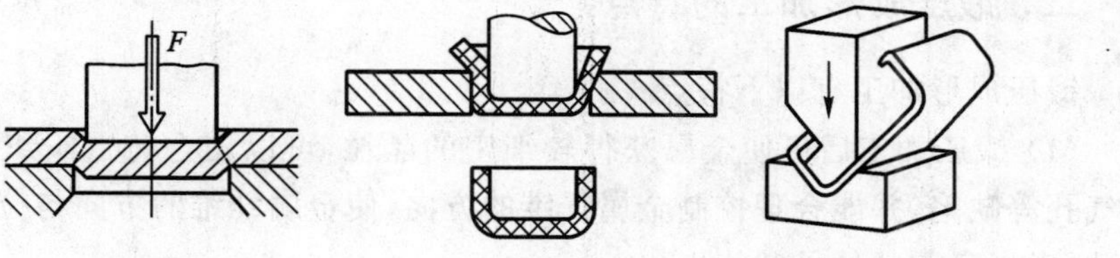

a) 分离　　b) 变形　　c) 弯曲

图 3-2　冲压

2. 生产型材(板材、管材、线材等) 的锻压成形方式

1) 挤压　密封模具内的坯料在外力作用下被从模具中挤出而产生塑性变形的工艺方法称为挤压(图 3-3)。

2) 拉拔　坯料在拉力作用下通过模具口产生塑性变形的工艺方法称为拉拔(图 3-4)。

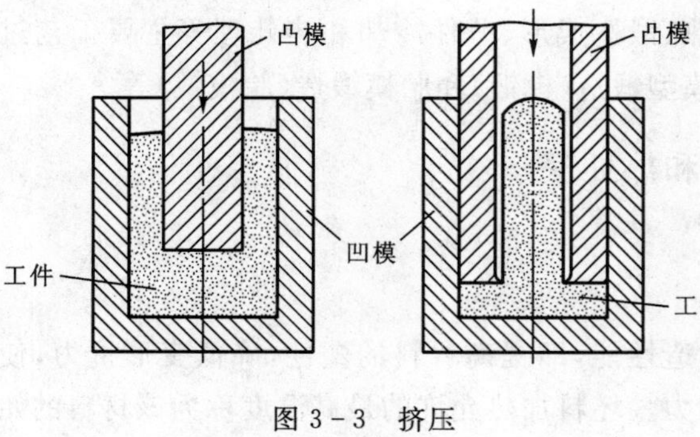

图 3-3　挤压

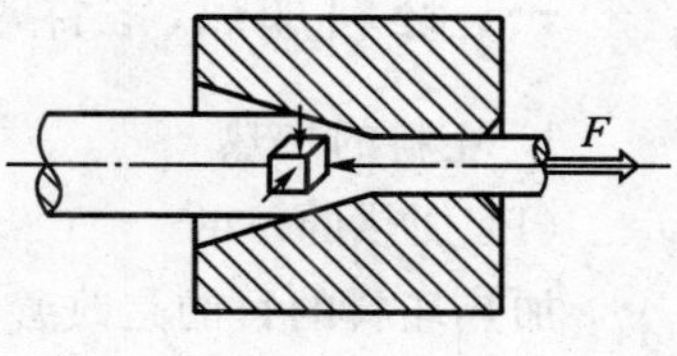

图 3-4　拉拔

3) 轧制　利用两个旋转轧辊间的摩擦力使坯料在通过轧辊间隙时产生塑性变形的工艺方法称为轧制。图 3-5 a 所示为轧制的过程,图 3-5 b 所示为各种型材的断面。

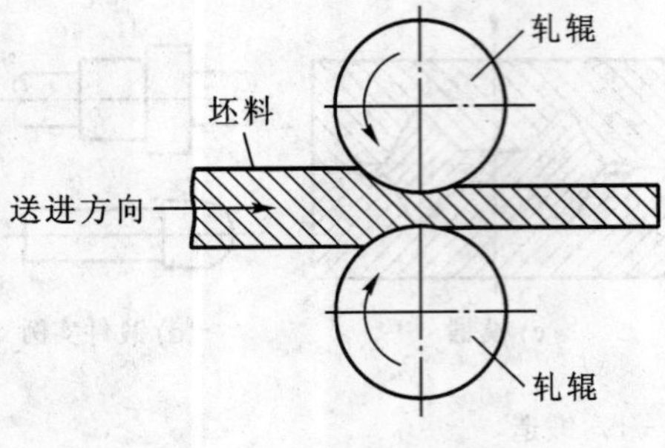

a) 轧制工艺

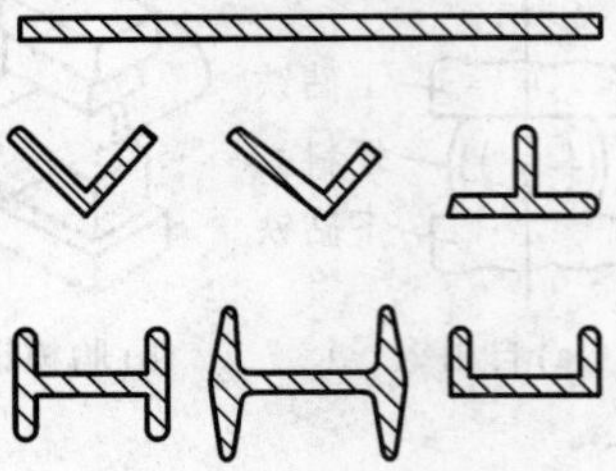

b) 各种型材的断面

图 3-5　轧制

二、锻压成形加工的特点

锻压成形加工有以下特点：

(1) 锻压加工后可使金属获得较细密的晶粒，可以压合铸造组织内部的微细气孔等缺陷，并能合理控制金属纤维的方向，使金属纤维的方向与拉应力方向一致，以提高零件的承载能力。

(2) 锻压加工后坯料的形状和尺寸发生改变而其体积基本不变，因此它与切削加工相比可节约金属材料和加工工时。

(3) 除自由锻造外，其他锻压方法（如模锻、冲压等）都有较高的劳动生产率。

(4) 锻压加工能加工各种形状、质量的零件，使用范围较广。

第二节　锻　造

锻造工艺包括下料、坯料加热、锻造成形、锻件冷却和热处理等主要工艺过程。常用的锻造方法有自由锻、模型锻造（模锻）和胎模锻造（胎模锻）等。

一、坯料加热、锻件冷却和热处理

1. 坯料的加热

(1) 加热的目的

加热坯料的目的是改善其锻造性能，即提高材料的塑性，降低变形抗力，使坯料易于塑性流动成形和节省动力。坯料加热允许的最高温度称为该材料的始锻温度。加热温度超过始锻温度，则会造成坯料的氧化、脱碳、过热或过烧等缺陷。

坯料在锻造过程中，随着温度的不断下降塑性越来越差，变形抗力越来越大，致使变形难以继续进行。材料允许进行锻造的最低温度称为材料的终锻温度。如果在终锻温度下继续锻造，不但变形困难，而且容易造成坯料开裂，甚至损坏模具和设备。

从始锻温度到终锻温度称为锻造温度范围。几种常用材料的锻造温度范围如表 3-1 所示。

表 3-1 常用材料的锻造温度范围

材料的种类	始锻温度/℃	终锻温度/℃
低碳钢	1 200～1 250	800
中碳钢	1 150～1 200	800
合金结构钢	1 100～1 180	850
铝合金	450～500	350～380
铜合金	800～900	650～700

(2) 坯料加热的缺陷

1) 烧损和脱碳　合金加热时坯料的表面会产生氧化皮，每加热一次坯料的氧化烧损量约占坯料质量的 2%～3%。

合金因氧化而烧损，使其表层的含碳量下降，通常称为脱碳。工件表层的脱碳使其硬度、强度和耐磨性下降。坯料脱碳严重时，脱碳层的厚度可达 1.5～2 mm。

为了防止或减少氧化和脱碳，加热时必须严格控制坯料的加热温度、时间和炉气的成分。对于一些重要工件，还可以采用在保护性气氛下快速加热等工艺措施。

2) 过热及过烧　加热一般钢料时，如果在接近始锻温度下保温时间过长则会使晶粒变得粗大，这种现象称为过热。过热的钢料可以在随后的锻造过程中将粗大的晶粒打碎，也可在锻造以后进行热处理，使晶粒细化。

如果将钢料加热到更高的温度或将过热的钢料长时间在高温下停留，会导致晶粒边界发生严重氧化甚至局部产生熔化，这种现象称为过烧。过烧钢料的塑性接近零而脆性很大，锻打时必然会开裂。过烧是无法挽回的锻造缺陷。

为防止过热和过烧，要严格控制坯料的加热温度和保温时间。

3) 开裂　尺寸较大的钢料在加热过程中以及复杂锻件在重复加热的过程中，如果加热速度过快，炉温过高，则可能造成各个部位之间的温差过大，膨胀不均而产生裂纹。低碳钢和中碳钢的塑性好，其坯料一般不会产生裂纹。高碳钢及某些高合金钢坯料产生裂纹的倾向较大，因此加热时要严格遵守加热规范。

2. 锻件的冷却

锻造后锻件的冷却对锻件的质量有重要影响。为防止在冷却过程中锻件的表面产生硬化、变形或开裂，应注意使锻件的各部分均匀地冷却。常用的冷却方法有以下几种：

(1) 空冷　将锻件放置在干燥的地面上，在空气中冷却。此方法成本最低，但只适用于含碳量较低的低合金小型锻件的冷却。

(2) 坑冷　将锻件放在充填有石棉灰、干砂或炉灰等材料的坑中或堆在一起冷却(故又称堆冷)的方法称为坑冷。此方法的冷却速度大大低于空冷,适用于中碳钢或含碳与合金元素较多的中小型锻件的冷却。

(3) 炉冷　锻件锻后立即放入加热炉中随炉缓慢冷却的方法称为炉冷。此方法的冷却速度最慢,适用于某些单件大型合金钢或高碳钢锻件的冷却。

3. 锻件的热处理

通常锻件在切削加工前都要进行热处理,以改善其切削加工性能。一般结构钢锻件采用退火或正火处理,工具钢、模具钢锻件则采用正火加球化退火处理。

二、自由锻造

将坯料置于铁砧上或锻压机的上、下砧铁之间进行锻造的方法,称为自由锻造。前者称为手工自由锻,后者称为机器自由锻(简称机锻)。

1. 自由锻造的特点与应用

由于自由锻所用的工具简单,操作方便灵活,因而自由锻的应用较为广泛,特别适用于单件小批量锻件的生产。自由锻件可以是从 1 kg 的小件到 200～300 t 的大件。对于特大型锻件,如水轮机主轴、多拐曲轴、大型连杆等,自由锻是惟一可行的加工方法,所以自由锻在重型工业中得到了广泛的应用。但自由锻的锻件精度低,生产率低,劳动强度大,生产条件差。

2. 自由锻造的设备

机器自由锻所用设备通常有空气锤、蒸汽-空气锤及水压机等。

(1) 空气锤

空气锤是生产小型锻件的通用设备,其外形及工作原理如图 3-6 所示。

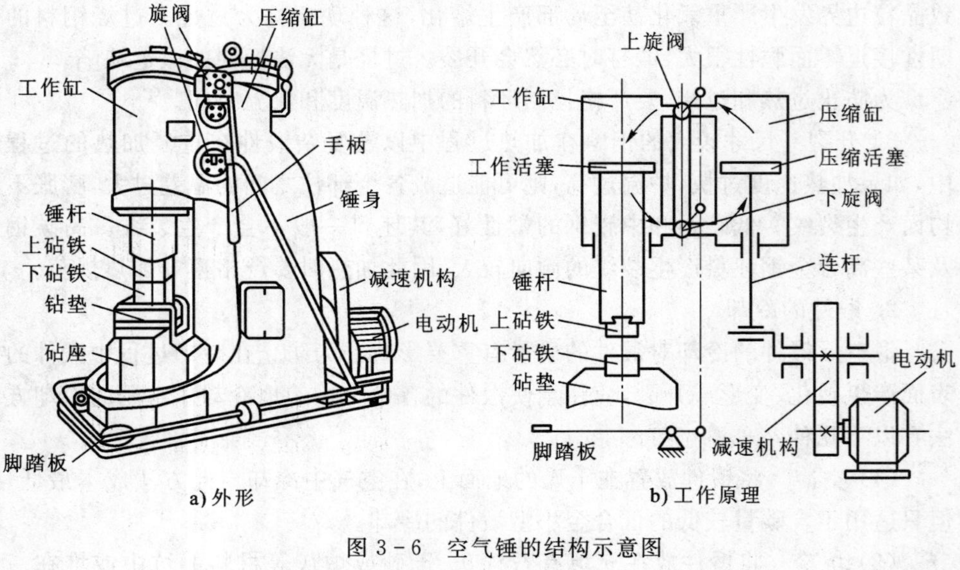

图 3-6　空气锤的结构示意图

空气锤由锤身、压缩缸、工作缸、传动机构、操纵机构、落下部分及砧座等几部分组成。落下部分由工作活塞、锤头和上砧铁组成。空气锤的规格用落下部分的质量表示，如 65 kg 的空气锤是指其落下部分的质量为 65 kg。砧座部分由砧座、砧垫和下砧铁组成，用以支持工件及工具，并承受锤击。

(2) 蒸汽-空气锤和水压机

蒸汽-空气锤和水压机是生产大、中型锻件的常用设备，图 3-7 和图 3-8 所示是其示意图。

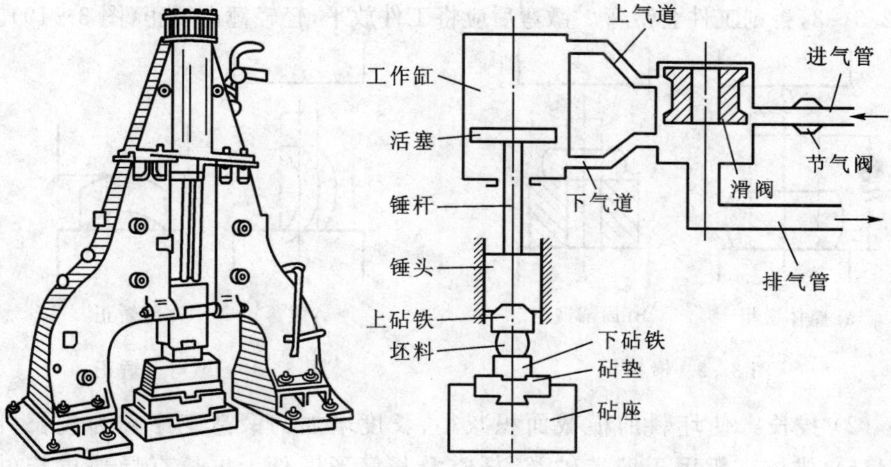

a) 外形图　　b) 工作原理图

图 3-7　双柱拱式蒸汽-空气锤

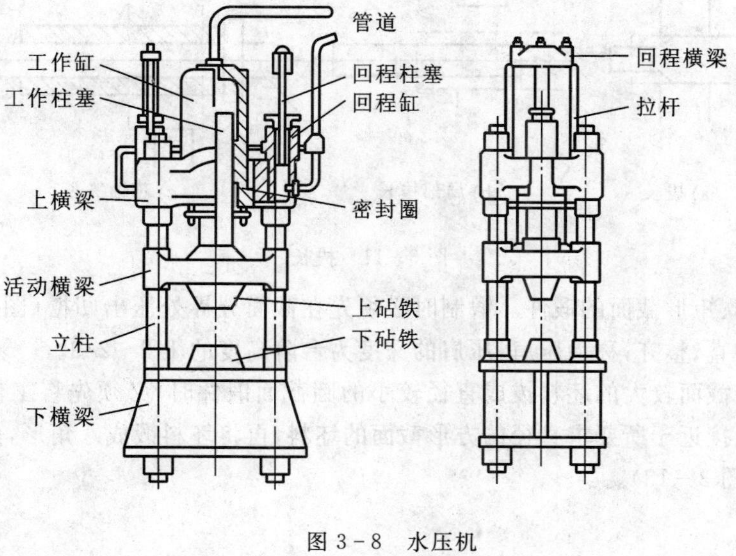

图 3-8　水压机

3. 自由锻造的基本工序

自由锻的基本变形工序有镦粗、拔长、冲孔、弯曲、扭转、错移、切割等，其中前三种工序应用最多。

(1) 镦粗　使坯料高度减小、横截面积增大的锻造工序称为镦粗。镦粗分完全镦粗和局部镦粗两种(图 3-9)。镦粗常用于锻造齿轮坯、凸轮坯、圆盘形锻件等。对于环、套筒等空心锻件，镦粗变形往往作为冲孔前的预备工序。

为使镦粗顺利进行，镦粗部分的原始高度 H_0 与直径 D_0(或边长)之比应小于 2.5～3，否则工件会镦弯。镦弯后应将工件放平，轻轻锤击矫正(图 3-10)。

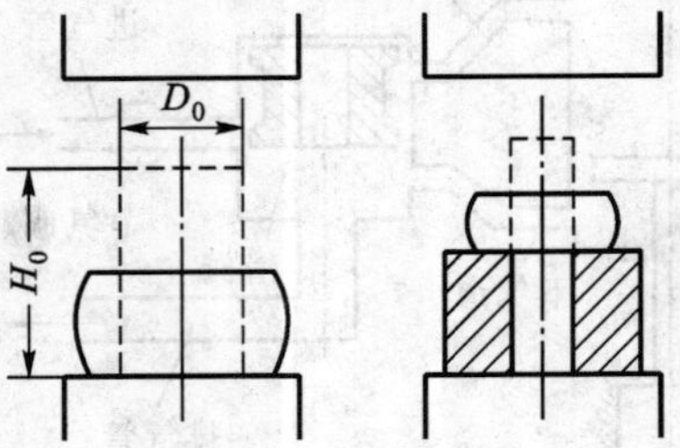

a) 整体镦粗　　b) 局部锻粗

图 3-9　镦粗

a) 镦弯　　b) 矫正

图 3-10　镦弯及矫正

(2) 拔长　使坯料的横截面积减小、长度增加的锻造工序称为拔长(图 3-11a)。拔长一般用于锻造轴类、杆类及长筒形锻件。拔长有局部拔长(图 3-11b)和芯轴拔长(图 3-11c)等类型。局部拔长适用于锻制台阶轴或带有台

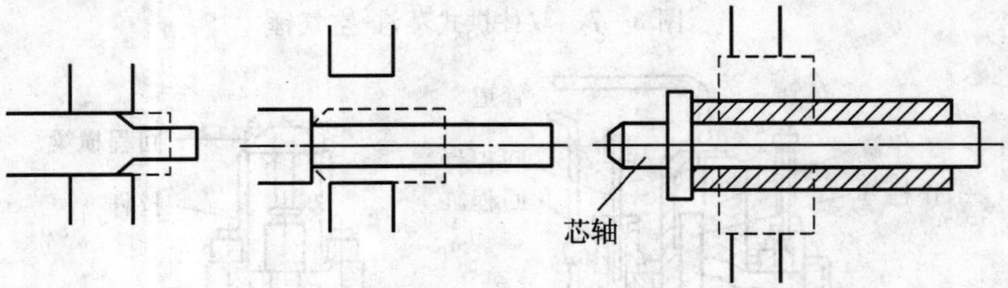

a) 拔长　　b) 局部拔长　　c) 芯轴拔长

图 3-11　拔长

阶的方形、矩形截面的锻件。锻制时必须先在截面分界处压出凹槽(图 3-12)，使台阶平直、整齐，称为压肩，压肩的深度为台阶高度的 1/2～2/3。

要将截面较大的坯料拔成直径较小的圆截面锻件时，必须先将工件锻成截面为边长接近于所要求直径的方形截面的坯料，再将坯料锻成八角形，然后滚打成圆形(图 3-13)。

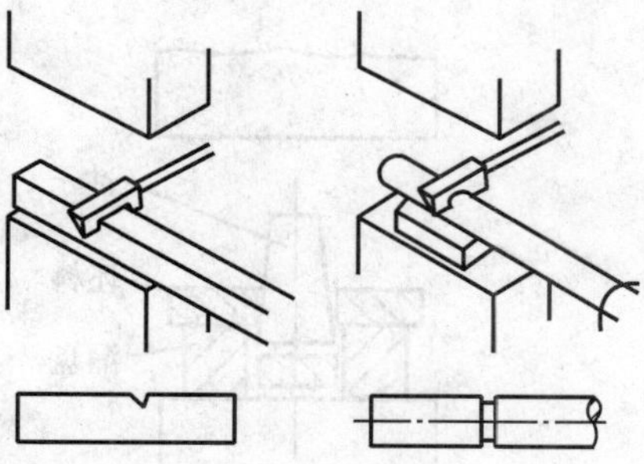

a) 方料的压肩　　b) 圆料的压肩

图 3 - 12　压肩

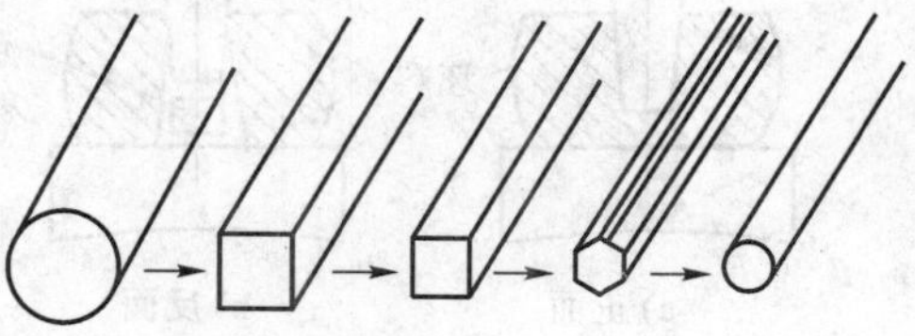

图 3 - 13　圆截面坯料拔长的变形过程

圆截面坯料拔长的变形过程如图 3 - 14 和图 3 - 15 所示，圆形锻件一般使用摔子进行修整。

a) 反复翻转　　b) 锻完一面再翻转

图 3 - 14　拔长时锻件的翻转方法

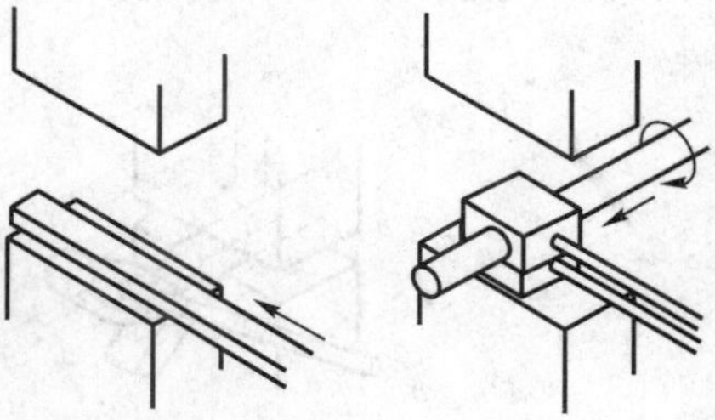

a) 方形、矩形锻件的修整　　b) 圆形锻件的修整

图 3 - 15　锻件拔长后的修整

(3) 冲孔　在锻件上冲通孔或不通孔的锻造工序称为冲孔。直径小于 25 mm 的孔一般不冲，由切削加工时钻出。冲通孔时，直径小于 450 mm 的孔用实心冲头进行冲孔，直径大于 450 mm 的孔用空心冲头冲孔。冲孔常用于齿轮、套筒和圆环等锻件的加工。

冲孔时坯料的局部变形量很大，坯料应加热到允许的最高温度，而且要均匀热透，以便在冲子冲入后坯料仍保持足够的温度和良好的塑性，防止坯料冲裂和损伤冲子，且冲完后冲子也易于拔出。

冲孔前一般需将坯料镦粗，以减小冲孔的深度，并使坯料的端面平整。为了保证孔位正确，先用冲子轻轻冲出孔位的凹痕，经检查凹痕无偏差后，向凹痕内撒少许煤粉(利于拔出冲子)，放上冲子，冲深至坯料厚度的 2/3～3/4 时取出冲子，翻转坯料，再从反面冲透。这种方法是双面冲孔法(图 3 - 16)。对于较薄的锻件，可采用单面冲孔法进行冲孔(图 3 - 17)。

冲孔时应将冲子大头朝下，漏盘孔径不宜过大，且需仔细对正其位置。冲孔过程中冲子要经常蘸水冷却，防止其受热后硬度降低。

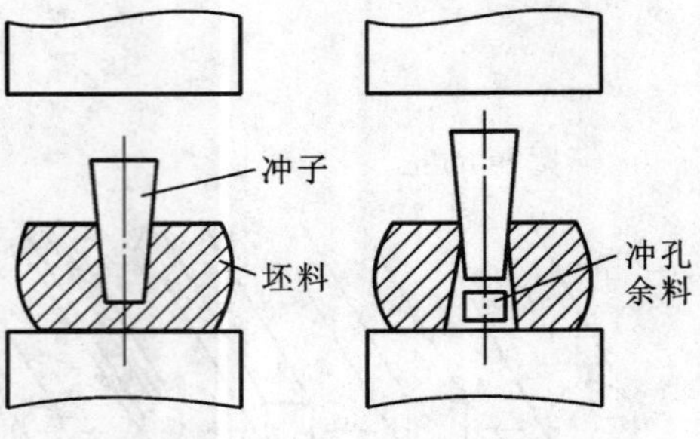

a) 正面　　b) 反面

图 3-16　双面冲孔

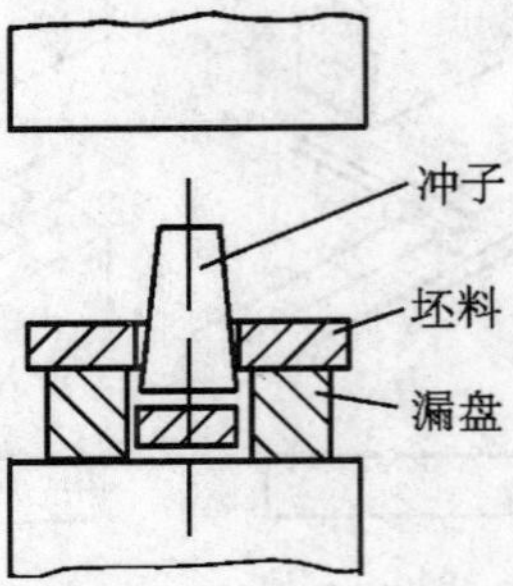

图 3-17　单面冲孔

(4) 弯曲及其他工序　弯曲是将坯料弯成所需外形的锻造工序(图 3-18)。弯曲时只将坯料要弯曲部分加热,然后再进行弯曲。弯曲工序常用于链条、吊钩、曲杆、弯板、角尺等锻件的加工。

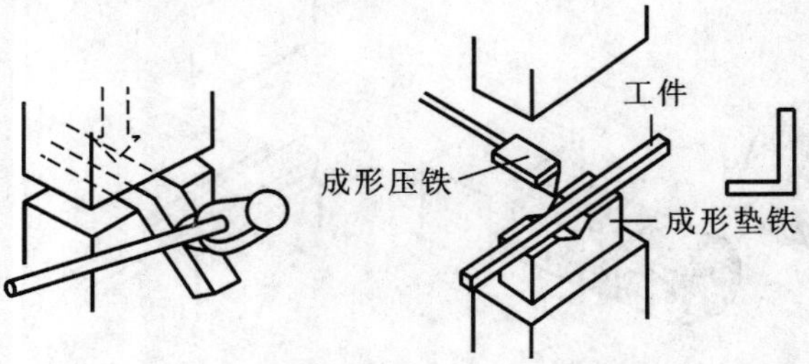

a) 角度弯曲　　b) 成形弯曲

图 3-18　弯曲

除上述工序外,还有扭转(图 3-19)、错移(图 3-20)、切断等工序。

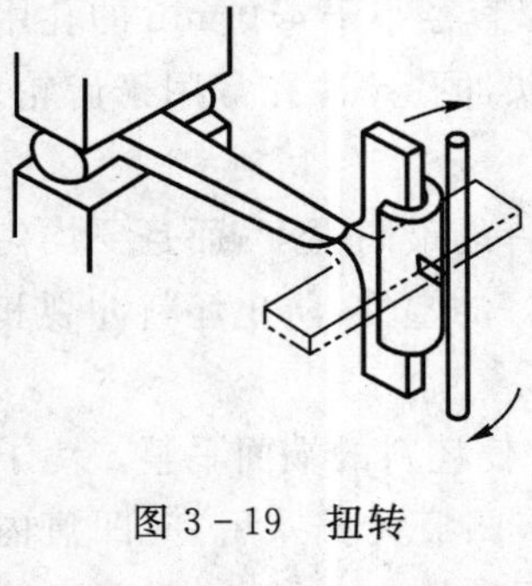

图 3-19　扭转

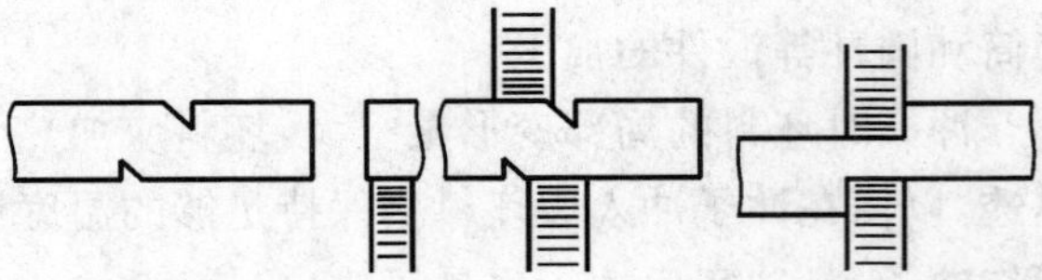

a) 压肩　　b) 锻打　　c) 修整

图 3-20　错移

4. 自由锻造的工艺规程

制订工艺规程、编写工艺卡片是组织自由锻生产、规范操作规程、控制产品质量的重要技术环节。自由锻工艺规程的主要内容包括:根据零件图绘制锻件图,计算坯料的质量和尺寸,确定锻造工序,选择锻造设备,确定坯料的加热规范等。

(1) 绘制锻件图

锻件图是制定锻造工艺过程和检验锻件质量的主要依据。绘制锻件图时要确定锻件的余块、余量及公差等。

1) 某些零件上的精细结构,如键槽、齿槽、退刀槽以及小孔、不通孔、台阶等,难以用自由锻锻出,需要暂时添加一部分金属以简化锻件的形状。这部分添加的金属称为余块,如图 3-21 所示,它将在切削加工时被去除。

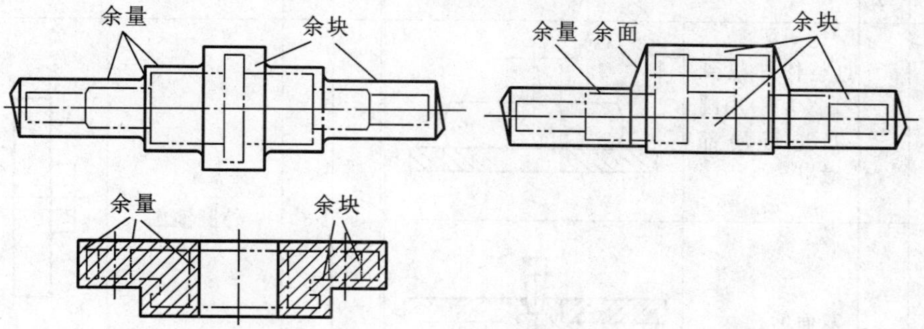

图 3-21　锻件的各种余块及余量

2) 由于自由锻造的精度较低,表面质量较差,一般锻件需要进一步进行切削加工,所以零件表面要留加工余量。加工余量的大小与零件的形状、尺寸等因素有关,其数值应结合生产的具体情况而定。

3) 公差是锻件名义尺寸的允许变动量。公差的数值可查有关国家标准,通常为加工余量的1/4~1/3。

(2) 选择锻造工序

常用盘类及轴类零件的锻造工序如表 3-2 所示。

表 3-2　常用锻件的锻造工序

锻件类型	图　例	锻造工序	实　例
盘类、圆环类锻件	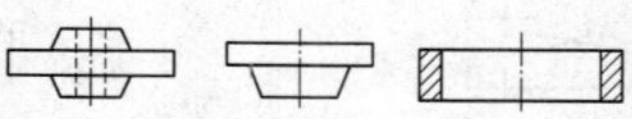	镦粗、冲孔、扩孔、定径	齿圈、法兰、筒、圆环等
轴类零件	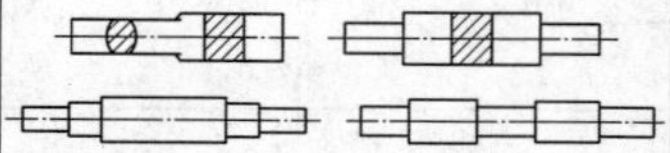	拔长、压肩、	主轴、传动轴、滚圆件

5. 自由锻造工艺示例

齿轮坯的自由锻工艺过程如表 3-3 所示。

表 3-3　齿轮坯的自由锻造过程

锻件名称：齿轮坯
坯料规格：ϕ40×90
锻件材料：45 钢
锻造设备：75 kg 空气锤

火次	序号	操作内容	简　　图	火次	序号	操作内容	简图
1	1	(整体加热到 1 200 ℃)用圆盘进行局部镦粗	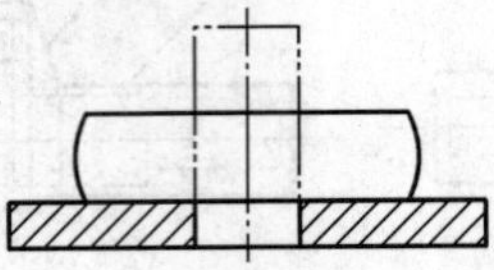	1	3	外圆滚圆	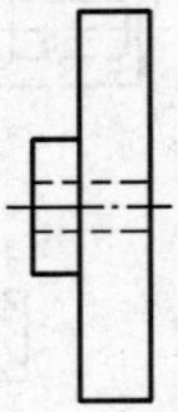
	2	双面冲孔	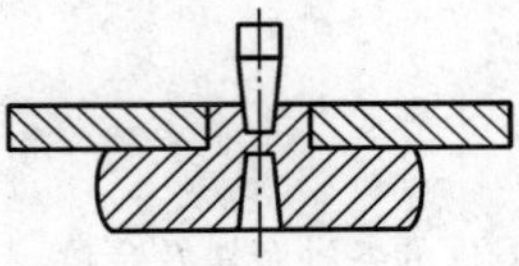				

6. 自由锻件的结构设计

自由锻锻件结构设计的原则是：在满足使用性能的条件下锻件形状应尽量简单，易于锻造。自由锻锻件的结构工艺性要求见表 3-4。

表 3-4　自由锻锻件的结构工艺性要求

工　艺	图　例	
	工艺性差	工艺性好
避免锥面及斜面等	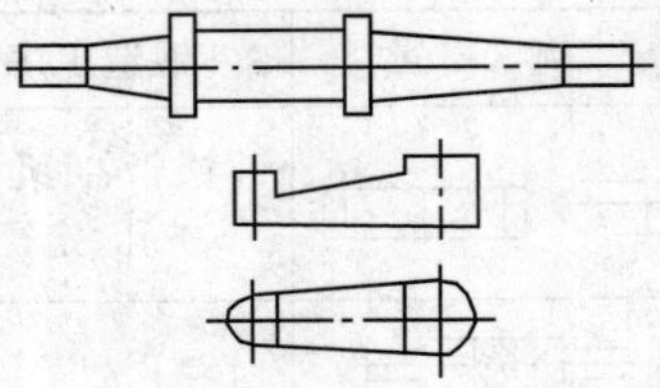	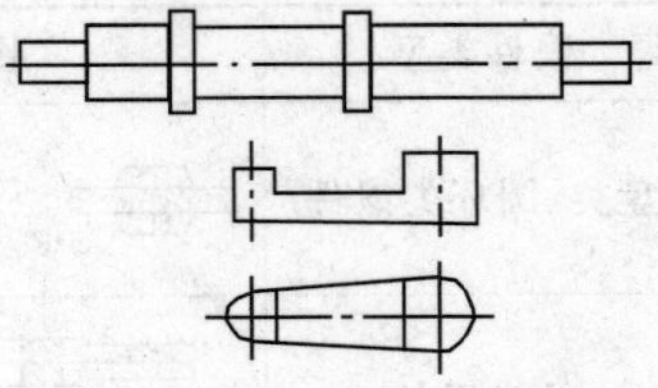
避免加强肋及工字形、椭圆形等复杂截面	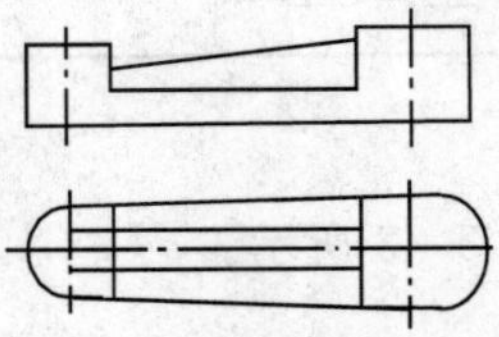	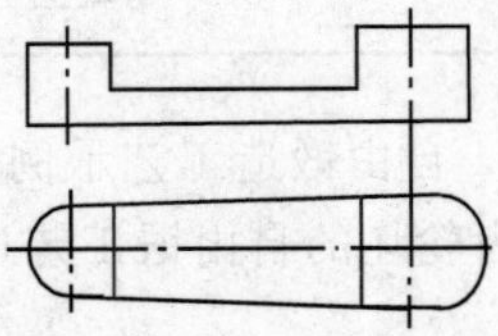

续表

工　艺	图　例	
	工艺性差	工艺性好
避免非平面交接结构	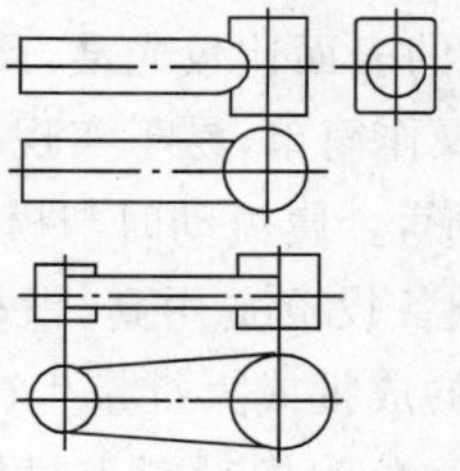	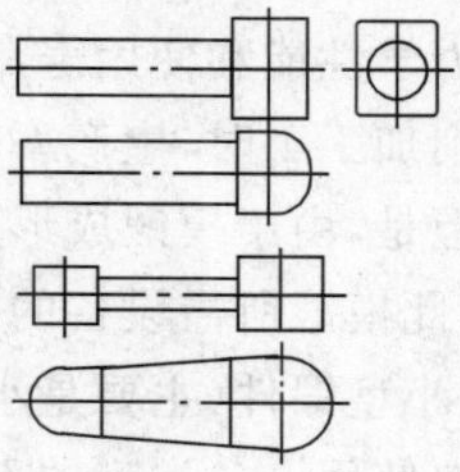
避免各种小凸台及叉形件内部的台阶	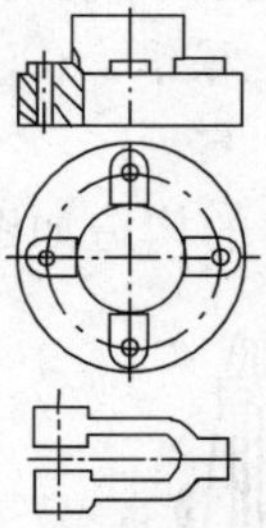	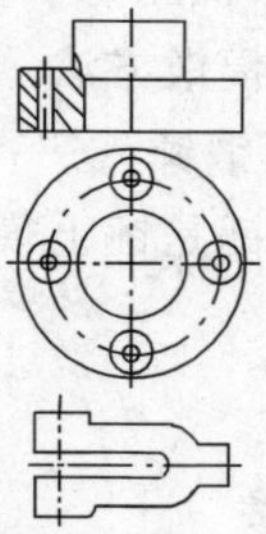

三、模锻

模锻是利用锻模使坯料成形的锻造方法，其锻造过程如图 3-22 所示。由上模和下模组成的锻模分别固定在模锻设备的锤头(或滑块)的下端和砧座上。坯料加热后放在模膛内，锤头打击(或滑块压下)时，坯料在模膛内强制成形，金

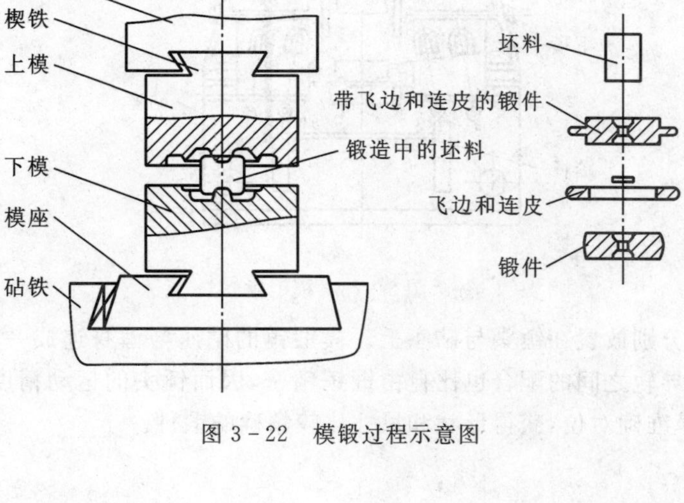

图 3-22　模锻过程示意图

属的流动受到模膛的限制和引导，从而获得与模膛形状一致的锻件。

1. 模锻的特点与应用

与自由锻相比模锻有如下优点：1）由于有模膛引导和限制金属的塑性流动，锻件的形状可以比较复杂；2）锻件内部的锻造流线比较完整，从而提高了零件的力学性能和使用寿命；3）锻件的表面比较光洁，尺寸精度较高，节约了材料和切削加工工时，生产率较高；4）操作简单，易于实现机械化和自动化。

但是，由于模锻成形是整体成形，金属流动时与模膛之间产生很大的摩擦阻力，因此模锻所需设备的吨位大，设备投资费用高，锻模的费用高。模锻只适用于中、小型锻件（主要是小型锻件）的成批或大批量生产。

按使用设备类型的不同，模锻又分为模锻锤上模锻、压力机上模锻、平锻机上模锻、摩擦压力机上模锻等。模锻锤上模锻简称锤上模锻，是我国目前应用最多的一种模锻方法。下面主要介绍锤上模锻。

2. 模锻锤

模锻锤是锤上模锻的设备，模锻锤的构造如图 3－23 所示。锤上模锻用的

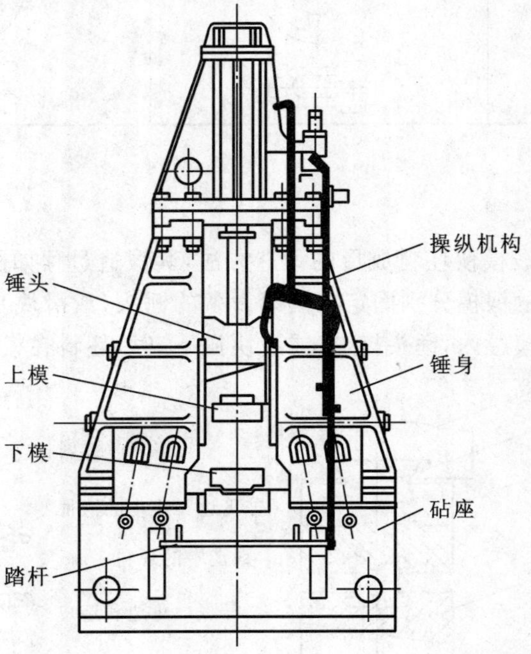

图 3－23　模锻锤

上、下锻模分别放置在锤头与砧座上。模锻锤的砧座与锤身连成一个封闭的整体，锤头与导轨之间的配合也比自由锻锤精密，因而锤头的运动精度较高，可使上模和下模准确对位，获得形状和尺寸比较精确的锻件。

3. 模锻模具

与自由锻不同，模锻是将压力作用在模具上而间接地压迫置于模具内的金属材料，并使之填充模具型腔而得到锻件形状的。因此，模具是模锻生产中最重要的要素。模具的型腔（又称模膛）直接决定了最终锻件的形状、尺寸。而锻件的形状、尺寸又是由零件的尺寸推算出来的，因此，模膛的设计通常是按零件—锻件—模膛的顺序逐步计算得到的。下面以锤上模锻模具为例简要介绍模具的设计。

锤上模锻用的锻模结构如图 3-24 所示。锻模由带有燕尾槽的上模和下模两部分组成。下模用紧固楔铁固定在模垫上。上模靠上楔铁紧固在锤头上，随锤头一起作上下往复运动。上、下模合在一起时形成完整的模膛。模膛根据其功用的不同可分为模锻模膛和制坯模膛两大类。

(1) 模锻模膛

模锻模膛分为终锻模膛和预锻模膛两种。

1) 终锻模膛　终锻模膛具有最后形成锻件的形状和尺寸，因此它的形状应和锻件的形状相同。但因锻件冷却时要收缩，终锻模膛的尺寸应比锻件尺寸放大一个收缩量，钢件的收缩量取 1.5%。另外，沿模膛四周还有飞边槽，用以增加金属从模膛中流出的阻力，促使金属充满模膛，同时可容纳多余的金属。对于具有通孔的锻件，由于不可能靠上、下模的突起部分把金属完全挤压掉，故终锻后在孔内留下一薄层金属，称为冲孔连皮（图 3-25）。把冲孔连皮和飞边冲掉后，才能得到有通孔的模锻件。

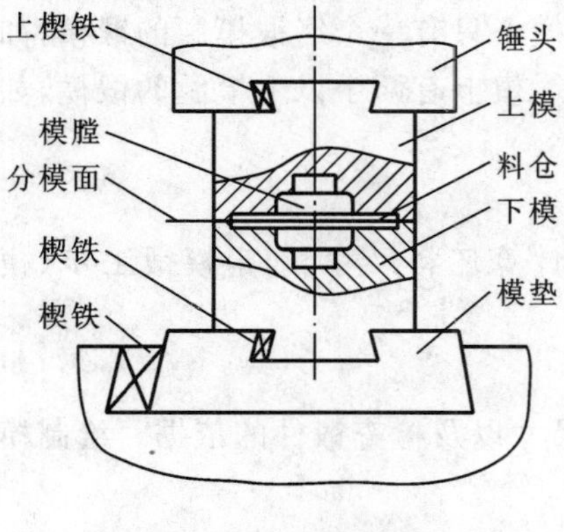

图 3-24　锤上模锻用锻模

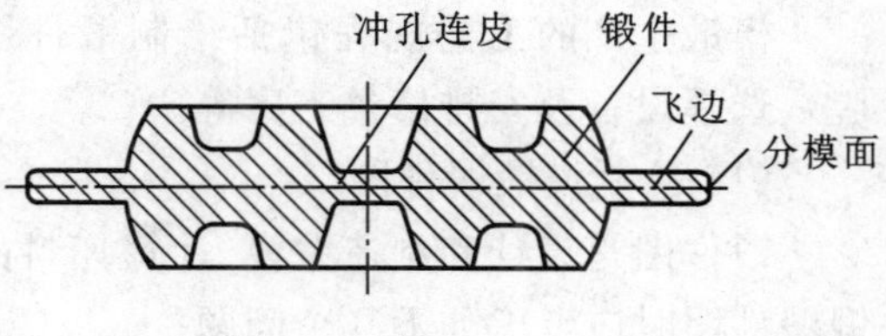

图 3-25　带有冲孔连皮和飞边的模锻件

2) 预锻模膛　预锻模膛是使坯料变形到接近于锻件的形状和尺寸的模膛，这样再进行终锻时金属容易充满终锻模膛，同时减少了终锻模膛的磨损，延长了锻模的使用寿命。

(2) 制坯模膛　对于形状复杂的模锻件，为了使坯料的形状基本接近模锻件的形状，使坯料能合理分布和很好地充满模膛，就必须预先在制坯模膛内制坯。生产中主要使用的制坯模膛有拔长模膛(图 3-26)、滚压模膛(图 3-27)、弯曲模膛(图 3-28)和切断模膛(图 3-29)等。

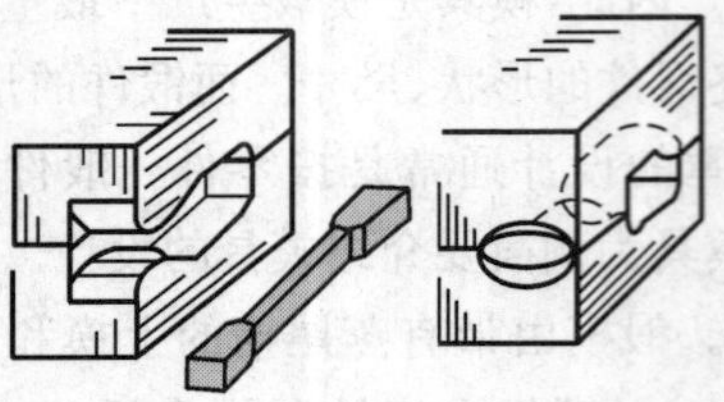

a) 开式　　b) 闭式

图 3-26　拔长模膛

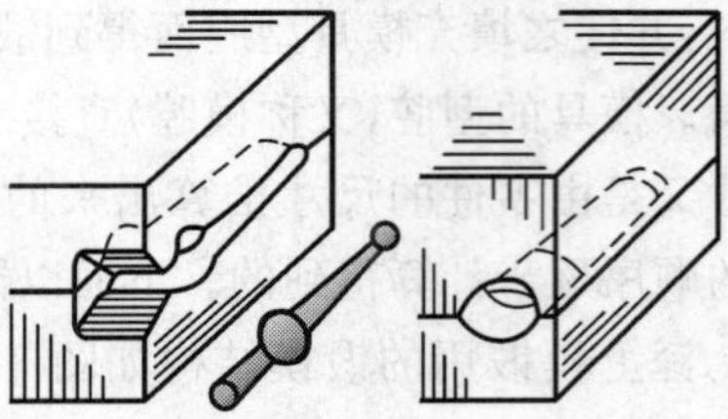

a) 开式　　b) 闭式

图 3-27　滚压模膛

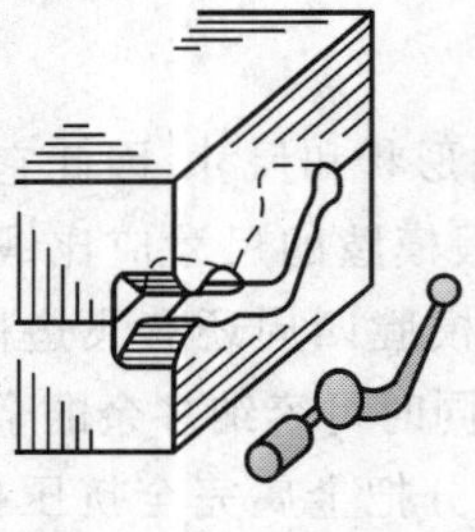

图 3-28　弯曲模膛

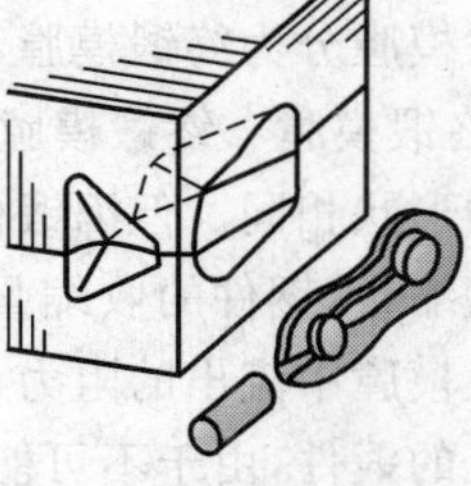

图 3-29　切断模膛

根据模锻件的复杂程度和变形所需的模膛数量等不同情况,锻模可设计成单膛锻模或多膛锻模。单膛锻模是在一副锻模上只有一个终锻模膛的锻模,如齿轮坯模锻件的锻模等。多膛锻模是在一副锻模上有两个以上模膛的锻模,如弯曲连杆模锻件的锻模即为多膛锻模(图 3-30)。

4. 模锻的工艺规程

模锻生产的工艺规程包括绘制锻件图、计算坯料尺寸、确定模锻工步(模膛)、选择设备及安排修整工序等。

(1) 绘制模锻锻件图

锻件图是设计和制造锻模、计算坯料的尺寸以及检查锻件的依据。绘制模锻锻件图时应考虑如下几个问题。

1) 定分模面　分模面即是上、下锻模在模锻件上的分界面。锻件分模面的位置选择得合适与否,关系到锻件的成形、锻件的出模、材料的利用率等问题,故绘制模锻锻件图时必须正确地确定分模面位置。

2) 确定锻件的余量和公差 、模锻斜度及模锻圆角。

(2) 确定模锻工步

模锻工步主要是根据锻件的形状和尺寸来确定的。模锻件按形状可分为两大类:一类是长轴类模锻件,另一类为盘类模锻件。

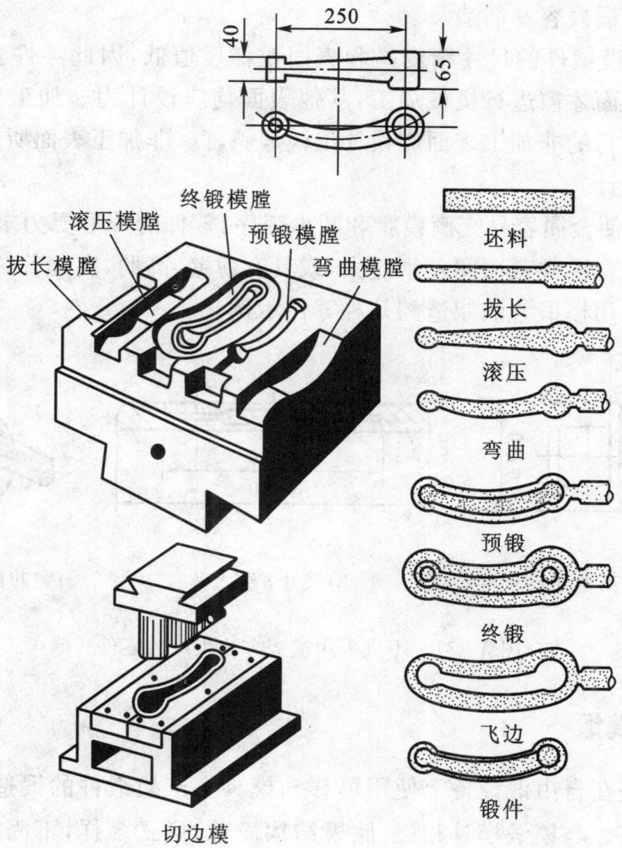

图 3－30　弯曲连杆的模锻过程及所用锻模

1）长轴类模锻件　这类锻件的长度与宽度之比较大，锻造过程中锤击方向垂直于锻件的轴线，此时金属主要沿高度与宽度方向流动（长度方向流动不显著）。因此，这类锻件常选用拔长、滚压、弯曲、预锻和终锻等工步。

2）盘类模锻件　这类锻件在分模面上的投影为圆形或长度接近于宽度，锻造过程中锤击方向与坯料的轴线一致，金属沿高度、宽度及长度方向均产生流动，因此这类锻件常选用镦粗、终锻等工步。

（3）确定修整工序

坯料在锻模内制成模锻件后尚需经过一系列修整工序，以保证和提高锻件的质量。修整工序通常包括：切边、冲孔、校正、热处理和清理等。

5. 模锻零件的结构工艺性

设计模锻零件时，应根据模锻的特点和工艺要求，使零件结构符合下列原则，以便于模锻生产的进行和降低成本。

（1）模锻零件必须具有一个合理的分模面，以保证模锻件易于从锻模中取出，敷料最少，锻模容易制造。

(2) 由于模锻件的尺寸精度高和表面粗糙度值低，因此零件上只有与其他机件配合的表面才需进行机械加工，其他表面均应设计为非加工表面。零件上与锤击方向平行的非加工表面应设计出模锻斜度。非加工表面所形成的角都应按模锻圆角设计。

(3) 为了使金属容易充满模膛和减少工序，零件的外形要力求简单、平直和对称。尽量避免零件截面间差别过大，或具有薄壁、高肋、突起等结构。图3-31所示为不宜采用模锻方法制造的几种零件示例。

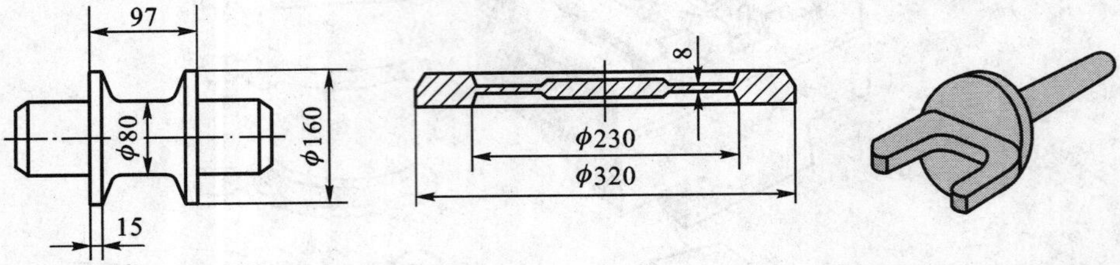

a) φ80与φ160两截面尺寸相差过大　　b) 尺寸8壁太薄　　c) 突起结构不宜模锻

图3-31　不宜采用模锻方法生产的零件

四、胎模锻

胎模锻是在自由锻设备上使用可移动模具生产模锻件的锻造方法，所用的模具称为胎模。与模锻模具相比，胎模结构简单，形式多样，不固定在上下砧座上。胎模锻一般使用自由锻方法制坯，然后在胎模中终锻成形。胎模锻与自由锻相比，具有生产效率高，锻件尺寸精度高、表面粗糙度值小，余块少，节约金属，降低成本等优点。与模锻相比，胎模锻具有成本低、使用方便等优点。但胎模锻的锻件生产率不如锤上模锻高，胎模的寿命短。胎模锻造适用于中、小批量锻件的生产，在缺少模锻的中、小型工厂中应用较为广泛。

常用的胎模结构主要有以下三种类型(图3-32)：

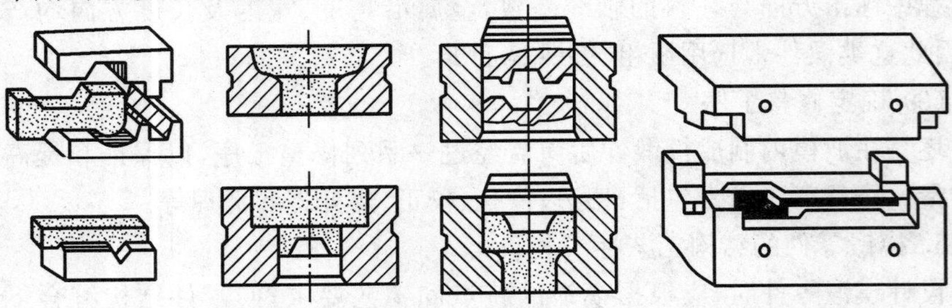

a) 扣模　　b) 带垫套筒模　　c) 套筒模　　d) 合模

图3-32　胎模的几种结构

1）扣模　用于对坯料进行全面或局部扣形，主要生产杆状非回转体锻件（图 3 - 32a）。

2）套筒模　锻模呈套筒形，主要用于锻造齿轮、法兰盘等回转体类锻件（图 3 - 32b、c）。

3）合模　通常由上模和下模两部分组成（图 3 - 32 d）。为了使上、下模吻合及不使锻件产生错模，经常用导柱等来定位。合模多用于生产形状较复杂的非回转体锻件，如连杆、叉形等锻件。

图 3 - 33 所示为一个法兰盘的胎模锻制过程。所用胎模为套筒模，它由模筒、模垫和冲头组成。原始坯料加热后先用自由锻镦粗，然后将模垫和模筒放在下砧铁上，再将镦粗的坯料平放在模筒中，压上冲头后终锻成形，最后将连皮冲掉。

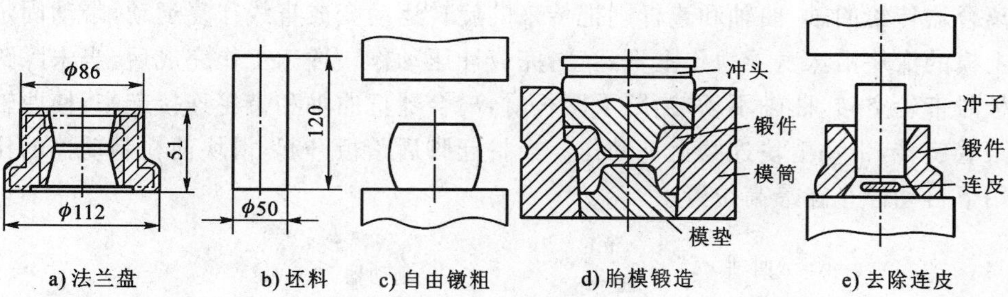

图 3 - 33　法兰盘的胎模锻造工艺

第三节　板料冲压

板料冲压是利用装在冲床上的冲模冲压金属板料，使之产生变形或分离，从而获得毛坯或零件的加工方法。板料冲压的坯料通常都是厚度小于 10 mm 的金属板料，多数冲压件不需加热，故又称为薄板冲压或冷冲压。

一、概述

1. 板料冲压的特点及应用

板料冲压具有以下特点：

1）板料冲压是在常温下对金属板料进行加工的，因而原材料必须具有足够的塑性和较低的变形抗力。常用于冲压的板料主要是低碳钢、奥氏体不锈钢以及铜、铝等有色金属。

2）冲压金属板料经过冷变形强化及结构强化作用，提高了其强度和刚度。

3）冲压件的尺寸精度高，互换性好，冲压后一般不再进行机械加工，或者只进行一些钳工修整，即可作为零件使用。

4）冲压生产操作简单，便于实现机械化和自动化，生产率高。

5）冲压模具结构复杂，精度要求高，制造费用高。因此，只有在大批量生产的条件下采用冲压加工才是经济合理的。

板料冲压是一种高质量、高效率、低能耗、低成本的加工方法，它在现代工业的许多部门都得到了广泛的应用，特别在汽车、拖拉机、航空、电机、电器、无线电、仪器仪表、兵器以及日用品生产等领域占有重要的地位。

2. 常用冲压设备

板料冲压所用的设备有剪床、冲床等。剪床用来把板料剪切成一定宽度的条料，供冲压使用。冲床是进行冲压加工的设备。

常用小型冲床的结构如图 3－34 所示。电动机带动带传动减速装置，并经离合器传给曲轴，曲轴和连杆则把传来的旋转运动变成直线往复运动，带动固定上模的滑块沿床身导轨作上下运动，完成冲压动作。冲床工作完成后，当未踩踏板时带轮空转，曲轴不动；当踩下踏板时，离合器把曲轴和带轮连接起来，使曲轴跟着旋转，带动滑块连续上下动作。当抬起脚后踏板升起，滑块便在制动器的作用下自动停止在最高位置上。

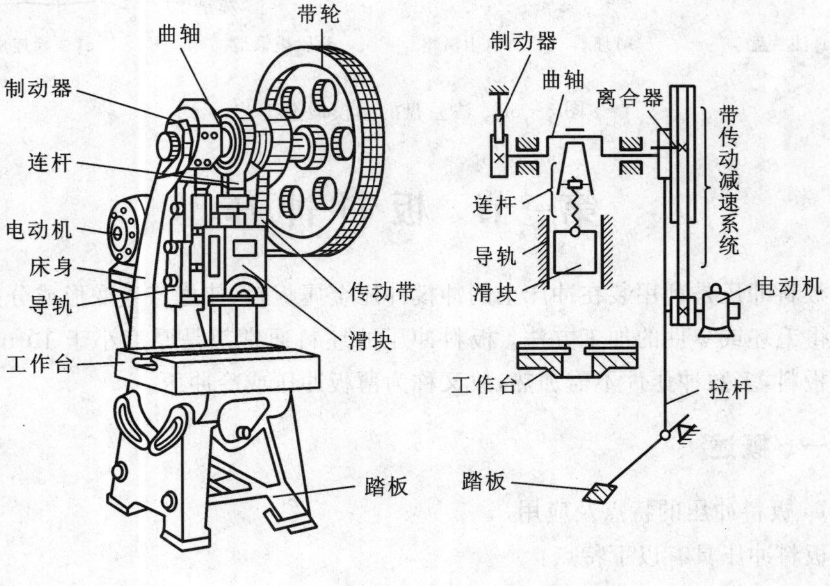

图 3－34　冲床

二、板料冲压的基本工序

板料冲压工序可分为分离工序和变形工序两大类。

1. 分离工序

分离工序是将坯料的一部分和另一部分切断分离的工序，如剪切、落料、冲孔、修整等。

(1) 剪切　用剪刃或冲模将板料沿不封闭轮廓进行分离的工序，称为剪切。

(2) 落料和冲孔　将板料沿封闭轮廓分离的工序称为落料或冲孔，统称为冲裁。这两个工序的模具结构、坯料的变形过程基本相同。但落料是被分离的材料中间部分为成品，周边部分是废料；冲孔是被分离的部分为废料，而周边带孔的部分是成品。

图 3－35 为落料与冲孔过程示意图，凸模与凹模都有锋利的刃口，两者之间留有间隙 z。

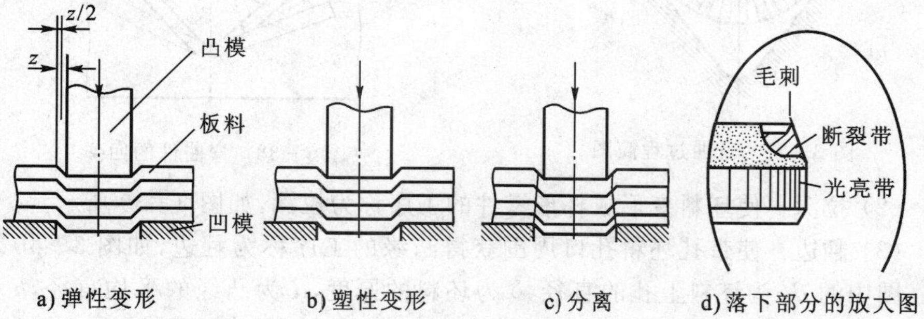

图 3－35　落料和冲孔时金属板料的分离过程示意图

为使成品的边缘光滑，凹凸模刃口必须锋利。凹凸模之间的间隙 z 是冲裁模具的重要工艺参数，对冲裁质量和模具寿命有重要影响。

(3) 修整　使落料或冲孔后的成品获得精确轮廓的工序称为修整。该工序利用修整模沿冲压件外缘或内孔刮去一层薄薄的切屑，或切掉冲孔或落料时在冲压件截面上存留的剪裂带和毛刺，以提高冲压件的尺寸精度和降低表面粗糙度值，如图 3－36 所示。

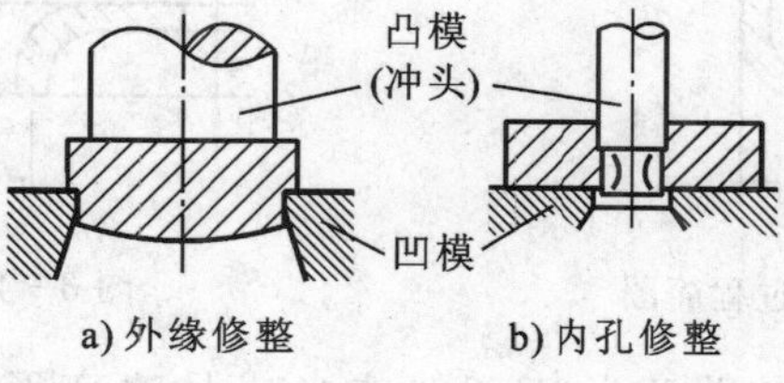

图 3－36　修整工序

2. 变形工序

弯曲、拉深、翻边和成形等工序称为变形工序。

(1) 弯曲　使坯料的一部分相对于另一部分弯曲成一定角度的工序称为弯

曲，如图 3－37 所示。弯曲时材料的内侧呈压应力，而外侧为拉应力。当外侧拉应力超过坯料的抗拉强度时就会弯裂，因此要控制好弯曲最小半径，一般弯曲最小半径 $r_{min}=(0.25\sim1)\delta$（$\delta$ 为板厚）。材料的塑性好则最小弯曲半径可小些。另外，弯曲载荷去除后材料有回弹现象（如图 3－38 所示），可在设计弯曲模具时使模具角度比成品角度小一个回弹角。

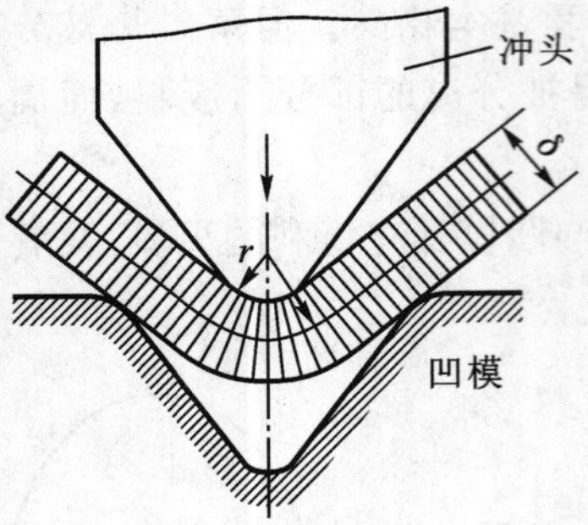

图 3－37　弯曲过程简图

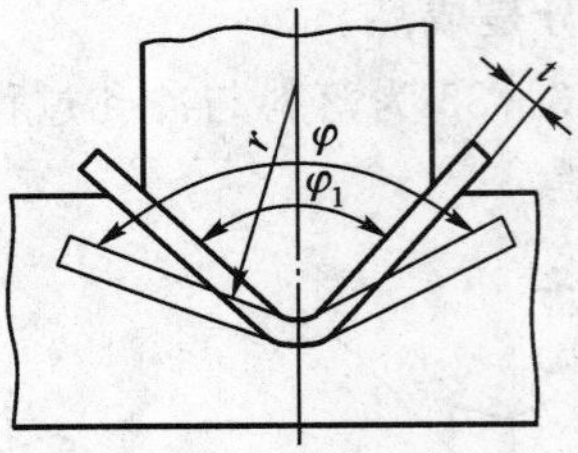

图 3－38　弯曲件的回弹

（2）拉深　使坯料变形成杯形零件的工序称为拉深，如图 3－39 所示。

（3）翻边　使带孔坯料孔口周围获得凸缘的工序称为翻边，如图 3－40 所示。图中的 d_0 为坯料上孔的直径，δ 为坯料的厚度，d 为凸缘的平均直径，h 为凸缘的高度。

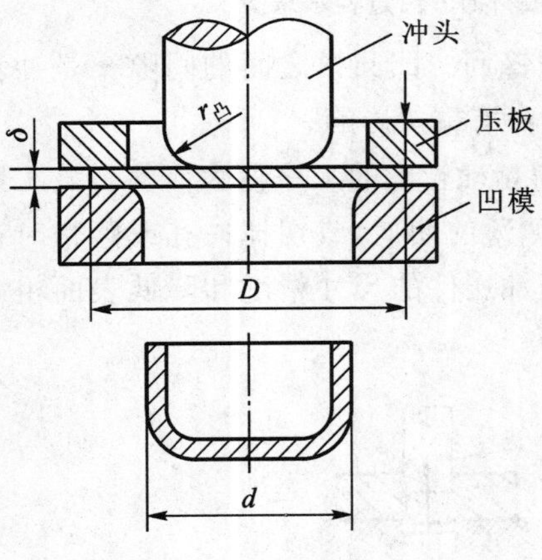

图 3－39　拉深过程简图

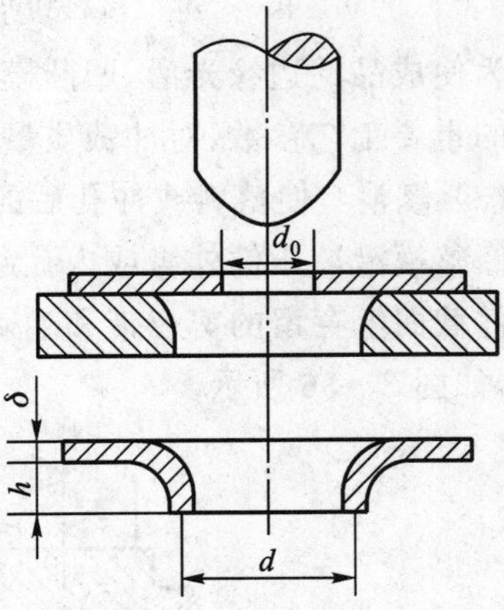

图 3－40　翻边简图

（4）成形　利用局部变形使坯料或半成品改变形状的工序称为成形。图 3－41为鼓肚容器成形简图。如图所示，在成形过程中凹模是可以分开的，用橡胶芯增大半成品的中间部分，并在凸模轴向压力的作用下使半成品壁沿径向成形。

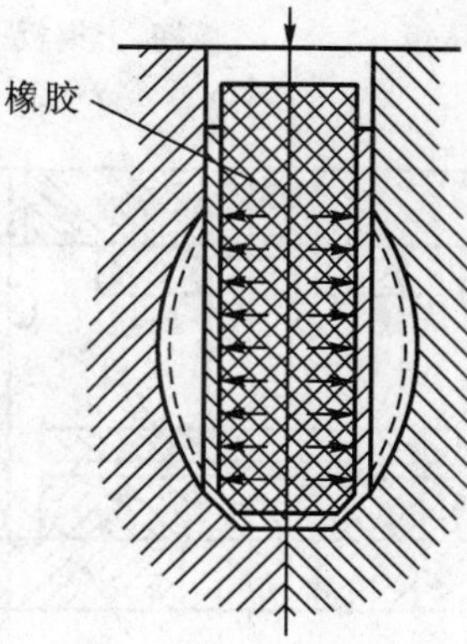

图 3-41　鼓肚容器成形示意图

三、冲压模具简介

冲压模具简称冲模，由上模（凸模）和下模（凹模）两部分组成。按照冲模所完成的工序性质，冲模可分为冲裁模、弯曲模和拉深模等，其结构示意图如图3-42所示。

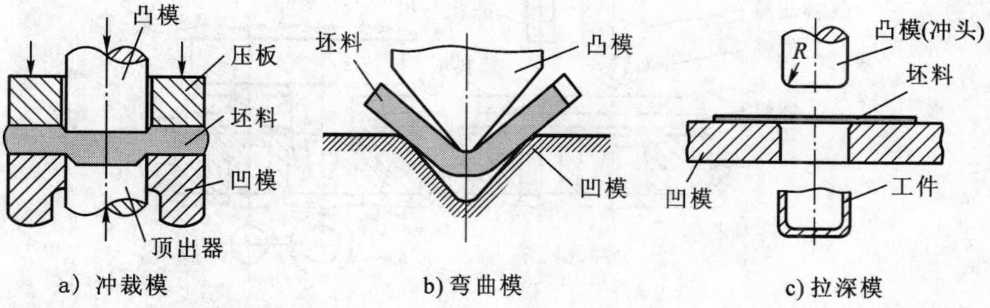

图 3-42　冲压模具

由于不同冲压工序的工作目的不同，所用模具的结构也不同。冲裁模的凸模和凹模都具有锋利的刃口，二者间的间隙（z）值小（生产中常选用6%～12%s，s为板料厚度）。弯曲模的凸模和凹模的顶部为圆弧，二者间的间隙（z）值大。为抵消弯曲后板料的回弹对成品角度的影响，设计弯曲模时模具的角度应小于成品的角度；为避免弯裂，模具的弯曲半径必须大于材料允许的最小弯曲半径。拉深模的凸模和凹模的顶角为圆弧过渡，二者间的间隙（z）值较大（常选用1.1～1.5s）。拉深时，为防止边缘皱折应加压边圈。

按工序的组合程度冲模又分为简单冲模、连续冲模和复合冲模三类。

（1）简单冲模　在冲床的一次冲程中只完成一个工序的冲模称为简单冲模（图 3-43）。

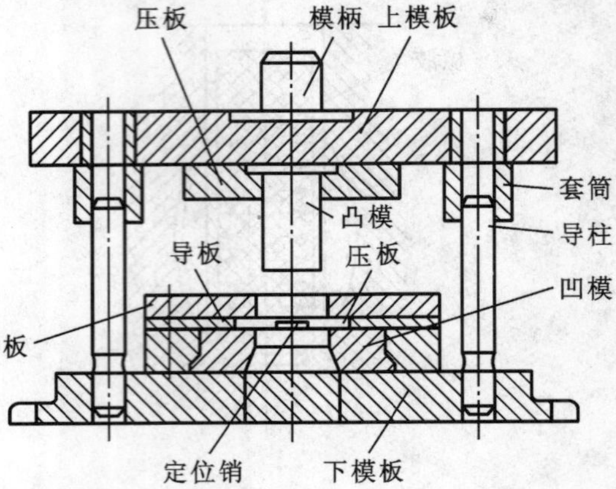

图 3-43　简单冲模

(2) 连续冲模　在冲床的一次冲程中，模具的不同部位上同时完成数道冲压工序的模具称为连续模(图 3-44)。

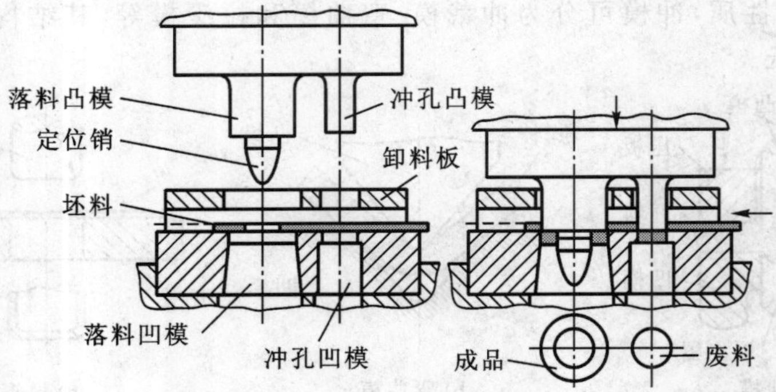

图 3-44　连续冲模

(3) 复合冲模　在冲床的一次冲程中，在模具的同一部位上同时完成数道冲压工序的模具称为复合冲模(图 3-45)。

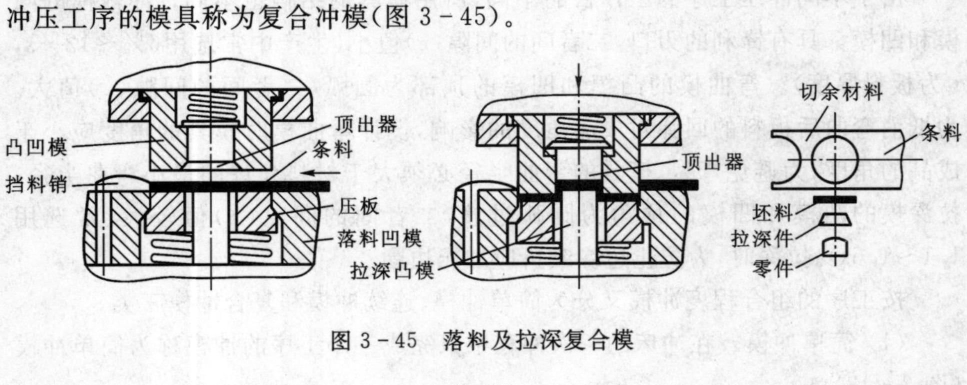

图 3-45　落料及拉深复合模

思考与分析

3-1　与铸造相比锻压加工有哪些特点？

3-2　用于锻压加工的材料主要应具有怎样的性能？常用材料中哪些可以锻压，哪些不能锻压？

3-3　锻造前坯料加热的作用是什么？

3-4　什么是始锻温度和终锻温度？低碳钢和中碳钢的始锻温度和终锻温度是多少？它们在始锻温度和终锻温度时各呈现什么颜色？

3-5　为什么坯料低于终锻温度以后就不宜继续锻造？

3-6　过热和过烧对锻件的质量有什么影响？如何防止过热和过烧？

3-7　锻件有哪几种冷却方式？冷却速度过快有哪些不良后果？

3-8　什么叫自由锻？什么叫机器自由锻？

3-9　空气锤由哪几个部分构成？各部分的作用是什么？

3-10　空气锤(也包括其他锻锤)的吨位是怎样确定的？锤的落下部分指的是什么？

3-11　拔长时送进量的大小对拔长的效率和质量有何影响？合适的送进量应该是多少？

3-12　试从设备、工模具、锻件精度、生产率等方面分析比较自由锻、模锻和胎模锻的异同？

3-13　模锻锤和自由锻锤在结构上的主要差别是什么？

3-14　模锻斜度、圆角、飞边槽的作用是什么？

3-15　冲床的组成及各部分的作用如何？

3-16　剪切和冲裁、冲孔和落料各有何异同？

3-17　冲模通常包括哪几个部分？各有何作用？冲裁模和拉深模的结构有何不同？

第四章　连接成形

【学习提示】

连接是制造业中不可缺少的一种成形方法。在机械制造业中采用其他成形方法生产的产品(例如铸件、锻件、冲压件及机加工零件),都需要通过连接成形做成形状、结构更复杂,更大的部件或组装成整机。连接的方法较多,本章主要介绍焊接和粘接。

本章的教学要求是:

(1) 了解生产中常用的连接方法;

(2) 认识几种常用的焊接方法;

(3) 能正确使用焊条电弧焊的设备,并掌握其基本操作;

(4) 能初步分析焊件结构的工艺性及金属材料的焊接性;

(5) 了解粘结及胶粘剂的技术特点,及典型的粘结结构。

第一节　概　述

连接是将两个或多个零件(或构件)固定在一起组装成更复杂的部件(或构件)的加工方法。通常的连接方法分为可拆卸连接与不可拆卸连接两大类。

(1) 可拆卸连接　连接以后部件可以在不破坏连接件的情况下拆开,重新连接仍可使用的连接形式,称为可拆卸连接,如螺纹连接、键连接和销连接等(见第五章)。

(2) 不可拆卸连接　只有在破坏被连接件的情况下才能拆开的连接形式称为不可拆卸连接(或称永久性连接)。不可拆卸连接又可分为机械连接、液态连接、固态连接和液-固连接。金属的主要连接方法分类见图 4-1。

焊接是应用最广泛的金属不可拆卸连接方法,铆接是一种永久性机械连接方法。焊接与铆接相比,可以节省材料,减轻构件自重约 10%~20%,缩短了生产周期,提高了生产率,而且连接的部件质量好、密封性好。因此,目前在许多场合下铆接已经被焊接代替。图 4-2 所示为焊接接头与铆接接头的比较。

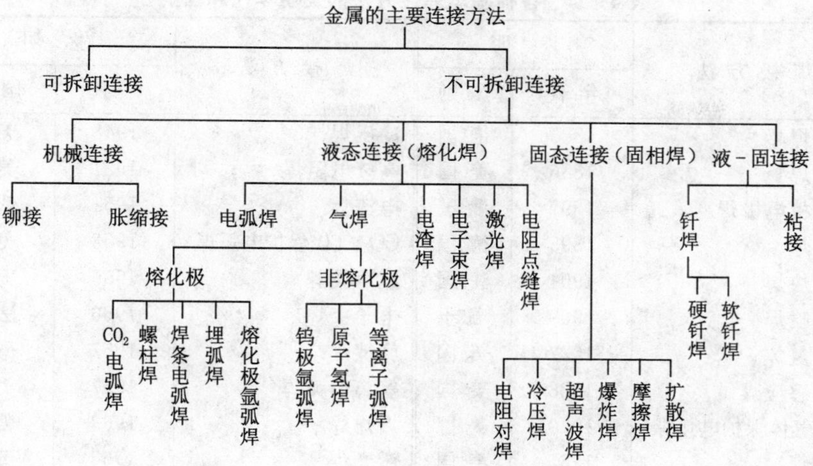

图 4－1　金属连接方法

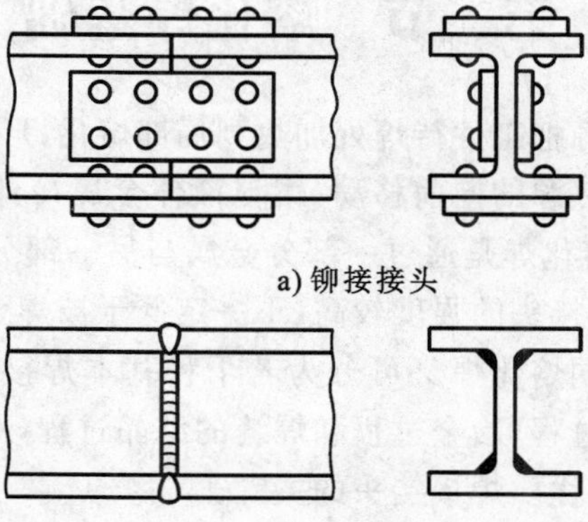

a) 铆接接头

b) 焊接接头

图 4－2　焊接与铆接接头的比较

在现代工业生产中焊接占有十分重要的地位，汽车、船舰、航天、原子能、石油化工和电子等工业部门的生产都离不开焊接技术。

焊接技术有很长的应用历史，例如我国出土的秦代铜车、马就已经应用了焊接技术，但是现代工业中广泛使用的焊接方法是十九世纪末电力生产得到发展以后才发明的，表 4－1 列出了各种基本焊接方法发明的年代和国别。随着科学技术的发展，新的焊接技术不断涌现，目前焊接技术已经达到几十种之多。

表 4-1　各种基本焊接方法的发明年代和国别

焊接方法	发明		焊接方法	发明	
	年代	国别		年代	国别
碳弧焊	1885	德国	冷压焊	1948	美国
电弧焊	1886	美国	高频电阻焊	1951	美国
金属板电极焊	1892	俄国	电渣焊	1951	俄国
热剂焊	1895	德国	CO_2 气体保护电弧焊	1953	美国
氧乙炔焊	1901	法国	超声波焊	1956	美国
金属喷焊	1909	瑞士	电子束焊	1956	法国
原子氢焊	1927	美国	摩擦焊	1957	德国
高频感应焊	1928	美国	等离子弧焊	1957	美国
惰性气体保护电弧焊	1930	美国	爆炸焊	1963	美国
埋弧焊	1935	美国	激光焊	1965	美国

第二节　熔化焊基础

熔化焊是利用热源把工件待焊处加热到局部熔化，形成熔池（有时需要另加充填金属），然后随着热源的向前移动，熔池液体金属冷却结晶而形成牢固的焊缝（图 4-17）。由于熔化焊是通过一部分金属与另一部分金属的熔合而实现连接的，熔化焊最终焊接接头的强度较高（不一定低于被焊金属材料的强度）。

按热源形式的不同熔化焊又可分为若干种基本焊接方法（见图 4-1）。熔化焊过程包含焊接热过程、冶金过程和焊缝的结晶过程，对这些过程的有效控制是保证焊接质量、获得优质焊接接头的关键。

一、焊接接头的质量

1. 焊接接头的组织与性能

焊接接头是指两块被焊母材相连接的地方，它由焊缝、热影响区及其邻近的母材组成。在熔化焊的焊接过程中，焊缝的形成是一个冶金过程，焊缝附近区域的金属材料相当于受到一次热处理，因此会引起其相应组织和性能的变化。

图 4-3 表示低碳钢焊接接头的组成。图 a 中的曲线表示焊接接头各部分达到的最高加热温度，图 b 为简化 $Fe-Fe_3C$ 相图的一部分。

(1) 焊缝

焊缝组织是由熔池液体金属结晶形成的铸态组织。由于焊接熔池小，冷却快，焊缝的组织比通常铸钢件的组织细小。熔池金属结晶时各个方向的冷却速度不同，因此形成柱状晶；结晶是从底部的半熔化区开始逐渐进行的，低熔点的

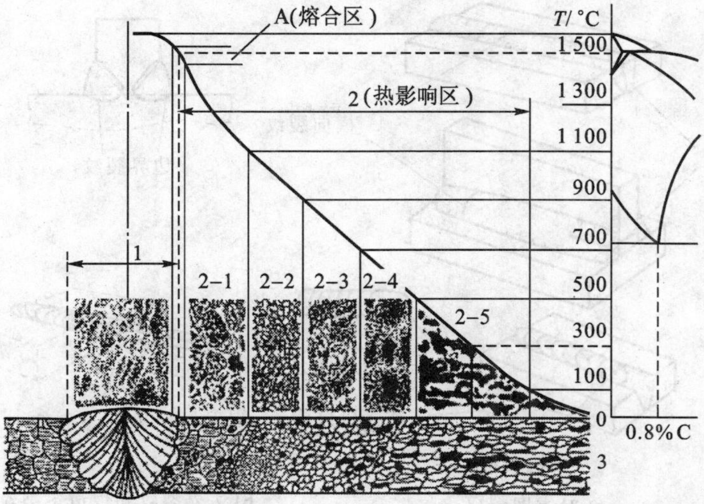

a) 焊接接头组织　　b) Fe − Fe_3C 相图一角

1—焊缝宽度； 2—热影响区； A—熔合区； 2-1—过热区； 2-2—正火区；
2-3—部分相变区； 2-4—再结晶区； 2-5—时效区； 3—母材组织

图 4-3 低碳钢焊接接头的组成

硫、磷和氧化铁等易偏析集中在焊缝中心区，这会影响到焊缝的力学性能。

(2) 热影响区

焊接的热影响区是指焊缝附近因焊接热作用而发生组织和性能变化的区域。由于热影响区各部位的最高加热温度不同，因此其组织变化也不同。低碳钢的热影响区可分为过热区、正火区、部分相变区、再结晶区和时效区(图4-3)。

2. 焊接接头的主要缺陷

常见的熔化焊焊接接头缺陷有裂纹、气孔、夹渣、未熔合、未焊透、咬边、焊瘤和烧穿等。

(1) 焊接裂纹

在焊接应力和致脆因素的作用下，在焊接接头的局部可能产生裂纹(图 4-4)。裂纹是焊接结构中最危险的缺陷之一，它不但减小接头的有效受力面积，降低接头的强度，而且由于裂纹端部有一个尖锐的裂口，会引起较大的应力集中，因而会导致裂纹的继续扩展，造成构件的突然断裂。

(2) 气孔

在焊接过程中，熔池中的气体在金属凝固以前未能逸出而残留在焊缝内形成的空洞称为气孔。气孔是焊缝中经常出现的一种缺陷，它可能出现在焊缝的表面，也可能在焊缝的内部或根部。气孔有时单个出现，有时成堆密集出现在局部区域，其形状有球形、条虫形等(图 4-5)。

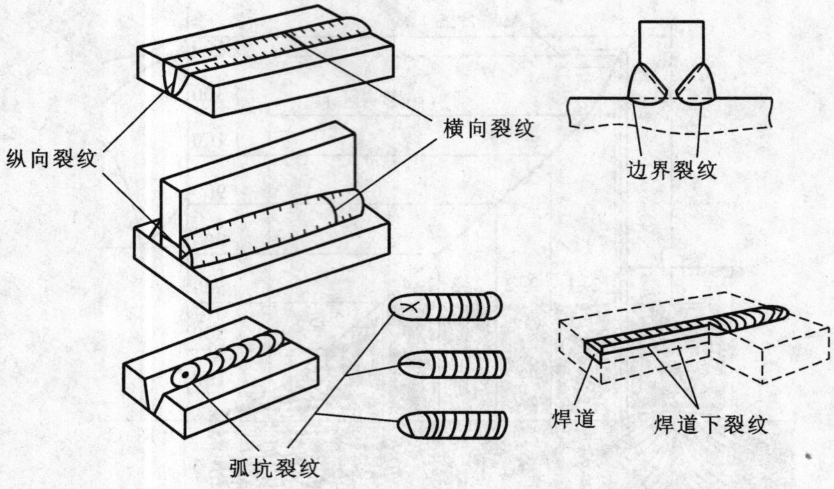

a) 表面裂纹　　b) 边界裂纹和焊道下裂纹

图 4-4　焊接裂纹

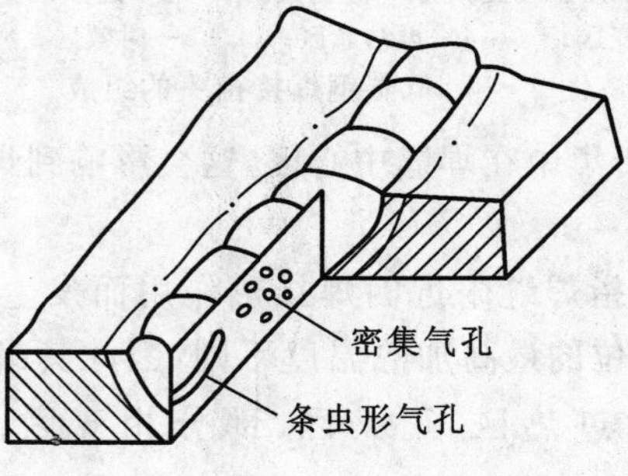

图 4-5　焊缝中的气孔

气孔的存在会减少焊缝的承载面积，降低焊缝的力学性能，贯穿焊缝的气孔会破坏构件的致密性而引起渗漏。

(3) 夹渣

焊后残留在焊缝中的熔渣称为夹渣。焊缝中的夹渣可能是粒状夹渣，也可能是呈长条状或线状的连续夹渣(图 4-6)。

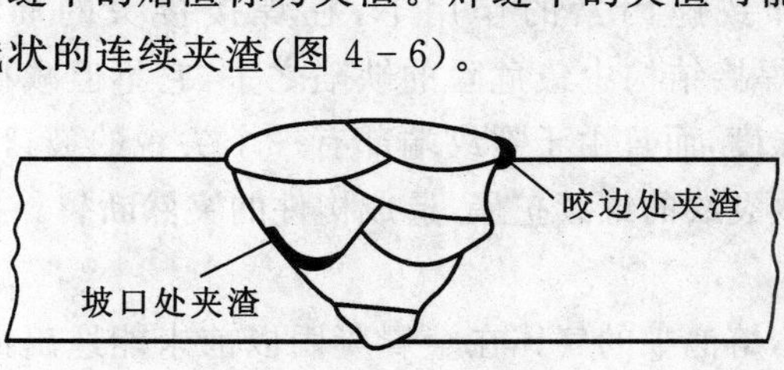

图 4-6　夹渣

夹渣的影响与气孔类似，可降低焊缝的力学性能，特别是条状夹渣的危害性更大,它会引起应力集中,有可能导致焊缝开裂。

(4) 未熔合

焊缝金属与母材之间或焊道金属与焊道金属之间未能完全熔化结合而留下的缝隙称为未熔合(图 4-7)。

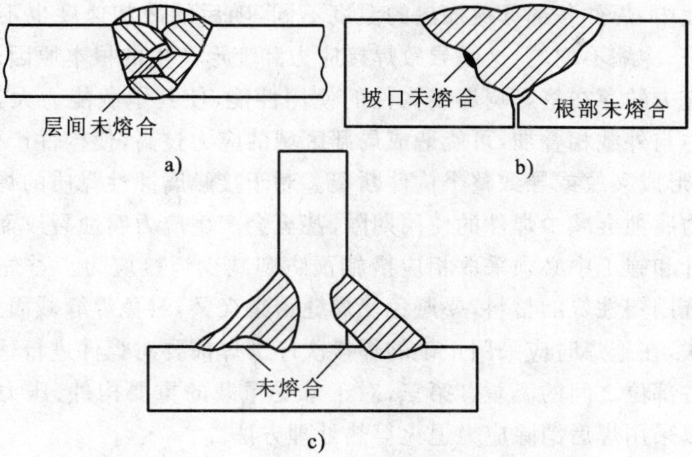

图 4-7 未熔合

未熔合属于一种面缺陷,对焊缝的影响与裂纹类似,易造成应力集中,是一种危害性很大的缺陷。

(5) 未焊透

接头的母材之间未完全焊合称为未焊透(图 4-8)。未焊透相当于在焊接接头中存在一个裂缝,裂缝很可能在使用过程中扩展而成为更大的裂缝,导致构件的破坏。

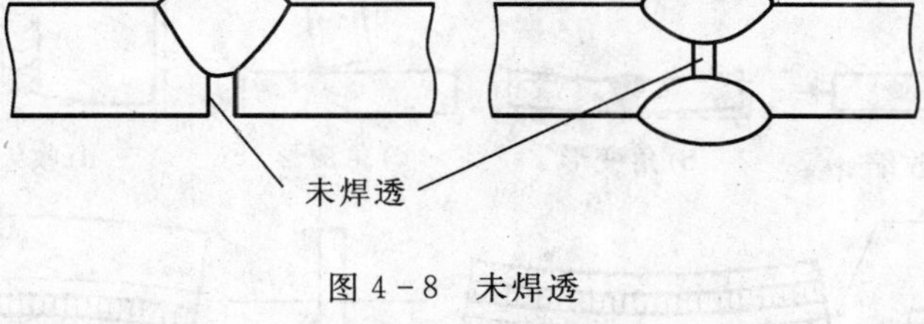

图 4-8 未焊透

焊接接头缺陷形成的原因是多种多样的,但是归结起来主要有三方面的因素:一是材料方面的因素,包括焊接母材、充填材料和焊剂等;二是结构方面的因素,如接头坡口的形式和质量、接头的装配形式和质量等;三是工艺方面的因素,包括工艺参数的选择和焊接操作等。要预防焊接缺陷就要从以上三方面入手,采取相应的措施。

二、焊接应力与变形

焊接过程是一个极不均匀的热循环过程，焊缝区及过热区都要由室温被迅速加热到很高的温度(焊缝金属被熔化成液态)，然后再快速冷却下来。在这个热循环过程中，焊件各部分被加热的温度不同，随后的冷却速度也不同，因此各部位的热胀、冷缩不均匀，这是导致焊接应力和变形产生的根本原因。

焊接应力的存在将影响焊接构件的使用性能，使其承载能力大为降低。如果焊接应力与外载相叠加，可能造成局部区域的应力过高，使构件产生新的塑性变形，甚至形成裂纹或导致整个构件断裂。对于接触腐蚀性介质的焊件(如化工容器)，应力腐蚀会减少焊件的使用期限，甚至会产生应力腐蚀裂纹而报废。

在设计和施工中必须采取相应措施预防和减少焊接应力。首先，在结构设计时应该选用塑性好的材料，要避免使焊缝密集交叉，避免焊缝截面过大和焊缝过长。其次，在施焊时应采用正确的焊接次序。焊前要对焊件进行适当预热，以减小焊件各部位之间的温差。第三，对于承受重载的重要构件、压力容器等，焊接以后可以采用焊后消除应力退火等热处理方法。

焊接应力的存在会引起焊件的变形。焊接变形的基本类型如图 4－9 所示。具体的焊件会出现哪种变形，与焊件的结构、焊缝的布置、焊接工艺和应力分布等因素有关。一般情况下，结构简单的小型焊件焊后仅出现收缩变形，焊件尺寸减小。当焊件坡口横截面的上下尺寸相差较大或焊缝分布不对称，以及焊接次序不合理时，则焊件容易发生角变形、弯曲变形或扭曲变形。对于薄板焊件，最容易产生不规律的波浪变形。

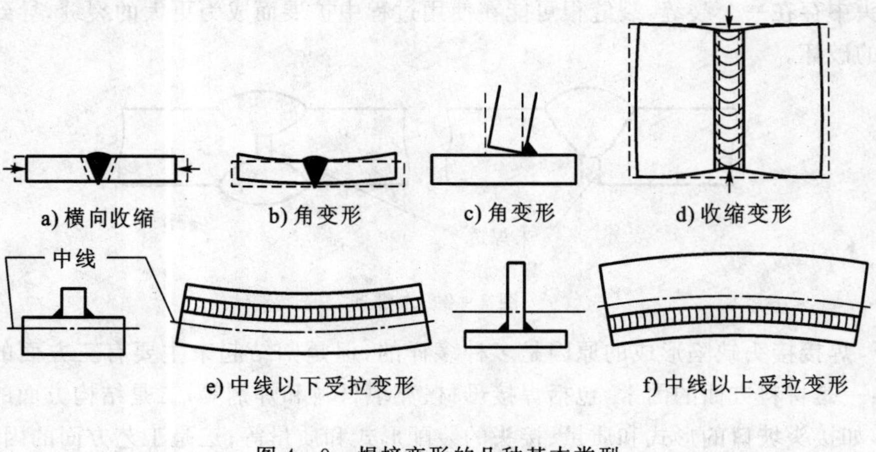

图 4－9　焊接变形的几种基本类型

焊件出现变形将影响焊件的使用，过大的变形量会使焊件报废，因此必须防止和消除焊件的变形。防止和消除焊接变形的主要方法有：预防和减小焊接应力；

当对焊接变形有比较严格的限定时,焊件应采用对称结构、大刚度结构或焊缝对称分布结构;施焊中采用反变形措施或刚性夹持法;对于焊后变形量已经超过允许值的焊件,可以采用机械矫正法或火焰加热矫正法消除焊接变形(图 4-10)。

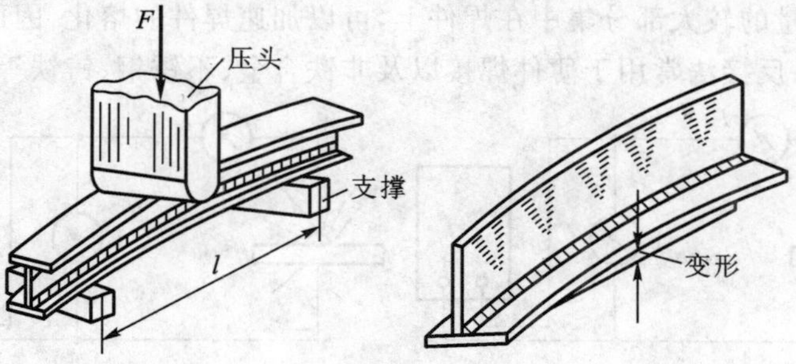

a) 机械矫正法　　　　　　　　b) 火焰矫正法

图 4-10　焊接变形的矫正

第三节　电　弧　焊

电弧焊是利用电弧产生的热能进行焊接的一种焊接方法。由于电弧能有效而简便地把电能转换成熔化焊焊接过程的热能和机械能,因此,电弧焊是目前应用最广的一种焊接方法。

焊接电弧是电极之间(焊条与工件之间)受热而电离的气体介质中强烈的连续放电现象。焊接电弧的结构如图 4-11 所示,它是由阴极区、阳极区和弧柱区三部分组成的。由于两个极区的厚度极薄,所以弧柱区的长度可以被视为电弧的长度。阴极区是发射电子的区域,在焊条电弧焊焊接钢材时阴极区的平均温

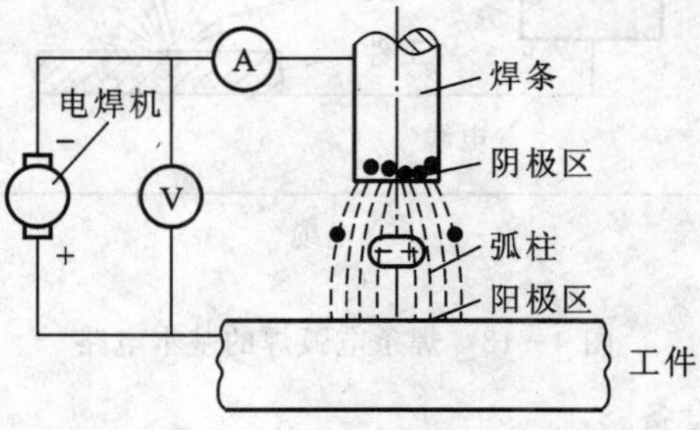

图 4-11　焊接电弧

度为 2 400 K,阴极区的热量约占总热量的 36%。阳极区因受电子轰击和吸入电子而获得较多的能量,温度可达 2 600 K,该区的热量约占总热量的 43%。弧柱区是阴极区和阳极区之间的电弧部分,温度高达 6 000~8 000 K,弧柱区的热

量约占总热量的21%。由于电弧在阴极和阳极区产生的热量不同,因而用直流弧焊机焊接时就有正接和反接两种方式(图4-12)。正接是工件接到电源正极,焊条接到电源负极;反接是将工件接到电源负极,焊条接到电源正极。正接时电弧中热量的较大部分集中在焊件上,可以加速焊件的熔化,因而多用于焊接较厚的焊件;反接法常用于薄件焊接以及非铁合金、不锈钢、铸铁等的焊接。

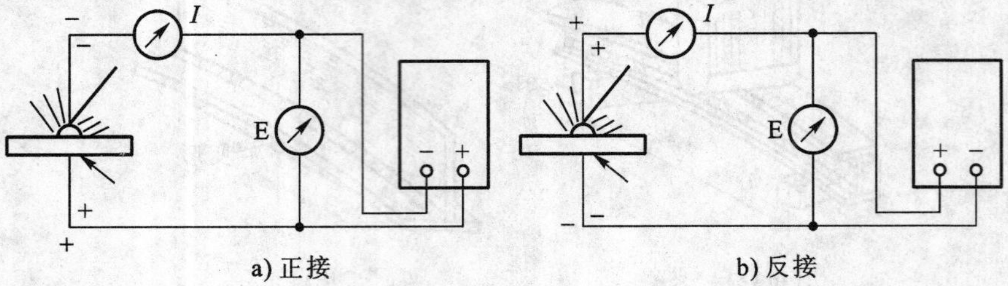

图4-12　直流弧焊时的正接和反接

按照工艺特点的不同,电弧焊可分为焊条电弧焊、埋弧焊、气体保护焊和等离子弧焊等。

一、焊条电弧焊

在我国焊条电弧焊是应用最多的一种焊接方法。焊条电弧焊也称手工电弧焊,是一种用手工操作焊条进行焊接的工艺方法(图4-13)。

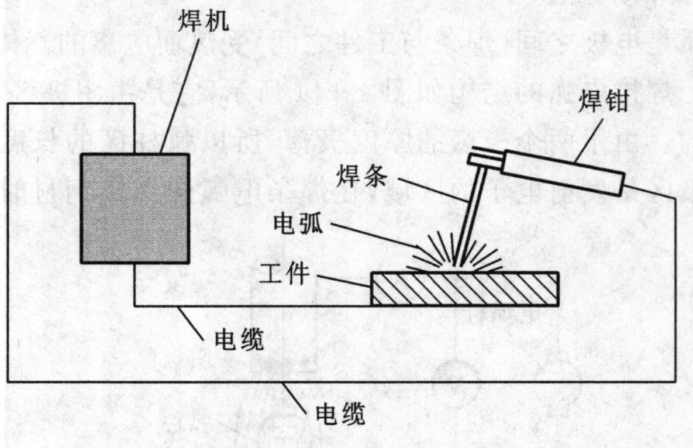

图4-13　焊条电弧焊的基本电路

1. 焊条电弧焊设备

焊条电弧焊的基本设备是各种焊机,也称手弧焊机。手弧焊机分交流弧焊机和直流弧焊机两类。

(1) 交流弧焊机

交流弧焊机是电弧焊专用的变压器,也称弧焊变压器。图4-14所示为交流弧焊机的外形、内部结构和电路图。交流弧焊机通过手柄及调节丝杠可使次级绕组上、下移动，以改变初、次级绕组之间的间距，调节焊接电流的大小。

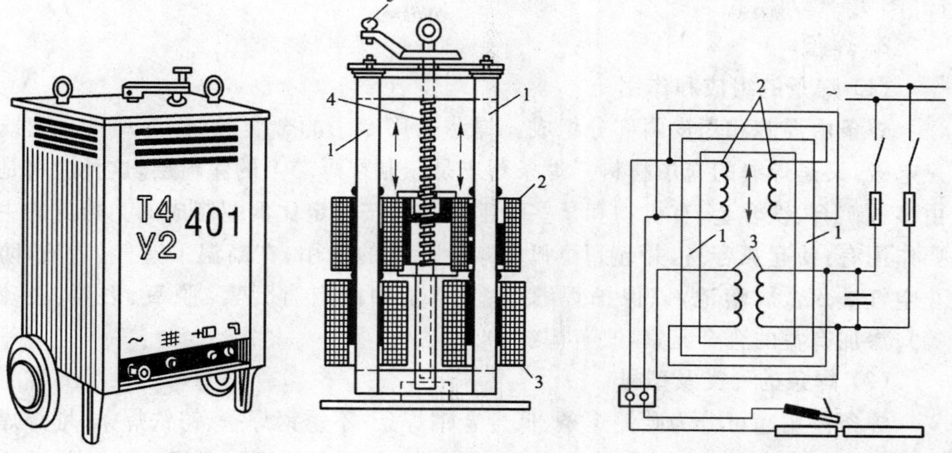

a) 焊机的外形　　b) 焊机的内部结构　　c) 焊机的电路图

1—铁芯；2—次级绕组；3—初级绕组；4—丝杠；5—手柄

图 4－14　交流弧焊机

(2) 直流弧焊机

直流弧焊机有发电机式直流弧焊机和整流式直流弧焊机两类。

1) 发电机式直流弧焊机　是由交流电动机和直流发电机组成的。这种焊机的特点是电弧稳定，焊接质量较好，能适应各种类型焊条的焊接。但直流弧焊机的结构比较复杂，价格比交流焊机高，维修比较困难，使用时噪音也比较大。

2) 整流式直流弧焊机　使用大功率硅整流元件，将交流电转变成直流电供焊接使用(图 4－15)。与发电机式直流弧焊机相比，整流式直流弧焊机的结构

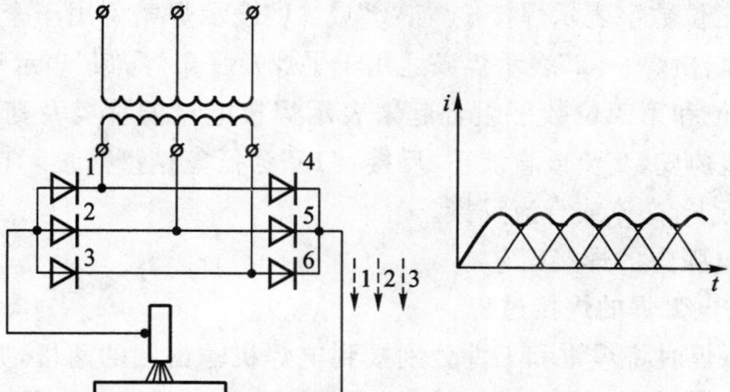

a) 电路图　　b) 整流电流模型

图 4－15　整流式直流弧焊机的电路图

简单,维修方便,噪音小,是一种比较理想的焊接电源。

直流弧焊机的输出端有正、负极之分,在焊接时有正接和反接两种接法(图 4-12)。

2. 焊条

(1) 焊条的组成和作用

焊条由焊芯和药皮两部分组成。焊芯采用专用的金属丝(称为焊丝),它既是电极,又是焊缝的充填材料。焊条药皮是压制在焊芯上的涂料层,这种涂料是由多种矿石、铁合金、有机物和某些化工产品等按一定比例配制成的。药皮的主要作用有:使起弧容易,并起到稳弧和减少飞溅的作用;在高温下造气、造渣,防止空气进入金属熔池,以保护焊缝;除去熔池中的有害元素(脱氧、去氢、去硫等);渗加有益的合金元素,改善焊缝的质量。

(2) 焊条的种类及型号

焊条按用途可分为碳钢焊条、低合金钢焊条、不锈钢焊条、铸铁焊条、堆焊焊条、镍和镍合金焊条、铜和铜合金焊条、铝和铝合金焊条等。根据熔渣的化学性质不同,焊条分为酸性焊条和碱性焊条两大类。药皮中含有较多酸性氧化物的焊条,其熔渣呈酸性,称为酸性焊条;药皮中碱性氧化物较多,熔渣呈碱性的焊条,称为碱性焊条。酸性焊条能供交、直流焊机两用,焊接工艺性好,但是焊缝金属的冲击韧性较差,适用于一般低碳结构钢的焊接。碱性焊条一般需要用直流电源,焊接工艺性较差,对水分、铁锈敏感,使用时必须严格烘干,但是焊缝金属的抗裂性较好,适用于焊接重要的结构件。

焊条的型号是指国家标准中的焊条编号,可查阅有关国家标准。GB/T5117—1995 规定的碳钢焊条型号以字母“E”加四位数字组成。如 E4303,“E”表示焊条(electride);前两位数字“43”表示焊缝金属抗拉强度的最低值为 430 Mpa;第三位数字表示焊接位置,“0”或“1”表示焊条使用于全位置焊接(平焊、立焊、仰焊、横焊),“2”表示焊条适用于平焊及平角焊,“4”表示焊条适用于向下立焊;第三位和第四位数字组合起来表示焊接电流的种类及药皮的类型,如“03”为钛钙型药皮,交流或直流正、反接,“15”为低氢钠型药皮,直流反接,“16”为低氢钾型药皮,交流或直流反接。

3. 焊条电弧焊的焊接工艺

(1) 焊条电弧焊的焊接过程

焊条电弧焊时将焊钳和工件分别接到电焊机输出端的两极,并用焊钳夹持焊条。首先将焊条与工件瞬时接触,形成短路。由于焊条与工件的接触面实际上是凹凸不平的,在接触点上的电流密度很大,电阻热使接触点被加热熔化,甚至蒸发。当焊条刚刚提起的瞬间,在电场的作用下电子碰撞气体使之电离。正、负离子和电子分别奔向两极,在两极表面放出大量的热和光,同时温度升高而产生了电弧，这一过程称为引弧。生产中常用的引弧方法有敲击法和摩擦法两种(图 4－16)。

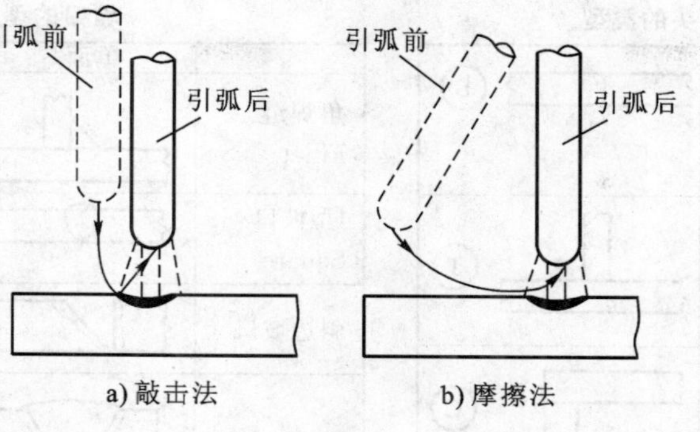

图 4－16　常用的引弧方法

电弧引燃后应维持一定的电压使电弧连续稳定地燃烧，在焊条不断向下送进、前移的过程中电弧向前移动，焊接连续进行，如图 4－17 所示。在焊接过程中，电弧在焊条与被焊工件之间燃烧，电弧热使工件和焊芯同时熔化而形成熔池。焊条的药皮熔化后与液态金属发生物理化学反应，形成的熔渣不断从熔池中浮起；药皮分解产生大量的 CO_2、CO 和 H_2 等气体，围绕在电弧周围。熔渣和气体能防止空气中的氧和氮侵入，起到保护熔池的作用。

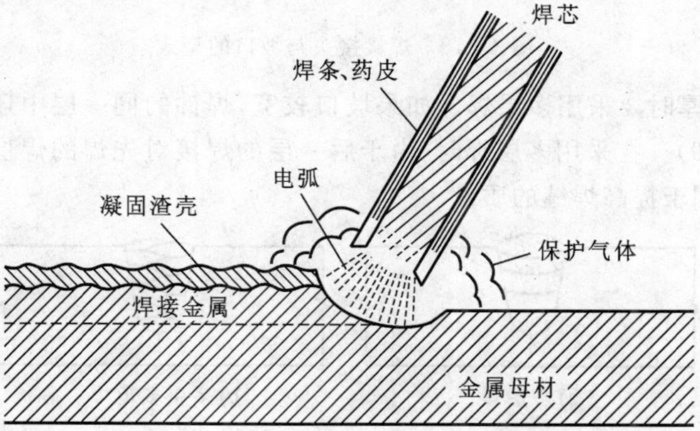

图 4－17　焊条电弧焊过程

(2) 接头、坡口的型式和焊接位置

常用焊接接头的型式有对接接头、T 形接头、角接接头、搭接接头和端边接头等。为了保证焊接强度和焊透焊件，在焊接前要把焊件待焊处预制成具有特定几何形状的坡口。焊接接头的类型及常用的坡口型式如图 4－18 所示。

开坡口一般要留有钝边(直边)，这是为了防止烧穿。接头组装时还要留有间隙以保证焊透。焊接时要根据焊件的厚度和施焊的可能性选择坡口的型式,并确定采用单面焊或双面焊。

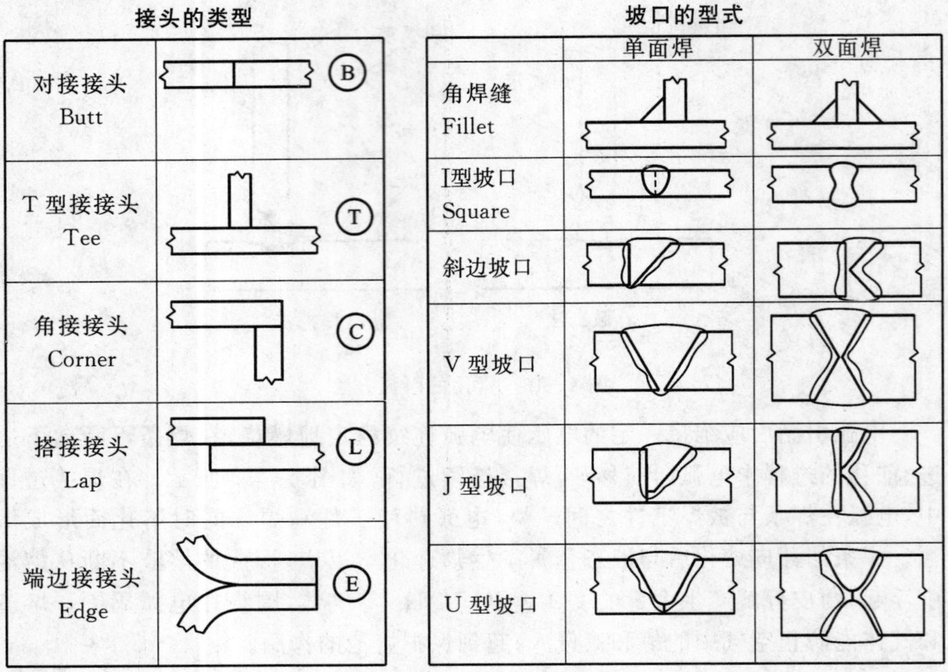

图 4-18 焊接接头与坡口的型式

焊件较厚时要采用多层焊。如果坡口较宽,焊件的同一层中还可采用多道焊(图 4-19)。在采用多层焊时,由于后一层的焊接对先焊的焊层有热处理作用,所以有利于提高焊缝的质量。

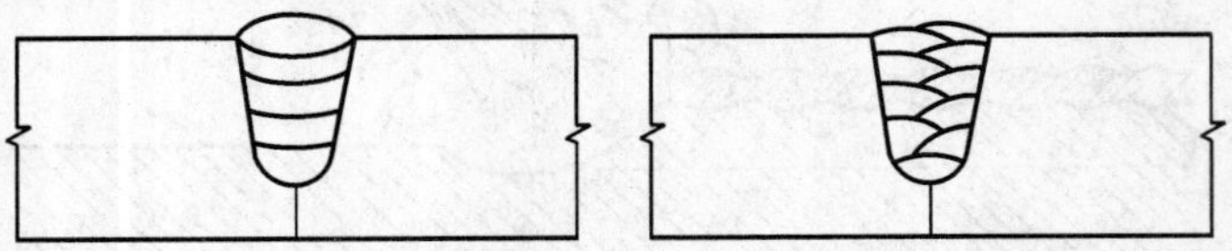

a) 多层焊　　b) 多层多道焊

图 4-19 多层焊示意图

焊接时焊缝相对于施焊者所处的空间位置称为焊接位置。焊接位置通常分为平焊、立焊、横焊和仰焊等,如图 4-20 和图 4-21 所示。

(3) 焊接工艺参数

焊接工艺参数包括焊条直径、焊接电流、电弧电压和焊接速度等。焊接工艺参数的选择是否适当对焊接质量和生产率有很大的影响。

选择焊接工艺参数时,一般先根据工件的厚度选择焊条直径。焊条直径是

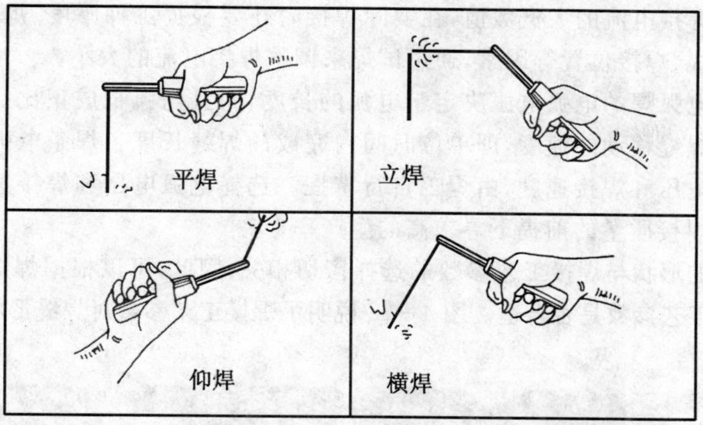

图 4-20　焊接位置示意图

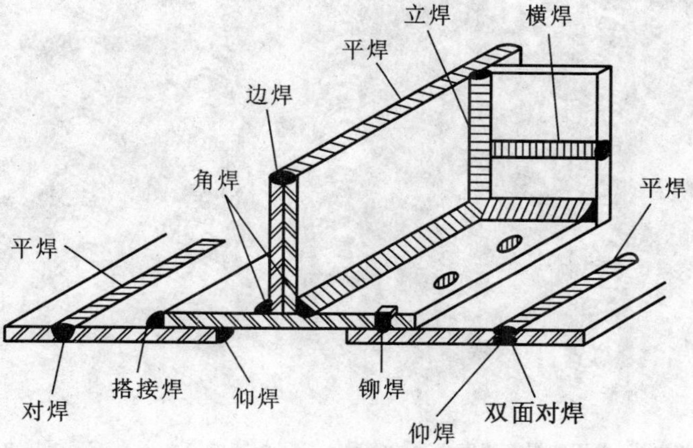

图 4-21　几种接头型式焊缝的焊接位置

用焊芯的直径表示的，焊芯的长度称为焊条的长度。焊件越厚则应选用直径越大的焊条(见表 4-2)；立焊、横焊和仰焊较平焊应选用细一点的焊条；开坡口多层焊的第一层应选用小一点的焊条直径。

表 4-2　焊条直径的选择

焊件的厚度/mm	≤4	4～12	＞12
焊条的直径/mm	不超过焊件的厚度	3.2～4.0	≥4.0

焊接电流是指焊接时流经回路的电流，其大小主要根据焊条的直径来选择。在焊接低碳钢时，焊接电流与焊条直径之间的关系可由下面经验公式确定：

$$I=(35\sim55)d$$

式中　I 为焊接电流，单位为 A；　d 为焊条直径，单位为 mm。必须指出，上式只给出了焊接电流的大概数值，在实际焊接时还要根据工件厚度、焊条的种类、接头的型式、焊接位置等因素，通过试焊来调整焊接电流的大小。

焊条电弧焊的电弧电压决定于电弧的长度，而且与弧长成正比。焊接速度是电弧沿焊缝移动的速度，即单位时间内完成的焊缝长度。焊条电弧焊一般不规定电弧电压和焊接速度，由焊工自行掌握。选择电弧电压和焊接速度的原则是在保证焊接质量的前提下寻求高的生产率。

焊缝的形状与焊接工艺参数的选择密切相关，因此，可以根据焊缝的形状来判断焊接工艺参数是否合适。图 4-22 说明了焊接工艺参数对焊缝形状的影响。

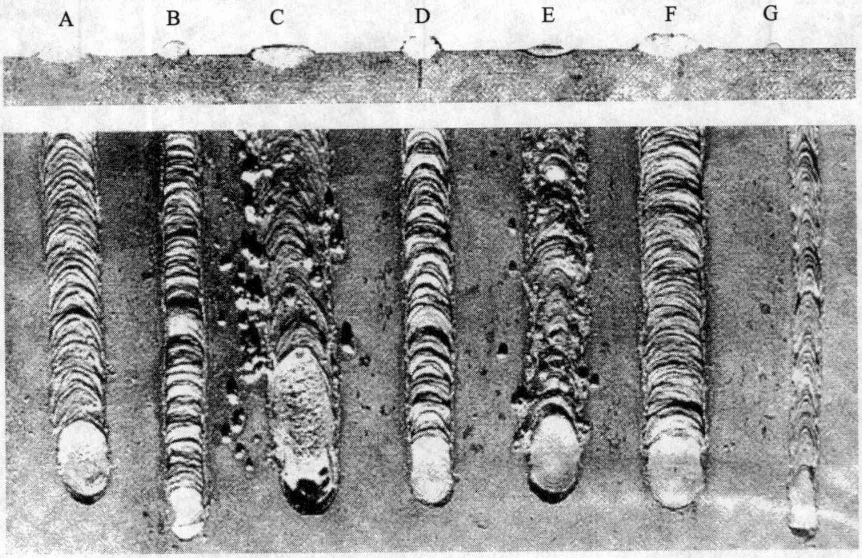

A—焊接电流、电压和焊接速度合适的情况； B—焊接电流太小； C—焊接电流太大；
D—电弧长度太短； E—电弧长度太长；F—焊接速度太小； G—焊接速度太大。

图 4-22　焊接工艺参数对焊缝形状的影响

二、埋弧焊、气体保护电弧焊和等离子弧焊接

1. 埋弧焊

埋弧焊是电弧在熔剂层下燃烧而进行焊接的方法，如图 4-23 所示。埋弧焊所用焊剂呈颗粒状，光焊丝插入焊剂中。当电弧被引燃以后，电弧热将焊丝、熔剂和焊件熔化，形成熔池，部分金属和焊剂汽化形成气泡，气泡上覆盖一层熔渣，这样就将熔池与外界空气隔绝并埋蔽弧光，有效地保护了熔池，并改善了劳动条件。随着焊接的进行，焊丝均匀地沿坡口移动，或焊丝不动而工件移动。在焊丝前方，焊剂从漏斗中不断流出并撒在被焊部位，部分熔剂熔化形成熔渣覆盖在焊缝表面，大部分熔剂不熔化，可以重新回收使用。采用埋弧自动焊焊接时，

焊接电弧的引燃、焊丝的送进和沿焊接方向移动电弧(或移动工件)等全部由焊机自动完成。

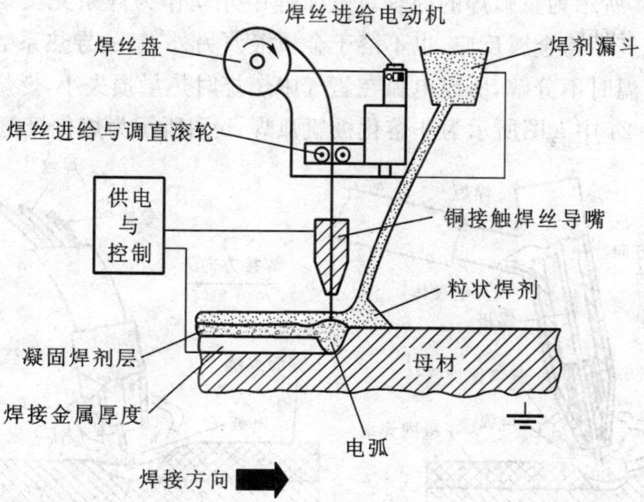

图 4-23　埋弧焊示意图

与焊条电弧焊比较,埋弧自动焊有以下优点:

(1) 生产率高　埋弧焊的焊接电流常可达到 1 000 A 以上(比焊条电弧焊高 6～8 倍),同时在焊接过程中省去了更换焊条的时间,所以生产率高(约为焊条电弧焊的 5～8 倍)。

(2) 焊接质量好　埋弧自动焊时电弧区保护严密,焊缝金属的含氧量、含氮量大大降低;熔池保持液态时间长,冶金过程进行得比较充分;焊接参数可以自动调节而保持稳定,对焊工技术要求不高。所以埋弧自动焊的焊缝成分稳定,力学性能比较好,成形美观。

(3) 节省金属材料　埋弧焊热量集中,熔深大,20～25 mm 厚度以下的工件可以不开坡口而直接焊接;没有焊条头的浪费,金属飞溅少。所以,埋弧焊能有效地节省金属材料。

(4) 改善了劳动条件　埋弧焊过程中由于弧光不外泄,焊接时烟雾少,只要调整、管理好焊机就可以自动进行焊接,因此劳动条件得到很大改善。

埋弧自动焊的设备比较复杂,设备费一次投资大;埋弧自动焊适应性比较差,通常只适用于焊接长的直线和环状焊缝。

2. 气体保护电弧焊

气体保护焊是利用外加气体作为电弧介质,并保护电弧区的熔滴、熔池和高温焊缝金属的电弧焊方法。常用的气体保护焊方法有非熔化极气体保护焊和熔化极气体保护焊。根据使用的保护气体,气体保护焊又可分为氩弧焊和 CO_2 保护焊。

(1) 氩弧焊

图 4-24 所示为氩弧焊的原理。氩弧焊中光丝作为焊条充填熔池，用氩气保护，焊接时氩气不与金属反应，也不溶于金属液。另外，氩的导热系数很小，又是单原子气体，高温时不分解，所以电弧在氩气中燃烧时热量损失小，燃烧稳定，焊缝质量高。图 4-24 中 a 图所示为非熔化极氩弧焊，b 图所示为熔化极氩弧焊。

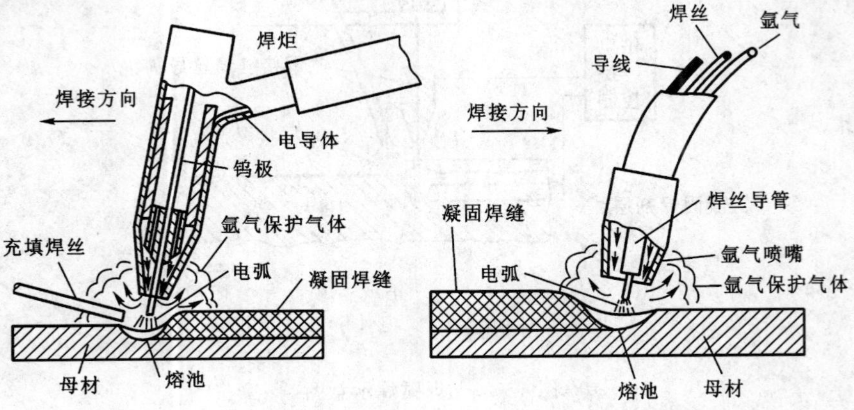

a) 非熔化极氩弧焊　　b) 熔化极氩弧焊

图 4-24　氩弧焊的原理

非熔化极氩弧焊采用铈钨棒作为电极，也称钨极氩弧焊。焊接时电极不熔化，只起导电和产生电弧的作用，另有焊丝熔化充填熔池。这种焊接因电极通过的电流有限，所以只适用于焊接厚度为 6 mm 以下的工件。熔化极氩弧焊以连续送进的焊丝作为电极进行焊接，因此可以采用较大的电流焊接，适用于焊接厚度为 25 mm 以下的工件。

氩弧焊的主要特点是：1) 适用于焊接各类合金钢、易氧化的有色金属及稀有金属。2) 氩弧焊电弧稳定，飞溅少，焊缝致密，表面没有熔渣，成形美观。3) 电弧和熔池区用气流保护，明弧可见，便于操作，容易实现自动化焊接。4) 电弧在气流压缩下燃烧，热量集中，熔池小，焊接速度快，热影响区较窄，工件的焊接变形小。

由于氩气价格较高，目前氩弧焊主要用于铝合金、钛合金、镁合金以及不锈钢、耐热钢的焊接。

(2) CO_2 保护焊

CO_2 保护焊是一种成本较低的气体保护焊方法，常用于碳钢和低合金钢的焊接，图 4-25 所示为全自动 CO_2 保护焊。CO_2保护焊是熔化极焊接，用焊丝做电极，由送丝机构送进焊丝。CO_2 气体从焊炬喷嘴中以一定流量喷出，电弧引燃后焊丝端部及熔池被 CO_2 气体所包围，可防止空气对高温金属的侵害。

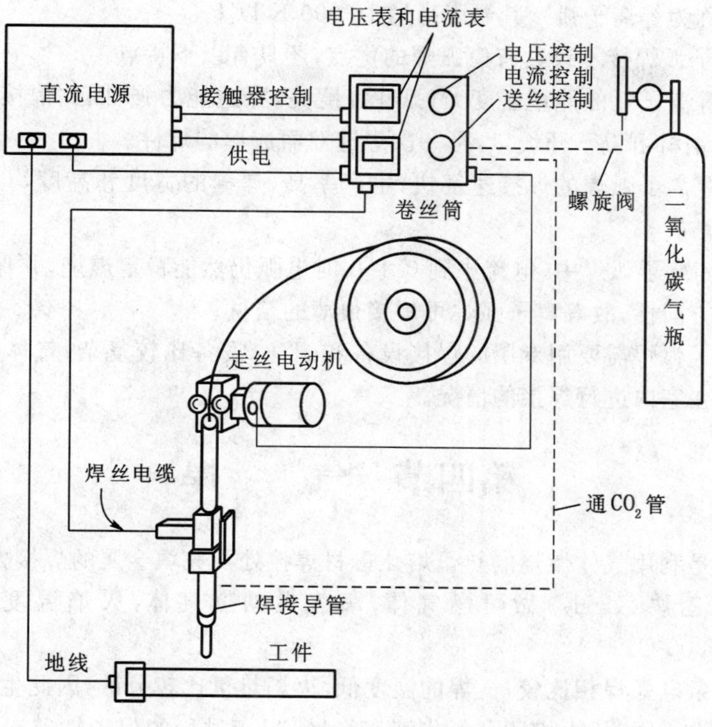

图 4-25 全自动 CO_2 气体保护焊

3. 等离子弧焊接

等离子弧焊接实质上是一种具有压缩效应的钨极氩弧焊。等离子电弧发生装置如图 4-26 所示，在钨极和工件之间加较高电压，经高频振荡使气体电离而形成电弧。电弧通过具有细孔道的喷嘴，并在保护性冷气流的包围下被强迫压缩，因此，等离子弧焊接的电弧很细，能量高度集中，弧内的气体完全电离为电子

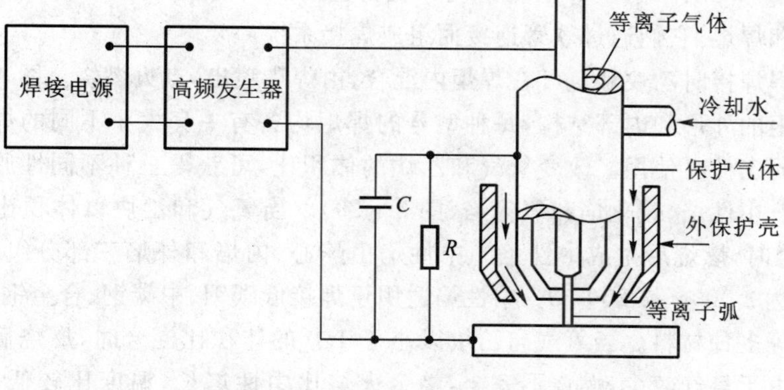

图 4-26 等离子弧发生装置的原理

和离子（称为等离子弧），其温度高达16 000 K以上。

等离子弧焊接不仅具有氩弧焊的优点，还具有以下特点：

(1) 等离子弧的能量密度大，弧柱温度高，穿透能力强，因此焊接厚度10～20 mm的钢材可以不开坡口，可一次焊透双面成形的焊件。

(2) 等离子弧焊的焊接速度快，生产率高，焊缝的宽度和高度均匀一致，焊缝表面光洁。

(3) 等离子弧焊中，电流小到0.1 A时电弧仍然能稳定燃烧，并保持良好的挺直度和方向性，故等离子弧焊可焊接很薄的箔材。

等离子弧焊需要用专用的焊接设备和焊丝，设备比较复杂，气体消耗量大，只适宜于在室内进行焊接的情况。

第四节 气 焊

气焊是利用气体燃烧的热量熔化母材焊接处及充填金属的焊接方法。通常气焊使用乙炔（C_2H_2）做可燃气体，氧气做助燃气体，火焰温度可以达到3 100～3 300℃。

与焊条电弧焊相比较，气焊的温度低，火焰热量比较分散，因此生产率低，焊接变形较大。同时，火焰还会氧化液态金属，焊接过程的保护性差。因此，在许多场合气焊已经被电弧焊或电阻焊取代。但是，气焊的火焰温度较低，且容易控制熔池的温度，这对精细件（例如薄板和管件）的焊接是有利的。此外，气焊不需要电源，移动灵活，进行室外维修工作时比较方便。目前，气焊适合于焊接厚度为3 mm以下的薄钢板以及铸铁，不锈钢，铜、铝合金等焊件。气焊铸铁、不锈钢及铜、铝合金等金属材料时需要使用焊剂，以除去氧化物，增加液态金属的流动性，并起到保护作用。焊接低碳钢时不使用焊剂。

图4－27所示为气焊系统。气焊设备包括乙炔气瓶、回火防止器、氧气瓶、减压阀和焊炬，它们通过软管连接而组成焊接系统。

气焊焊接时乙炔和氧气在焊炬内混合，由焊嘴喷出，点火燃烧。图4－28所示为焊炬的外形和内部结构，每种型号的焊炬均备有一套大小不同的焊嘴以供焊接不同工件时使用。改变氧气和乙炔的体积比，可获得三种不同性质的气焊火焰——中性焰、碳化焰和氧化焰（图4－29）。当氧气和乙炔以体积比1.0～1.2混合时，燃烧后生成中性焰。中性焰由焰心、内焰和外焰三部分组成，内焰温度可达3 000～3 200 ℃。中性焰适用于焊接低碳钢、中碳钢、合金钢、紫铜和铝合金等多种材料。当氧气与乙炔以小于1.0的体积比混合时，燃烧后生成碳化焰。由于氧气较少，燃烧不完全，整个火焰比中性焰长，温度比较低，最高温度低于3 000 ℃。用碳化焰焊接会使焊缝增碳，一般只适用于高碳钢和铸铁

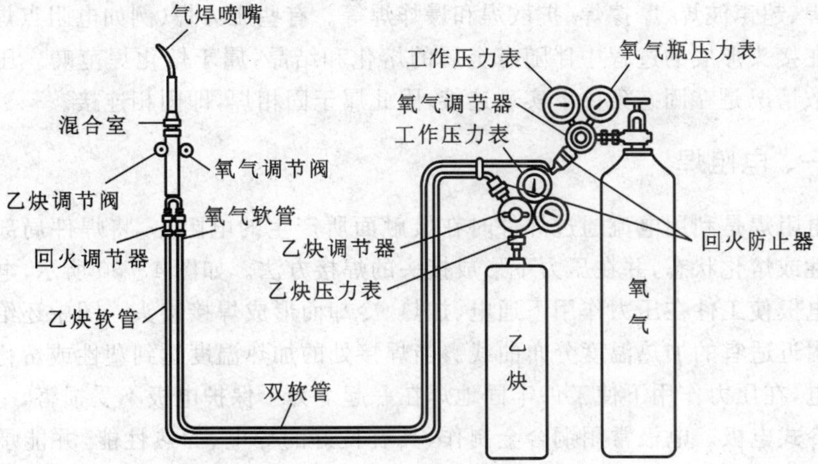

图 4-27 气焊系统示意图

等材料的焊接。当氧气与乙炔以大于 1.2 的体积比混合时，燃烧生成氧化焰。由于氧气充足，氧化焰的燃烧比中性焰剧烈，火焰较短，温度比中性焰高，可达 3 100 ～3 300 ℃。氧化焰对焊缝有氧化作用，一般只在焊接黄铜时使用。

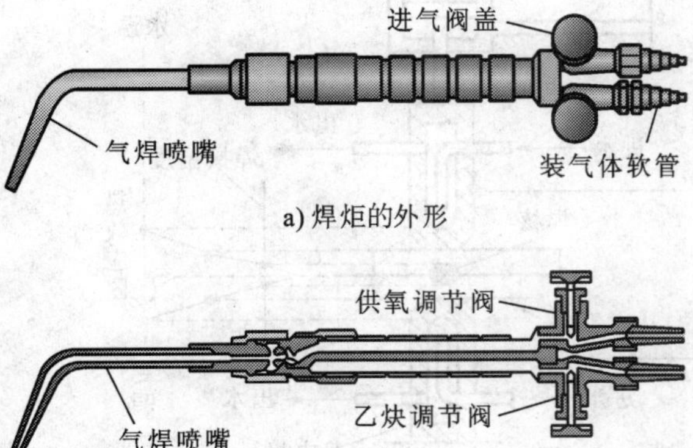

a) 焊炬的外形

b) 焊炬的内部结构

图 4-28 焊炬的外形及内部结构

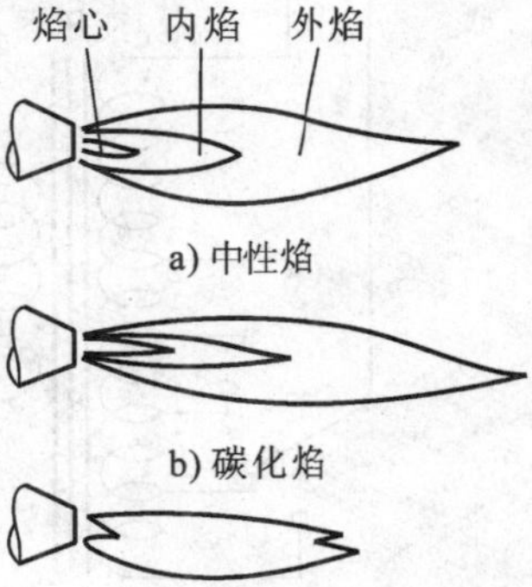

a) 中性焰

b) 碳化焰

c) 氧化焰

图 4-29 气焊的火焰

第五节 压 力 焊

压力焊是利用加压以及加热或摩擦、扩散等物理作用使两个连接表面上的原子接近到晶格距离（3～5 Å）而实现连接的焊接方法。压力焊的基本方法有电阻焊、超声波焊、摩擦焊、扩散焊和爆炸焊等。有些压力焊(例如电阻点焊和缝焊),在接头形成的过程中伴随有金属的熔化和结晶,属于熔化焊范畴。压力焊的多数情况是在固态条件下实现连接,因此属于固相焊,即固相连接。

一、电阻焊

电阻焊是利用电流通过焊件时在接触面所产生的电阻热,将焊件局部加热到塑性或熔化状态,并在压力下形成接头的焊接方法。如图 4-30 所示,电阻焊利用电极使工件在压力作用下通电、加热、冷却而形成焊接接头。图中还给出了接头附近适宜的加热温度分布曲线。当焊接处的加热温度达到塑性或熔化状态时断电,在压力作用下使工件牢固地焊在一起。为了保护电极不受损害,一般采用水冷式电极。电极常用铜合金制作,具有良好的导电、导热性能,并能承受较大的压力。焊接前工件表面应干净、光洁,以便减小电极与工件间的接触电阻,产生较少的热量。

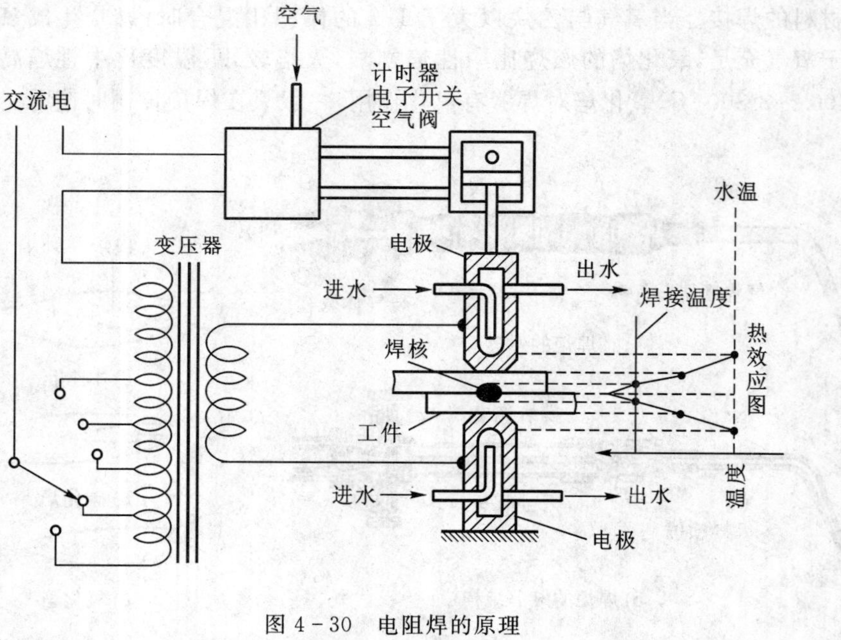

图 4-30 电阻焊的原理

电阻焊的优点是焊接电压低(1～12 V),焊接电流大(几千～几万安培),热量集中,焊接变形小,不需要充填金属,对操作者的技术要求不高,易于实现机械化和自动化。其不足之处是设备费用高,一些形状复杂的工件需要用特殊装备(如专用夹具等)。

按照工艺特点的不同电阻焊可分为点焊(图 4-31)、缝焊(图 4-32)及对焊(图 4-33)。

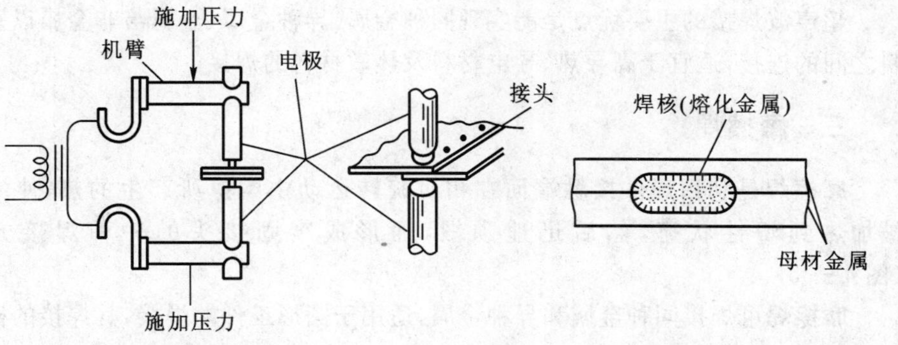

a) 典型点焊电路　　b) 点焊接头　　c) 过焊点放大截面

图 4－31　点焊示意图

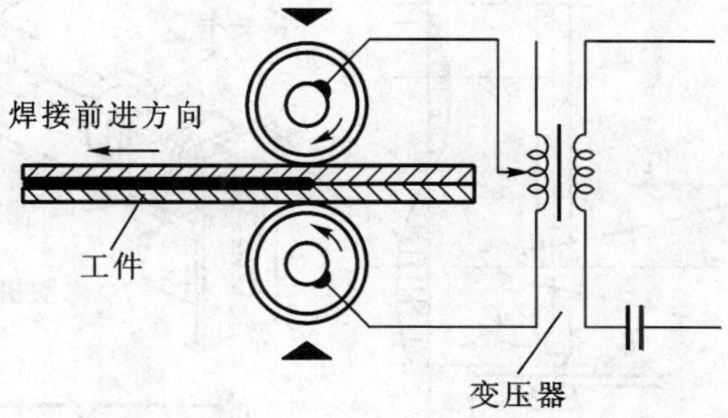

图 4－32　缝焊示意图

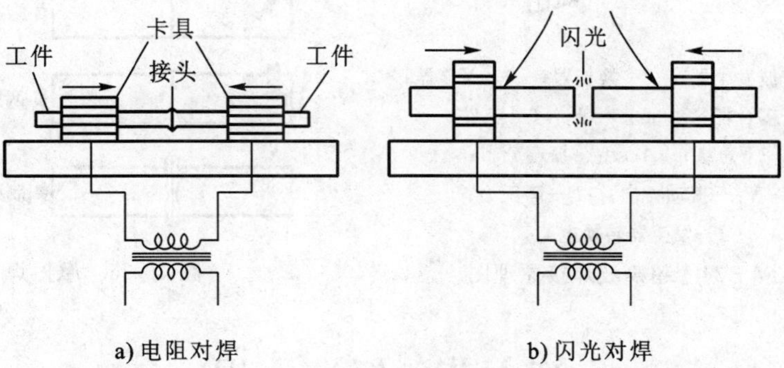

a) 电阻对焊　　b) 闪光对焊

图 4－33　对焊示意图

二、超声波焊

超声波焊是将弹性振动能量转变成为工件间的摩擦功、变形能和随之而产生的温升，从而在固态下实现连接（图 4－34）的焊接方法。超声波焊一般只用于丝、箔、片等薄件的搭接接头焊接。

超声波焊接的主要优点是能实现同种金属、异种金属、金属与非金属以及塑料之间的连接，适宜于高导热、导电材料及热敏材料的焊接。

三、摩擦焊

摩擦焊是利用焊件接触端面在相对旋转运动中摩擦所产生的热，使端部被加热到塑性状态，然后迅速顶锻，而形成牢固接头的一种焊接方法(图 4-35)。

摩擦焊可焊接同种金属和异种金属，适用于圆形工件的焊接，其焊接的棒材直径可达 100 mm。

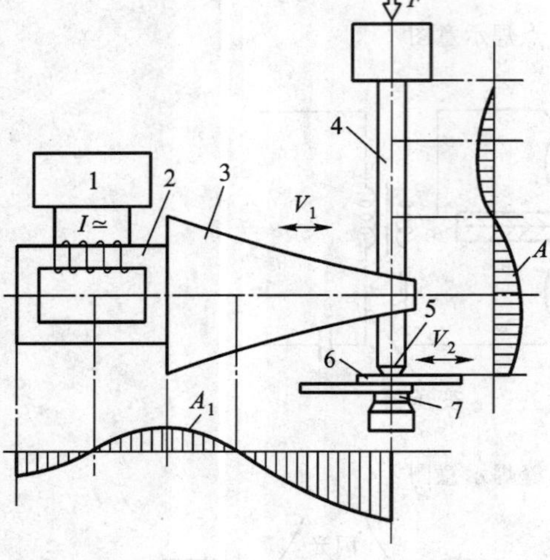

1—超声波发生器； 2—换能器； 3—聚能器；
4—耦合杆； 5—上声极； 6—工件；
7—下声级； A_1、A_2—振幅分布；
V_1、V_2—振动方向； F—静压力；
I—发生器转换电流

图 4-34　超声波焊接原理图

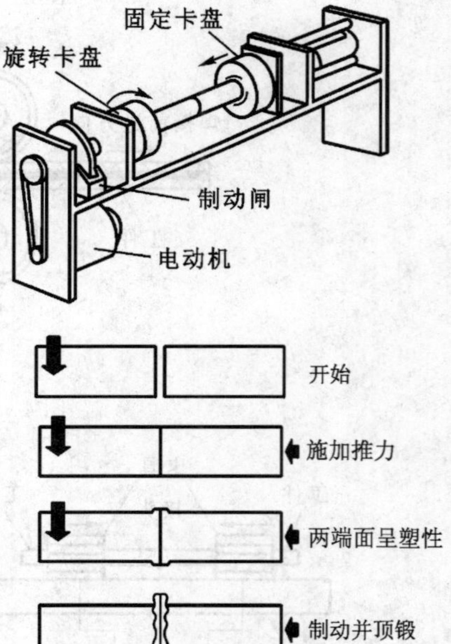

图 4-35　摩擦焊

第六节　钎　　焊

钎焊是金属的一种液-固态连接方法。它是依靠液态钎料填满固态被钎焊金属工件之间的间隙，并与之形成冶金结合而连接金属的焊接方法。钎焊的加热温度稍高于钎料的熔化温度，而低于母材金属的熔点。

根据钎料的熔点，钎焊可分为硬钎焊和软钎焊两大类。

(1) 硬钎焊　钎料熔点在 450 ℃以上，接头强度高。属于硬钎焊的钎料有铜基、银基和镍基钎料等。硬钎焊主要用于受力较大的钢铁和铜合金构件以及工具、刀具的焊接。

(2) 软钎焊　钎料的熔点在 450 ℃ 以下，接头强度较低。软钎焊常用的钎料是铅锡合金。软钎焊常用于受力不大的仪表、导电元件以及钢铁、铜合金等构件的焊接。

钎焊时一般要采用钎焊熔剂(称为钎剂)，目的是清除待焊表面的氧化物和杂质，阻止焊接表面和钎料产生新的氧化层，改善钎料的润湿作用。硬钎焊常用硼砂、硼酸作钎剂。软钎焊常用松香、氧化锌溶液作钎剂。

按照加热方式的不同，钎焊可分为烙铁钎焊、火焰钎焊、电阻钎焊、感应钎焊、浸渍钎焊及炉中钎焊等。

钎焊接头的承载能力与接头型式密切相关。钎焊连接的基本接头型式如图 4－36所示。为了提高接头的承载能力，钎焊接头设计的基本原则之一是尽可能使接头局部具有搭接型式 。

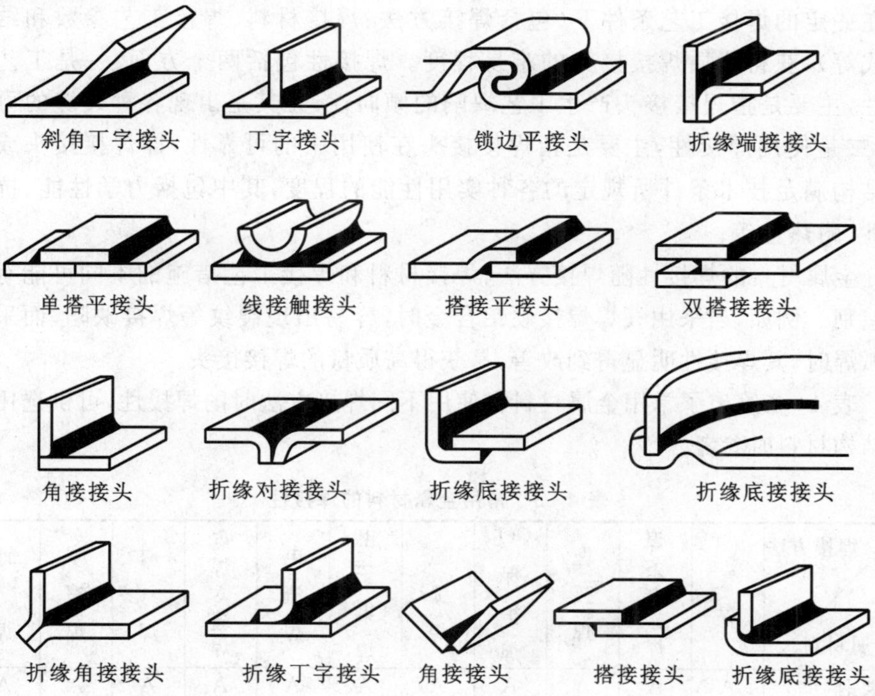

图 4－36　典型的钎焊接头型式

钎焊的焊接温度低，焊接应力和焊接变形小，易保证焊件的尺寸；钎焊可以一次完成多个零件的焊接；钎焊可以连接同种金属、异种金属、金属与非金属；在某些情况下钎焊甚至是惟一可能的连接方法，例如微波波导、电真空器件的制造及无线电接线等。

钎焊的不足之处是接头强度比较低，耐热能力差；钎焊的搭接接头增加了构件的质量。

第七节 焊接结构的工艺性

设计焊接结构时，必须考虑焊接的工艺特点对焊接结构的要求。焊接结构的工艺性包括焊件结构材料的选择、焊接方法的选择、焊接接头的工艺设计等。

一、焊件材料及焊接方法的选择

在满足使用要求的前提下，首先应考虑选择焊接性较好的材料来生产焊接件。

金属材料的焊接性（也称可焊性）是金属对焊接加工的适应能力，即指金属在一定的焊接工艺条件下（包括焊接方法、焊接材料、焊接工艺参数和结构型式等），获得优质焊接接头的难易程度。焊接性包括两个方面：一是工艺焊接性，主要是指焊接接头产生工艺缺陷的倾向性，尤其是出现各种裂缝的可能性；二是使用焊接性，主要是指焊接接头在使用中的可靠性，即焊接接头或整体结构满足技术条件所规定的各种实用性能的程度，其中包括力学性能、抗腐蚀性、耐热性等。

金属材料的焊接性随焊接方法、焊接材料和焊接工艺措施的不同可能有很大差别。例如，当采用气焊焊接硬铝合金时，容易出现裂纹等焊接缺陷，而采用氩弧焊时，其焊接性明显得到改善，易获得高质量的焊接接头。

表 4－3 给出了常用金属材料在使用不同焊接方法时的焊接性，可供选用焊接结构材料时参考。

表 4－3 常用金属材料的焊接性

焊接方法 / 金属材料	气焊	焊条电弧焊	埋弧焊	CO_2保护焊	氩弧焊	电子束焊	电渣焊	点焊、缝焊	对焊	摩擦焊	钎焊
低碳钢	A	A	A	A	A	A	A	A	A	A	A
中碳钢	A	A	B	B	A	A	A	B	A	A	A
低合金结构钢	B	A	A	A	A	A	A	A	A	A	A
不锈钢	A	A	B	B	A	A	B	A	A	A	A
耐热钢	B	A	B	C	A	A	D	B	C	D	A

续表

焊接方法 金属材料	气焊	焊条电弧焊	埋弧焊	CO_2保护焊	氩弧焊	电子束焊	电渣焊	点焊、缝焊	对焊	摩擦焊	钎焊
铸钢	A	A	A	A	A	A	A	(—)	B	B	B
铸铁	B	B	C	C	B	(—)	B	(—)	D	D	B
铜及其合金	B	B	C	C	A	B	D	D	D	A	A
铝及其合金	B	C	C	D	A	A	D	A	A	B	C
钛及其合金	D	D	D	D	A	A	D	B—C	C	D	B

注：A—焊接性良好；B—焊接性较好；C—焊接性较差；D—焊接性不好；(—)—很少采用。

焊接方法的选择则应根据材料的焊接性、焊件的厚度、生产批量、焊接方法的使用范围及设备条件等综合因素来考虑。表 4-4 给出了几种熔焊焊接方法焊接钢材时的特点，供选用时参考。

表 4-4 各种焊接方法的特点

焊接方法	热影响区大小	变形大小	生产率	可焊空间位置	适用板厚/mm
气焊	大	大	低	全	0.5～3
手工电弧焊	较小	较小	较低	全	可焊 1 以上，常用 3～20
埋弧自动焊	小	小	高	平	可焊 3 上，常用 6～60
氩弧焊	小	小	较高	全	0.5～25
CO_2 保护焊	小	小	较高	全	0.8～30
电渣焊	大	大	高	立	可焊 25～1 000 以上，常用 35～400
点焊	小	小	高	全	可焊 10 以下，常用 0.5～3
缝焊	小	小	高	平	3 以下

二、焊接接头的工艺设计

焊接结构的破坏往往起源于焊接接头区，它除了受材料的选择、焊接结构制造工艺的影响外，还与焊接接头的设计有关。

合理布置焊缝位置是焊接接头工艺设计的关键。它不但与焊件的质量有很大关系，也会影响到生产率、生产成本及劳动条件。在考虑焊缝布置时应注意以下几点：

(1) 便于施焊操作。布置焊缝时要考虑到有足够的操作空间，如图 4-37、图 4-38、图 4-39 所示。

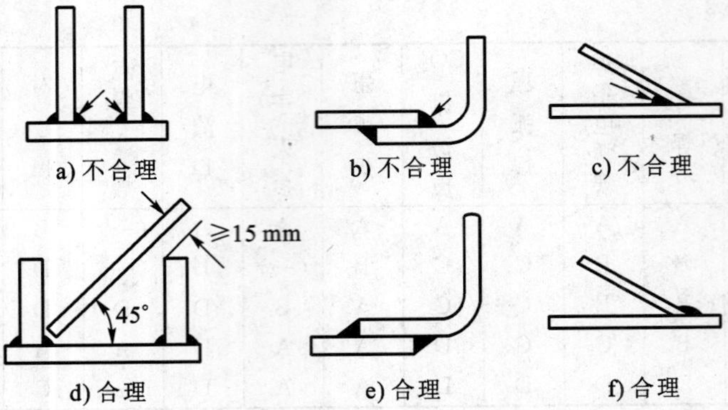

图 4－37　焊条电弧焊焊缝位置的设计

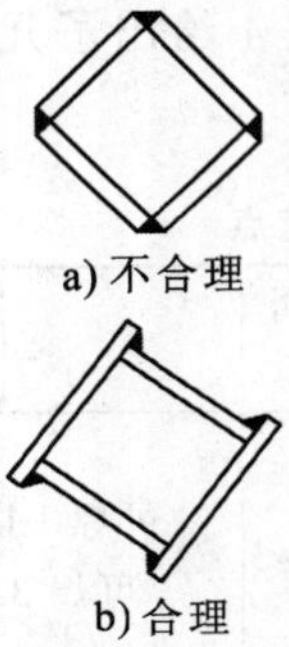

图 4－38　埋弧自动焊接头的设计

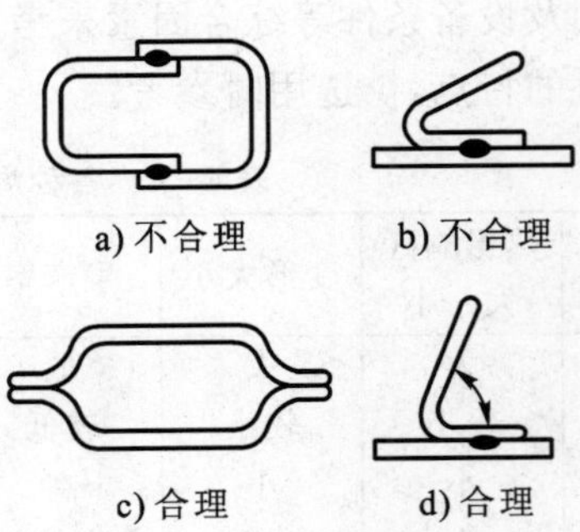

图 4－39　点焊及缝焊结构的设计

(2) 焊缝位置应尽量分散，避免密集或交叉，如图 4－40 所示。这是因为在某区域多次焊接会产生过热严重，加大热影响区，使焊件的组织和性能恶化，同时会加大焊接残余应力，这些都会降低焊接接头的承载能力。

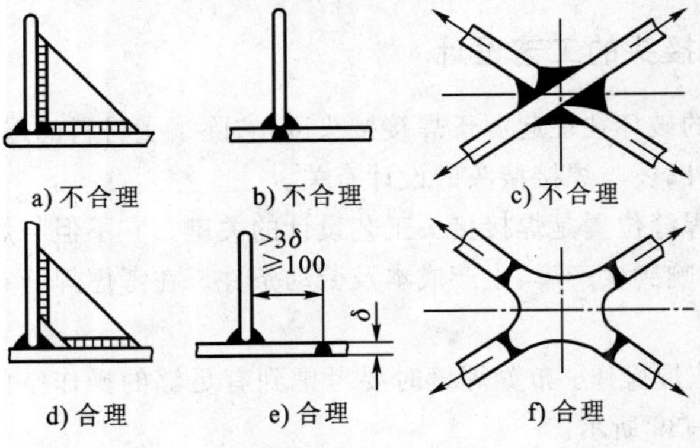

图 4－40　焊缝的布置

(3) 焊缝应避开高工作应力处,特别是应力集中部位,如图4-41所示。焊接结构对应力集中特别敏感,焊接接头的韧性又往往低于母材,而且存在焊接残余应力,因此如果焊缝处于应力最大(特别是应力集中处)处会降低构件使用的可靠度。

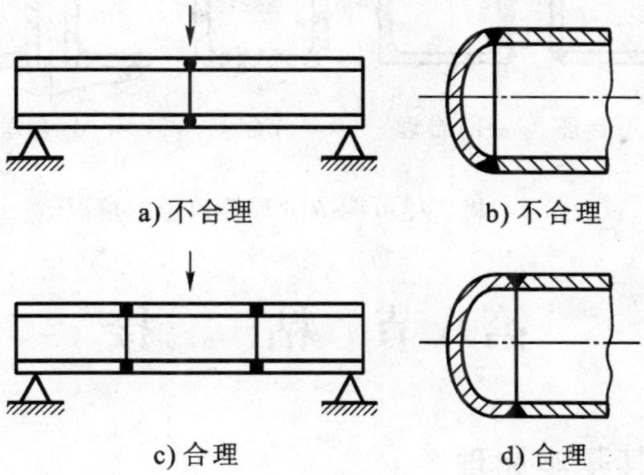

图 4-41 焊缝应避开高工作应力或应力集中部位的情况

(4) 焊缝应尽量避开机加工表面及冷作硬化或受弯曲的部分,以避免影响加工精度和焊件的使用性能,如图 4-42 所示。

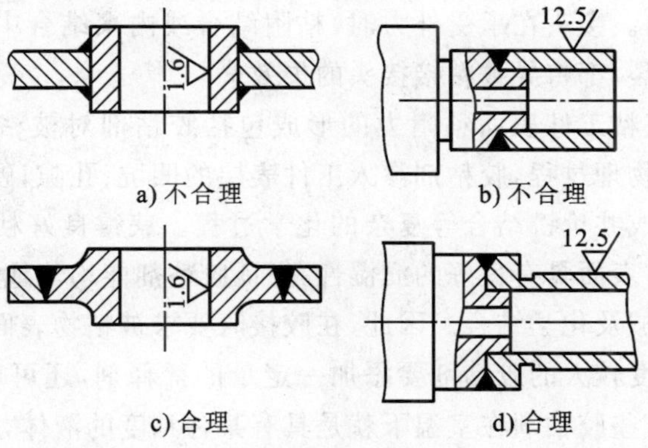

图 4-42 焊缝应尽可能远离机加工表面的情况

(5) 焊缝位置应尽可能对称,以防止或减少焊接变形,如图4-43所示。图 a 中结构的焊缝不对称,易产生焊接变形。

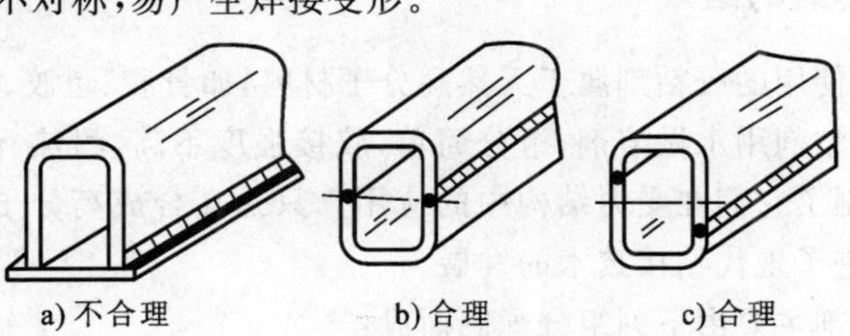

图 4-43 焊缝位置应尽可能对称的情况

(6) 尽可能减少焊缝的数量。应尽量选用型材和管材等,以简化焊接工艺,减少焊接应力和变形,提高结构的强度和刚度,如图 4-44 所示。

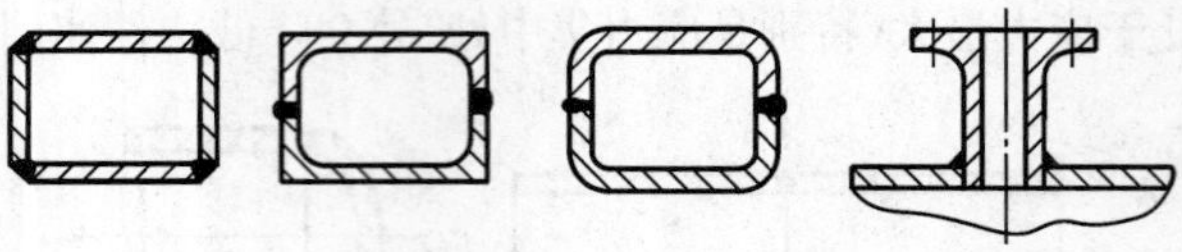

a) 不合理　b) 合理　c) 合理　d) 合理

图 4-44　尽可能减少焊缝数量的情况

第八节　粘　　接

一、粘接及其基本原理

粘接是一种液-固态连接成形的方法。它是利用胶粘剂把同种或不同种材料连接在一起,使结合处有足够强度的连接方法。

粘接接头的强度取决于胶粘剂与被粘接工件表面的粘附力以及胶层本身的强度(即内聚力)。接头在承受外力时,粘附结合或内聚结合中任何一种结合遭到破坏,产生断裂,都将导致粘接接头的失效。

胶粘剂与被粘工件表面粘附力的形成包括胶粘剂对被粘物表面的浸润流散、物理吸附等物理过程,胶粘剂渗入工件表层的凹坑、孔隙,硬化后形成机械嵌合作用,并有形成共价键结合等复杂的化学过程。获得良好粘附力的首要条件是胶粘剂对被粘表面具有良好的润湿性,保证胶粘剂能均匀地铺展在被粘表面,以实现物理、机械及化学结合。因此,在胶接时要求被粘物表面在涂胶之前要进行清洗,对于粘度较大的胶粘剂要添加一定量的稀释剂,还可以采用加热、加压等工艺措施。有些胶粘剂在室温下就是具有某种粘度的液体,基本上没有强度,必须采取一定工艺措施,通过固化过程使胶粘剂最终成为内聚力较大、能承受外力作用的固态胶层。

二、胶粘剂的组成

人类早期使用的胶粘剂属于天然高分子材料,如骨胶、鱼胶、植物性淀粉、糊精等。这些胶粘剂用水做溶剂,组分简单,胶接强度不高,耐热、耐水性差、且易老化,这就限制了它们在受力结构中的应用。只是在合成高分子胶粘剂出现以后,才真正促进了现代粘接技术的发展。

合成胶粘剂主要由下列组分配制而成:

(1) 粘料　它是胶粘剂的基本组分,对胶粘剂的性能(如强度、耐热性等)起决定性作用。常用的粘料有合成树脂(如环氧树脂、酚醛树脂、聚氨酯树脂、聚酰胺树脂等)、合成橡胶(如丁腈橡胶、聚硫橡胶、氯丁橡胶等)以及它们的混合物或共聚物等。

(2) 稀释剂 用于降低胶粘剂的粘度,增加胶粘剂对被粘物表面的润湿能力,并便于施工。常用的稀释剂有丙酮、漆料等多种与粘料相溶的溶剂。

(3) 固化剂 也称硬化剂,它使线型结构的树脂变成体型结构的树脂。固化剂的性能和用量直接影响胶粘剂的工艺性能和使用性能。

(4) 增韧剂 用于增加胶粘剂的韧性和提高胶接接头抗剥离和抗冲击的能力。一些热塑性树脂、合成橡胶以及高沸点的低分子有机液体等常用做增韧剂。

(5) 填料 通常要根据不同的使用要求向胶粘剂中加入各种不同填料,以改善胶接接头的力学性能和物理性能。常用的填料有金属粉、玻璃及石棉纤维等。

除此以外,依据某些特殊要求还可以在胶粘剂中加入一些偶联剂、防老剂、颜料等添加剂。

按用途胶粘剂可分为结构胶、密封胶、软质材料用胶以及特种胶等。

结构胶能承受较大的载荷,常用于受力零、部件的粘接。结构胶的主要类型有环氧-丁腈胶、酚醛-缩醛胶、酚醛-丁腈胶等。

三、粘接过程

通常的粘接过程包括表面处理、涂胶、合拢、固化等四个阶段。

(1) 表面处理 为了保证粘接强度,被粘接表面必须清洁、无油污并具有一定的粗糙度,能形成有利于增加界面作用的表面层。常用的表面处理方法有表面清洗、机械处理和表面改性处理等。

(2) 涂胶 常用涂刷、喷涂、刮涂、滚涂、注入、热熔涂等涂胶方法,使胶粘剂均匀地涂敷在待粘表面。

(3)合拢 是指使涂胶并凉置了一段时间后的两个工件表面叠合在一起的操作。为了去除间隙中的空气,密实胶层,可采用适当按压、锤压或滚压等方法合拢。合拢时应该及时排除掉挤出的多余胶。

(4) 固化 是使合拢后的胶粘剂变成固体并显示出足够强度工序,这是获得优质粘接接头的关键环节。固化分为初固化、基本固化、后固化三个阶段。初固化是指在室温下将胶粘剂放置一段时间的过程,也称凝胶;基本固化常在一定压力、温度下进行,以使胶粘层完全固化,所需压力、温度及时间取决于胶粘剂的种类;后固化的目的是为了进一步提高固化强度,消除内应力,可采取在一定温度下保持一定时间的方法。

固化加热方法常用电热吹风、蒸汽干燥、红外线、高频加热或电子束加热等方法。

四、粘接接头

粘接结构的承载能力不仅与胶粘剂的性质和胶接工艺有关，而且还与粘接接头的结构形式有关。在实际应用中，虽然粘接接头的受力情况相当复杂，但是其受力的基本形式只有四种：拉伸、剪切、剥离、劈裂（图 4－45）。

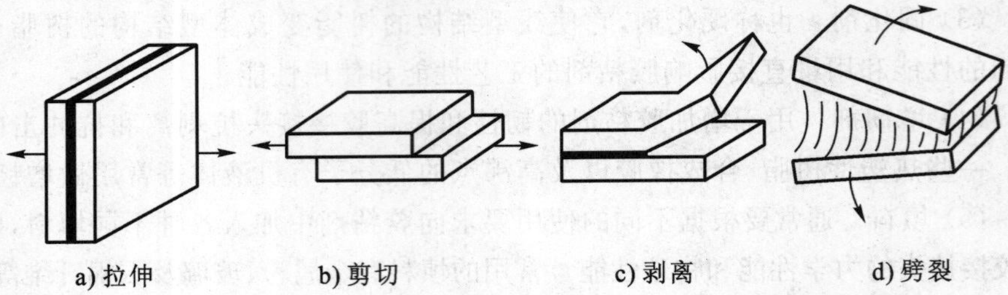

图 4－45　接头受力的基本形式

一般来说，胶粘剂承受拉伸和剪切作用的能力要比承受剥离和劈裂作用的能力大得多。因此，设计粘接接头时应尽可能使接头在应用中受拉伸和剪切力的作用，避免产生剥离或劈裂力。图 4－46 所示为几种常见的粘接接头形式。

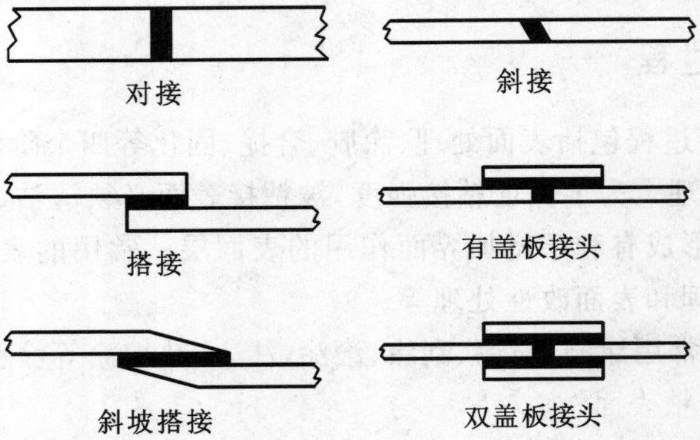

图 4－46　常见的粘接接头形式

五、典型粘接结构简介

蜂窝夹层结构是第二次世界大战中发展起来的一种新型结构材料，如图 4－47所示。与其他结构材料相比，它具有重载荷下变形小（图 4－48），表面平整，密封性好，隔音和隔热，且易于机械化生产等特点，在航空航天工业中得到了广泛应用。如一架大型喷气客机大致要用 1 000 m^2～2 000 m^2 的蜂窝夹层结构。目前，除粘接外，尚无其他方法能经济地制得蜂窝夹层结构。

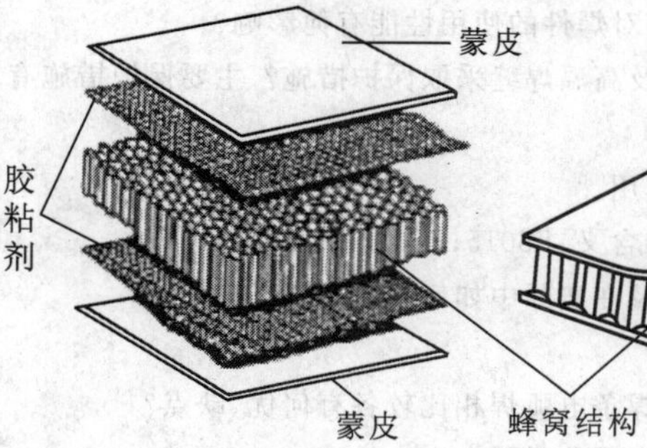

图 4-47　蜂窝夹层结构

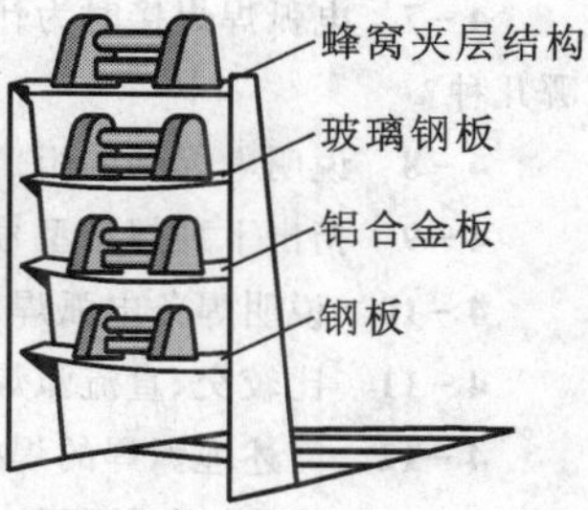

图 4-48　不同结构材料受力的变形情况

六、粘接方法的特点及应用

与其他连接方法相比较，粘接技术有下列优点：

(1) 粘接的适应性强，可以连接同种、异种金属以及金属与非金属的各种形状、厚度、大小的接头。除连接以外，胶粘还具有密封、绝缘、防腐、防潮、减震、隔热、消音等多种能力。

(2) 粘接的工作温度较低，接头应力分布均匀，应力集中小，疲劳强度高。粘接接头一般比较光滑平整。

(3) 粘接工艺简单、操作容易，生产效率高，成本低，成品质量轻。

粘接的缺点是：粘接强度较低（一般情况下只能达到母材强度的 10%～50%）；粘接件不能在高温下工作，而且容易老化；粘接工艺的质量控制困难较大。抗老化研究一直是胶粘剂和粘接技术发展中至关重要的内容。

为了提高粘接接头的承载能力，往往采用增大粘接面积或采用胶-焊、胶-铆、胶-螺纹连接等复合连接方式的方法。胶-点焊是一种兼有胶接和点焊两者优点的一种复合连接方法。

思考与分析

4-1　解释下列术语：

(1) 不可拆卸连接；(2) 熔化焊；(3) 焊接接头；(4) 热影响区；(5) 直流弧焊正接；(6) 引弧；(7) 酸性焊条；(8) 焊接应力

4-2　为保证熔化焊的焊接质量，应控制好哪几个过程？

4-3　比较碳钢熔化焊焊缝与母材的强度。

4-4　低碳钢焊接的热影响区可分为哪几个部分？各部分的组织与性能如何？对焊接接头的性能有何影响？

4-5　说明熔化焊焊接接头可能产生的主要缺陷及各种缺陷形成的主要原因。

4-6　焊接应力和变形是怎样产生的？它们对焊件的使用性能有何影响？

4-7　电弧焊焊接时为什么要对熔滴、熔池及高温焊缝采取保护措施？主要保护措施有哪几种？

4-8　说明电焊条的组成及各组成部分的作用。

4-9　指出下列焊条型号中各字母及数字的含义：E5015；E5016；E4320。

4-10　说明焊条电弧焊的主要工艺参数以及在实际中如何选择这些工艺参数？

4-11　比较交、直流弧焊机的优、缺点。

4-12　简述埋弧焊的焊接过程。埋弧焊与焊条电弧焊相比较各有何优、缺点？

4-13　熔化极气体保护焊与埋弧焊相比较有哪些异同点？

4-14　与普通钨极氩弧焊相比较，等离子弧焊机有哪些特点？

4-15　气焊与焊条电弧焊比较有何优、缺点？气焊火焰分哪几种？是否可用碳化焰焊接低碳钢和中碳钢？为什么？

4-16　说明压力焊与电弧焊在焊接本质上的相同和不同之处。

4-17　试分析在电阻焊的各种方法中，哪些焊接方法会形成熔化接头？哪些会形成固相连接？

4-18　试分析电阻点焊的焊接质量。电阻点焊电极使用何种材料？为什么？为什么焊接中要采用水冷？

4-19　与闪光对焊相比较，摩擦焊有哪些优点和不足之处？

4-20　试述超声波焊接接头的形成过程、优点及其局限性。

4-21　什么叫焊接性？影响焊接性的因素有哪些？含碳量对碳钢的焊接性有何影响？

第五章　钳　工

【学习提示】

钳工是机械制造和修配中的重要工种，常用于完成由机械加工难以进行的工作，劳动强度大，生产效率低，但加工方式灵活多样。目前，钳工的机械化程度正在逐步提高。

本章的主要教学要求是：

(1) 了解钳工在零件加工、产品装配和设备维修中的作用；

(2) 掌握钳工最常用的基本操作方法以及工具、量具的选用方法；

(3) 具有独立完成简单零件制作的操作技能；

(4) 了解设备管理的一般常识。

第一节　概　述

钳工以手工操作为主，使用各种工具来完成工件的加工、装配、修理和调试等工作。其基本操作有：划线、锯削、錾削、锉削、刮削、研磨、孔加工、螺纹加工及装配、调试和修理等。

一、钳工的工艺特点及其应用

钳工所用的设备和工具较简单，加工方式灵活多样。常用于生产前的准备工作；单件、小批量生产中零件的加工；产品装配和设备维修中不便或难于由机械加工完成的工作。钳工是机械制造和修配中的重要工种。但其劳动强度大、生产效率低，对工人的技术水平要求较高。随着机械加工工艺的发展，钳工的机械化程度正在不断提高。

二、钳工的常用设备

1. 钳工台和台虎钳

(1) 钳工台(图 5-1)　它是钳工操作的重要设备，用硬质木材制成，坚实平稳，高度一般为 800～900 mm，其上装有台虎钳(图 5-2)和防止切屑飞出伤人的防护网。钳工操作时所用的量具、工具应分别整齐地放在钳工台上，或置于放在钳工台上的工具盒内。生产中常将钳工台称为钳台。

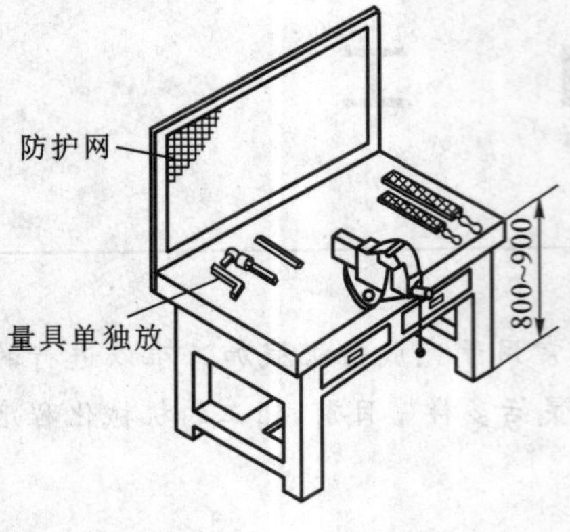

图 5-1　钳工台

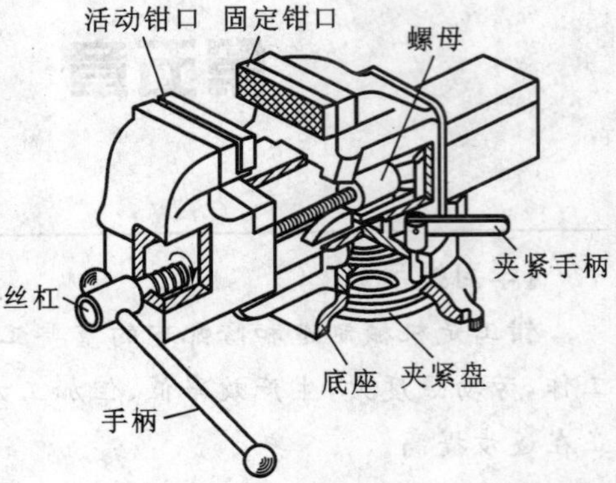

图 5-2　台虎钳

(2) 台虎钳　它的作用是夹持工件,其规格用钳口夹持工件的最大宽度表示,常用的规格有100 mm、125 mm 和 150 mm。

安装工件时,应尽可能将工件夹在钳口的中部,以使钳口受力均匀且安装稳定可靠。夹紧工件时,不能用锤敲击手柄或用长筒扳手加力,以免丝杠螺母损坏。不能在钳口顶部的光滑面上敲击工件。强力作业时,应尽量使施力方向与夹紧力方向一致,即施力方向指向刚度较好的固定钳身。当工件受夹表面为已加工表面时,应在钳口与被夹表面间垫上一层软金属片(如黄铜片),以免夹坏工件表面。

2. 钻床

常用的钻床有台式钻床、立式钻床和摇臂钻床。生产中根据加工要求选用钻床的类型。

(1) 台式钻床(图 5-3)　它是一种放在钳台上使用的小型钻床,简称台钻。钻孔直径一般在 13 mm 以下,最小加工孔径可小于 1 mm。台钻主轴下端带有锥孔,用来安装夹持刀具的钻夹头。刀具向下的直线运动(即进给运动)为手动。台钻小巧灵活,使用方便,常用于加工小型工件上直径较小的孔。

图 5-3　台式钻床

(2) 立式钻床(图 5-4)　这种钻床因主轴为竖直布局而得名,简称立钻。其规格用最大钻孔直径表示,常用的有 25 mm,35 mm,40 mm,50 mm 等几种。

立式钻床通过主轴变速箱和进给箱,将电动机的运动分别变为主轴所需的转速和多种走刀量。刀具的轴向进给既可手动也可自动。工作台用来安装工件,并可作升降调整。

立式钻床的刚度较好,加工精度及生产率较高。由于其主轴相对工作台的位置是固定的,加工时需要移动工件使孔中心对准钻头,故不宜加工大型或多孔工件,仅用于中小型工件上中小尺寸孔的加工。

(3) 摇臂钻床(图 5-5) 这类钻床的主轴箱能沿摇臂导轨作水平移动,而摇臂又能绕立柱旋转和沿立柱上下移动,故能将刀具方便地调至所需位置,而无需移动工件(工件固定在工作台或机座上),适用于大型、复杂及多孔工件上各种类型孔的加工。

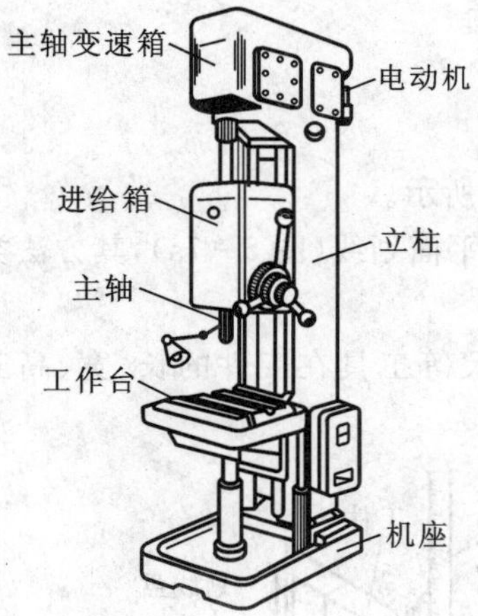

图 5-4 立式钻床

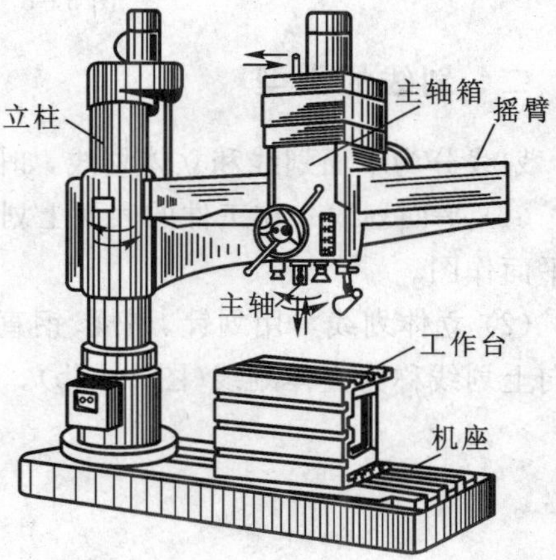

图 5-5 摇臂钻床

第二节 划 线

划线是根据图纸要求,在毛坯或工件上划出加工界限的一种操作。其作用是:1) 检查毛坯的形状和尺寸是否合格,避免不合格的毛坯被投入机械加工而造成浪费;2) 明确表示出加工余量、加工位置或作为安装工件的依据;3) 合理分配各表面的加工余量(又称借料),以提高成品率。

一、划线基准

在工件上划线时必须选择一些点、线或面,以它们为依据来确定另外一些点、线或面的位置,这些作为依据的点、线或面就称为划线基准。划线基准往往与零件图纸标注的尺寸基准(即设计基准)是一致的。在图 5-6 中,以已加工的 A 平面为划线基准划出 B 平面和孔 1 的中心线;再以孔 1 的中心线为基准划出孔 2 和孔 3 的中心线。

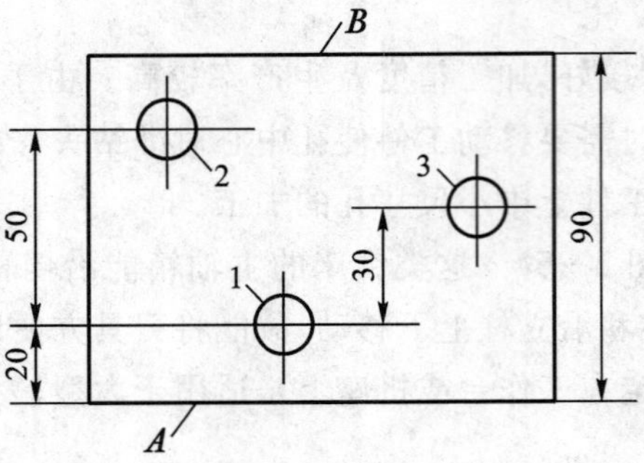

图 5 - 6 划线基准

二、划线的类型

划线分为平面划线和立体划线，如图 5 - 7 所示。

(1) 平面划线 在工件的表面上划线称为平面划线(图 5 - 7a)，其方法类似于平面作图。

(2) 立体划线 用划针、划规、钢直尺、角尺等工具在工件的长、宽、高三个方向上划线称为立体划线(图 5 - 7b)。

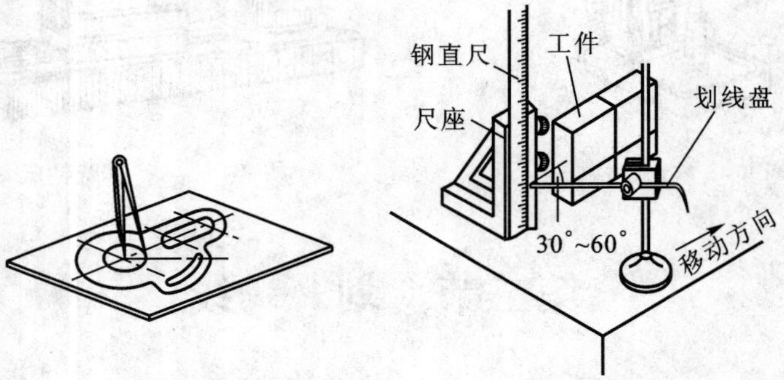

图 5 - 7 平面划线和立体划线

三、划线操作

1. 准备工作

(1) 对照图纸，检查毛坯或工件的几何形状、尺寸和质量；清除工件上的氧化皮、毛刺、飞边等；用铅块或木块堵孔，以确定孔的中心位置(图 5 - 8)。

(2) 划线部位涂上一层薄而均匀的涂料。毛坯表面用石灰水，已加工面用紫色涂料(龙胆紫加虫胶和酒精)或绿色涂料(孔雀绿加虫胶和酒精)。

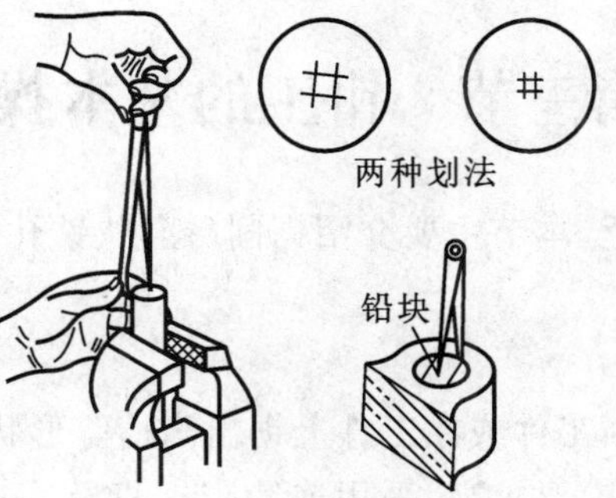

图 5-8 用划规找圆心

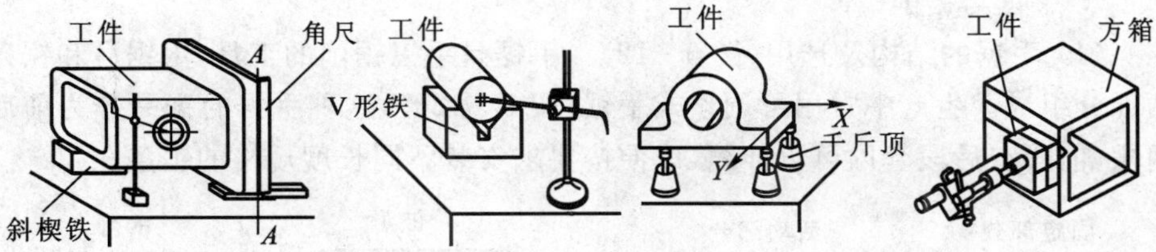

a) 平板支撑　b) V形铁支撑　c) 千斤顶支撑　d) 方箱支撑

图 5-9 常见的工件支撑方法

2. 划线的步骤

(1) 确定基准,以此为根据来找定其他加工表面的位置。

(2) 支撑工件。常用的方法有:用划线平板(图 5-9a),V 型铁(图 5-9b),千斤顶(图5-9c)和方箱(图5-9d)等支撑。

(3) 立体划线时,先划工件同一表面上的水平线,翻转工件后再划另一表面上的水平线。划完后经检查合格,再打样冲眼(图 5-10)。

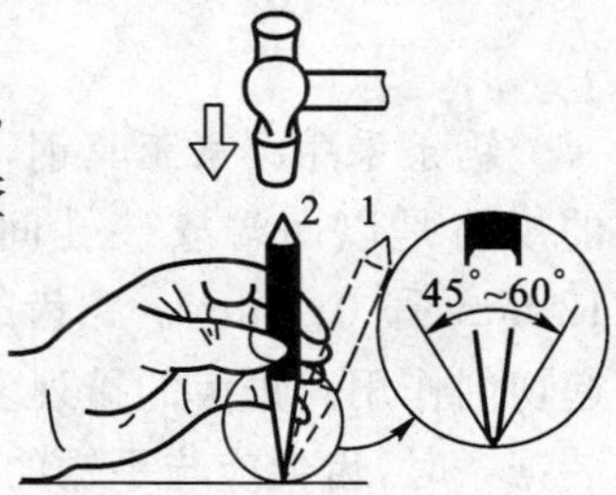

图 5-10 打样冲眼

四、划线实例

图 5-11 为轴承座划线的步骤。

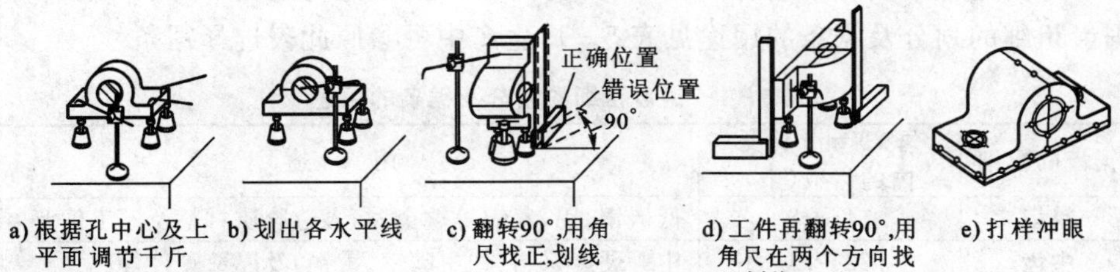

a) 根据孔中心及上平面调节千斤顶,找正工件水平　b) 划出各水平线　c) 翻转90°,用角尺找正,划线　d) 工件再翻转90°,用角尺在两个方向找正,划线　e) 打样冲眼

图 5-11 轴承座划线的步骤

第三节　钳工的基本操作

钳工操作内容广泛，本节主要介绍锯削、锉削、钻孔、攻丝和套扣等。

一、锯削

锯削是用手锯锯断工件或在工件上锯出沟槽等形状的操作。手工锯削劳动强度大，生产率低且技术要求高，采用连续带锯机及手提电锯、电剪刀等电动工具，不仅改善了劳动条件，还大大提高了生产率。

1. 手锯与锯削

(1) 手锯的结构及选用(图 5-12)　手锯是手工锯削的工具，由锯弓和锯条两部分组成。生产中常用可调整式手锯(图 5-12a)，这种手锯的锯弓分为前后两段，前段在后段套内可以伸缩，以便按要求安装不同长度规格的锯条。

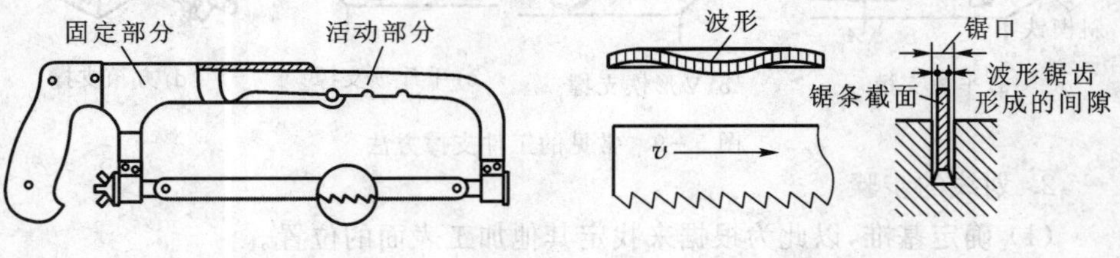

a) 可调整式手锯　　b) 锯齿的安装方向及锯缝

图 5-12　手锯的结构

锯条采用碳素工具钢，经制齿、淬火和低温回火而制成，锯齿硬而脆。锯条的规格是以两端安装孔间的距离表示的。常用锯条的规格为长 300 mm，宽 12 mm，厚 0.8 mm。锯齿的形状如图 5-12b 所示，每个齿相当于一把小刨刀，起切削作用。锯齿的排列多为波形，以减小工件锯口两侧与锯条间的摩擦。安装锯条时，齿尖应与手锯的推进方向一致(图 5-12a)，锯条的松紧要适度，不能歪斜和扭曲，否则锯削时容易折断。

锯齿的粗细按锯条上每 25 mm 长度内的齿数划分为粗齿、中齿和细齿等。锯齿粗细的划分及锯条的用途见表 5-1，生产中可参照此表选择锯条。

表 5-1　锯齿粗细的划分及锯条的用途

锯齿的粗细	每 25 mm 长度内的齿数(个)	用　途
粗齿	14～18	低碳钢、铝、紫铜等软金属，人造胶质材料及厚工件等
中齿	22～24	中等硬度材料(如中碳钢、黄铜)及厚壁管件等
细齿	25～32	高碳钢等硬材料及薄壁管件等

(2) 锯削操作(图 5－13) 起锯时锯弓的往复行程应短,压力要轻,锯条应与工件表面垂直,起锯角 θ 约小于 15°(图 5－13a)。当整条锯口形成后,锯弓应改作水平直线往复运动(图 5－13b),向前推时加压要均匀,返回时锯条要从工件上轻轻滑过,不应加压和摆动。当工件快锯断时用力要轻,行程要短,速度要放慢,以免碰伤手和折断锯条。

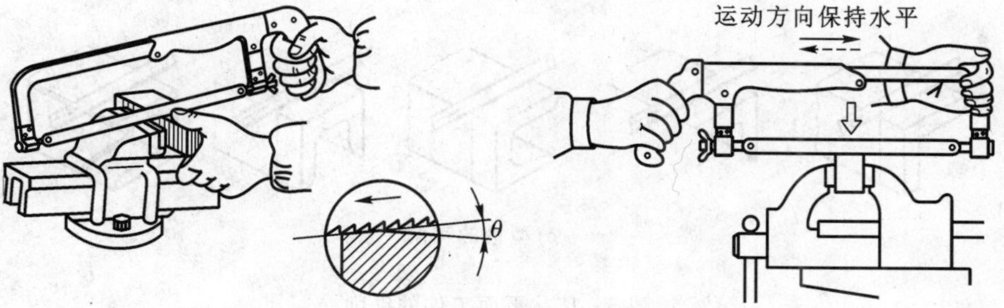

a) 起锯　　b) 操作要领

图 5－13 锯削操作

2. 锯削示例

(1) 锯削圆形工件(图 5－14) 锯削管类工件时,当锯穿一处管壁后,应将工件向手锯推弓方向转一个角度,再继续锯(图 5－14a)。锯削薄壁管子时,必须将工件夹持在辅助夹具(如两块 V 形木衬垫)中(图 5－14b)。采用锯管类工件的方法锯削棒类工件,虽工作效率高,但锯面不平整,当锯面要求较高时,应采用图 5－14c 的方法。

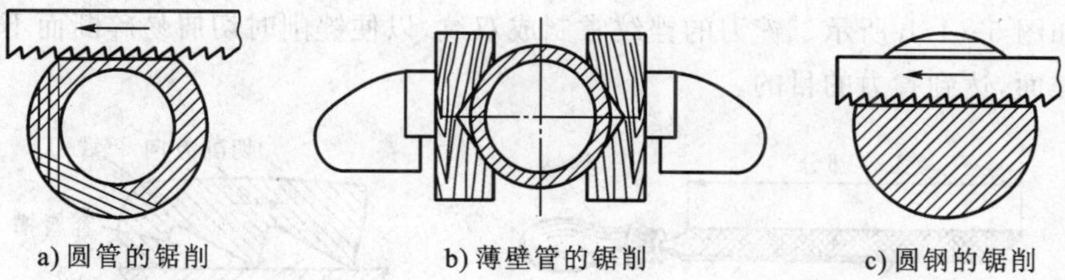

a) 圆管的锯削　　b) 薄壁管的锯削　　c) 圆钢的锯削

图 5－14 圆形工件的锯削

(2) 锯削平面工件(图 5－15) 锯削扁钢应从宽面起锯(图 5－15a),以避免锯条被卡住或折断,并能得到整齐的锯面。锯削薄板工件时,应将薄板工件夹在两木块之间(图 5－15b),以防止振动和变形。图 5－15c 为各类型钢锯削的实例,其锯削方法与扁钢基本相同。

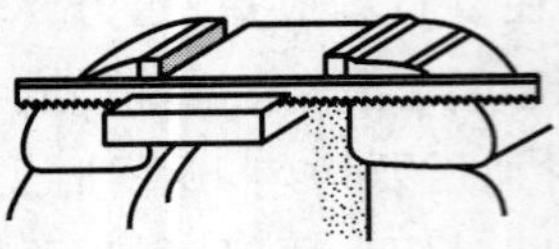

a) 扁钢的锯削

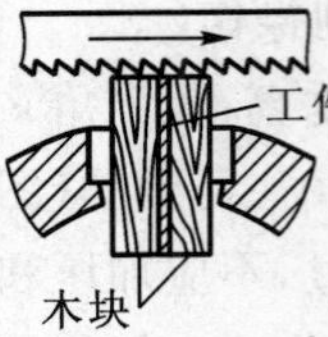

b) 薄板的锯削

c) 型钢的锯削

图 5-15　平面工件的锯削

二、锉削

锉削是钳工最基本的操作，是用锉刀对毛坯表面或对由锯削等方法加工过的表面进行加工。锉削可完成平面、曲面、内外圆弧面、沟槽和各种复杂表面(如成形样板、模具型腔等)的加工以及机器的装置、调整和修配。

1. 锉刀与锉削

(1) 锉刀的结构及选用　锉刀各部分的名称如图 5-16a 所示，其规格一般用锉刀工作部分的长度表示，有 100 mm、150 mm、…、400 mm 等七种。锉刀的常用材料为 T12A 或 T13A。锉齿多是在制锉机上剁成的，经热处理淬硬，其形状如图 5-16b 所示。锉刀的锉纹常制成双纹，以便锉削时切屑易碎断而不致堵塞锉面，达到省力的目的。

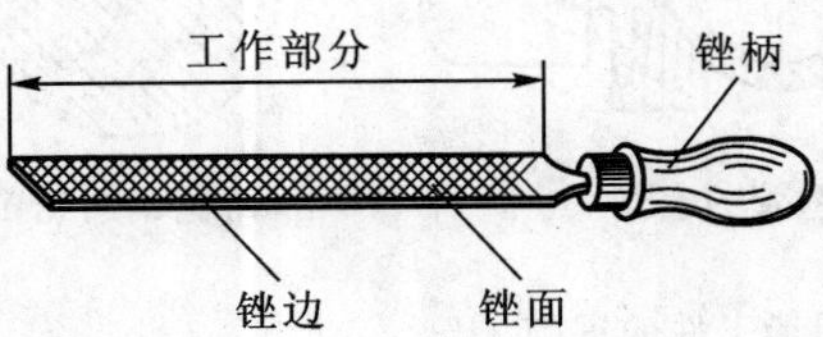

a) 锉刀的组成

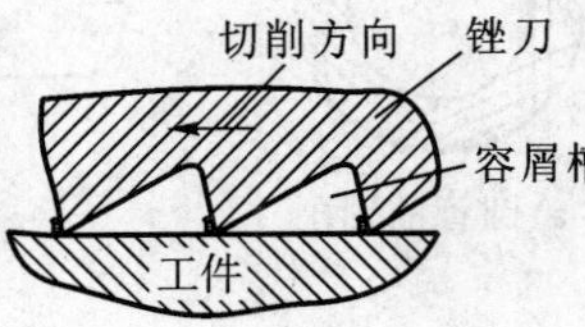

b) 锉齿的形状

图 5-16　锉刀

锉刀按其用途可分为普通锉、特种锉、整形锉等。普通锉按其断面形状分为平锉(又称板锉)、方锉、半圆锉、三角锉等。生产中根据工件的形状来选择锉刀(图 5-17)。

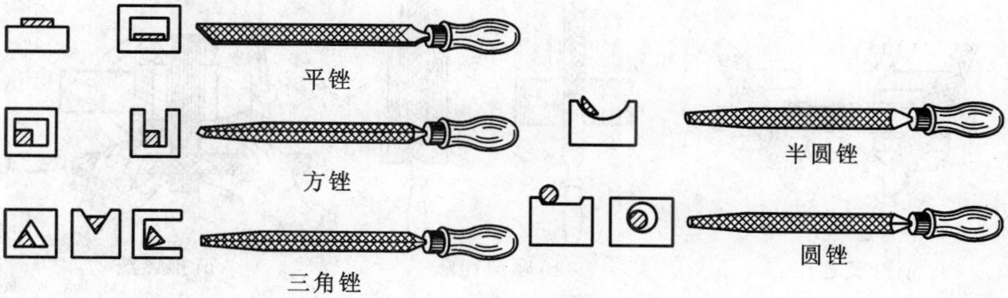

图 5-17 锉刀的种类及选用

锉刀按齿纹的粗细(即锉面上 10 mm 长度内齿数的多少)分为粗齿、中齿、细齿和油光齿锉刀等。不同齿纹锉刀的特点和适应范围如表 5-2 所示,生产中可参照此表选择锉刀。

表 5-2 锉刀锉齿粗细的划分、特点及应用

锉齿粗细	齿数(个)(10 mm 长度内)	特点和应用	加工余量/mm	表面粗糙度 Ra 值/μm
粗 齿	4～12	齿间距大,不易堵塞,适宜粗加工或锉铜、铝等有色金属	0.5～1	50～12.5
中 齿	13～24	齿间距适中,适于粗锉后加工	0.2～0.5	6.3～3.2
细 齿	30～40	锉光表面或锉硬金属(钢、铸铁等)	0.05～0.23	1.6
油光齿	50～62	用于精加工时及修光表面	0.05 以下	0.8

(2) 锉削操作 生产中常用的锉削方法见图 5-18。交叉锉法去屑快、效率高,常用于较大面积的粗锉。顺向锉法可得到平直、光洁的表面,主要用于工件的精锉。推锉法常用于较窄表面的精锉以及不能用顺向锉法加工的场合,如加工表面前端有凸台等。滚锉法用于锉削内外圆弧面和倒角。

锉削时正确施力是保证加工质量的关键。以锉平面为例,分析图 5-19 可知,只有当两手压力以工件为中心所形成的力矩相等时锉刀才能保持水平运动。锉削时由于锉刀伸出工件两端的长度是变化的,所以两手压力也应随之而变。锉刀返回时不宜施加压力,以免加快锉齿的磨损和损坏已加工表面。此外,锉削时不要用手摸正在加工的工件表面,以免再锉时锉刀打滑。

2. 锉削质量的检查

锉削质量的检查方法如图 5-20 所示,主要方法有以下几种。

(1) 尺寸检查 粗略测量可用直尺,精确检查时选用游标卡尺;

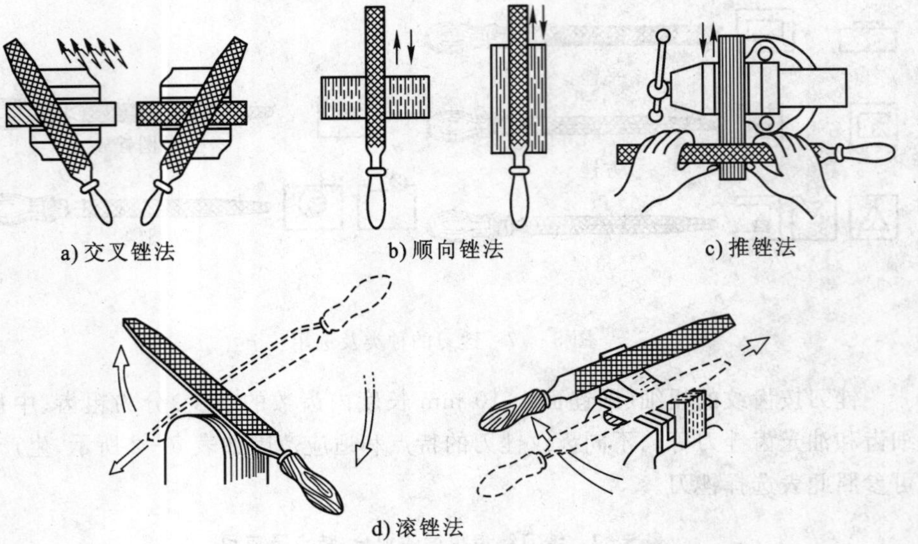

图 5-18　常用的锉削方法

(2) 直线度检查　利用透光法原理，用刀口尺（图 5-20a）或直角尺（5-20b）检查；

(3) 垂直度检查　利用透光法用直角尺检查，检查时直角尺尺面贴紧工件向下移动（图 5-20c）；

(4) 线轮廓度检查　常用工具为检测样板（图 5-20d）；

(5) 表面粗糙度检查　用眼睛观察，凭经验判断或用表面粗糙度样板对比。

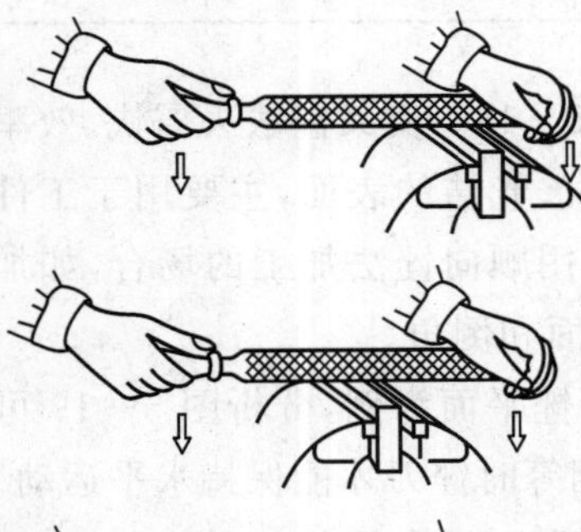

图 5-19　锉削时力的变化

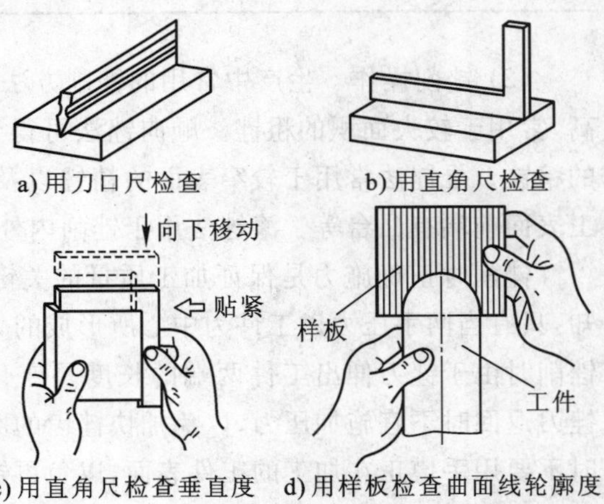

图 5-20　常用锉削质量的检查方法

图 5-21 为外六角形体的加工步骤和测量方法。

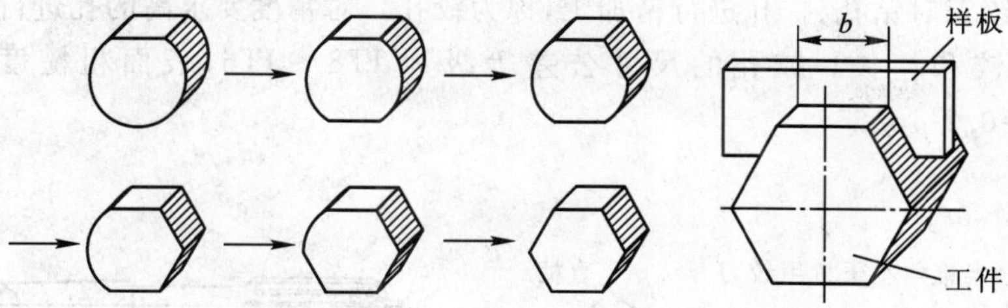

图 5-21 六角形体的锉削和测量

三、孔加工

钳工完成孔加工与车床完成孔加工的共同点是使用的刀具及刀具的安装方法相同,而不同点在于以下几点:

(1) 使用的机床不同 钳工生产中使用的机床主要是钻床,如图 5-3、图 5-4、图 5-5 所示。

(2) 切削运动形式不同 在钻床上加工孔时,主运动和进给运动都是由刀具来完成的。

(3) 所完成的加工任务不同 车床主要加工回转体工件中心部位的孔;而钻床可加工盘套类、轴类、箱体支架类工件上多种形式和不同部位的孔,如轴承孔、连接孔、定位销孔等。

1. 钻孔、扩孔和铰孔

(1) 刀具的种类及应用 钳工常用的孔加工刀具有麻花钻头(图 5-22,简称麻花钻或钻头)、扩孔钻(图 5-23)和铰刀(图 5-24)。

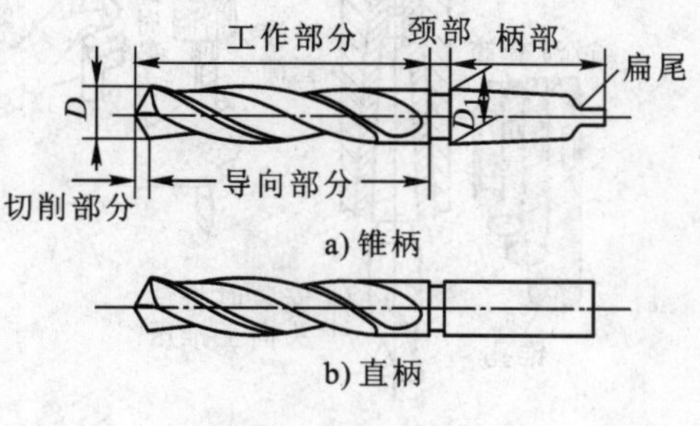

图 5-22 麻花钻

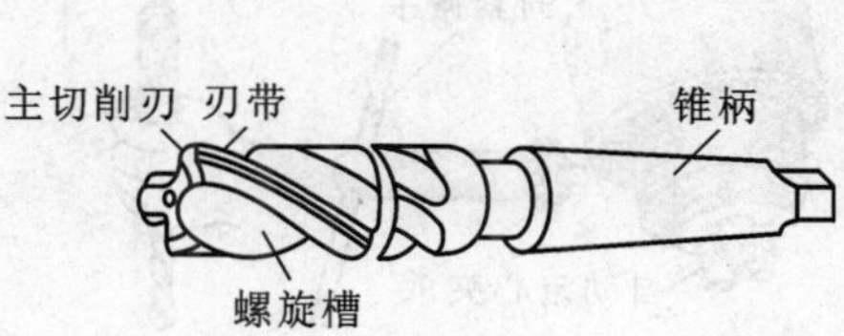

图 5-23 扩孔钻

用麻花钻在实体材料上加工孔,称为钻孔,其尺寸公差等级为 IT12～IT11,表面粗糙度 Ra 值为 25～12.5 μm,属于内孔粗加工。

用扩孔钻对已有孔(铸造孔、锻造孔和钻孔)进行扩大加工,称为扩孔。其尺寸公差等级为 IT10～IT9,表面粗糙度 Ra 值为 6.3～3.2 μm,常用于孔的半精加工和铰孔前的预加工。

用铰刀对钻孔、扩孔进行精加工，称为铰孔。对精度要求高的孔进行铰削时应分粗铰和精铰。铰孔的尺寸公差等级为 IT8～IT6，表面粗糙度 Ra 值为1.6～0.2 μm。

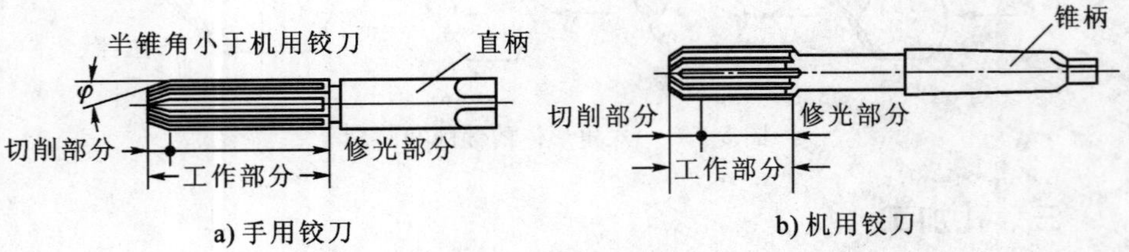

图 5-24　铰刀

(2) 刀具的安装　直柄刀具应采用钻夹头安装(图 5-25a)。钻夹头装入钻床主轴的锥孔，主轴旋转则带动钻夹头与刀具一同转动。这种安装方法简便，但夹紧力小，加工过程中刀具容易产生振动。

使用锥柄刀具时，若刀柄锥度与钻床主轴锥孔的锥度相同，则可将刀具直接装入主轴锥孔中(图 5-25b)；若两者锥度不同则必须如图 5-25c 所示加钻套(又称过渡套筒)。采用锥面安装时配合牢靠，同轴度高。刀具锥柄末端的扁尾是用以增加传递力量的，避免刀柄打滑，并便于卸下刀具。

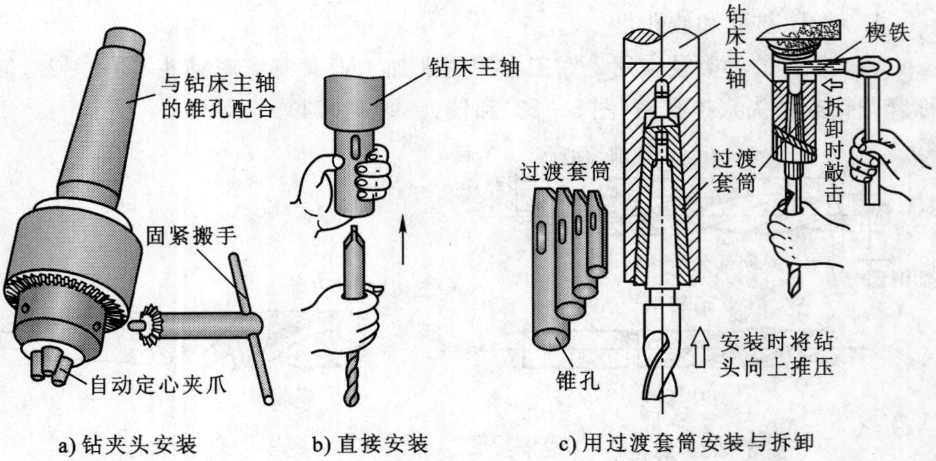

图 5-25　常用的孔加工刀具安装方法

(3) 工件的安装　为保证工件的加工质量和操作安全，钻削时工件必须牢固地安装在夹具或工作台上，常用的安装方法如图 5-26 所示。

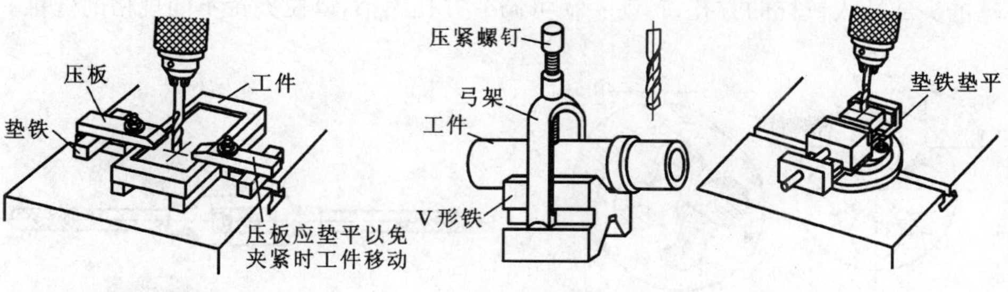

a) 用压板螺钉安装　　b) 用V形铁安装　　c) 用虎钳安装

图 5-26 常用的钻削工件安装方法

2. 孔加工工艺分析

要想获得相同的精度和生产率，孔加工比外圆表面加工的难度要大，这是因为以下几点原因：1) 孔加工时近似半封闭式的切削，使得排屑、冷却、散热和润滑条件极差，导致精度下降；孔加工时观察和测量不方便，容易造成误差。2) 孔加工所用刀具的尺寸受孔径限制刚度较差，切削时易产生变形和振动，故不能采用大的切削用量。3) 孔加工的刀具磨损快，切屑易划伤孔壁，致使孔加工的质量和生产率都较低，加工成本较高。

四、螺纹加工

在钳工中可由人工或机器利用刀具完成内外螺纹的加工。用丝锥加工内螺纹的方法叫攻丝；用板牙加工外螺纹的方法叫做套扣。

1. 螺纹加工的刀具及辅具

丝锥(又叫丝攻)是加工内螺纹的工具(图 5-27)。它的切削部分呈锥状，起主要切削作用，并使加工余量由多齿分担以减轻每个齿的负荷，避免崩刃或折断丝锥，同时使丝锥容易垂直切入。校准部分具有完整的齿形，起校准和修光作用(图 5-27a)。每种尺寸的丝锥一般都由两支组成一套，分别称为头攻和二攻，二者的区别在于切削部分的锥度不同(图5-27b)。

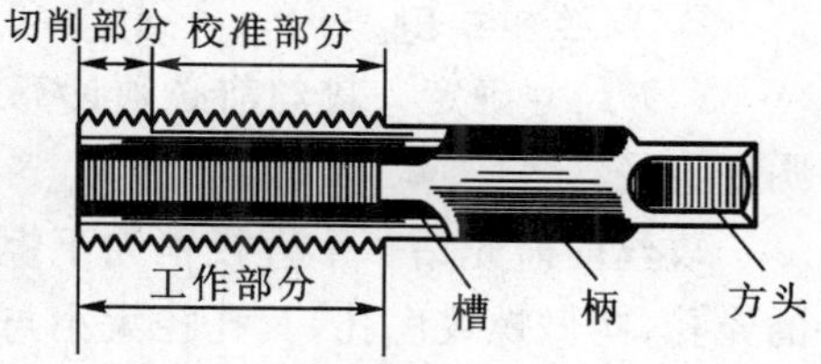

a) 丝锥的组成

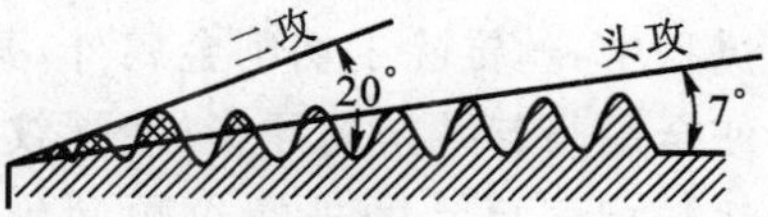

b) 头攻和二攻

图 5-27 丝锥

板牙是加工外螺纹的工具，外形像一个圆螺母(图 5-28)，只是在它内部钻有几个圆形孔，以形成切削刃和用于排屑。板牙的外圈有一条深槽和与板牙架螺钉对应的四个锥坑，板牙齿需进行淬火后低温回火。

用来夹持并转动丝锥的手用工具叫铰杠，常用的是可调式铰杠(图 5-29)。

丝锥头部插入铰杠的方孔,转动手柄可调节方孔大小,以便夹持不同规格的丝锥。

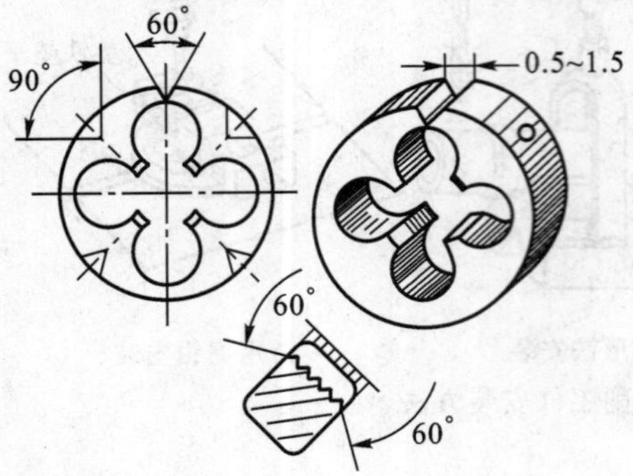

图 5-28　板牙

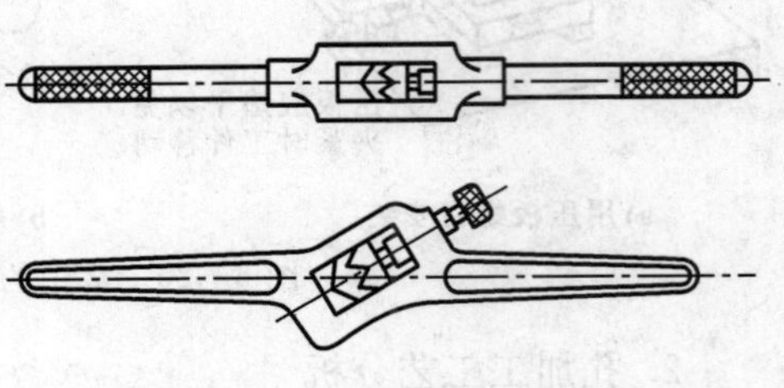

图 5-29　铰杠

板牙架是用来夹持板牙,传递扭矩的工具(图 5-30)。转动调整板牙螺钉,可微量调节螺纹直径。

图 5-30　板牙架

2. 攻丝和套扣

(1) 尺寸确定　攻丝前必须计算螺纹底孔的直径,套扣前必须确定和检查圆杆直径。

攻丝前需先钻一个直径稍大于螺纹内径的光孔,叫做螺纹底孔,其孔径大小与所加工的内螺纹质量有关。分析图 5-31 可知:攻丝过程中,丝锥除了切削金属外,其挤压作用会使金属凸起并挤向牙尖,使螺纹内径变小,无法与相同尺寸的外螺纹顺利旋合。此外,嵌在螺纹牙顶与丝锥牙底之间的凸起金属会将丝锥卡住,甚至折断。但底孔尺寸过大则会降低螺纹牙的高度和强度。

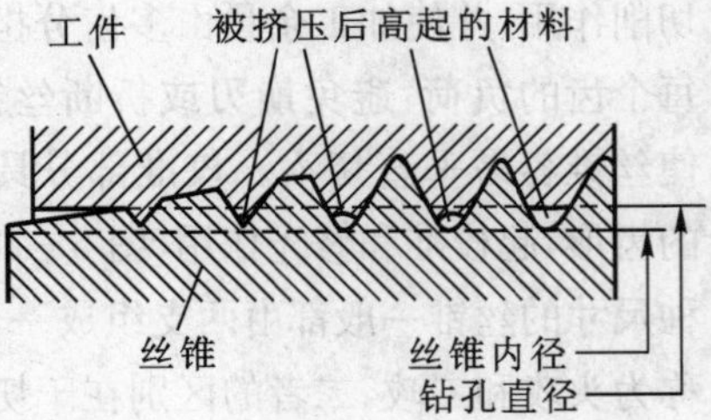

图 5-31　攻丝时的金属挤压

螺纹底孔直径 d_0 的大小可查手册,也可按以下经验公式计算:

加工钢料及塑性金属时

$$d_0 \approx D - P \qquad (5-1)$$

加工铸铁及脆性金属时

$$d_0 \approx D - 1.1P \qquad (5-2)$$

式中　d_0 为底孔直径(mm)，D 为螺纹公称直径(mm)，P 为螺距(mm)。

不难看出，塑性材料产生的挤压作用要大一些。

在盲孔中攻螺纹，为了得到完整的螺纹牙形，底孔长度应大于所需螺纹的长度，其长度可按以下经验公式计算：

$$h = l + 0.7D \qquad (5-3)$$

式中　h 为底孔长度(mm)，l 为所需螺纹的长度(mm)，D 为螺纹公称直径(mm)。

套扣前应确定并检查圆杆直径，圆杆直径太大则难以切入，太小则套出的螺纹牙形不完整。圆杆直径可用以下经验公式计算：

$$d_0 \approx D - 0.13P \qquad (5-4)$$

式中　d_0 为圆杆直径(mm)，D 为螺纹公称直径(mm)，P 为螺距(mm)。

(2) 操作要领　由人工完成攻丝、套扣加工时，其操作步骤、所用辅具、切削液的选用等与手工铰孔基本相同。

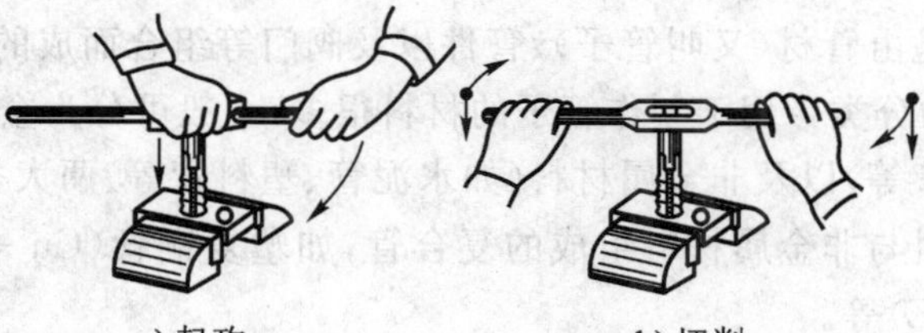

a) 起攻　　b) 切削

图 5-32　攻丝(加工内螺纹)

1) 检查刀具及工件尺寸是否正确(工件端部应倒角，使刀具容易切入)，安装好工件。

2) 刀具轴线应与工件端面垂直，转动刀具时轻压进行(图 5-32)。

3) 攻丝和套扣时，刀具每转一圈应反转 1/4 圈，以使切屑断落(图 5-33)。

4) 加工铸铁件时要加煤油润滑，加工钢件时要加机油润滑，均能使螺纹牙面光洁，并能延长丝锥的使用寿命。

(3) 断丝锥的处理方法　当底孔尺寸过小、切削用量选择不当或用力过大时，丝锥往往会断在孔中，此时应先将内孔清理干净，用图 5-34 中所示的方法取出折断的丝锥。

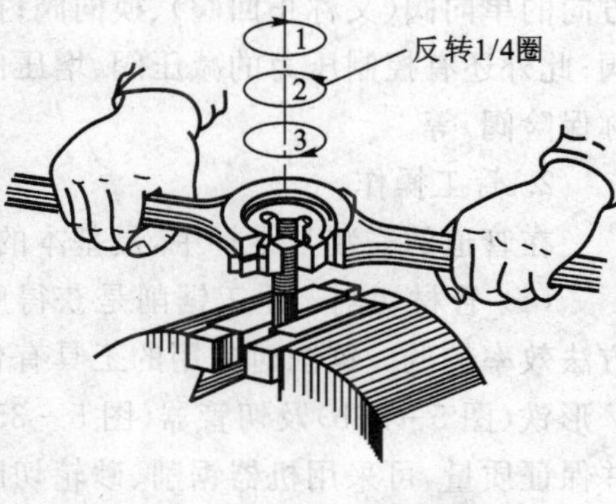

图 5-33　套扣(加工外螺纹)

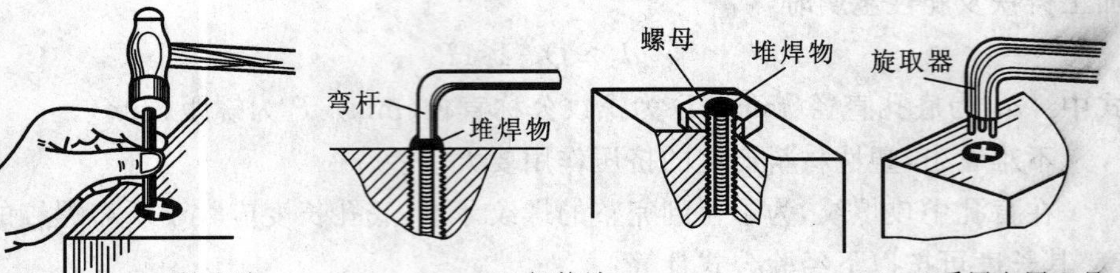

图 5－34　断丝锥的处理方法

五、管道安装及维护

管道是生产和生活中完成物资输送必不可少的设施。将各种设备、阀门和管件稳固而安全地连接在一起，并保证管道系统能在一定的温度和压力条件下正常运行的工种称为管工。

1. 管道的组成

管道系统是由管材（又叫管子）、管件以及阀门等组合而成的。

（1）管材的分类　用于制作管子的材料很多，一般可分为金属材料（如铸铁管、紫铜管、钢管等）以及非金属材料（如水泥管、塑料管等）两大类。目前市场上出现了金属材料与非金属材料组成的复合管，如塑复铜管（Cu－PE）、铝塑复合管（PE－Al－PE）等。

（2）常用管件　管件的作用是连接管材（即管子），可改变物流方向、实现管道分支及封堵管道等。常用的管件是管接头（如内、外螺纹管接头、弯头、异径管、三通等）和堵头（又称丝堵）等。

（3）常用阀门　用来控制物流的通与断、方向、速度及压力的装置通称为阀门。生产中使用的阀门种类繁多，有控制流量大小的闸阀、截止阀、节流阀；控制方向的单向阀（又称止回阀）、换向阀；控制启闭的旋塞阀（又称考克）、闸阀、截止阀；此外还有控制压力的减压阀、增压阀和保证容器管道系统安全的安全阀（又称保险阀）等。

2. 管工操作

在管道的安装与维护中，最基本的操作工序有以下几种：

（1）管材切割　手工锯削是获得所需长度小直径管材的主要方法之一，该方法效率较低。锯削时常用的工具有台虎钳（见图 5－2）、手工锯（见图5－12）、V 形铁（图 5－26b）及切管器（图 5－35）。对于直径较大的管材，为了提高效率并保证质量，可采用机器锯削、砂轮切断、氧-乙炔气切割、等离子切割及小射流切割等方法。

（2）管材套丝　安装管道时主要采用管件将管材与管材连接起来，通常管

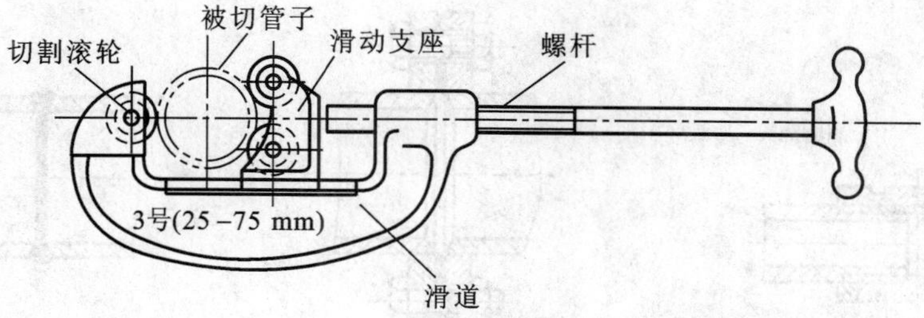

图 5－35　切管器

件中的内螺纹已预先加工好，此时必须在管材端部加工出螺纹，这种加工通常称为套扣或套丝。套丝的方法有机械和手工两种，机械套丝可在车床或套丝机上完成，用于大批量生产中。手工套丝方法见图 5－33。

（3）管材的弯曲　将管材弯成一定角度的工序称为弯曲，该工序的制品在生产中常常称为弯管。大批量使用弯管时可采用外购方式，小批量使用时则应在现场加工。常用的弯管方法有以下几种：

1）冷弯法　冷弯管材可在虎钳或冷弯管器上进行，管中既不填砂也不加热，操作简便、安全。此方法只适用于直径小于 30 mm 左右的管材。

2）热弯法　弯管前管件中要充砂和加热，目的是防止弯曲时管子变形和起保温作用。对于直径小于 50 mm 的管材可用手工热弯管器，更大直径的管材的弯管工序则应在专用机床上进行。

3. 管道安装

管道安装是指将所需管材、管件、阀门和设备装配成管路系统及进行系统试压的过程。

各种管子连接方法的特点及应用见表 5－3，管路连接的常用方法如图5－36所示。

表 5－3　管子连接方法简介

连接方法	工艺特点及应用
a）螺纹连接	结构紧凑但整体安装后不易拆卸 主要用于管径 D<65 mm，低压，温度<100 ℃的水、煤气和蒸气管道
b）法兰连接	连接强度较高，适用性较强
c）焊接连接	强度高，密封性好，无需配件，成本低；一旦拆卸连接则被破坏 常用于大型管件
d）活接头连接	接头体积小、价格低，但要用专用夹钳一次成型 适用于高分子材料柔性管道的连接
e）承插连接	安装时两管子间允许有少量的偏斜，适应性较强，不耐压，难拆卸 常用于地下排水管（铸铁管或水泥管）的连接

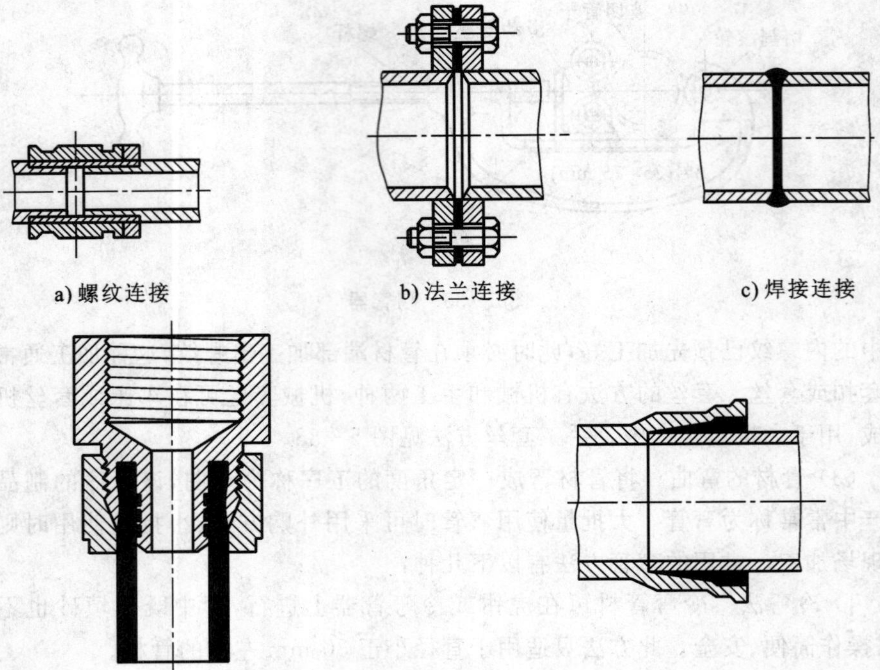

a) 螺纹连接　　b) 法兰连接　　c) 焊接连接

d) 活接头连接　　e) 承插连接

图 5－36　管子的连接方法

第四节　装配与拆卸

任何一台机器都是由多个零件组成的。将零件按组件装配—部件装配—总装配的装配顺序连接成机器，并经调整、试验使之成为产品的过程，称为装配。

一、装配

装配质量的好坏直接决定了产品的质量。产品设计时的各项技术指标，必须由合格的零件和正确的装配工艺来保证。

1. 装配中的可拆卸连接

可拆卸连接是指拆开连接时零件不会损坏，重新安装仍可使用的连接形式。生产中常用的可拆卸连接有螺纹连接（图5－37a），键连接（图5－37b）和销连接（图 5－37c）等。

拆卸连接在装配中被广泛采用。装配成组的螺钉、螺母时，应按图5－38所示的顺序分 2～3 次旋紧，以保证零件贴合面受力均匀，贴合可靠。对于受交变载荷或在振动条件下工作,有可能自动松开的螺纹连接,应采用防松装置(图 5-39)。

传动轴与齿轮、皮带轮、蜗轮等带毂零件间的圆周方向的固定和转矩的传递是通过键连接实现的。装配中应注意掌握好键与键槽之间的配合松紧。

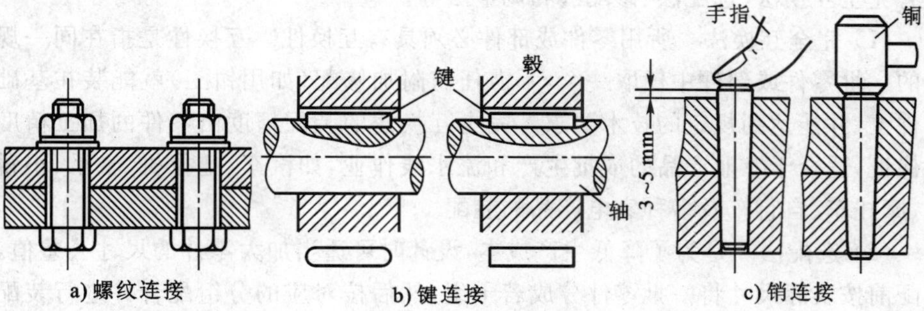

图 5-37 可拆卸连接

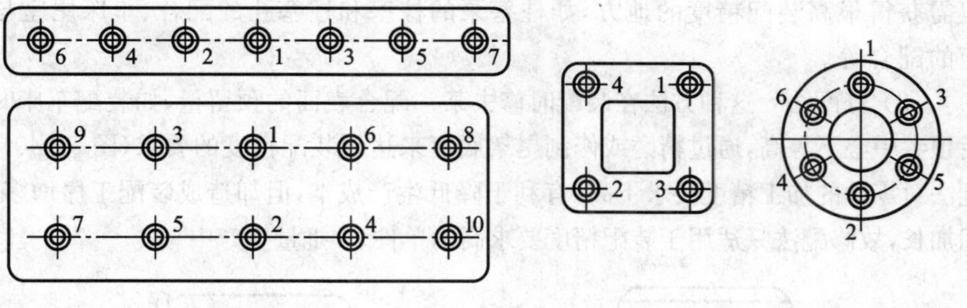

图 5-38 成组螺钉的拧紧顺序

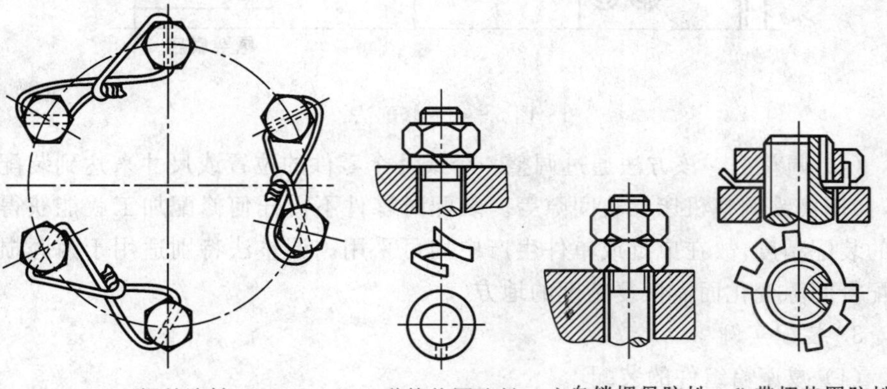

图 5-39 螺母连接的防松装置

销连接主要是用来传递不大的载荷或固定零件的相互位置,它是组合加工和装配时的重要连接形式。

2. 常用的装配方法

生产批量不同、配合性质不同时，所采用的装配方法也不同。常用的装配方法有完全互换法、选配法、修配法和调整法等。

(1) 完全互换法　所用零件或部件必须具有互换性。互换性是指在同一规格的一批零件或部件中任取一个，不需任何附加修配(如用钳工)就能装在基础零件上，并能达到规定的技术要求。完全互换法的装配精度由零件的加工精度来保证，适合于专业产品的成批生产和流水线作业，如汽车、拖拉机、轴承、小轿车、摩托车、自行车及多种家电产品的装配。

(2) 选配法　是为了降低生产成本，设计时可适当加大零件的尺寸公差值，装配前按实际尺寸将一批零件分成若干组，然后按对应的分组配合件进行装配的方法，故又称为分组装配。选配法的装配精度取决于零件的分组数，组数分得越多，装配精度就越高。它适用于成批生产组成零件数量少且加工精度不很高，但需获得很高装配精度的地方，如柱塞泵的柱塞和柱塞孔的配合、车床尾座与套筒的配合等。

(3) 修配法　这种方法在装配时修去某一配合表面的预留量，如装配车床时前后顶尖中心不等高，通过精磨或修刮尾架底座来达到装配精度的要求(图 5-40)。修配法对零件的加工精度要求不高，有利于降低生产成本，但却造成装配工序增多，时间加长，故修配法只适用于装配精度要求高的单件、小批量生产中。

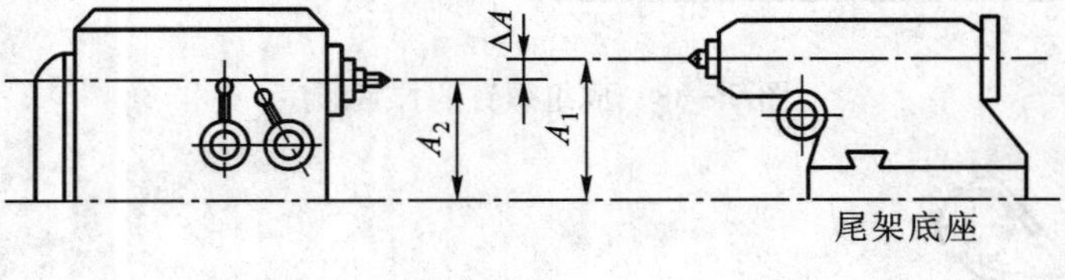

图 5-40　修配法

(4) 调整法　该方法通过调整一个或几个零件的位置或尺寸来达到装配要求，如用楔铁调整机床导轨间隙等。装配时零件不需任何修配加工就能获得较高的装配精度，故在成批或单件生产中均可采用。调整法特别适用于因磨损引起配合间隙变化而需恢复精度的地方。

3. 装配实例

(1) 减速箱组件的装配

图 5-41 为减速箱组件的装配。减速箱装配的顺序如下：

1) 配键(将键装入轴上的键槽内)；

2) 压装齿轮(键装入齿轮毂中，实现轴与齿轮的连接)；

3) 大轴右端装入垫圈，压装右轴承；

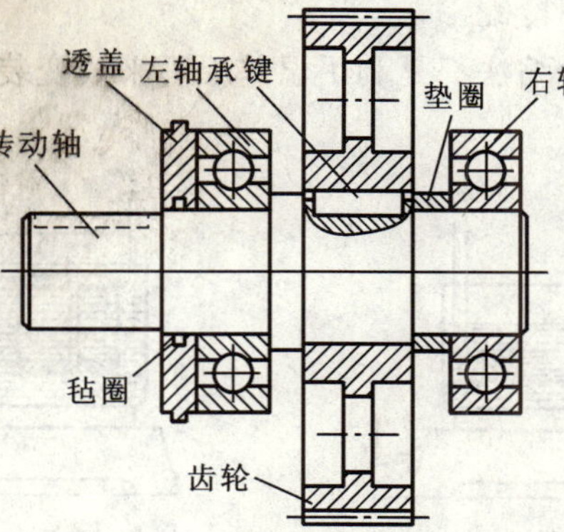

图 5-41 减速箱组件的装配

4）压装左轴承；

5）毡圈放进透盖槽中，将透盖装在轴上。

（2）滚珠轴承的装配方法

在机械产品中滚珠轴承广泛用于旋转件（如传动轴）和静支撑件（如箱体、支架）之间的连接。滚珠轴承常用的装配方法有以下三种：

1）冷压法 常用压力机或手锤施力。为了使轴承圈受力均匀，需采用垫套加压。轴承压到轴颈上时，应通过套筒施力于内圈端面（图 5-42a）；轴承压到箱体孔中时，应施力于外圈端面（图 5-42b）；当轴承同时压到轴颈上和机体孔中时，则内外圈端面应同时加力（图 5-42c）。

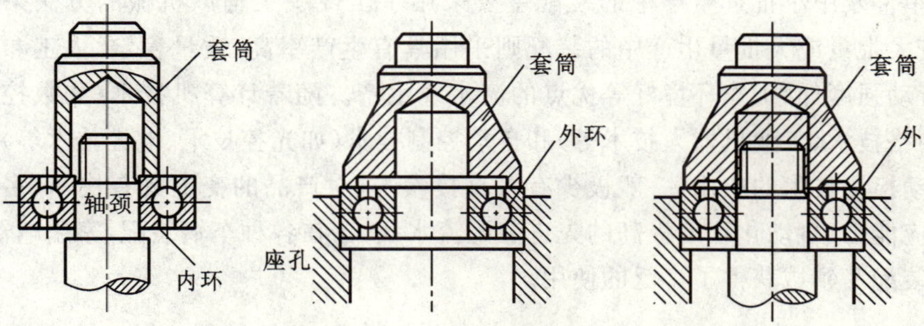

a) 内圈—轴颈的装配 b) 外圈—轴承孔的装配 c) 内外圈同时压入轴颈与轴承孔

图 5-42 压配轴承时的套筒衬垫

2）热压法 当轴承与轴颈间采用较大过盈配合，用冷压法难于压装，或需要换大吨位压力机才能进行冷压装配时，可将轴承吊在 80～90℃ 的油中加热，使其内孔尺寸膨胀（图 5-43），然后趁热将其迅速地压入轴颈中，故又叫热套。

3）冷缩法 即将轴在干冰（固态 CO_2）或液氮中冷却，使其尺寸缩小后迅速装入轴承中的方法，又叫冷配。

很显然，热压法和冷缩法都是利用温差原理来改变装配零件的尺寸，从而实现装配的。

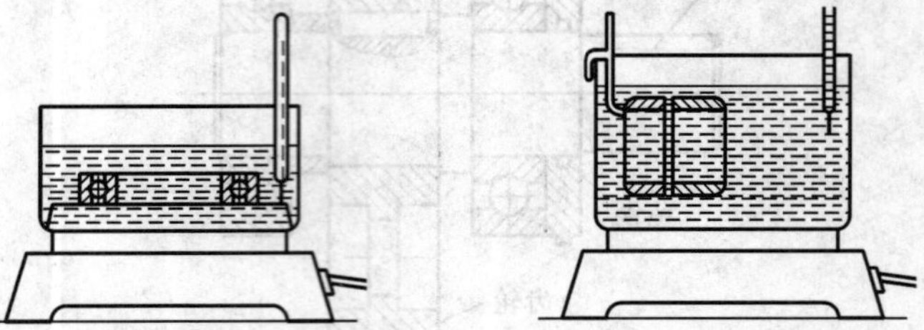

a) 在网格上加热　　b) 在吊钩上加热

图 5-43　轴承在油浴中加热

二、机器的拆卸

与装配过程一样，拆卸机器前应先读图，了解机器的结构，然后再确定拆卸方法与步骤。

拆卸的过程应按与装配相反的顺序进行。从装配图上了解机器的装配顺序后，应按先拆后装，后拆先装的顺序拆卸零、部件。

三、装配自动化

单件及中小批量生产中的装配主要采用手工或手工辅以机械的方法来进行，较大批量或大批量生产中的装配则采用具有生产率高、质量稳定、人工参与少、劳动强度低、工作环境好等优点的流水线生产。随着计算机技术（如数控技术、网络技术、工业机器人技术等）和自动控制技术（如光控技术、电控技术等）以及自动检测技术的应用，一般极少有人直接参与，对产品的变更具有快速、多变的适应能力、自动化程度极高的先进装配流水线，已在各种车辆装配，家用电器、电机装配等领域获得了广泛的使用。

第五节　设备的管理

设备管理的目标是使设备能获得最大的利用率，创造最大的效益，满足最佳的人机组合和支付合理的维持费用，以及确保安全与可靠性的需要。

一、设备的保养

保养良好的设备能长时间地保持原有的精度，为操作者提供所需精度及确保安全文明生产。设备保养包括正确地选用和操作设备、定期检查与维护设备、及时排除故障等。

1. 设备的检查

设备检查是了解设备的技术状态(如精度、性能、磨损及运行情况等),及时发现故障及隐患的重要手段,是维修工作的信息源。设备检查包括设备修理前的预检、日常检查、定期检查、单项检查等。

(1) 日常检查 它是设备例行维护工作的重要内容之一,其目的是及时发现设备运行过程中的不正常情况,并及时排除。该项工作是由操作者和维修人员在交接班和设备运行过程中进行的。在日常检查中工作人员可通过感觉器官大致判断(如目测、手摸、耳听、鼻嗅等),必要时还需用仪器进行检测。通过勤走动、细观察,一般的故障均能及时发现和排除。

(2) 定期检查 它是以维修人员为主,操作者参与的对设备进行的预防性检查。在检查过程中将设备的隐患、异常、磨损及损坏等情况记录下来,并存入设备档案中。对于可通过简单处理(如调整等)即可解决的问题,应在检查过程中及时排除,其余问题应在进行分析、归纳后安排修理计划。

(3) 单项检查 它是指按类别进行的设备的技术功能检查,如密封性能,耐高温、高速、高压性能,力学性能,安全防护性能及设备精度等。其中精度检查与保证被加工对象的质量有着直接的关系。设备的精度检查是指对设备的几何精度及加工精度有计划地定期进行检测,以确定设备的实际精度,它是设备验收、调整、修理以及更新的重要依据。

2. 设备的规范化操作

因操作不当致使设备损坏,不仅会造成经济损失,甚至会导致人身伤害,因此必须进行规范操作。在有针对性地对职工进行正确使用和爱护设备教育的同时,必须坚持培训上岗制度,使职工掌握所从事工作必需的基本技能,并严格按规章步骤进行操作,同时还要有计划地安排再教育培训计划。

3. 重要设备的特殊维护

需要特殊维护的设备多为精密、大型、稀有及关键设备,它们是企业实施生产经营的重要物质基础。对于这些设备除了应进行一般维护外,还应根据设备各自不同的结构特点及使用情况派专人操作和维护,绝不允许设备“带病”运转。

二、设备的维修

因操作不当,使用条件恶劣,长期使用而造成磨损,以及其他原因导致设备发生故障或损坏时,必须及时排除故障和进行维修。

1. 检修的基本方式

生产中常用的检修方式有事后维修、预防维修、状态监测维修等。

(1) 事后维修　这是一种设备发生故障或技术状态下降至合格水平以下时，临时采用的非计划性维修方式(图 5-44)。在图中的 B_1 和 B_2 时间段内，设备停机不能使用。事后维修方式的优点是能充分利用设备零部件的寿命，修理次数相对较少。其不足之处是所需停机时间长，且修理费用较高。该方法适用于不易实现预防维修的设备，如电子仪器等。

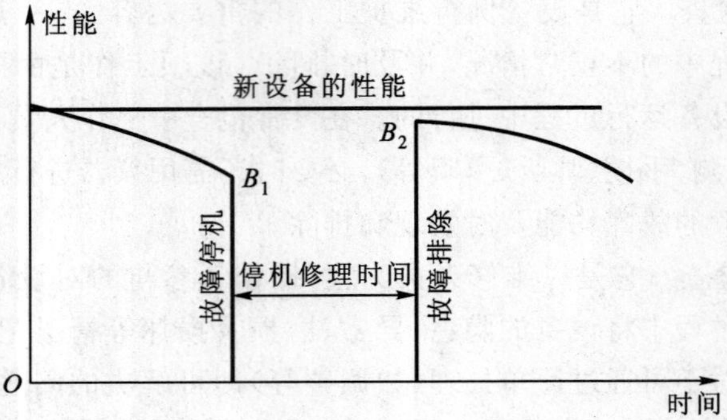

图 5—44　事后维修过程图

(2) 预防维修　这是一种以时间为依据的预防修理方式，又称为定期修理(图 5-45)。从图中可以看出，设备的修理在发生故障之前(即事前维修)进行，

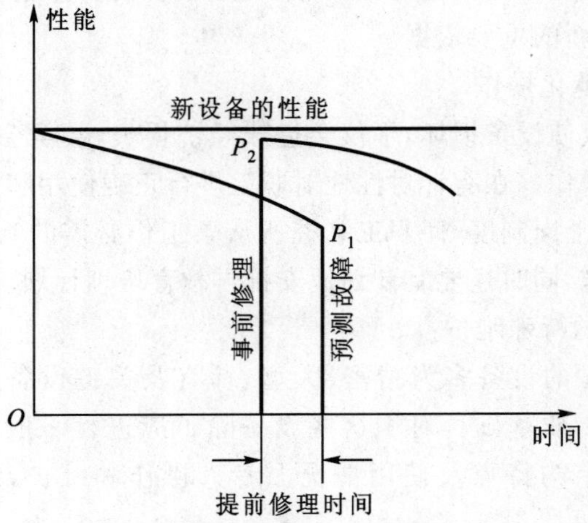

P_1——计划修理期; P_2——预测故障期

图 5—45　定期维修过程图

且所需停机时间大大少于事后维修。采用定期修理方式可避免事故的发生，但确定故障发生的时间比较困难，通常是根据经验和相关数据来预测，故准确性较

差，为避免故障发生往往过早就进行修理，造成维修费成本上升。

定期维修产生于"二战"期间的军工生产中，目前主要用于大批量生产（如流水线、自动生产）中。

（3）状态监测维修 这是以设备状态监测和故障诊断技术为基础的设备维修方法，又简称为状态维修或监测维修。这种方式克服了事后维修和定期预防维修的缺点，具有较强的科学性、针对性和适时性。设备的状态监测可分为机器的状态监测（如设备的振动与噪音、温度、油压、油质及密封等）和生产过程的状态监测（如产品的成分、温度、工艺参数、物流及质量等），这两者之间存在相辅相成的关系。

2. 设备预防修理的分类

按对设备性能恢复的程度、修理范围的大小、修理间隔期的长短、修理费用的多少等，生产中将预防修理分为小、中、大修理及定期检修、项目修理、年修理等。

（1）小修理 它是计划修理工作中工作量最少的一种，一般安排在生产现场进行，由车间专职维修工人完成。其主要工作为调整、修配、更换等。

（2）中修理 它是以局部恢复设备工作能力为目标的，工作量介于大修理和小修理之间，由专业修理工人完成。其工作对象为主要零件、基准件及部位，工作内容为部件拆卸、修理、更换及校正基准等。

（3）大修理 它具有设备局部再生产性质，是对设备进行的全面修理，其工作量是计划修理工作中最大的。它的工作对象是全面拆卸设备、修理基准件（如导轨）、更换或修理主要零部件。其目的是恢复设备原有的精度、性能和生产率，从而全面恢复设备原有的工作能力。

（4）项目修理 它是根据设备的实际运行状况，有针对性地对其精度、性能等进行以项目为单元的修理工作。

（5）年修理 对于那些一般不允许中断或故障停机的行业（如冶金、化工、医药等）所使用的装置或设备，在设备连续运行 7 000 小时（通常视为一年的工作日）后，则要进行设备停机大检修，通常称为一次年修理，简称年修理。此时，将对整个装置中的大部分主要设备同时进行大、中或项目修理。其工作内容为对主要设备（有时还加有管道等配件）进行清洗、除垢、检测及零部件修理、更换或系统调试等。

三、设备的综合管理

1. 综合管理的内涵

随着市场对产品种类和质量要求的日益提高，一门吸取传统设备管理的经验，以现代管理理论（如系统论、控制论、信息论、决策论等）为基础，综合了现代科学新技术(如可靠性工程、设备诊断技术等)的新兴学科诞生了,这就是设备综合管理学科。20世纪60年代以来,该学科的代表有美国的后勤学、英国的设备综合工程学以及日本的全员生产维修等。

设备综合管理是包括从规划、设计、制造、购置、安装、使用、维护、修理、改造、更新直至报废的全过程,对设备从技术、经济、管理、营销等方面进行综合研究和全方位管理。其目标是提高设备的综合效率和延长寿命,从而降低成本,使企业获取最大的经济效益。

2. 设备的综合管理

设备的综合管理的特征是:**“一生管理”**(指对寿命周期的全过程管理,而传统的设备管理只负责维修);**“两个目标”**(即提高设备的综合效率和追求寿命周期费用的经济性);**“五个结合”**(设计、制造与使用相结合,修理与改造、更新相结合,技术管理与经济管理相结合,专业修理与操作者维护相结合,日常维护与计划修理相结合)。

思考与分析

5-1 试述钳工的定义、特点、应用范围及发展趋势。

5-2 试述划线的作用、分类及划线基准的选择,试分析图5-6中另一方向的划线基准。

5-3 钳工的主要基本操作包括哪些?它们各自的加工原理、工艺特点及应用范围是什么?

5-4 试述钳工生产中常用工具的种类、材料及其热处理工艺,试分析锯削时锯齿崩断和锯条折断的原因。

5-5 运用力学原理分析锉削平面时形成鼓形的原因,并说明如何克服。

5-6 综合分析车床和钻床上完成孔加工时的异同(含机床、运动形式、应用范围等)。

5-7 加工不同孔径或不同类型(如通孔、中心孔)的孔时,如何选用刀具、转速和进给量。

5-8 综述螺纹的分类,并分析加工内外螺纹所用刀具的名称、材料及热处理工艺。

5-9 分析攻丝时底孔直径和套扣时圆杆直径的经验计算公式,得出相应的结论。

5-10 试比较钳工套螺纹和车削螺纹的异同。

5-11 在装配工艺中,零件的连接形式及常用的装配方法有哪几种?

5-12 产品的装配单元、组件级数和机器结构之间的联系是什么?分析零件、组件、部件、机器之间的联系。

5-13 简述正确的装配步骤及其对装配质量的影响。

5-14 试述设备管理的内涵、意义及设备综合管理的特征与经济性。

第六章 车削加工

【学习提示】

车削加工是最基本、用途最广的一种使用刀具的切削加工方法，主要用来加工各种回转表面。

本章的主要教学要求是：

(1) 熟悉常用车刀的种类，车床附件及简单轴类、盘套类工件的安装方法；

(2) 掌握各种表面的车削方法，其中外表面的车削是重点，螺纹车削是难点；

(3) 了解车削加工自动化生产的一般概念；

(4) 具有独立完成简单零件加工的操作技能。

第一节 概 述

在车床上用刀具进行切削加工称为车削加工，车削是金属切削加工的主要方法之一。车削加工时工件旋转做主运动，刀具移动作进给运动。进给运动可以是直线运动，也可以是曲线运动，不同的进给方式会得到不同形状的表面。

一、车削加工的加工范围及加工精度

车床的加工范围较广(图 6-1)，主要用于加工各种回转表面，如内外圆柱面、内外圆锥面、内外螺纹、回转型成形面、回转型沟槽、滚花及端面等；加上一些附件和夹具，车床还可进行磨孔、研磨、抛光和绕制弹簧等操作。当选用的刀具角度和切削用量不同时，车削可分为粗车、半精车和精车。粗车的尺寸公差等级可达IT11～IT12，表面粗糙度 Ra 值为 12.5～25 μm；半精车的尺寸公差等级可达IT9～IT10，表面粗糙度 Ra 值为 3.2～6.3 μm；精车的尺寸公差等级可达IT7～IT8，表面粗糙度 Ra 值为 0.8～1.6 μm。

二、车削加工的工艺特点

车削加工具有以下工艺特点：

(1) 适应性强　车削加工适于加工多种回转表面(如轴、盘、套类零件上的回

转表面，利用附件还可加工不规则零件上的回转表面）；适于加工多种材料（如钢、铁、有色金属及其合金以及非金属材料，如工程塑料、橡胶等）；加工尺寸范围大（从几毫米至上千毫米），且适于各种生产类型（单件、小批量、成批以及大量生产）。

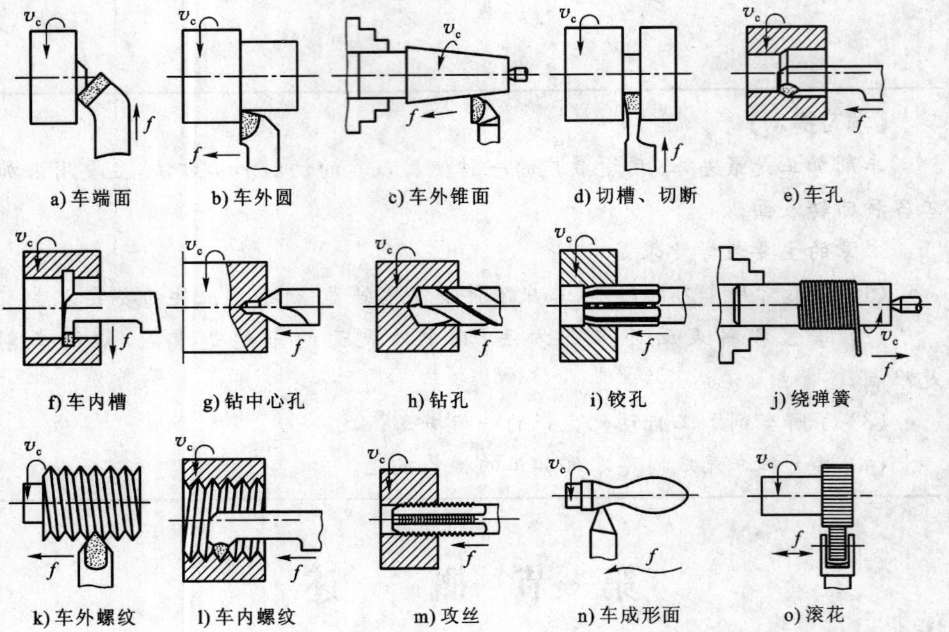

图 6-1　车床的加工范围

（2）适于有色金属零件的精加工　对于塑性很大、硬度很低的有色金属及其合金材料，如采用磨削进行精加工，切屑容易堵塞砂轮表面间隙，使磨削不能连续进行；若使用专用砂轮加工，则会增加加工成本。因此，生产中常采用金刚石车刀进行精车来代替磨削，此时表面粗糙度 Ra 值为 0.2～0.8 μm。

（3）经济性好　车削的生产成本低（车刀为单刃刀具，加工准备周期短）；容易保证零件各表面的位置精度（采用一定的工艺方法，如“一刀下”（见图 6-7）以及相应的工件安装方法或附件即可实现）；生产率高（车削过程平稳，有利于高速和强力切削）

第二节　车　　刀

一、车刀的种类及用途

车刀是各类金属切削刀具的基本形式。车削加工的内容不同，采用的车刀种类也不同。车刀的种类很多,按其结构可分为焊接式、整体式和机夹可转位式(图 6-2)等。车刀按形式可分为直头、弯头、尖头、圆弧、右偏刀和左偏刀等,按用途可分为外圆、端面、镗孔、切断、螺纹和成形车刀等。

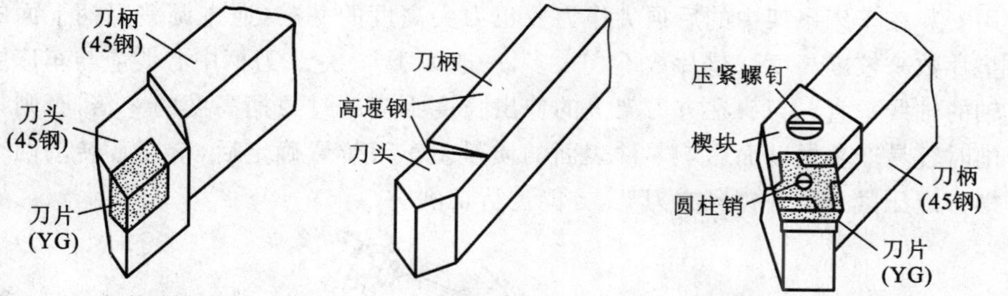

a) 焊接式车刀　　b) 整体式车刀　　c) 机夹可转位式车刀

图 6-2　车刀的结构

生产中常用的车刀种类及其用途如图 6-3 所示。

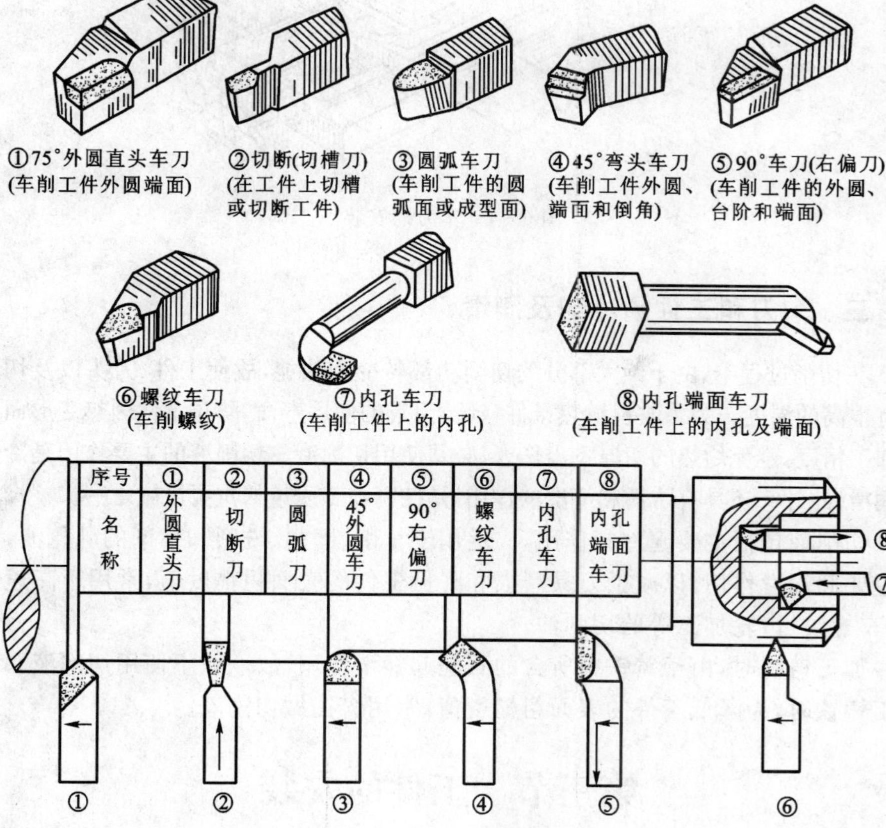

图 6-3　车刀的种类及用途

二、车刀的安装

车刀安装在方刀架上(图 6－4),刀尖应与车床主轴的轴线等高,生产中常用安装在车床尾架中的后顶尖作为校正刀尖高度的基准,通过调整刀柄下面的垫片数来校准高度。垫片数不宜太多,一般为 1～2 片。刀柄中心线应与车床主轴的轴线垂直。刀头在方刀架上的伸出长度不应超过刀柄高度的 2 倍,否则切削时容易产生振动而影响零件表面的质量。车刀位置确定后,应交替转动两个螺钉以压紧刀柄并锁紧方刀架,方能进行切削。

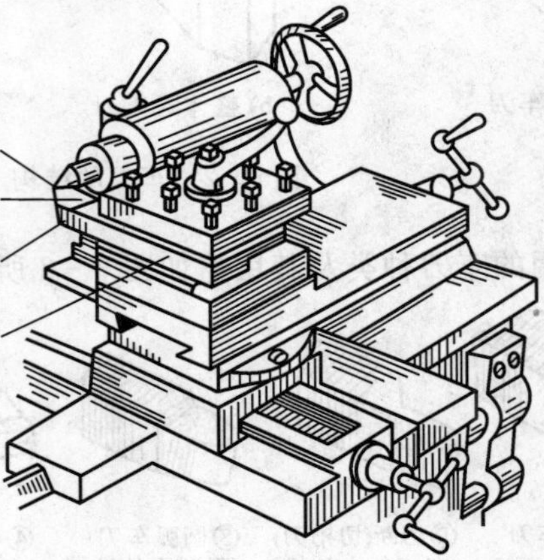

图 6－4　车刀的安装

三、车刀和工件的冷却及润滑

在切削过程中,由于绝大部分的切削功都转变为热能,故使工件、刀头以及切屑具有很高的温度。为了改善散热条件,延长刀具的使用寿命,防止工件因热变形而影响加工精度,避免灼热的切屑飞出伤人,必须使用切削液。切削液的主要作用是冷却和润滑,此外它还具有防锈和清洗的作用,是控制加工质量的重要措施之一。

切削液包括主要起冷却作用,广泛用于车削、磨削、铣削和钻削的乳化液,以及主要起润滑作用,以减少刀具磨损和降低工件的表面粗糙度值,常用于高速铣削、车螺纹、齿轮加工等的切削油。

加工铸铁时,由于铸铁中所含的石墨起润滑作用,故一般不使用切削液。精加工铸铁时,为降低工件的表面粗糙度值,常用煤油做切削液。

第三节　工件的安装

适宜在车床上加工的工件可分为轴类工件、盘套类工件及其他类工件。车削不同类型的工件时，应选用不同的附件来安装工件，以确保工件过渡表面的旋转中心与车床主轴的轴线重合；工件夹牢后要能承受切削力，保证定位准确、不变且加工安全可靠。车床常备的附件有三爪卡盘、四爪卡盘、顶尖、中心架、跟刀架以及花盘和弯板等。

一、轴类工件的安装

根据结构和用途的不同，轴类工件的安装可作如下分类。

1. 短轴的安装

三爪卡盘（图 6-5）是车床上最常用的附件。它的三个小伞齿轮与大伞齿轮啮合，大伞齿轮背面的平面螺纹又与三个卡爪背面的平面螺纹相啮合。当用卡盘扳手转动任何一个小伞齿轮时，大伞齿轮都将随之转动，从而带动三个卡爪在卡盘体的径向槽内同时作向心或离心运动，以夹紧或松开工件。在夹紧过程中，工件回转轴线可实现与车床回转轴线的自动对中，其对中准确度一般为0.05～0.15 mm。用三爪卡盘安装工件一般不需找正，故安装方便迅速。但因其夹紧力较小，生产中主要用来安装截面为圆形或正六边形的中、小型工件，如图6-6所示。生产中

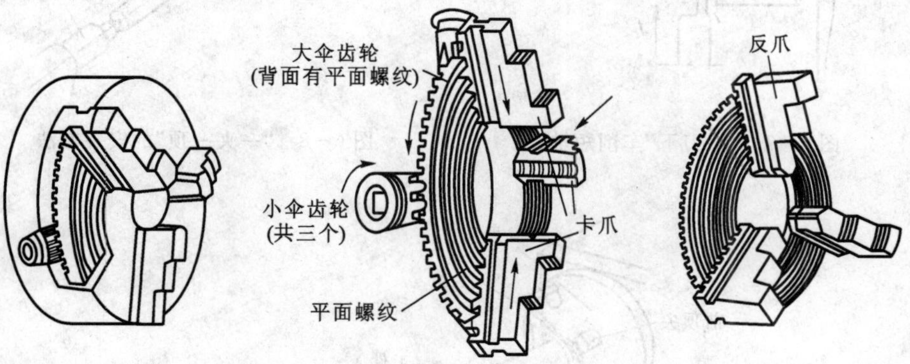

图 6-5　三爪卡盘

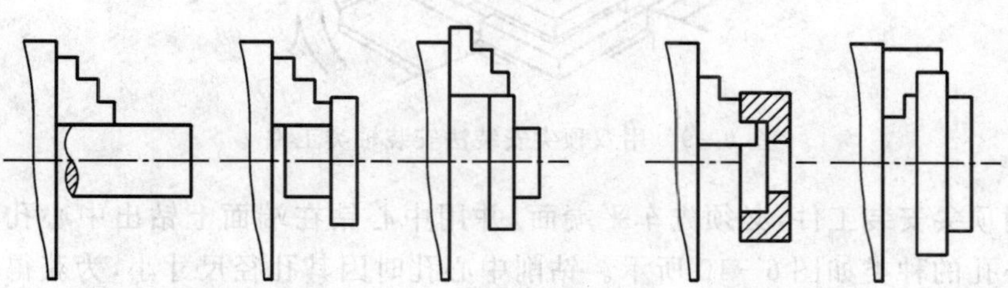

图 6-6　三爪卡盘应用实例

加工短轴常在卧式车床上进行，采用三爪卡盘安装工件，用“一刀下”的加工方法。“一刀下”是指对于小尺寸工件可在一次安装中加工出各主要表面(图 6-7)，以简化工艺和保证各主要表面间的位置精度。加工短轴的常用刀具有外圆车刀、偏刀及切槽、切断刀等。

2. 台阶轴的安装

生产中常见的台阶轴有传动轴、主轴、偏心轴以及凸轮轴等。这类轴用以传递运动和扭矩，通常结构较为复杂，加工工序较多，加工精度要求较高。

(1) 工件安装方法　台阶轴常用的安装方法是“一夹一顶”(图 6-8)，多用于粗车和半精车加工较重的工件。双顶尖安装法(图 6-9)多用于精车。加工台阶轴时车刀的选用见图 6-3。

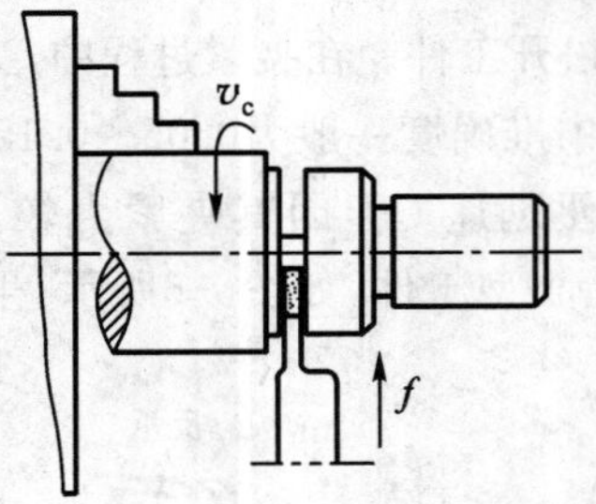

图 6-7　“一刀下”车削短轴

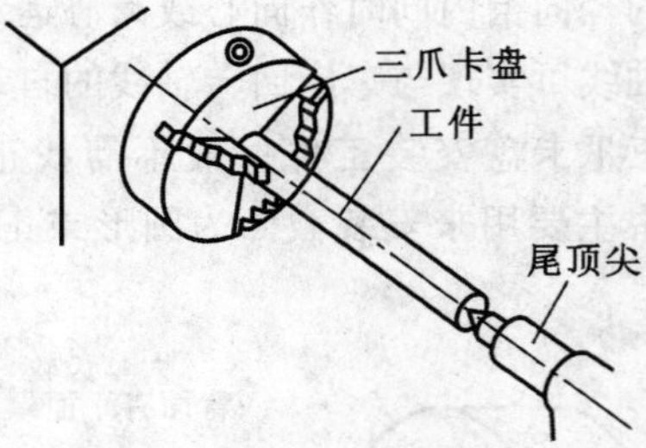

图 6-8　“一夹一顶”的安装方法

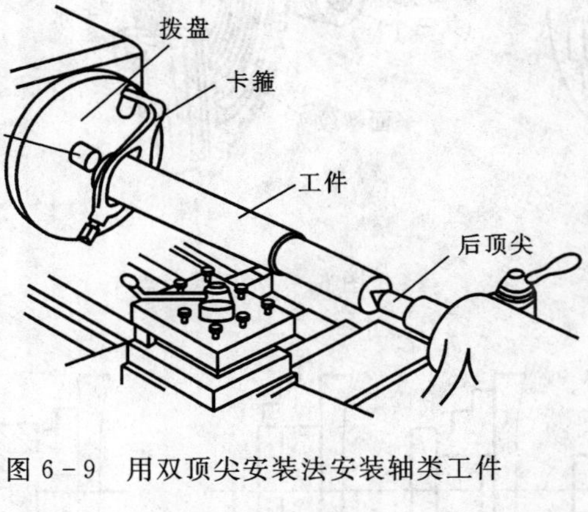

图 6-9　用双顶尖安装法安装轴类工件

用顶尖安装工件，必须先车平端面，并用中心钻在端面上钻出中心孔。常用中心孔的种类如图 6-10 所示。钻削中心孔时因其孔径尺寸小，为获得较小的表面粗糙度值，工件应选用较高的转速，中心钻应缓慢而均匀地作纵向进给。

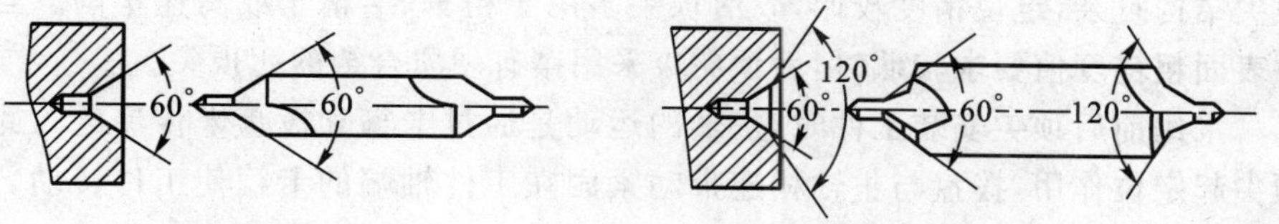

a) A型中心孔　　　　　　　　　　b) B型中心孔

图 6－10　中心钻与中心孔

顶尖分普通顶尖(俗称死顶尖)和活顶尖,如图 6－11 所示。生产中应根据不同的加工要求来选择前、后顶尖。前顶尖装在主轴锥孔中并随主轴与工件一起转动,与工件间无相对运动,不产生摩擦发热,故应采用死顶尖。后顶尖装在尾架的套筒中(图6-12),如采用死顶尖虽定位精度高,但由于工件相对固定不

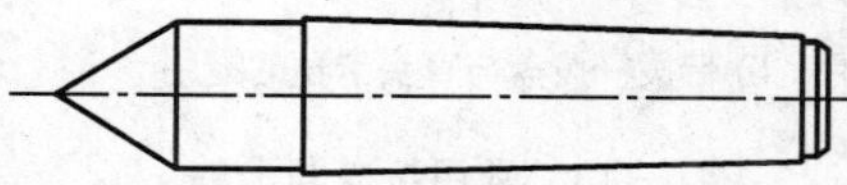

a) 死顶尖

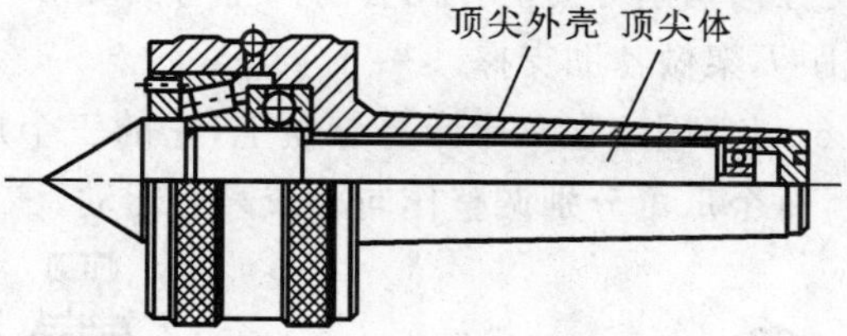

b) 活顶尖

图 6－11　常用顶尖的种类

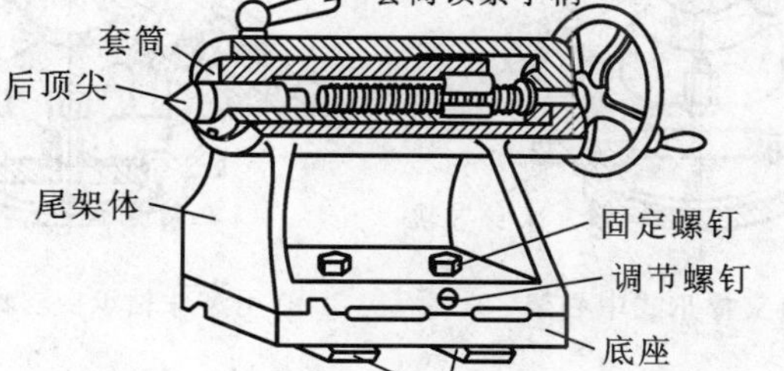

图 6－12　尾架的结构

动的死顶尖转动,会使顶尖因摩擦发热而磨损,高速切削时甚至会烧坏顶尖;如采用活顶尖,此时顶尖外壳不动而顶尖体随工件转动,虽可避免上述不足,但活

顶尖结构复杂，定位精度较低，故活顶尖多用于粗车、半精车或高速车削。当工件表面粗糙度值要求较低时，后顶尖应采用镶有硬质合金的死顶尖。

采用前后顶尖安装工件时，主轴的运动是通过卡箍和拨盘来传递的。此时顶尖起定位作用，拨盘与主轴相连带动紧固在工件轴端的卡箍使工件转动。常用的卡箍和拨盘以及它们的使用方法如图 6－13 所示。

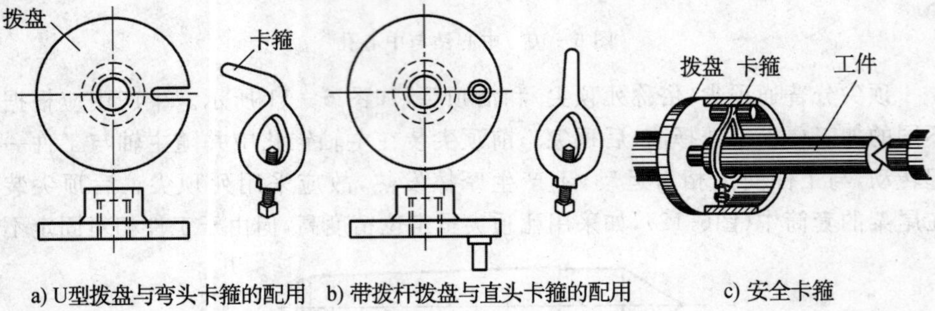

图 6－13　常用拨盘与卡箍

（2）常用附件　加工长度与直径之比（L/D）大于 10 的光轴和台阶轴时，由于工件的刚度差，受径向切削分力的作用容易产生弯曲变形。为改善上述情况，往往采用中心架或跟刀架做辅助支撑。

1）中心架（图 6－14）固定在车床床身导轨上，它的三个爪支撑在工件预先加工好的外圆面上，每个爪可分别调整作向心或离心运动。

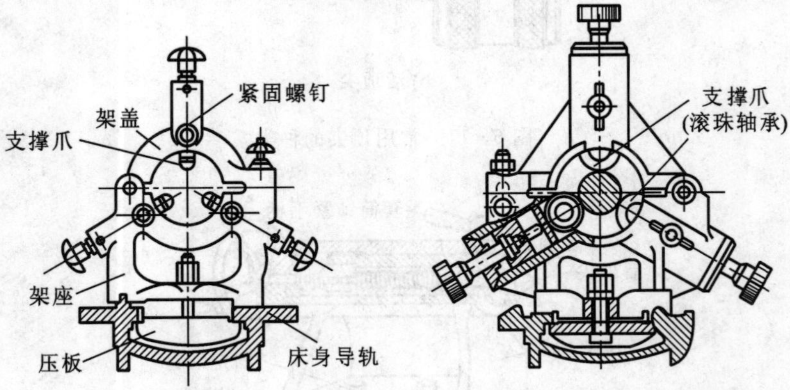

图 6－14　中心架的结构

2）跟刀架（图 6－15）按结构分为二爪式、三爪式和套筒式等。跟刀架固定在大刀架上，并随刀架作纵向进给。它的支撑爪安装在工件易变形的方向上，从而支撑工件。中心架和跟刀架的安装及应用实例如图 6－16、图 6－17 所示。车削细长光轴时，工件的安装及附件的选用与台阶轴相同。

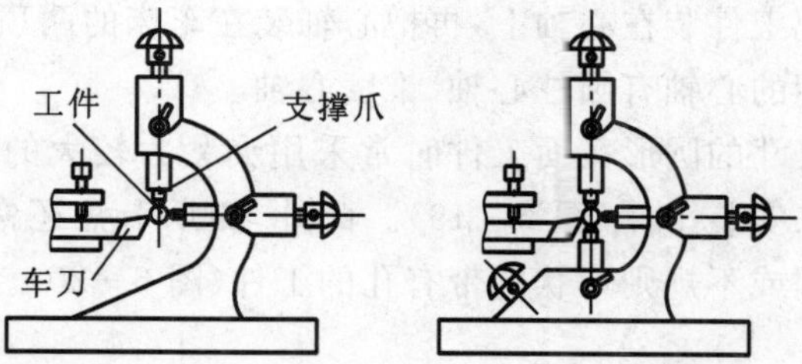

a) 二爪式跟刀架　　b) 三爪式跟刀架

图 6－15　跟刀架的结构

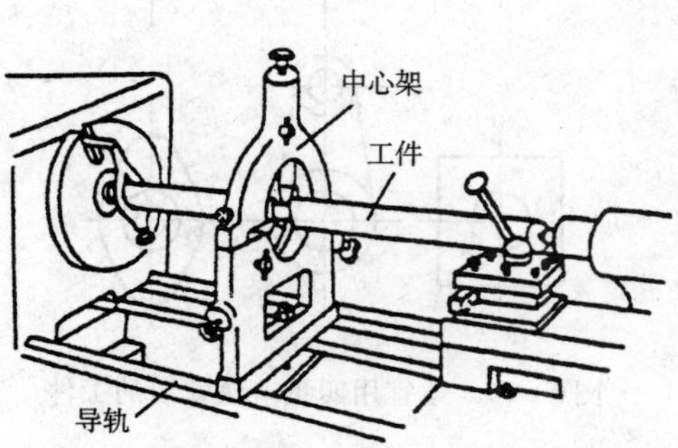

图 6－16　中心架应用实例

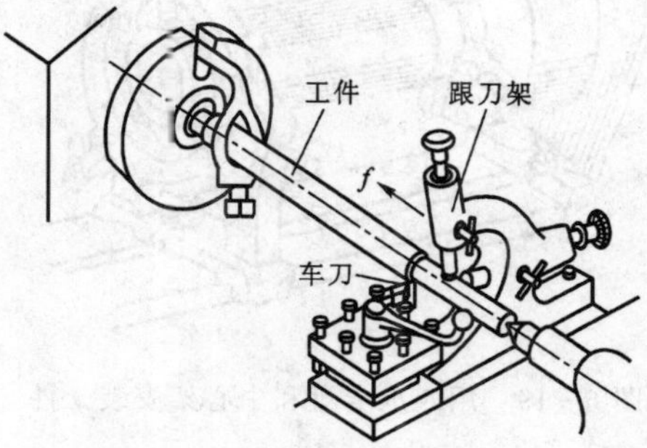

图 6－17　跟刀架应用实例

二、盘套类工件的安装

通常生产中把长径比(L/D)较小,带有孔的回转体零件称为盘套类零件,它们在加工时的安装方法通常视批量而定。

单件、小批量加工时,常用三爪卡盘安装工件(见图 6－6)。成批生产轴套、带轮和齿轮等时,一般都采用心轴来安装工件(图6-18),此时利用精加工过(精

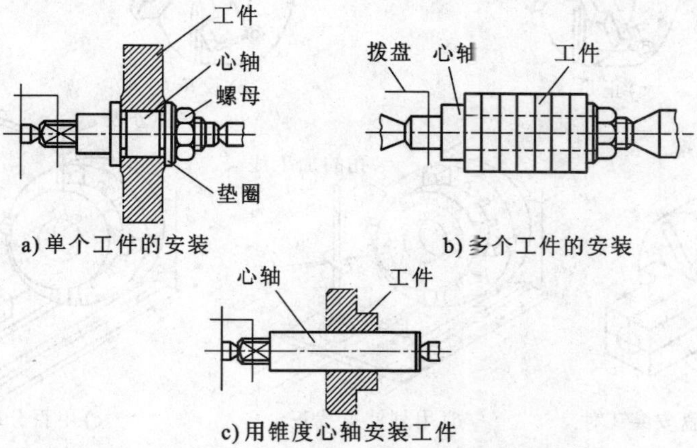

a) 单个工件的安装　　b) 多个工件的安装

c) 用锥度心轴安装工件

图 6－18　用圆柱心轴安装工件

车或拉削)的孔,把工件装在心轴上,再把心轴装在车床的两顶尖间,进行外圆和端面的加工。常用的心轴有圆柱心轴、锥度心轴。

当加工较大尺寸的圆形截面工件时常采用夹紧力较大的四爪卡盘,或将卡盘和中心架合用来安装工件(图 6-19)。此外,四爪卡盘还常用来安装截面为方形、长方形、椭圆或不规则形状的带有孔的工件(图 6-20)。

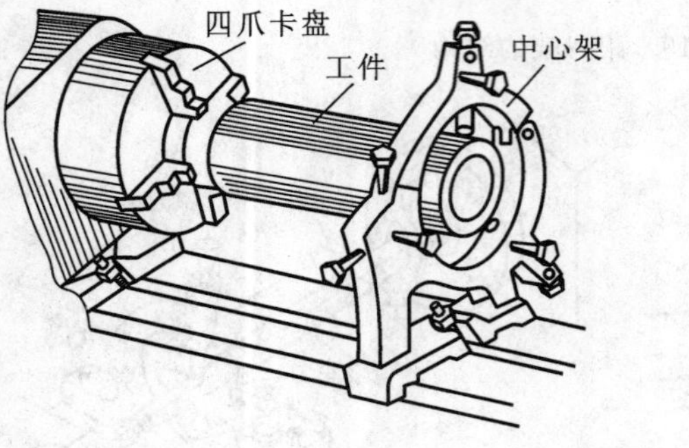

图 6-19　用四爪卡盘和中心架安装工件

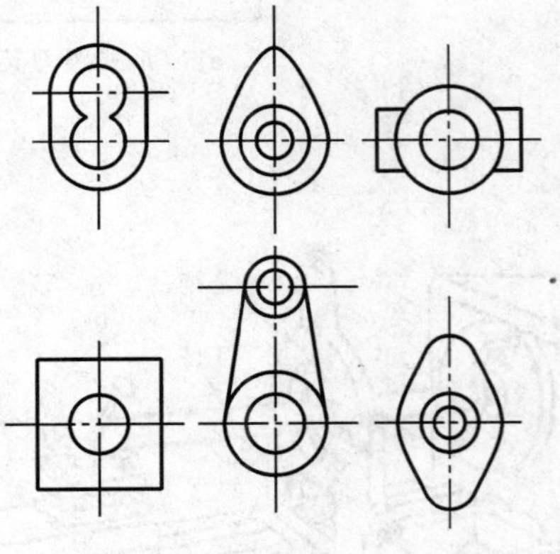

图6-20　适宜用四爪卡盘安装的工件

四爪卡盘的四个卡爪都能单独作向心或离心移动,故又叫单动卡盘。安装工件时,为使工件的回转轴线与车床主轴的轴线重合,必须仔细地找正(图 6-21),其找正精度取决于所用的找正方法。

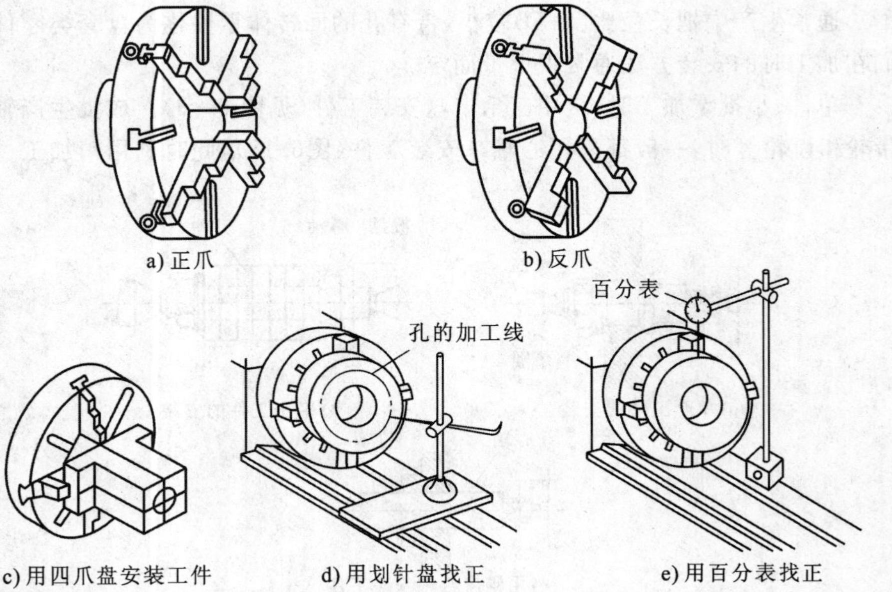

图 6-21　四爪卡盘

三、其他类工件的安装

车削加工时，往往会遇到一些不能直接用三爪卡盘和四爪卡盘安装的外形复杂或不规则的工件，这时必须用花盘或花盘-弯板来安装工件(图 6-22)。

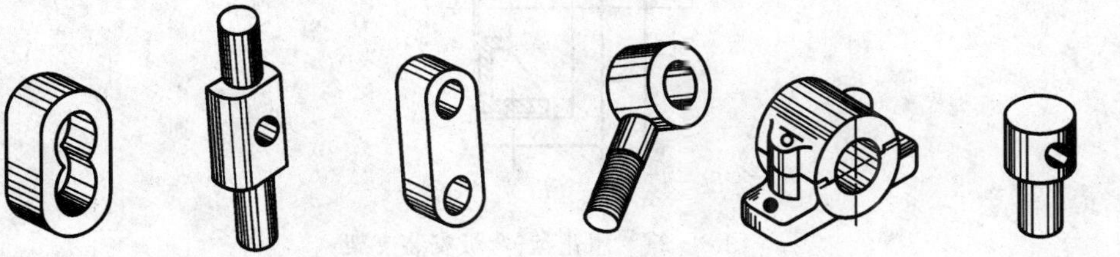

a) 用花盘安装工件　　b) 用花盘-弯板安装工件

图 6-22 采用花盘或花盘-弯板安装工件

花盘是一个直径较大的铸铁圆盘，安装在车床主轴上。其端面有许多 T 型长槽，用来穿放压紧螺栓。花盘端面应平整，装在主轴上时应保证端面与主轴轴线垂直。它主要用来安装大而扁或形状不规则的工件(图 6-23)。

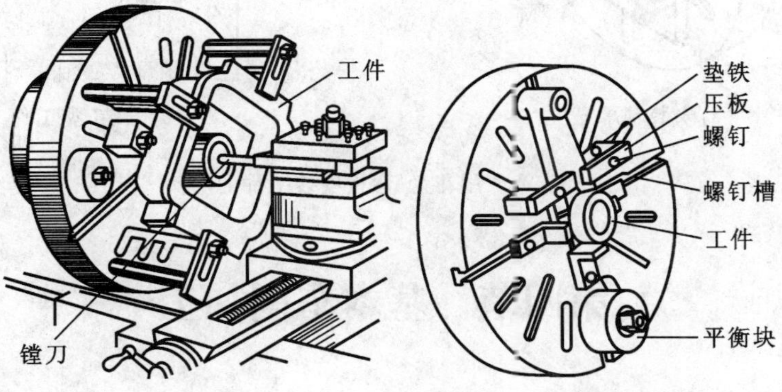

a) 安装缸形工件　　b) 安装连杆工件

图 6-23 用花盘安装工件

当工件表面间有平行度或垂直度要求时(如图 6-24 所示小尺寸支架的内孔，要求内孔轴线与底平面平行，与孔端面垂直)，就应选用花盘配以弯板安装工件。弯板安装在花盘上，两工作面间应有较高的垂直度，安装工件的平面应与车床主轴的回转轴线平行。适宜用花盘-弯板安装的工件见图 6-22b，安装实例如图 6-25 所示。

用花盘或花盘-弯板安装工件时，由于重心偏在一边，应在对应的另一边安放平衡铁，以避免加工时出现冲击振动。

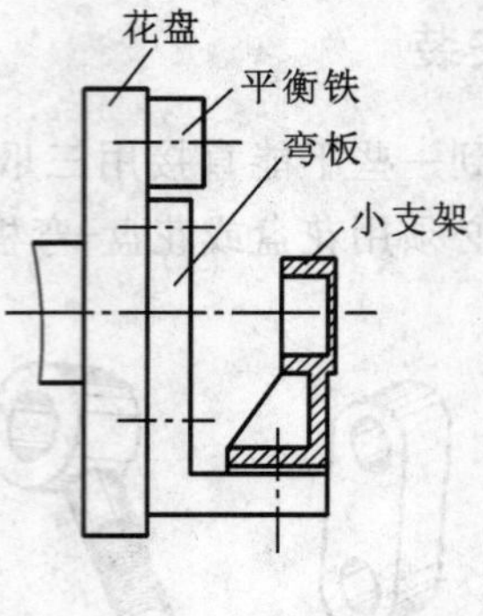

图 6-24　用花盘-弯板安装支架

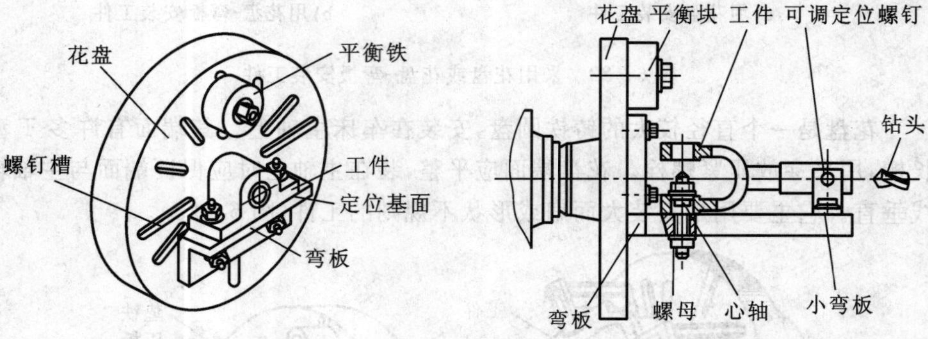

a) 安装轴承座　　　　b) 安装U型工件

图 6-25　用花盘-弯板安装工件的实例

第四节　基本车削加工

一、外表面的车削

在车床上最基本、最常见的加工是外表面的车削，包括外圆柱面、外圆锥面、外螺纹、外成型面及滚花等加工（见图 6-1）。

1. 车外圆柱面

车外圆柱面的常用刀具如图 6-26 所示。为保证加工质量和提高生产率，外圆柱面加工通常分为粗车和精车两步进行。

（1）粗车　其目的是要在最短的时间内切去工件的大部分加工余量，以获得较高的生产率。此时应优先选用较大的背吃刀量，其次应尽可能选较大的进给量（一般情况 a_p 为 2～4 mm，f 为 0.15～0.4 mm/r）。切削速度多采用中速或中等偏低的速度，推荐值可由机械加工工艺手册中查得。粗车时，车刀切削部分承受很大的力，故应保证其有足够的强度。

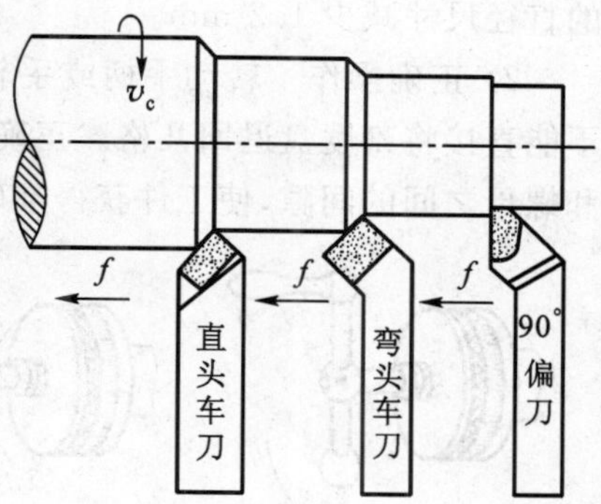

图 6－26　外圆车刀的应用

（2）精车　精车的目的是保证零件获得所要求的加工精度和表面粗糙度值。此时应选取较小的背吃刀量和进给量（一般情况 a_p 为 0.1～0.5 mm，f 为 0.08～0.2 mm/r），切削速度应根据情况选择高速（$v \geqslant 50$ m/min）或低速（$v \leqslant 5$ m/min）。精车时要求车刀的切削刃锋利且强度好。

精车外圆表面时，为确保尺寸精度需采用试切法（图 6－27）。其步骤为试切—测量—刀具进给—再试切—再测量—刀具再进给……，直到获得所需的尺寸精度为止。

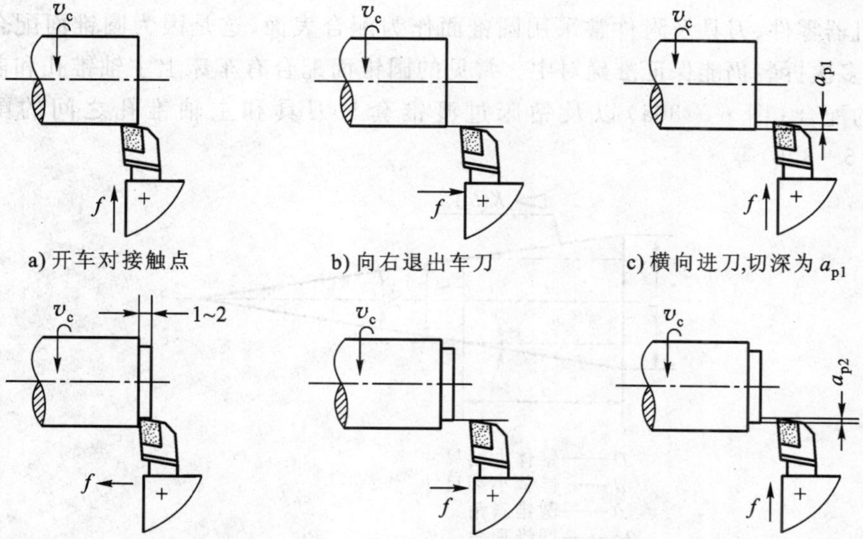

图 6－27　车外圆的试切步骤

（3）刻度盘的使用　在切削加工中，必须正确使用刻度盘才能既快又准确地控制尺寸。刻度盘的操作要点是：

1）准确计算　必须熟悉所用车床各刻度盘每转一小格时车刀的移动量。以 C6132 为例，横刀架刻度盘每转一小格，车刀横向进给 0.02 mm。当要求背吃刀量 $a_p = 0.6$ mm 时，刻度盘应转的格数 $N = 0.6$ mm/0.2 mm$=3$，此时工件的直径尺寸减少 1.2 mm。

2）正确操作　转动手柄或手轮获得所需刻度时，如果不小心多转了几格，不能直接将刻度盘退回几格。正确的做法如图 6－28 所示，这样才能消除丝杠和螺母之间的间隙，使工件获得准确的尺寸。

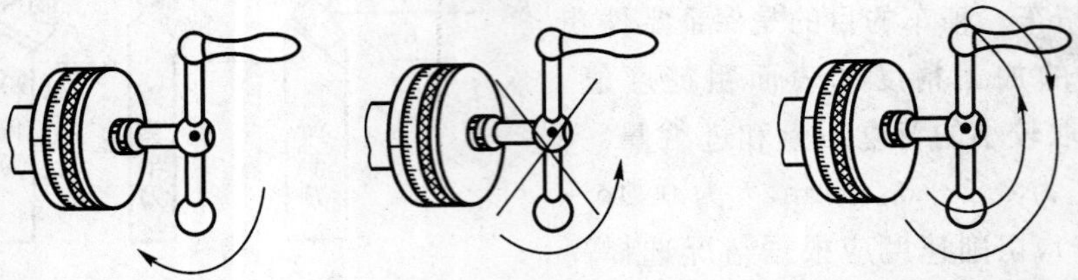

a) 多摇过三格　　b) 错误：直接退回三格　　c) 正确：反转半圈，再转至所需位置，以消除丝杠螺母的间隙

图 6－28　刻度盘的正确使用

2. 车外圆锥面

圆锥面可以看作是圆柱面的特殊形式，其圆锥的参数如图 6－29 所示。多种机器零件、刀具及附件常采用圆锥面作为配合表面，这是因为圆锥面配合紧密，多次拆装仍能保证准确对中。常见的圆锥面配合有车床上主轴锥孔和前顶尖的配合（图 6－30a）以及钻床过渡锥套与刀具和主轴锥孔之间的配合（图 6－30b）等。

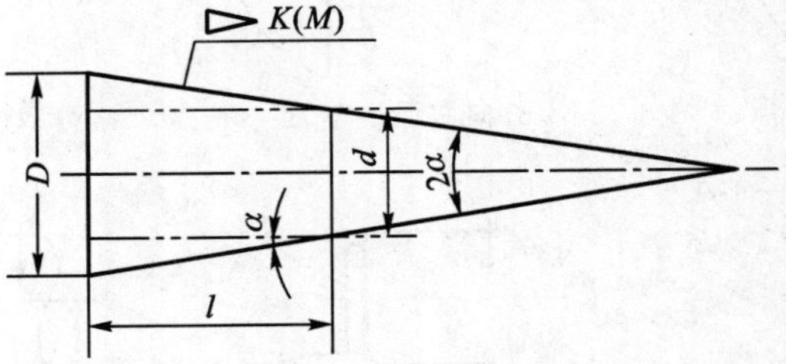

D——锥体大端尺寸
d——锥体小端尺寸
α——圆锥斜角
2α——圆锥顶角
l——圆锥长度
K——圆锥斜度

图 6－29　圆锥的参数

(1) 标准圆锥的种类　常用的标准圆锥有莫氏圆锥、米制圆锥和专用圆锥等。

1）莫氏圆锥　分为 0、1、2、…、6，共 7 个号，0 号圆锥尺寸最大，6 号圆锥尺寸最小。每个号的锥角尺寸均不相等。莫氏圆锥应用广泛，如图 6－30 所示的主轴锥孔和顶尖锥体，以及钻头、铰刀的锥柄等均采用莫氏圆锥。

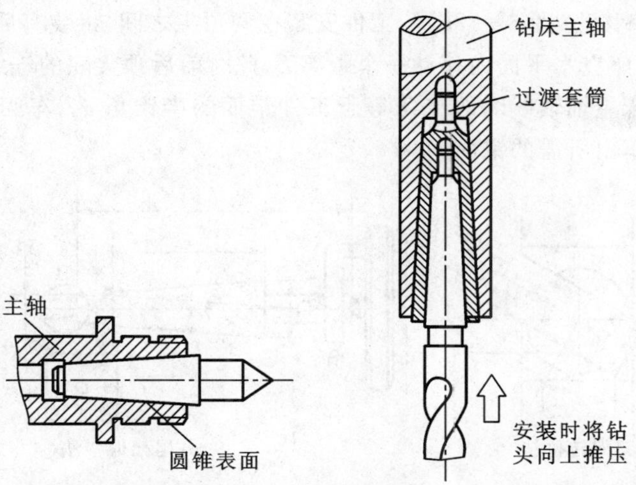

a) 主轴锥孔与前顶尖的配合　　b) 过渡锥套与刀具和机床的配合

图 6－30　圆锥面配合举例

2）米制圆锥　分为 4、6、80、100、120、140、160、200，共 8 个号。号数值为锥体大端的尺寸，各号锥度均为 1∶20。如 200 号标注的含意是指大端尺寸为 200 mm，锥度为 1∶20 的锥体。

3）专用圆锥　多用于机器零件或某些刀具，有 1∶4、1∶12、1∶50、7∶24 等。铣床主轴锥孔及铣刀杆的锥柄配合就是采用 7∶24 的锥度。部分常用锥面零件如图 6－31 所示。

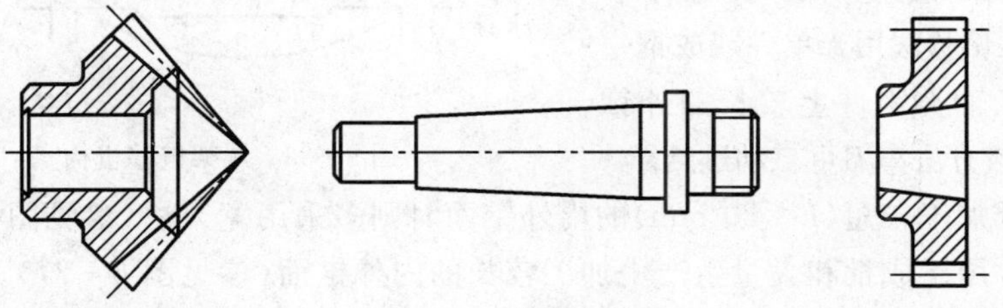

a) 圆锥齿轮　　b) 锥形主轴　　c) 锥孔齿轮

图 6－31　锥面零件举例

（2）圆锥的车削方法（图 6－32）　常用的车削圆锥的方法有小刀架转位法、尾架偏移法、靠模法和宽刀法等。本处主要介绍小刀架转位法和尾架偏移法。

1）小刀架转位法（图 6－32a）　车削前松开固定小刀架的螺母，将小刀架绕转盘轴线转动一个角度 α（半锥角），然后锁紧螺母进行切削。此时车刀的进给方向与工件回转轴线间的夹角即为所需的半锥角，从而能车削出所要求的锥面。这种方法主要用于单件、小批量生产中加工精度较低和长度较短（$L \leqslant 100$ mm）的内外锥面。因车刀只能靠手动进给，这种方法的劳动强度较大。

2) 尾架偏移法(图 6－32b)　工件安装在两顶尖之间，将装有后顶尖的尾架体相对尾架底座在水平面内移动一个距离 S，此时前后顶尖间的连线(即工件回转轴线)与车床主轴轴线间的夹角等于工件锥面的半锥角 α。车刀沿导轨作纵向进给，即可车出所需的锥面。

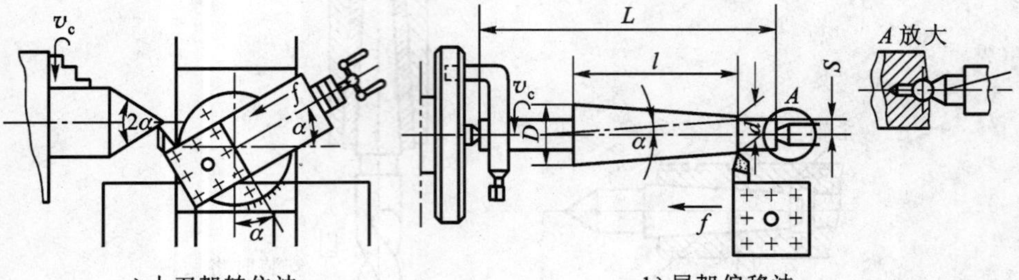

a) 小刀架转位法　b) 尾架偏移法

图 6－32　圆锥面的车削方法

偏移尾架体时，首先松开固定螺钉，旋松调节螺钉 2 (图 6－33)，转动调节螺钉 1，尾架体即沿尾架底座导轨向右移动；反之，则向左移动。尾架偏移量除用图 6－34a、b 方法来确定外，还可将百分表置于中拖板上，移动中拖板用百分表读数来精确确定尾架偏移量(图 6－34c)。

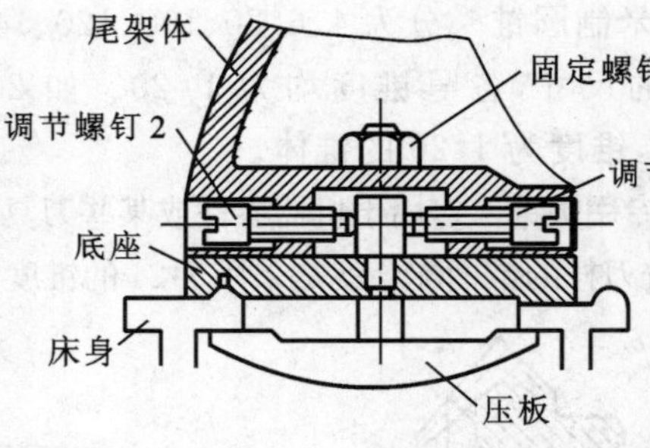

图 6－33　尾架偏移机构

尾架偏移法用于单件或成批生产中加工轴类零件上较长的外锥面，采用该方法车刀可自动进给。

成批加工较短($L\leqslant 20$ mm)的内外锥面时则多采用宽刀法(参见图 6－36)。靠模法常用于成批和大量生产中加工较长的内外锥面(参见图 6－37)。用宽刀法和靠模法加工锥面的工作原理与加工成形面的原理相同。

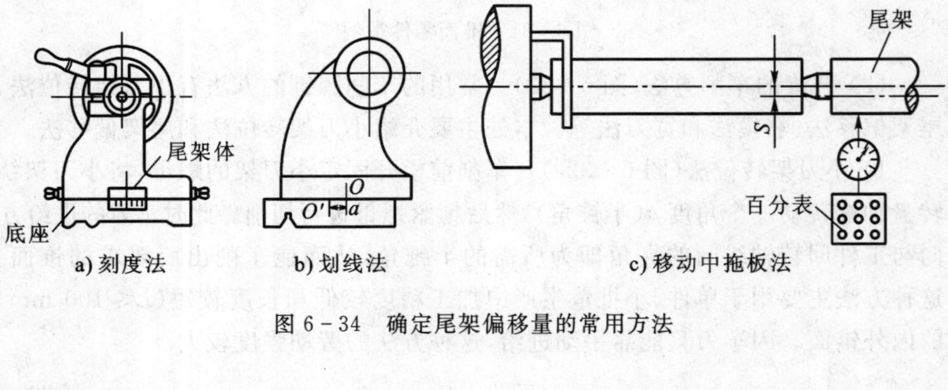

a) 刻度法　b) 划线法　c) 移动中拖板法

图 6－34　确定尾架偏移量的常用方法

(3) 成形面的车削　在车床上可以车削各种母线为曲线的回转体表面，即回转成形面，如手柄、圆球及手轮等。常用的成形面车削方法有：纵横进给法（图 6－35）、成形刀法（图 6－36）和靠模法（图 6－37）等。

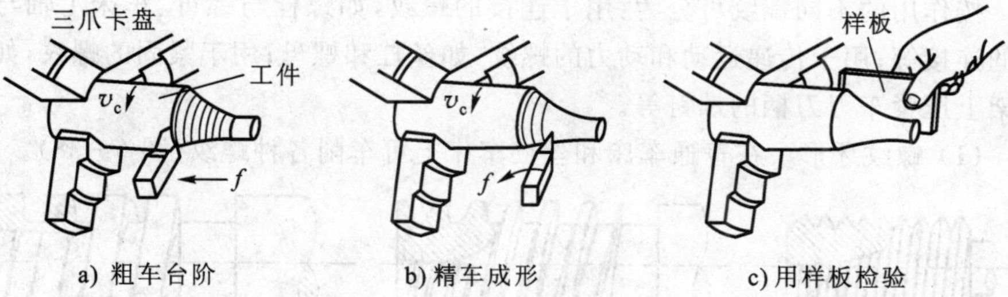

图 6－35　纵横进给法

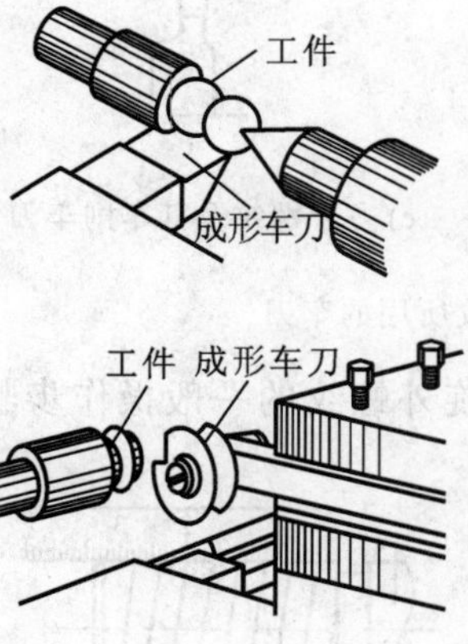

图 6－36　成形刀法车成形面

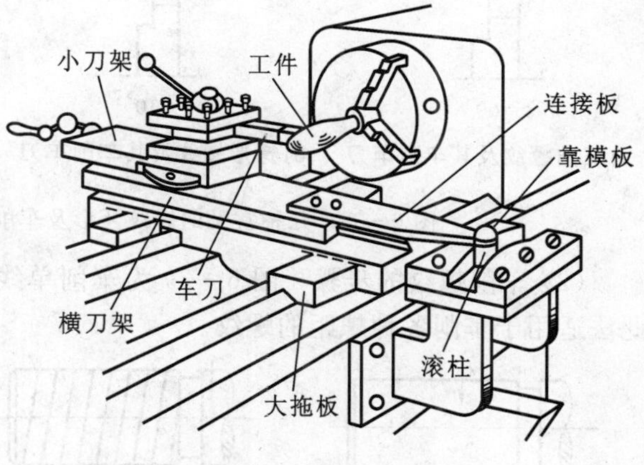

图 6－37　靠模法车成形面

1) 纵横进给法（图 6－35）　车削时车刀同时作纵横向进给，其运动轨迹应尽量与回转成形面母线相符，走刀速度由操作者控制。车削过程中用样板检验并进行修正。此方法无需专用设备和工具，对操作者技术要求较高，由于其加工精度和生产率低，多用于单件、小批量生产中。

2) 成形刀法（图 6－36）　采用切削刃形状与工件母线形状相吻合的成形车刀。车削时车刀只作横向进给，即可车出所需的回转成形面。此方法生产率较高，但车刀刃磨困难，加工时容易产生振动，仅适用于加工批量大、轴向尺寸较小、刚度好的成形面。

3) 靠模法（图 6－37）　车削时滚柱在靠模的曲线形槽中运动，车刀随之作相应的运动（此时已拆去车床中拖板的横向丝杠），即可车出所需的成形面。此方法生产率高，零件加工质量稳定，互换性好。但制造靠模增加了成本，故适用于成批及大量生产。用靠模法车锥面时只需将靠模做成直槽并扳转所需角度即可。

实际生产中还可采用专用工具或装置车削各种成形面。随着数控制造技术的发展，用数控车床车削各种成型面显示出了极大的优势和潜力。

3. 车外螺纹

按作用的不同螺纹可分为：用于连接的螺纹，如螺栓与螺母、车床主轴与卡盘的连接等；用于传递运动和动力的螺纹，如丝杠和螺母；用于紧固的螺纹，如方刀架上压紧车刀刀柄的螺钉等。

（1）螺纹牙形　在普通车床和丝杠车床上可车削各种螺纹（图 6－38）。

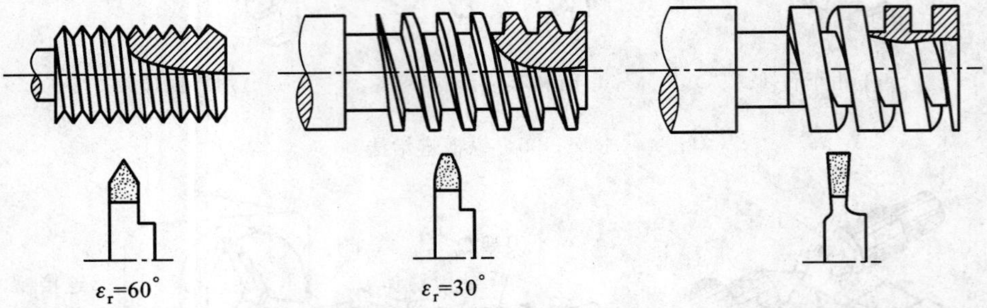

a) 三角螺纹及其车削车刀　b) 梯形螺纹及其车削车刀　c) 方牙螺纹及其车削车刀

图 6－38　几种常见的螺纹牙形及车削螺纹所用的车刀

（2）车削螺纹的步骤　图 6－39 为车削单线右旋外螺纹的一般操作步骤，此法适用于车削各种螺距的螺纹。

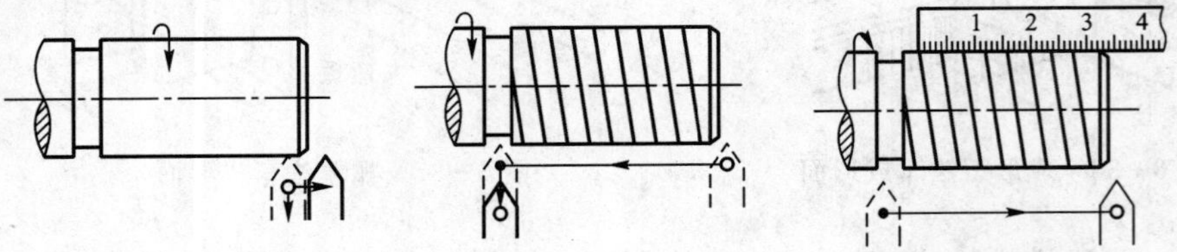

a) 开车，使车刀与工件轻微接触，记下刻度盘读数，向右退出车刀　b) 合上对开螺母，在工件表面上车出一条螺旋线，横向退出车刀，停车　c) 开反车使车刀退到工件右端，停车，用钢尺检查螺距是否正确

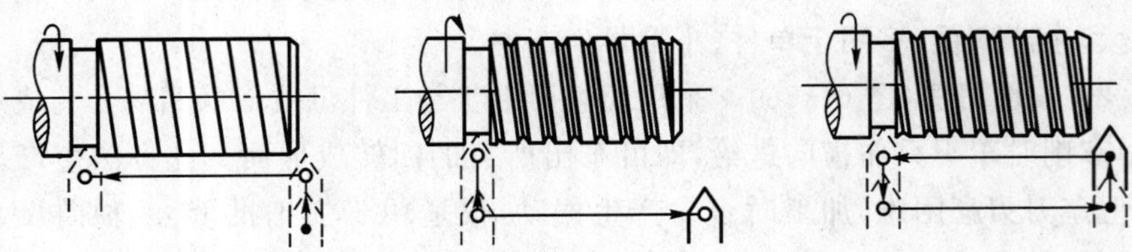

d) 利用刻度盘调整切深，开车切削，车钢料时加机油润滑　e) 车刀将至行程终了时，应做好退刀停车准备，先快速退出车刀，然后停车，开反车退回刀架　f) 再次横向进切深，继续切削，其切削过程的路线如图所示

图 6－39　车削单线右旋螺纹的操作步骤

按旋向螺纹可分为右旋和左旋螺纹，其加工方法如图 6－40 所示。按线数螺纹又分单线和多线螺纹。车削多线螺纹时，每条螺旋槽的车削方法与单线螺纹相同，只是每车完一条螺旋槽后需分线（图 6－41）。最简单的分线方法是转动小刀架手柄，使车刀刀尖沿工件轴向前移一个工件螺距值 P，然后按车单线螺纹的操作步骤即可车出第二条螺旋槽。

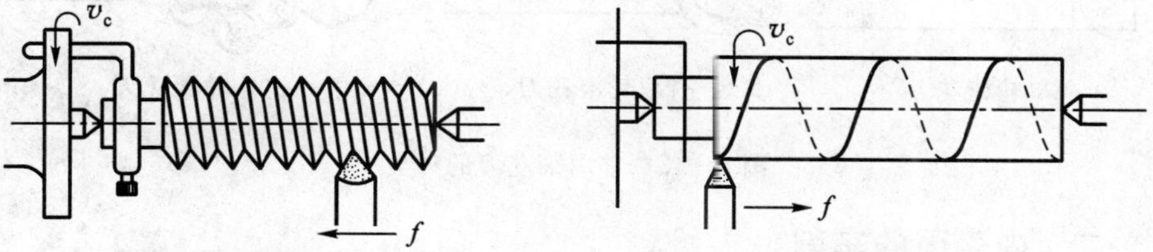

a) 车右旋螺纹　　　　　　b) 车左旋螺纹

图 6－40　车右旋、左旋螺纹的车刀运动的分析

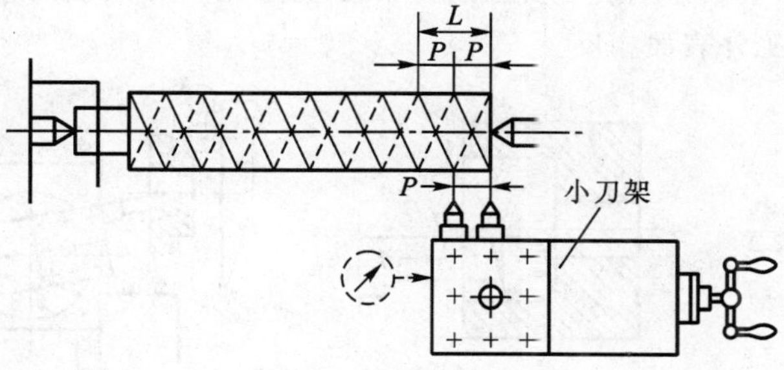

图 6－41　用移动小刀架法分线

4. 滚花

用滚花刀滚压工件表面，使之产生塑性变形而形成花纹的过程叫滚花（图 6－42）。滚花刀网齿的表面硬度很高（一般为 60～65 HRC），呈直纹或网纹，有单轮、双轮及多轮等几种滚花刀（图 6－43）。带有花纹的零件表面便于用手握持，而且外形美观，如外径千分尺的活动套筒、塞规杆、活顶尖的外壳等。

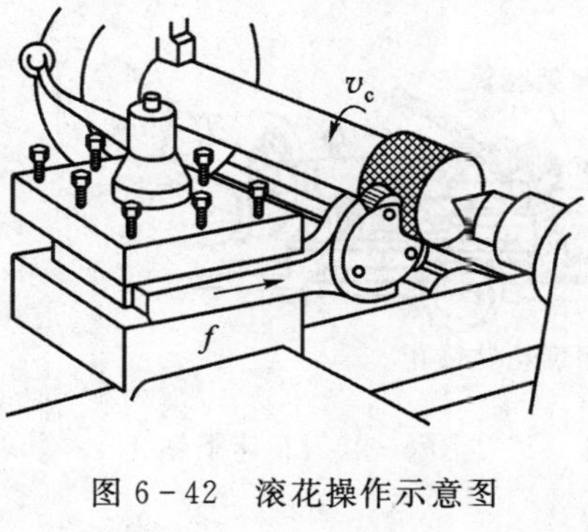

图 6－42　滚花操作示意图

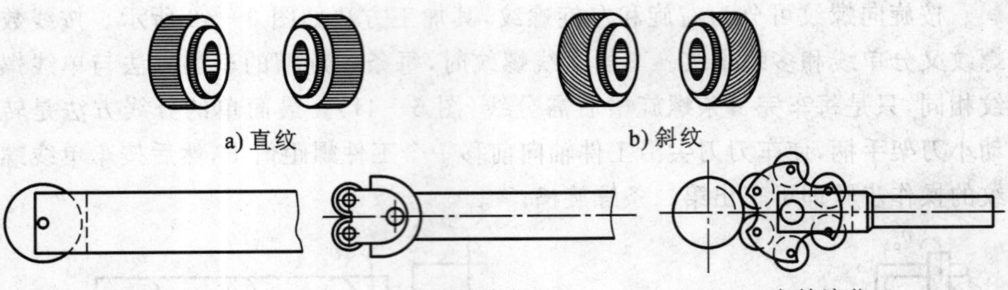

a) 直纹　b) 斜纹

c) 单轮滚花刀　d) 双轮滚花刀　e) 六轮滚花刀

图 6-43　常用滚花刀的种类

二、内表面的车削

在车床上可完成的内表面加工如图 6-1 和图 6-44 所示，与加工相对应的外表面相比，内表面车削的主要区别为车刀形状不同，车刀横向进给获得背吃刀量的方向与加工外表面相反。

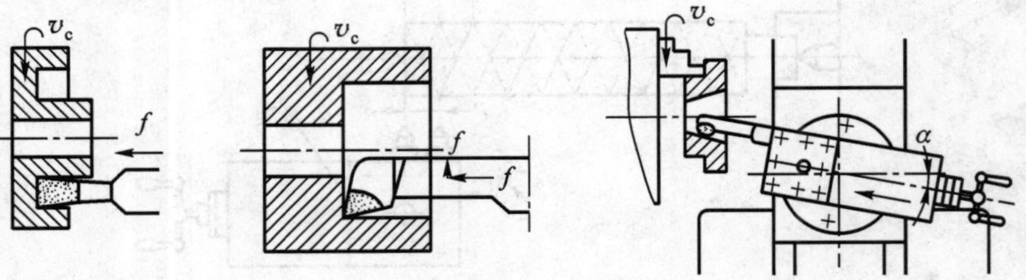

a) 车端面槽　b) 车台阶孔　c) 车内锥孔

图 6-44　车削内表面的实例

车孔是用车削方法扩大工件孔径的常用加工方法之一。车不通孔（又叫盲孔）和台阶孔时，车刀先纵向进给，当车到孔的底部时再横向进给（即从外部向中心），加工盲孔端面或台阶孔的台阶端面。此外，在车床上还可利用中心钻和麻花钻来加工孔（图 6-45），钻头的安装方式如图 6-46 所示。

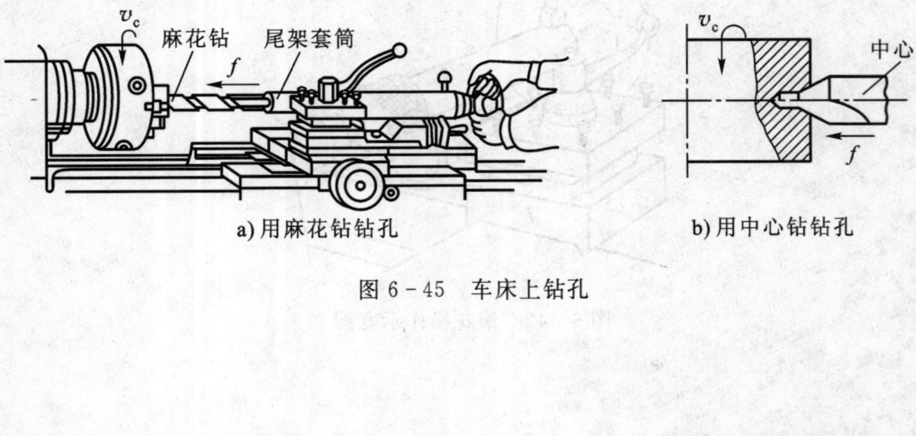

a) 用麻花钻钻孔　b) 用中心钻钻孔

图 6-45　车床上钻孔

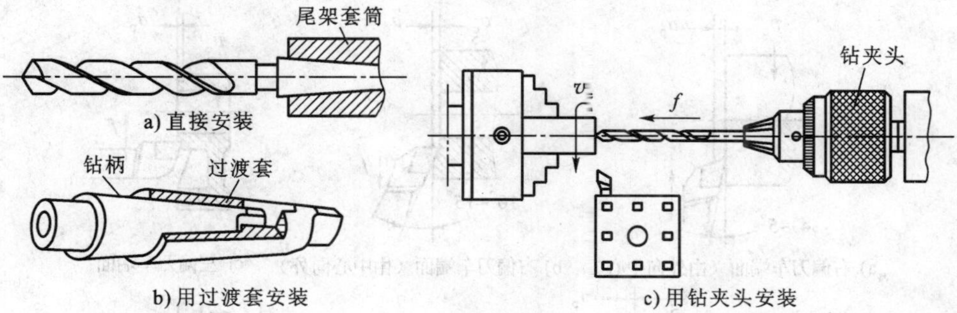

图 6-46　钻头的安装方法

钻—镗(扩)—铰联用(图 6-47)是车床上常用对未淬火工件内孔进行加工的方法，多用于成批生产，亦可用于单件、小批量加工较小直径(一般 $D<80$ mm)的内孔。

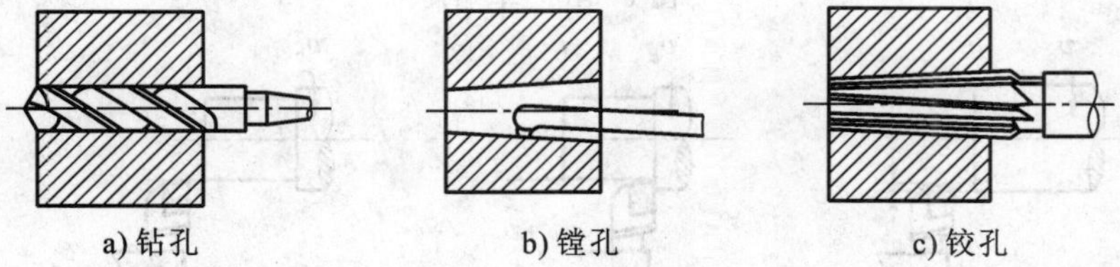

图 6-47　钻—镗—铰联用

三、平面的车削

车削能加工的平面，是指车削与回转体工件的轴线相垂直的那些表面，如端面、台阶面等。

1. 车端面和台阶面

通常，端面是测量工件轴向尺寸的基准，车削端面是车削时的第一道工序。车削端面的方法、所用车刀及切削用量三要素等如图 6-48 所示。

车台阶面常采用主偏角为 90°的弯头车刀(通常称为偏刀)，其加工步骤如图 6-49 所示。车削高度(h)较小的台阶面只需一次走刀即可车出(图 6-49a)。车削高度较大的台阶面，则应分层车削(图 6-49a、b)，此时 $h=a_{p1}+a_{p2}+a_{p3}+\cdots$。车削与外圆面有垂直度要求的台阶面时，先采用图 6-49a、b 所示步骤加工，最后一刀应在工件一次装夹中加工外圆和端面(图 6-49c)，以保证工件轴线与端面的垂直度要求。

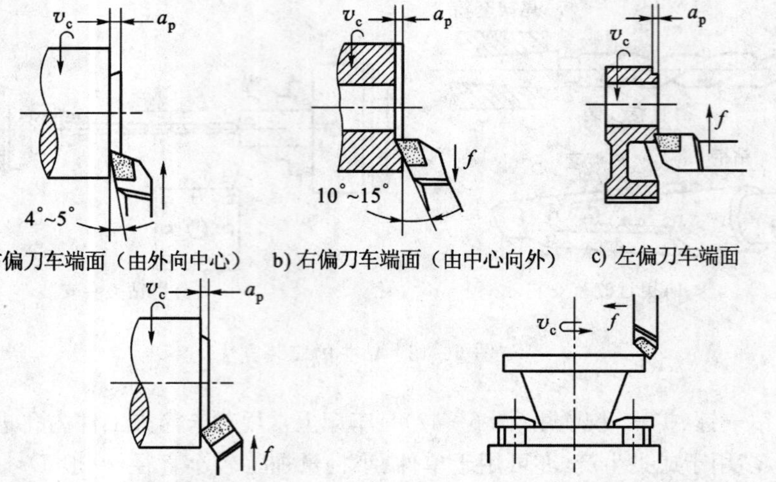

a) 右偏刀车端面（由外向中心）　b) 右偏刀车端面（由中心向外）　c) 左偏刀车端面

d) 弯头刀车端面　e) 立式车床车端面

图 6-48　车端面

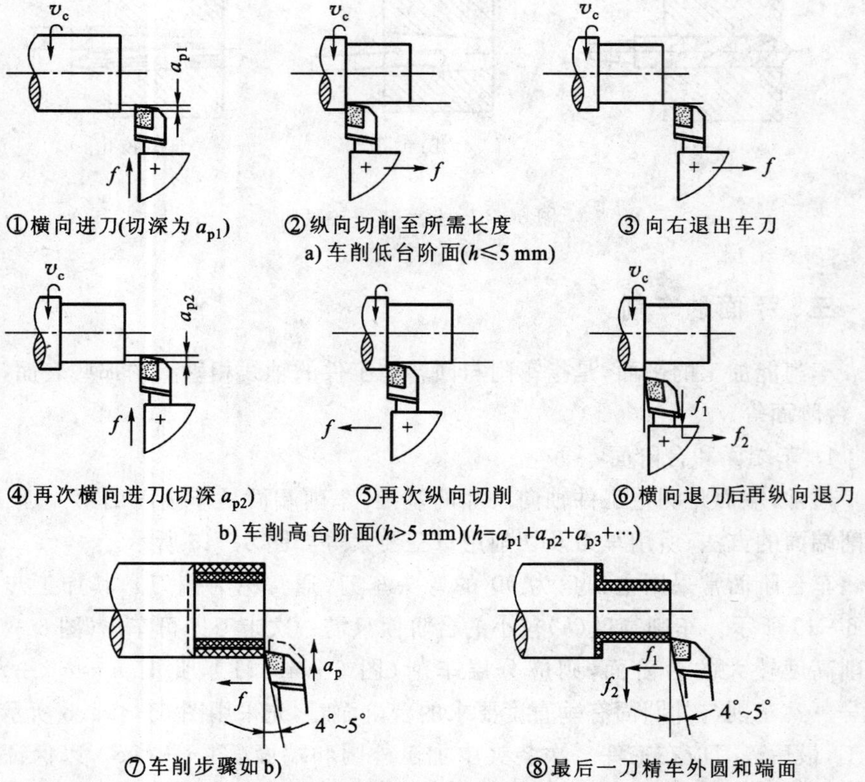

①横向进刀(切深为 a_{p1})　②纵向切削至所需长度　③向右退出车刀

a) 车削低台阶面($h \leqslant 5$ mm)

④再次横向进刀(切深 a_{p2})　⑤再次纵向切削　⑥横向退刀后再纵向退刀

b) 车削高台阶面($h>5$ mm)($h=a_{p1}+a_{p2}+a_{p3}+\cdots$)

⑦车削步骤如 b)　⑧最后一刀精车外圆和端面

c) 车削与外圆面有垂直度要求的台阶面

图 6-49　车台阶面的步骤

2. 切槽与切断

在工件表面车出沟槽的方法叫做切槽，在车床上能加工的槽有外槽、内槽和端面槽等。从图 6-50 中可知，切槽的原理与用偏刀车端面的表面成型原理相似。切槽刀可看成是由左、右两把偏刀组成(图 6-51)。切断的过程与切槽相似，只是切断刀刀头较之切槽刀更窄长一些。切断短工件时一般采用卡盘安装(图 6-52)，而对悬伸较长的工件要用顶尖顶住或用中心架支撑，以增加工件的刚度。切断处应尽可能靠近卡盘，车刀进给速度应均匀，即将切断时应放慢速度，以免因工件刚度不足而产生振动或使刀头折断。切槽和切断从原理上可看成是平面车削和圆柱面车削的组合。

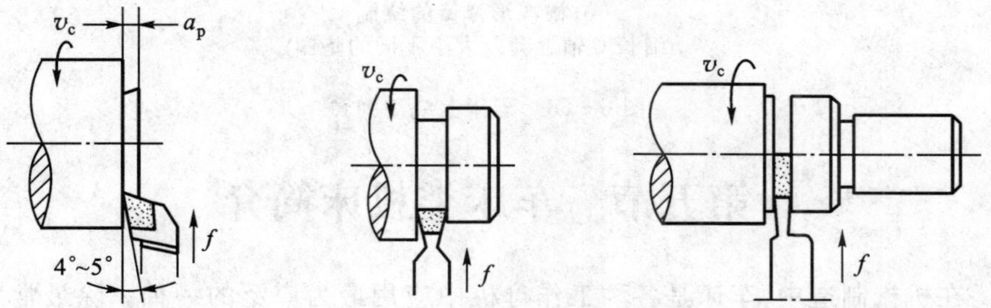

a) 车端面　用右偏刀(刀具横向进给)

b) 切槽　用切槽刀(左、右偏刀的组合)(刀具横向进给)

c) 切断　用切断刀(左、右偏刀的组合)(刀具横向进给，$d=0$)

图 6-50　车端面、切槽、切断三者间的对比分析

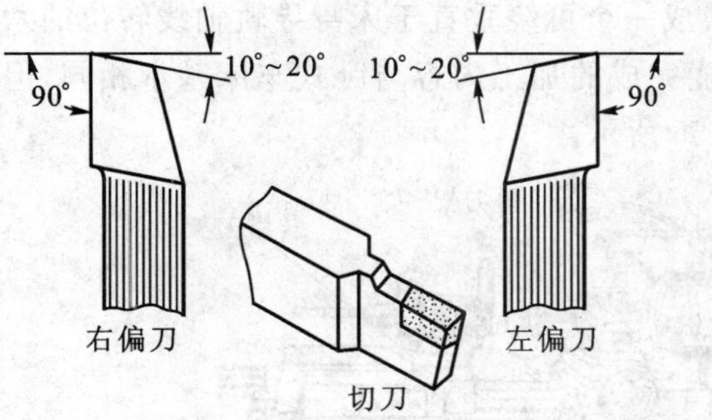

图 6-51　切槽刀(偏刀的演变)

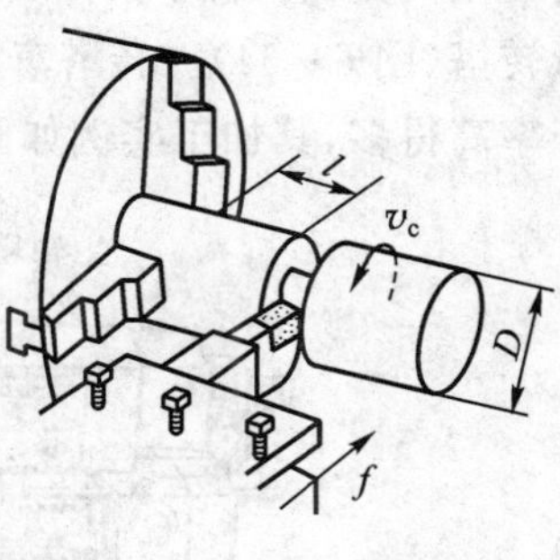

图 6-52　在车床上切断

四、车床上的其他加工

车床上的其他加工有绕制弹簧等。在车床上绕制螺旋弹簧的常用方法如图 6-53所示，绕制时钢丝应套在能自由转动的放线架上。

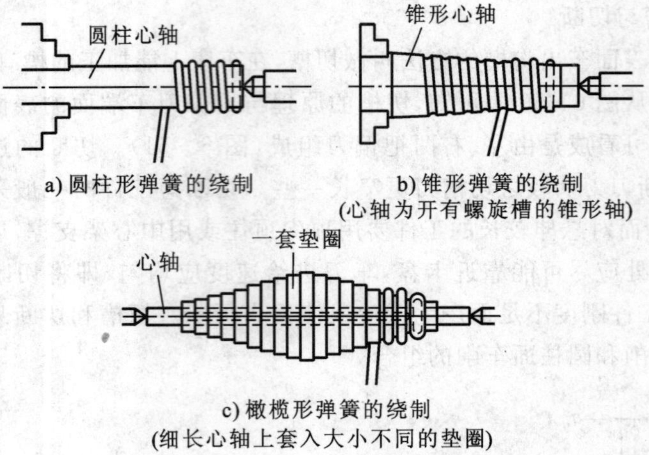

图 6－53　车床上绕制弹簧

第五节　车床类机床简介

在机械制造中，车床是各种工作母机中应用最为广泛的一种。除最常用的卧式车床外，还有转塔车床、立式车床、自动及半自动车床、落地车床、仿形及多刀车床、仪表车床等。目前正在大力发展和推广数控车床(见本书第九章)。

1. 转塔车床

转塔车床是在卧式车床的基础上发展起来的。它与卧式车床在结构上最主要的不同是：将卧式车床的尾架换成一个可绕垂直于床身导轨轴线转位的六角形转塔(图 6－54)。转塔车床所能完成的加工内容与卧式车床基本相同，但生产率高得多，其加工实例如图 6－55 所示。

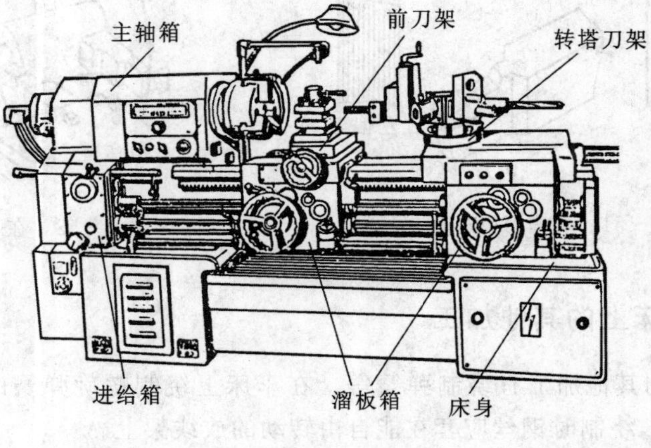

图 6－54　转塔车床

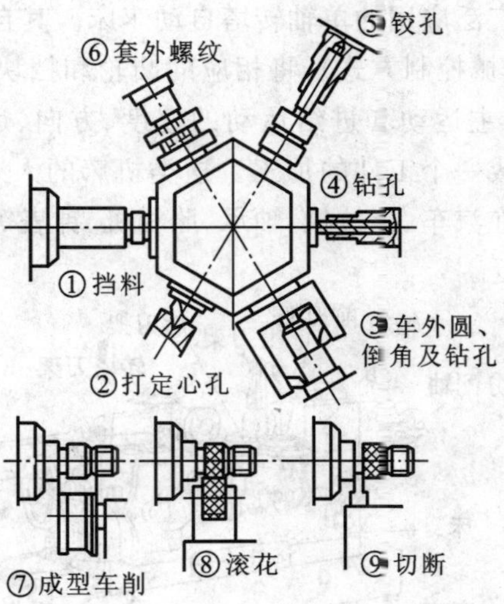

图 6-55 转塔车床加工实例

2. 立式车床

立式车床结构的主要特点是其主轴垂直于大直径圆形工作台的水平台面(图 6-56)。这种车床适用于加工径向尺寸大而轴向尺寸相对较小,及形状较为复杂的大型和重型工件,如各种机架、壳体及盘、轮类工件等。

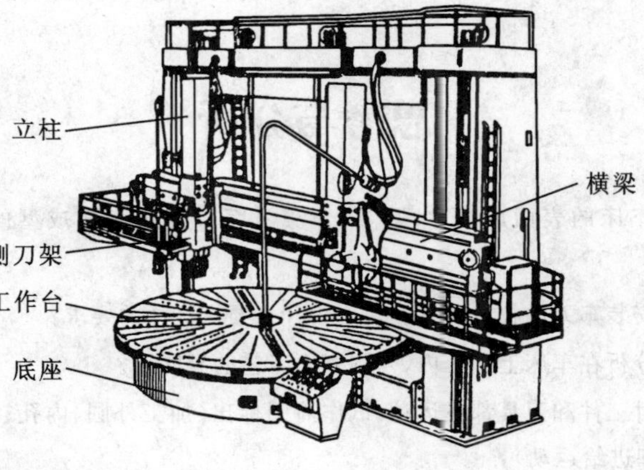

图 6-56 立式车床

3. 自动及半自动车床

在生产中,人们把凡经调整好后就不需人工继续参与操作,而能自动连续重复加工的车床称为自动车床。半自动车床是指能自动地完成除上料和卸下工件以外的所有切削运动和辅助运动的车床。这类车床通过自动控制系统来实现自动或半自动操作,其控制方式分为机械、液压、电气和数字程序控制方式等。

图 6－57 所示为广泛应用的单轴转塔自动车床。其自动循环是由核心部件分配轴来控制的（为机械控制方式），将相应的凸轮和挡块按所需的加工顺序固定到分配轴上，以控制主运动和进给运动的速度、方向、运作顺序和行程距离。分配轴每转一转即完成一个工件的加工。这类机床的人工参与程度少，加工质量稳定，生产率高，故在汽车、拖拉机、轴承、照相机、钟表等制造行业的产品大批量生产中应用极为广泛。

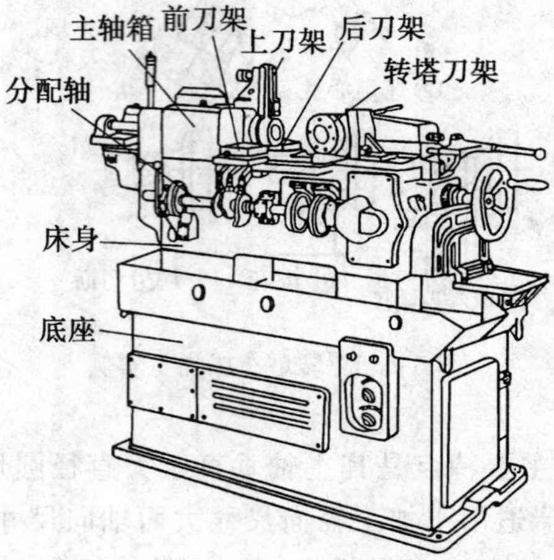

图 6－57 单轴转塔自动车床

思考与分析

6－1 简述车床的表面成型原理。结合实习综合分析表面成型的方法及其各自的特点。

6－2 分析安装车刀的技术要领。说明为什么要有这样的要求？

6－3 综合分析在车床上加工内、外圆表面工艺的异同点。

6－4 车削时工件和刀具都在运动，试作简图标出（加工外圆、内孔、切槽、切断、车端面等方法的主运动和进给运动）。

6－5 车削生产率与哪些因素有关？试提出 1～2 种提高生产率的可行方法。

6－6 试分析不同类型的轴、套、盘类工件在车床上的加工方法，说出选择不同加工方法的依据。

6－7 车床的光杠和丝杠都能实现车刀的纵向运动，请分析它们各自的特点和适用场合。

6－8 有色金属的精加工为什么要在车床上进行，采用“以车代磨”的工艺方法？

6－9 试述常用附件的种类和作用。

6-10　车削时为什么要用试切法？简述其步骤。

6-11　试述外圆车刀的种类、结构特点及应用范围。

6-12　试分析车削台阶轴的外圆表面时保证同轴度的工艺措施（如工件安装方法、采用的刀具、加工次数与基准选择等）。

第七章　刨削和铣削加工

【学习提示】

刨削和铣削的加工范围基本相同，不过铣削的应用更为广泛，除了和刨削一样能加工平面以及直线型沟槽、直线型成形面外，还能加工螺旋面、各种成型面和完成分度操作。螺旋槽的铣削是一个难点，通过与螺旋槽车削相比较，有利于搞清加工中刀具与工件间的相对运动关系。

本章的主要教学要求是：

(1) 了解由刨削加工演变的插削和拉削加工的应用；

(2) 熟悉常用的基本刨削和铣削加工以及它们在工艺特点和应用方面的异同点；

(3) 具有完成平面、斜面加工的基本技能。

第一节　刨削加工

在刨床上用刨刀加工工件的过程称为刨削。刨削是平面加工方法之一，可以在牛头刨床和龙门刨床上进行。刨削加工的主运动是直线往复运动，在工作行程中进行切削，回行程则为空行程，故为断续切削。断续切削所产生的冲击和惯性力，限制了其切削速度的提高，加之刨刀多为单刃和刨削时的空行程损失，故刨削的生产率较低；但刨削在加工狭长表面时却能获得较高的生产率。刨削加工的尺寸公差等级可达 IT7～IT9，表面粗糙度 Ra 值为1.6～3.2 μm。

一、刨床及刨削加工

1. 牛头刨床

牛头刨床(图 7－1)适宜加工中小型工件，其外形结构如图 7－1a 所示。

(1) 床身　它用于支撑和连接刨床的各个部件，其顶面水平导轨供滑枕作往复运动用，前侧面上的垂直导轨供工作台升降用。床身内部装有传动机构。

(2) 滑枕　它的前端装有刀架，由曲柄摆杆机构(图 7－1b)带动其沿床身顶部的水平导轨作直线往复运动，从而使刨刀完成主运动。

(3) 横梁　它被安装在床身侧面的垂直导轨上，由升降丝杠带动作上下运动。

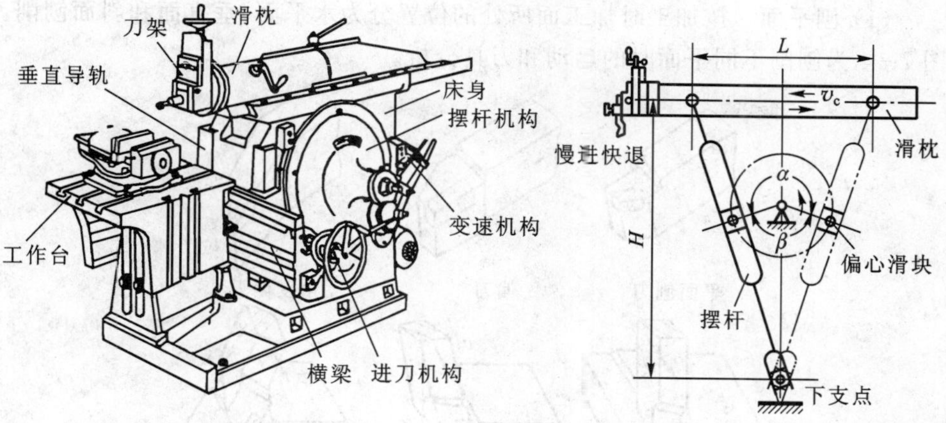

a) 外形结构图　　b) 摆杆机构示意图

图 7-1　牛头刨床

(4) 工作台　主要用来安装各种夹具和工件．工作台除可随横梁作上下运动外，还可沿横梁作垂直于主运动方向的横向水平移动(进给运动)。

(5) 刀架　主要用来安装刀具。

转动刀架手柄，刨刀可上下移动(进给运动)．从而获得不同的切削深度。

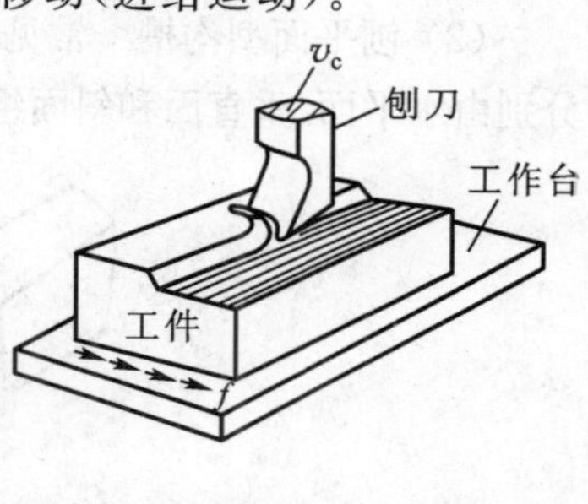

图 7-2　牛头刨床的运动分析

2. 基本刨削加工

刨削主要用于加工平面、平面型沟槽、直线型成形面。本节以牛头刨床加工为例介绍基本刨削加工。牛头刨削时的运动分析如图 7-2 所示，其主运动是刨刀的直线往复运动，向前是工作行程，退回为空行程。刨刀退回时，工作台带着工件作垂直于主运动的横向运动。刨削加工常用的工件安装方法如图 7-3 所示，其中 a 图适用于小尺寸工件，b 图适用于较大尺寸的工件。

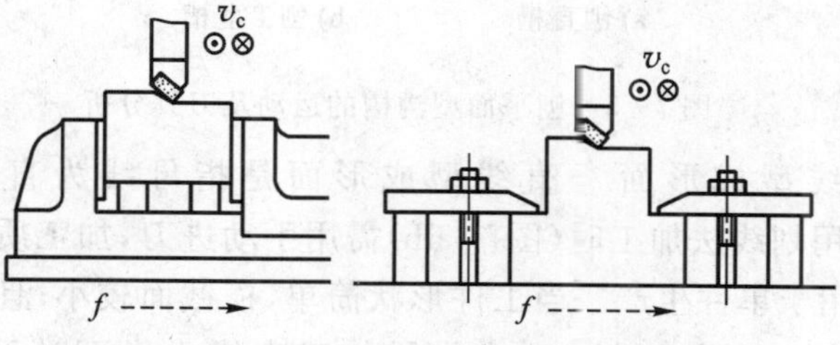

a) 平口虎钳安装工件　　b) 螺钉、压板安装工件

图 7-3　刨削加工常用的工件安装方法

（1）刨平面　按加工时加工面所处的位置分为水平面、垂直面和斜面刨削。图 7-4 为刨削不同平面时的运动和刀具分析。

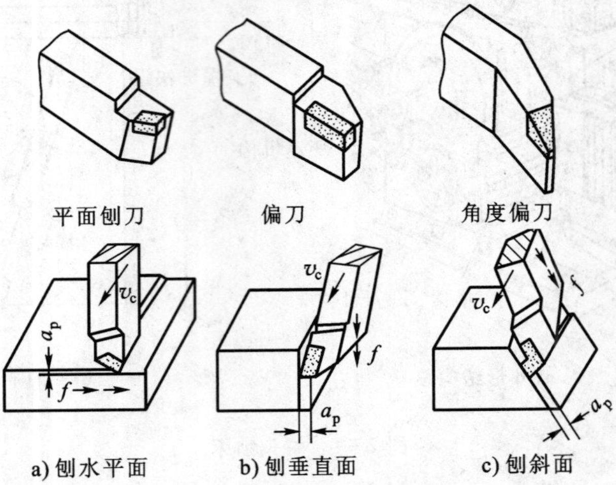

图 7-4　刨削平面的运动及刀具分析

（2）刨平面型沟槽　常见的平面型沟槽有直槽、T 型槽、V 型槽、燕尾槽等，它们分别由水平面、垂直面和斜面组合而成。平面型沟槽的刨削实例如图 7-5 所示。

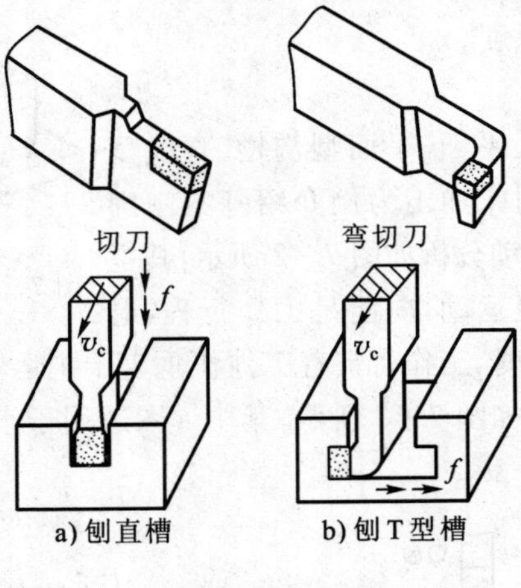

图 7-5　刨平面型沟槽的运动及刀具分析

（3）刨直线型成形面　直线型成形面是指母线为直线的成形表面（图 7-6a）。采用划线法加工时（图7-6b）需用手动进刀，加工质量难以保证，故这种方法主要用于单件生产。当工件形状简单，横截面较小，且有一定批量时，应采用成形法加工（图 7-6c）。大批量加工直线成形面时采用靠模法加工（图 7-6d），可获得较高的生产率，并能保证加工质量。

刨削大型或重型工件以及同时加工多个中、小型工件时，应在龙门刨床上进行。

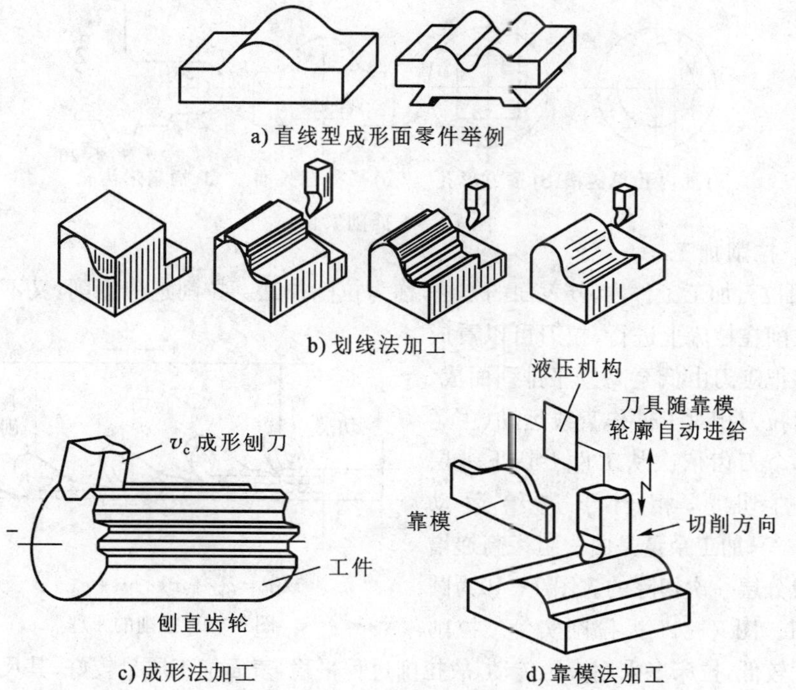

图 7－6　刨成形面

二、插削和拉削加工

1. 插削加工

用插刀作直线往复运动的切削加工称为插削加工。插削在插床上进行，由于插刀的主运动方向在垂直方向，故可将插削视为"立式刨削"加工(图 7－7)。插削主要

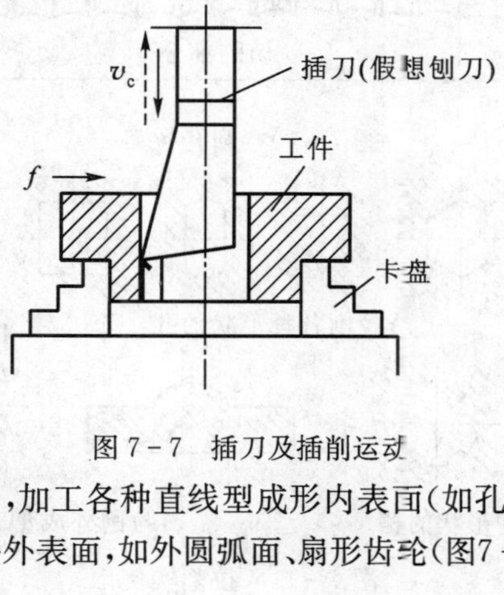

图 7－7　插刀及插削运动

用于单件、小批量生产中，加工各种直线型成形内表面(如孔内键槽、方形孔、多边形孔和花键孔等)以及某些外表面，如外圆弧面、扇形齿轮(图7－8)等。

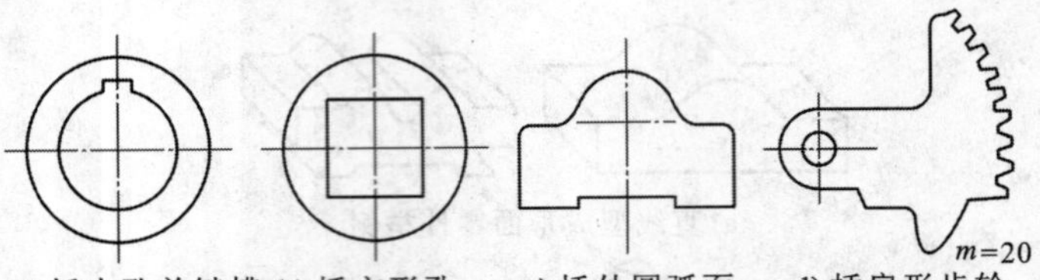

a) 插内孔单键槽 b) 插方形孔 c) 插外圆弧面 d) 插扇形齿轮

图 7-8　插削实例

2. 拉削加工

用拉刀加工工件内、外表面的方法，称为拉削加工。拉削近似刨削，又不同于刨削。拉削在拉床上进行，拉刀可以看成是由多把刨刀由低至高按序排列而成。拉削时拉刀相对工件作直线运动（主运动）；每个刀齿依次从工件上切下一层很薄的切屑，相当于进给运动（图 7-9），加工余量是由一组齿高递增的刀齿分层一次切除的。图 7-10为圆孔拉刀。图 7-11 为拉削实例。拉削的速度较低，拉床多采用液压传动，故拉削过程平稳，表面加工质量较好，其尺寸精度可达 IT6～IT8，表面粗糙度 Ra 值为 0.4～1.6 μm。一般情况下拉削在一次行程中可完成粗切、精切、校准和修光工作，故生产率较高。加工图 7-11a、b所示的内表面时，所用拉刀应视为定形刀具，因此，一把拉刀只适宜加工一种规格尺寸的表面。因拉刀结构复杂，制造成本高，故拉削只用于大批量生产中。

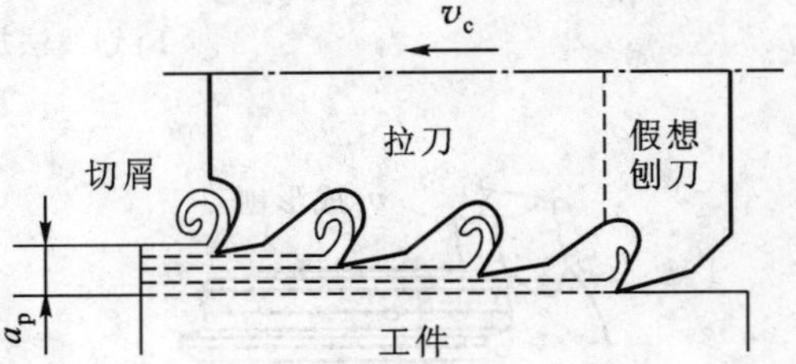

$(a_p = a_{p1} + a_{p2} + \cdots + a_{pn})$

图 7-9　拉削的原理

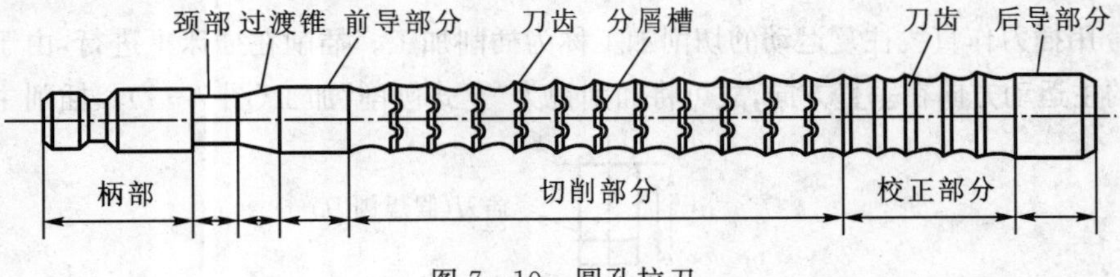

图 7-10　圆孔拉刀

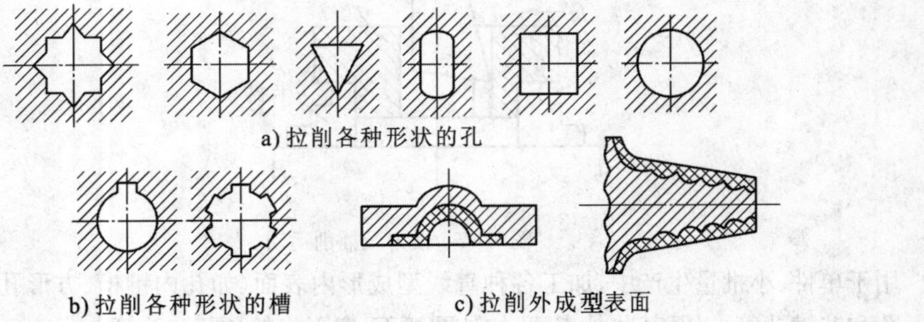

a) 拉削各种形状的孔

b) 拉削各种形状的槽　　c) 拉削外成型表面

图 7-11　拉削实例

第二节　铣削加工

铣刀所作的旋转运动为主运动，工件作进给运动（直线或旋转运动，有时两者同时进行）的切削加工方法称为铣削加工（图 7-12）。铣削加工可以在卧式铣床、立式铣床、龙门铣床、工具铣床以及各种专用铣床上进行。

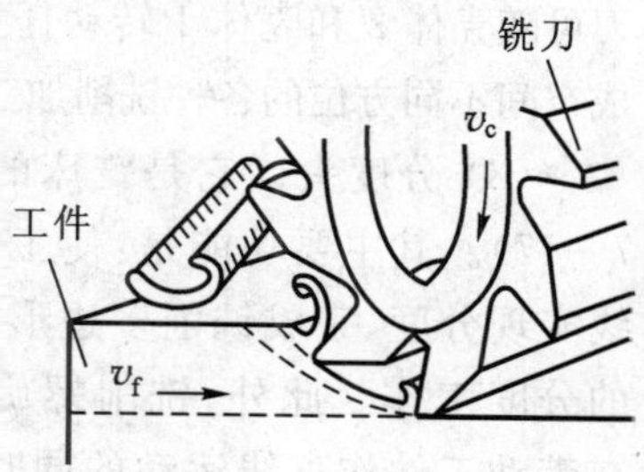

图 7-12　铣削加工

一、铣床、铣床附件及工件安装

1. 常用铣床

生产中常用的铣床是卧式万能铣床（图 7-13）和立式铣床（图 7-14）。两者在结构上的最大区别是卧式铣床的主轴与工作台台面相互平行，而立式铣床的主轴与工作台台面相互垂直。这两种铣床主要用于单件、小批量加工中、小型工件。

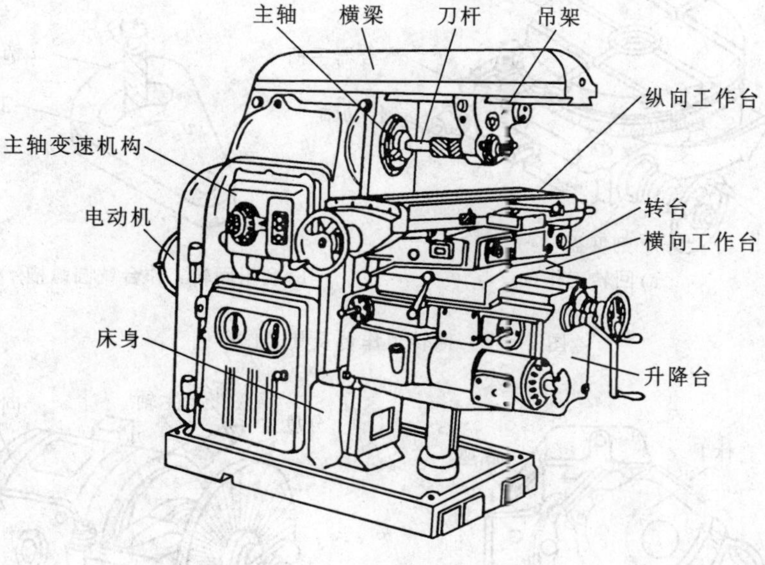

图 7-13　卧式万能铣床

2. 铣床附件及工件安装

使用铣床附件能有效地扩大工件的安装范围，进行特殊表面的加工，常用的铣床附件有以下几种。

（1）回转工作台　较大工件的分度和非整圆弧面的加工通常在回转工作台上进行。加工中转动回转工作台使工件作圆周进给运动，从而实现内、外圆弧表面的加工(图 7－15)。

(2) 万能立铣头　在卧式铣床床身垂直导轨上安装万能立铣头,可扩大卧式铣床的加工范围。铣刀安装在立铣头的主轴上,铣削时铣刀可随壳体 2 和壳体 1 转动任意角度,从而完成空间不同方位的各种铣削加工(图 7－16)。

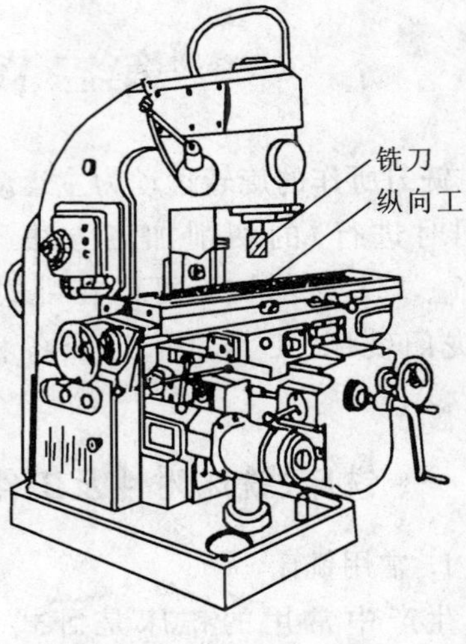

图 7－14　立式铣床

(3) 分度头　它是铣床的重要附件(图 7－17)。其主要功能是:使工件绕自身的轴线实现分度,完成铣削多边形、齿轮、花键等的分度工作。此外,铣削螺旋槽时,工作台在带动工件作直线运动的同时,分度头带动工件作旋转运动,以完成螺旋面的加工。

铣削平面工件的安装方法与刨削相同(见图 7－3)。铣削轴类工件时,常用的几种安装方法如图 7－18 所示。

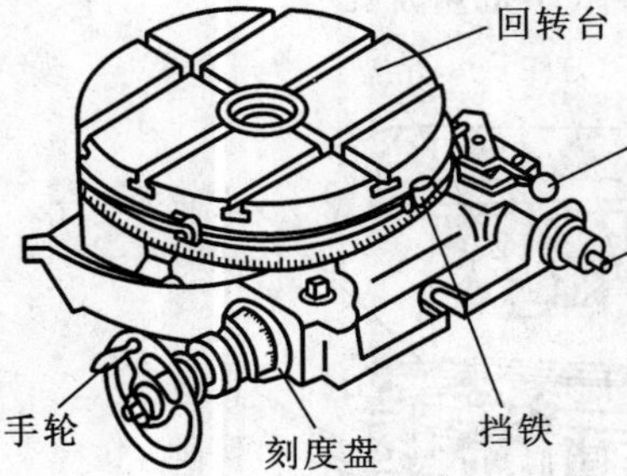

a) 回转工作台

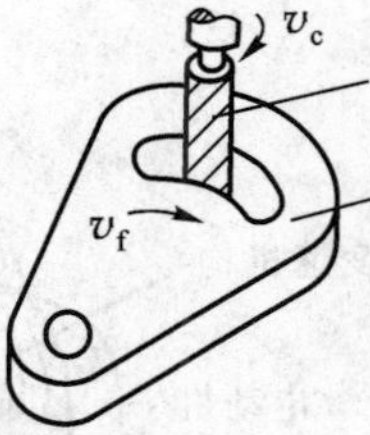

b) 利用回转工作台铣圆弧槽

图 7－15　回转工作台及其工作举例

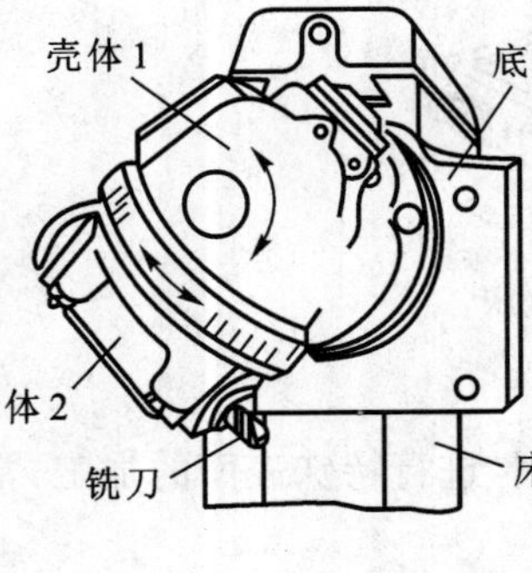

图 7－16　万能立铣头

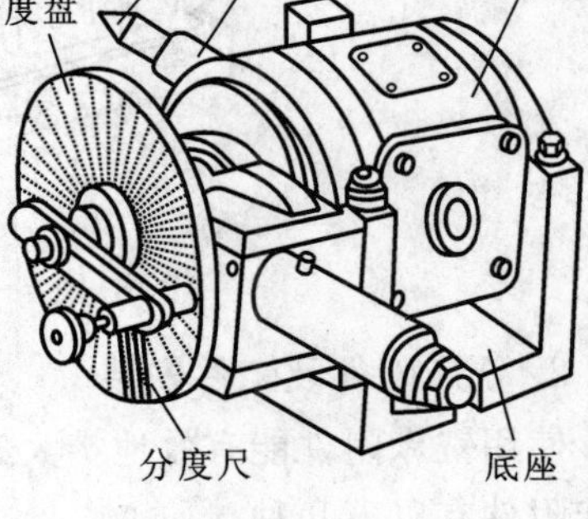

图 7－17　万能分度头

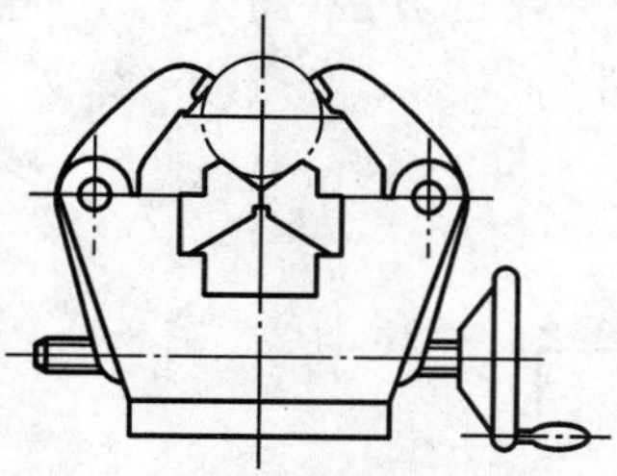

a) 用抱钳安装

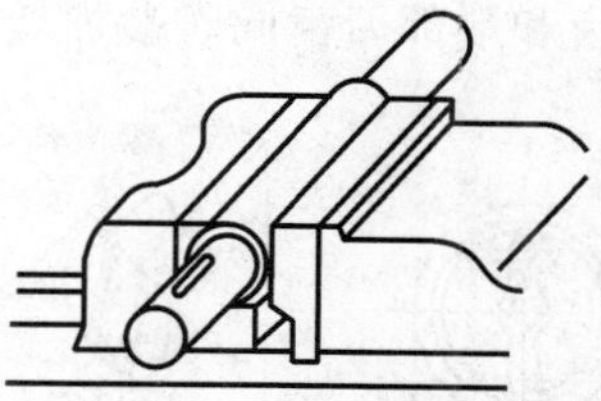

b) 用平口钳安装

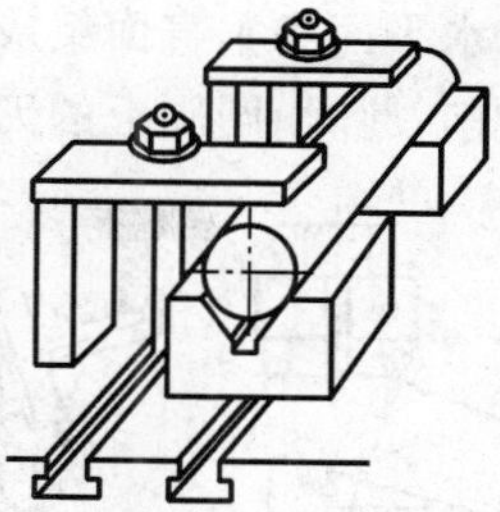

c) 用V形块安装

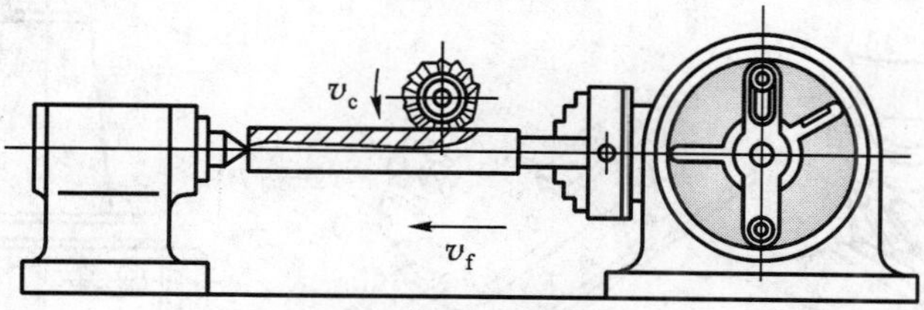

d) 用分度头-尾架安装

图 7－18　铣削轴类工件的常用安装方法

二、铣刀及铣削加工

铣床的加工范围很广，内容也很多，在生产实际中，铣床的加工量仅次于车床。

1. 铣平面

平面铣削时，按加工平面所处的位置分为水平面、垂直面和斜面铣削，可在卧式铣床(见图 7－13)或立式铣床(见图 7－14)上进行。铣平面是平面加工的主要方法之一，分周铣、端铣以及周铣与端铣两者兼用三种方法。利用铣刀圆周上的刀齿进行切削称为周铣(图 7－19)。用端部刀齿切削称为端铣(图 7－20)。

a) 铣削示意图

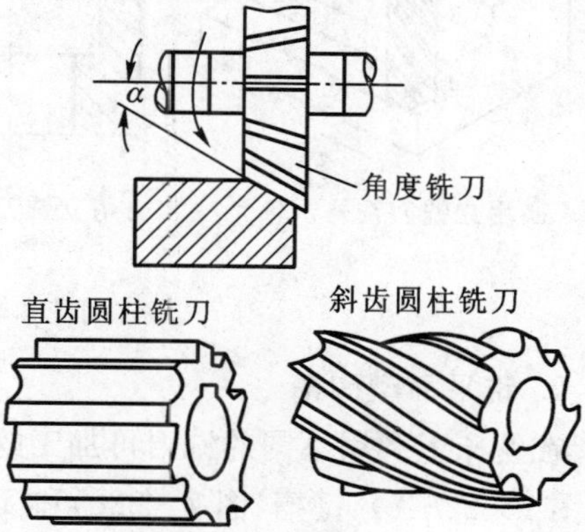

b) 铣削所用刀具

图 7－19　周铣法铣平面

由水平面和垂直面组成的台阶面，常用周铣和端铣并用的方法(图 7 - 21)完成铣削，此时，圆周上的刀齿和端部刀齿同时参加切削。

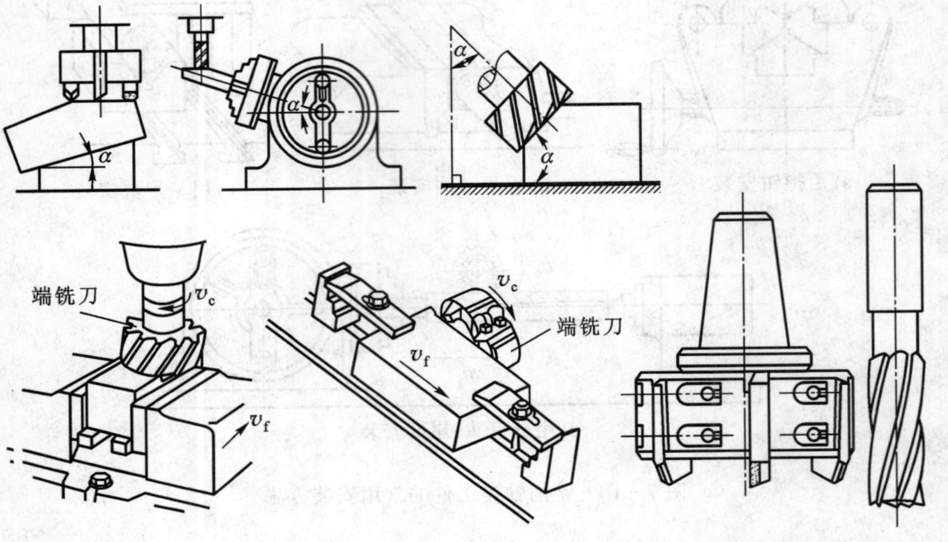

a) 铣削实例　　　　b) 铣削所用刀具

图 7 - 20　端铣法铣平面

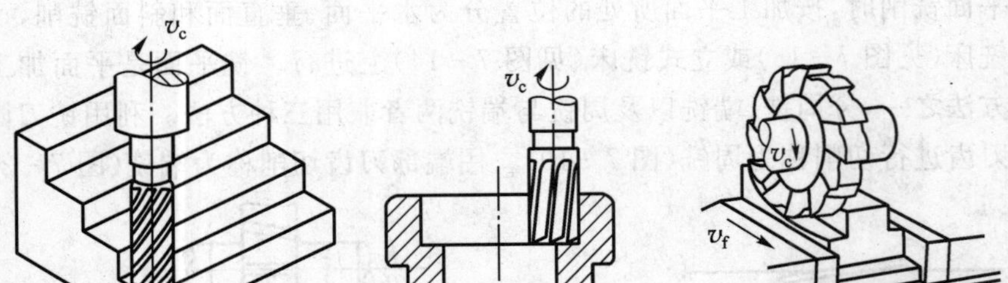

a) 用立铣刀铣外台阶面　　b) 用立铣刀铣内台阶面　　c) 用三面刃铣刀铣台阶面

图 7 - 21　周铣和端铣共用的平面铣削

2. 铣平面型沟槽

在铣床上利用不同的铣刀可加工的平面型沟槽有直角槽(图 7 - 22a)、角度槽(图 7 - 22b、c)、键槽(图 7 - 22d)和 T 型槽(7 - 22e)等。铣削 T 型槽时，必须先用三面刃铣刀或立铣刀加工出直槽后，才能进行 T 型槽部分的铣削。

3. 铣螺旋槽

螺旋齿轮、大尺寸麻花钻头切削部分上的螺旋槽以及螺旋铣刀(图 7 - 23)均

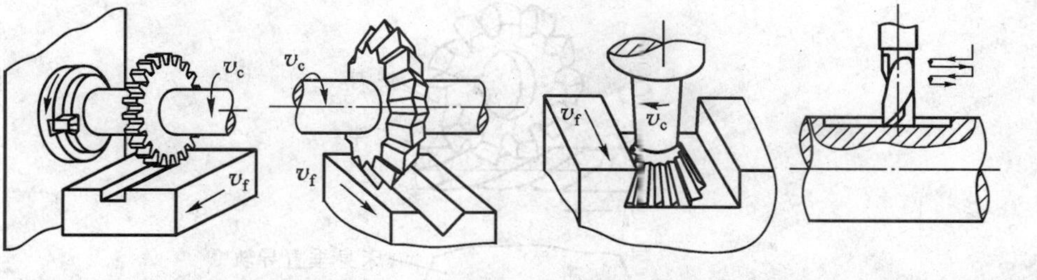

a) 三面刃铣刀铣直角槽　b) 角度铣刀铣V型槽　c) 燕尾槽铣刀铣燕尾槽　d) 键槽铣刀铣键槽

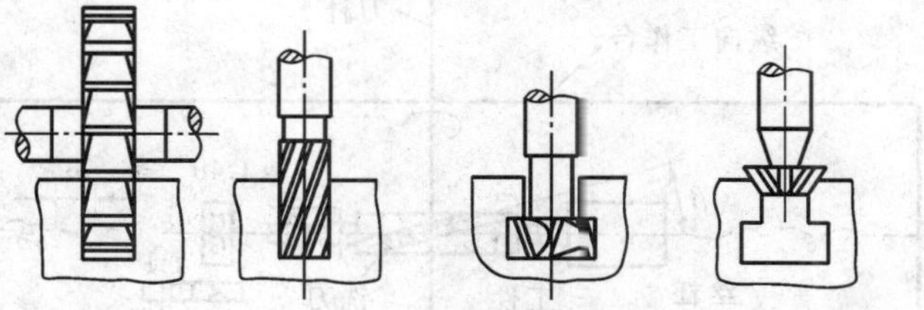

步骤①铣直角槽　步骤②铣T型槽　步骤③倒角

e) T型槽铣刀铣T型槽

图 7-22　平面型沟槽的铣削

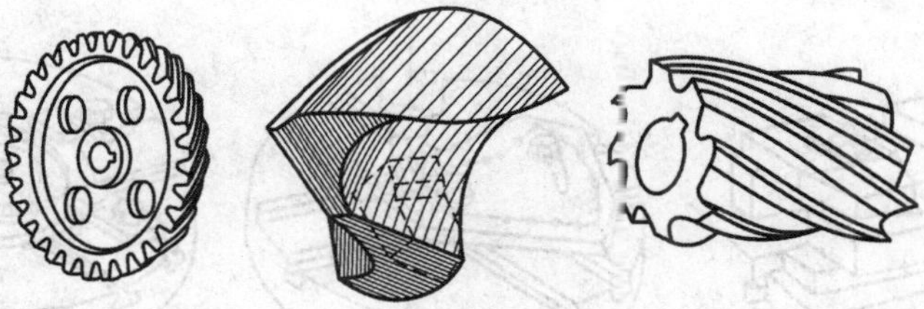

a) 螺旋齿轮　b) 麻花钻　c) 螺旋铣刀

图 7-23　带螺旋槽的零件和刀具

可在万能铣床上，用分度头配合来加工。与工作台带动工件纵向运动一个导程的同时，分度头带动工件转过一转，铣刀就在工件上切出一条螺旋槽(图7-24)。使用卧式万能铣床铣螺旋槽时，机床调整的原则为必须保证盘状铣刀的旋转平面与被加工的螺旋槽旋向吻合。此时，应将工作台在水平面内旋转一个角度 β(工件的螺旋角)。铣左螺旋槽时，工作台顺时针方向旋转；铣右螺旋槽时，工作台则逆时针方向旋转。使用立铣床时，工作台则不必转动角度。

4. 铣成形面

铣削内外成形面的常用方法有：划线法(图 7-25a)，回转工作台进给法(图 7-25b)和成形法(图 7-25c)等。

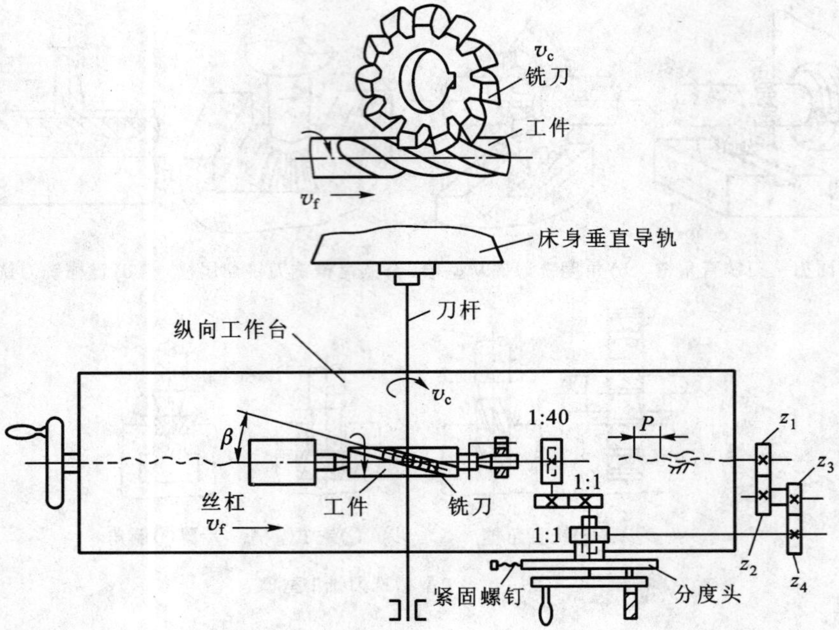

图 7-24　卧式铣床上铣螺旋槽

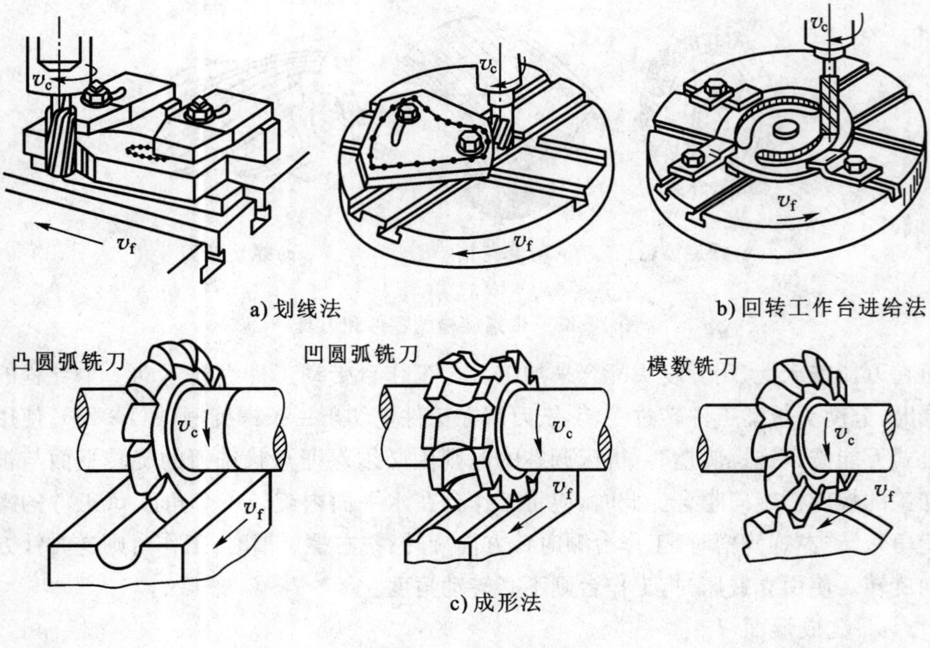

图 7-25　成形面铣削示例

【小结】

从加工范围来看,刨削和铣削都以加工平面和沟槽为主;从加工质量来看,经粗、精加工之后两者均可达到中等精度,应视为同级加工。但由于两者所用机床、刀具和运动方式的不同,致使它们在以下方面仍有较大的差异。

(1) 生产率　由于刨削为单刀切削,铣削为多刀切削,故一般情况下铣削的生产率高于刨削。但加工窄长平面时,刨削的生产率高于铣削。

(2) 加工成本　由于铣床和铣刀的结构复杂,价格高于刨床和刨刀,加之铣刀刃磨较刨刀复杂,常常需要在专用机床上进行,所以铣削的成本高于刨削。

(3) 应用范围　铣削除了能完成刨削所能完成的工作外,还可加工圆弧沟槽、螺旋槽等表面,加之分度头的使用也大大扩展了铣削的使用范围;铣削适用于各种生产批量,而刨削仅适用于单件、小批量及修配加工。故铣削的应用范围较刨削广泛得多。

思考与分析

7-1　分析比较铣刨和刨削加工在运动、生产率、适用范围及经济性方面的异同点。

7-2　比较龙门刨削、牛头刨削和插削、拉削的运动,说出它们各自的工艺特点及应用范围。

7-3　试比较刨刀、车刀和铣刀在结构上的异同。

7-4　结合实习操作分析牛头刨床刨削时,刨刀主运动的特点。试分析这种特性是如何获得的。

7-5　分析铣削和刨削时工件装夹的方法。当要等分工件时需要采用什么附件,并说出它们的工作原理。

7-6　比较卧式铣床和立式铣床结构上的异同,说明它们所用刀具的种类。

7-7　铣床的主轴和车床的主轴都作旋转运动,试举出 1～2 个既能在车床上加工又能在铣床上加工的工件例子,并分析两种加工时各自的主运动和进给运动。

7-8　比较车削螺纹和铣削螺纹加工在原理、机床调整和工件装夹方面的异同。

7-9　试分析常用的几种铣削成形面方法的异同(原理、刀具、工件装夹方法等)。

7-10　试分析拉刀在结构与用途上与车刀、刨刀的异同。

第八章　磨削和精密加工

【学习提示】

磨削属于磨料切削加工，磨削和精密加工都是表面精加工的重要方法。

本章的主要教学要求是：

(1) 熟悉磨削刀具，外圆和平面磨削的运动分析、工艺特点及应用；

(2) 了解磨削新工艺和常用精密加工的原理和应用。

第一节　普通磨削

在磨床上用砂轮对工件进行的切削加工称为磨削。普通磨削是利用组成砂轮的磨粒所具有的锋利微刃，对工件表面进行加工的方法。一颗磨粒相当于一把硬度很高的车刀。由于磨削中同时参加切削的磨粒数很多，磨削深度小，砂轮（完成主运动）的速度很高，故磨削加工的精度较高，尺寸公差等级可达IT6～IT5，表面粗糙度 Ra 值为 0.4～0.2 μm，是一种应用十分广泛的精加工方法。

普通磨削的工作范围很广。普通磨削不仅用于一般结构材料（如碳钢、铸铁合金钢等）的加工，还常用于一般金属刀具难于切削的高硬度材料（如淬硬钢、陶瓷、硬质合金等）的精加工；磨削能加工平面、内外圆柱面和圆锥面、齿轮、螺纹，花键以及其他成形面。

一、磨具和磨床

1. 磨具

磨削时所采用的工具统称为磨具，常用的磨具有固结磨具（如砂轮、油石）和涂覆磨具（如砂纸、砂布、砂带）两大类。这里主要以砂轮为例介绍常用磨具。

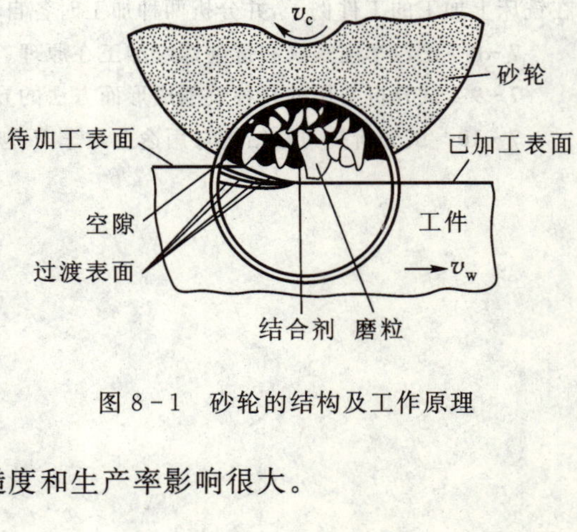

图 8-1　砂轮的结构及工作原理

砂轮是由磨粒和结合剂烧结而成的多孔物体（图 8-1）。砂轮的特性对零件的加工精度、表面粗糙度和生产率影响很大。

(1) 砂轮的特征 砂轮的主要特征包括磨料、粒度、结合剂、硬度、组织、形状和尺寸等。

1) 磨粒 磨粒承担切削任务，必须具有很高的硬度、耐热性能、一定的韧性和在切削过程中受力破碎形成锋利刃口等性能。常用的磨粒材料有刚玉类材料(Al_2O_3)，适用于韧性材料(如钢料)及一般刀具的磨削；碳化硅(SiC)类材料，适用于脆性材料(如铸铁、青铜)及硬质合金刀具的磨削。

2) 粒度 是指磨粒的粗细，用粒度号[即筛网上单位长度(1 英寸)内的孔眼数]来表示。粒度号共分 27 个①，有 4#、5#、…、220#、240# 等，粒度号愈大磨粒愈细。粗磨或磨软金属时，应选用粒度号较小(即粗磨粒，如 36#～46#)的砂轮。精磨则应选用粒度号较大(即细磨粒，如 80#～120#)的砂轮。进行精密加工和超精密加工时应选用微粉，微粉的粒度号是用该级磨粒的实际最大尺寸(μm)来表示的，其粒度号分为 W63、W50、W40、…、W1.5、W1.0、W0.5 等共 14 个。

3) 结合剂 结合剂的作用是将磨粒黏结成具有一定强度、形状和尺寸的砂轮，其种类有陶瓷、树脂和橡胶等。应用最广的结合剂是陶瓷结合剂(V)，适用于外圆、内圆、平面及成形磨削等。用于切割的薄片砂轮则采用树脂结合剂(B)和橡胶结合剂(R)。砂轮的强度、硬度、抗冲击性以及耐热性等主要取决于结合剂的种类和性能。

4) 硬度 是指砂轮工作表面的磨粒受切削力时脱落的难易程度。不易脱落则表明砂轮的硬度高，反之则表明硬度低。磨削硬材料时，应选硬度较低的砂轮；磨削软材料时，应选硬度较高的砂轮。砂轮的硬度与磨粒硬度无关而与所用结合剂的黏结强度及烧结工艺有关。砂轮的硬度分为：D、E、F(超软)；G、H、J(软)；K、L(中软)；M、N(中)；P、Q、R(中硬)；S、T(硬)；Y(超硬)。普通磨削常用的砂轮硬度等级为 G 级～N 级。

5) 组织 是指砂轮中磨粒、结合剂和孔隙三者体积的比例关系。砂轮组织用 0、1、2、…、14 等共 15 个号来表示，号数越小表示磨粒所占的比例越大，砂轮的组织越紧密。普通磨削常用 4 号～7 号组织(即中等组织)的砂轮。

6) 形状和尺寸 表 8-1 为常用砂轮的形状、代号及用途。生产中应根据所用机床和加工要求来选用砂轮。

(2) 常用磨具的标记及用途 为方便识别、管理和使用磨具，生产中将磨具的特征代号印在其非工作表面上。常用磨具的标记及用途见表 8-1 和表 8-2。

---

① 粒度号的具体分级及应用可查阅机械手册。

表 8-1　常用砂轮的形状、代号及用途(GB 2484—84)

砂轮名称	平形	单面凹形	薄片形	筒形	碗形	蝶形	双斜边形
代　号	P	PDA	PB	N	BW	D	PSX
简图	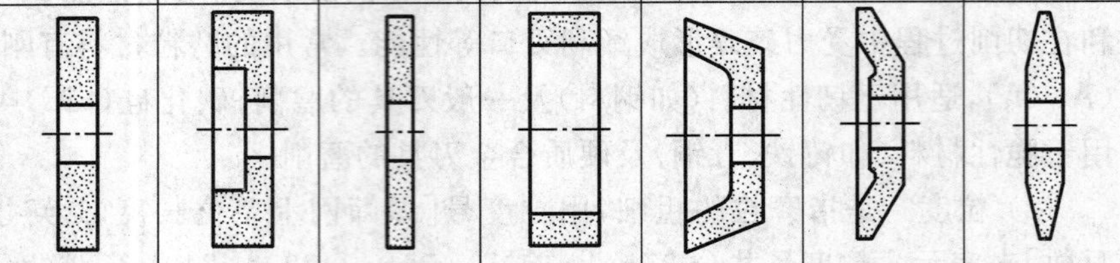						
用途	磨削外圆、内圆、平面，无心磨削	磨削平面、内圆，刃磨刀具	切断和开槽	立轴平磨大端面	磨削导轨、刃磨刀具	磨削铣刀、铰刀、拉刀及齿轮齿形	磨削齿轮齿形和螺纹
标记举例	N — 外形(筒形)；350×80×127 — 外径×厚度×孔径；A — 磨料(棕刚玉)；70 — 粒度(70#)；L — 硬度(中软)；4 — 组织号(磨粒率 54%)；B — 结合剂(树脂)；35 — 最高工作线速度(m/s)						

表 8-2　常用油石形状代号及用途(GB 2484—84)

油石名称	正方油石	长方油石	三角油石	圆柱油石	半圆油石
代号	SF	SC	SJ	SY	SB
简图	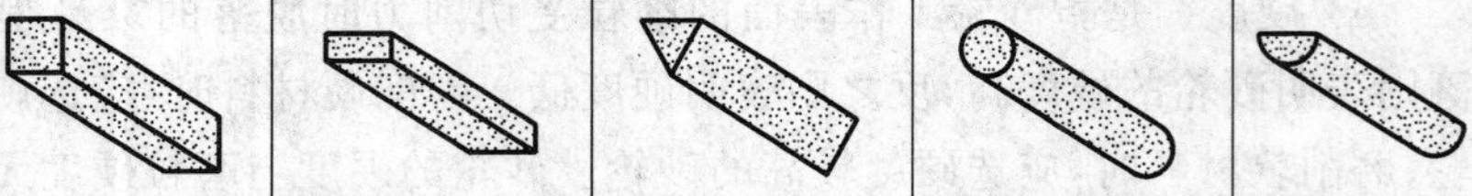				
用途	用于超精加工、珩磨和钳工	用于珩磨、抛光、去毛刺和钳工	用于珩磨齿面、修理曲轴和钳工	用于珩磨齿面、型面和钳工	用于钳工
标记举例	SF — 形状代号；10×80 — 正方形(边长和长度)；GC — 磨料代号；W40 — 粒度号；8 — 组织号；V — 结合剂代号				

2. 磨床简介

按照用途磨床可分为外圆磨床、内圆磨床、平面磨床、无心磨床、工具磨床、螺纹磨床、齿轮磨床以及各种专用磨床等。目前在工业发达国家，磨床数量已占机床总数的 30%～50%。

平面磨床的外形及主要组成部分如图 8-2 所示。

(1) 床身　用以支撑和连接磨床的各个部件，其上装有工作台，内部装有液压传动装置。

(2) 工作台　是一个电磁吸盘，用于安装工件或夹具等，其纵向往复直线运动是由液压传动装置来实现的。

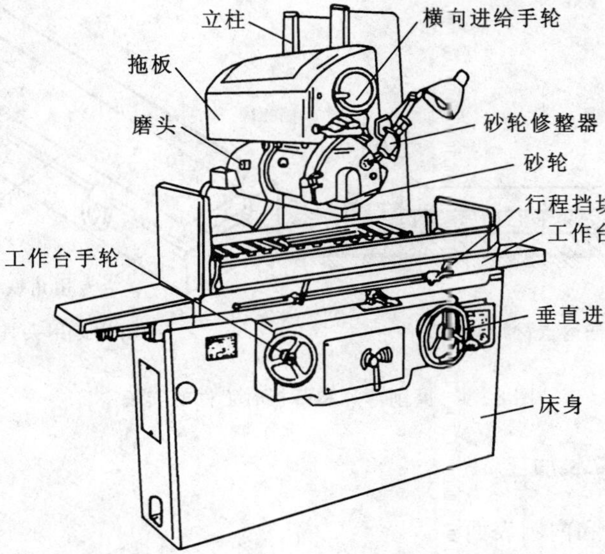

图 8-2　平面磨床

(3) 立柱　与工作台面垂直，其上有两条导轨。

(4) 拖板　沿立柱垂直导轨向下运动，实现砂轮的径向切入（进刀）运动。

(5) 磨头　磨头上装有砂轮，砂轮的旋转运动（主运动）由单独的电动机来完成。当磨头沿拖板的水平导轨运动时，砂轮作横向进给。

3. 磨削加工工件的安装

磁性材料（如钢和铸铁）工件，一般直接安装在工作台的电磁吸盘上（图 8-3）；非磁性材料（如铜和铝）工件，应安装在精密虎钳中，再将虎钳装在工件台上；薄片或薄板工件（如垫圈、挡环、摩擦片等）的刚性差，磨削时受热和受力时容易变形，为获得所需的加工质量，应采用一些特殊的方法安装工件（图 8-4）。

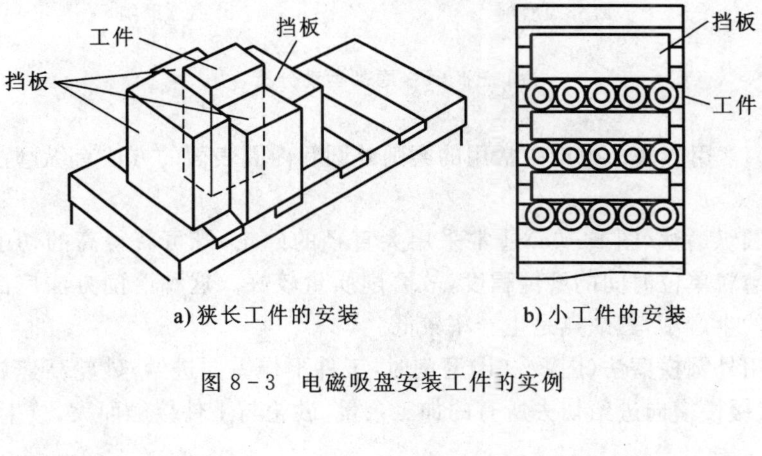

a) 狭长工件的安装　　　　b) 小工件的安装

图 8-3　电磁吸盘安装工件的实例

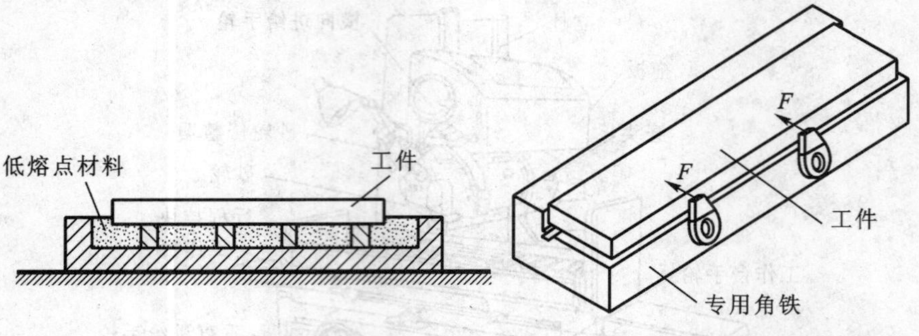

a) 用低熔点材料粘固工件　　b) 用专用夹具安装工件

图 8-4　磨削薄片和薄板时工件的安装

二、磨削基本加工

1. 磨削外圆和内圆表面

磨削是回转体零件内外表面精加工的主要方法。外圆磨削在普通外圆磨床和万能外圆磨床上进行，内圆磨削既可在内圆磨床也可在万能外圆磨床上进行。

(1) 运动分析　磨削时砂轮的旋转运动为主运动，其余运动均为进给运动(图 8-5)。

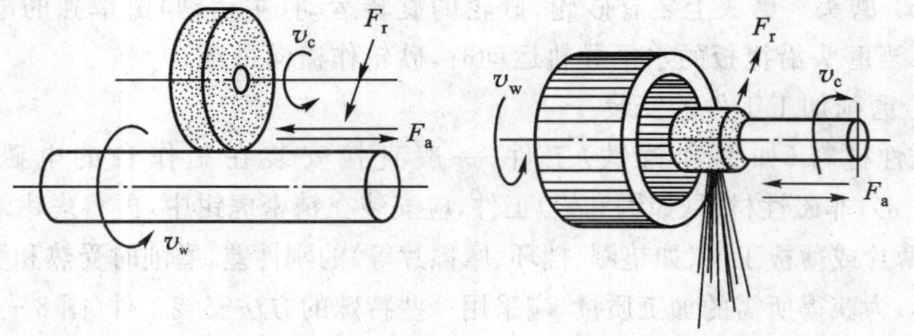

a) 外圆磨削　　b) 内圆磨削

图 8-5　磨削运动分析

(2) 常用方法　生产中常用的磨削外圆和内圆表面的方法有纵磨法和横磨法两种。

外圆纵磨法(图 8-6a)通常采用大直径的砂轮，既可获得高的切削速度又可降低磨粒单位时间的磨钝程度，故磨削质量较好。这种磨削方法广泛用于各种类型的生产中，其缺点是生产率较低。

采用外圆横磨法(图 8-6b)磨削时，工件不作纵向进给；砂轮高速旋转的同时，一次缓慢横向进给切去所有的加工余量，砂轮与工件接触面大，故生产率高。

但这种方法中较大的径向切削力易使工件变形和表面烧伤，致使零件的加工精度较低，表面粗糙度 Ra 值较大。横磨法只适用于大批量生产中磨削刚度较好、轴向尺寸较短、精度较低的表面。常用的外圆横磨法如图 8－7 所示。

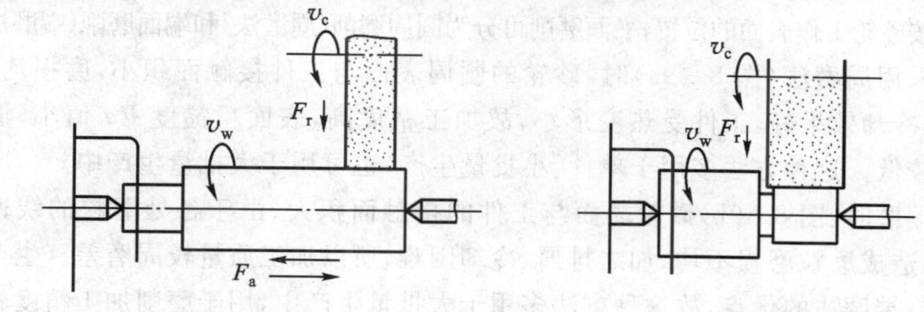

a) 纵磨法　　b) 横磨法

图 8－6　外圆表面磨削的常用方法

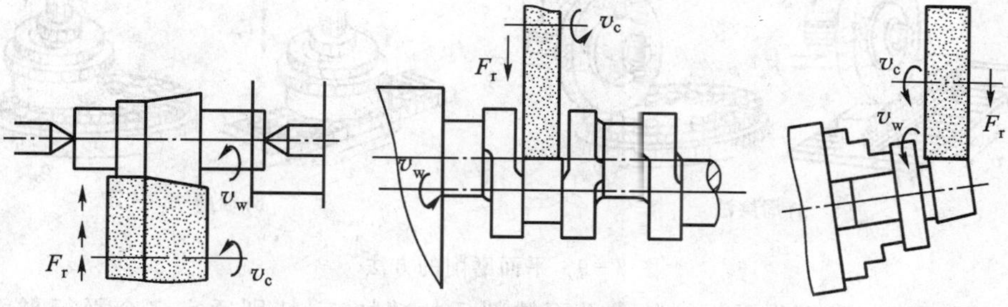

a) 磨成形面　　b) 磨曲轴轴颈　　c) 扳转头架磨短锥面

图 8－7　外圆横磨法的应用举例

内圆磨削（图 8－8）属孔加工，其工艺特点与内孔钻、扩、铰的工艺特点相同（见第五章）。由于砂轮和砂轮轴的直径受被加工孔孔径尺寸的限制，故内孔磨削中排屑、冷却及散热和润滑等条件较之外圆磨削差，因此在相同的加工条件下，加工精度和表面粗糙度较难控制，生产率和加工质量较外圆磨削低。

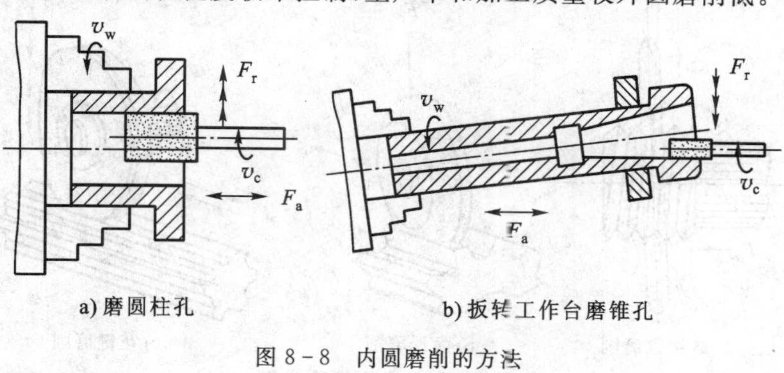

a) 磨圆柱孔　　b) 扳转工作台磨锥孔

图 8－8　内圆磨削的方法

2. 磨削平面

平面磨削在平面磨床上进行。在平面磨削中砂轮的旋转是主运动，其余运动均为进给运动。

按砂轮工作表面的位置，平面磨削可分为圆周磨削（周磨法）和端面磨削（端磨法）。

采用周磨法（图 8－9a）时，砂轮的圆周表面与工件接触面积小，磨损均匀，排屑、冷却效果好，工件受热变形小，故加工精度高，表面粗糙度 Ra 值小，但生产率较低。这种方法多用于单件、小批量生产，也可用于大批量生产中。

端磨时（图 8－9b）砂轮端面与工件的接触面积大，由于各处磨粒的线速度不同，造成磨粒磨损不均，加之排屑、冷却困难，所以加工质量较周磨差。生产率较高是端磨法的优点，故这种方法多用于大批量生产中，用于磨削加工精度较低的表面或用于粗磨。

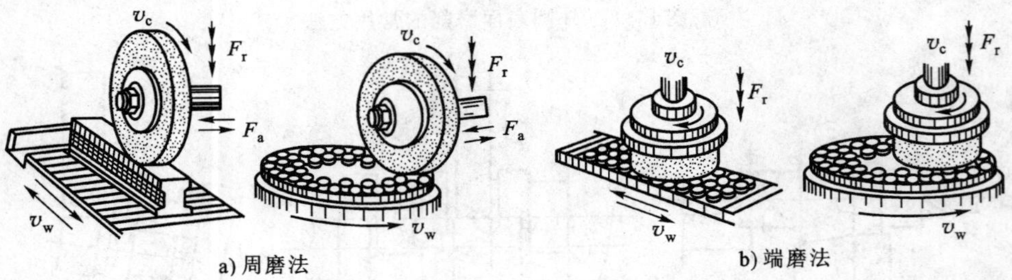

图 8－9　平面磨削的方法

平面磨削常用作平面刨削或平面铣削后的精加工，特别适宜多个平行平面或狭长平面（如床身导轨平面）的精加工。在机床生产厂里，常用导轨磨床对床身或箱体上的导轨面做最后的精加工。

3. 其他磨削加工

普通磨削除能加工平面、内外圆柱面、内外圆锥面外，还可进行螺纹磨削（图 8－10a）、齿形磨削（图 8－10b）、花键磨削（图 8－10c）等。

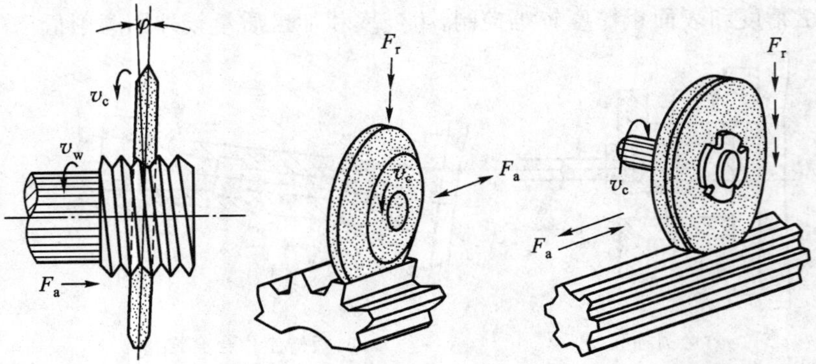

图 8－10　常用磨削举例

尽管磨削是一种常用的精加工方法，但在生产中常常用磨削代替车削、铣削、刨削作为粗加工和半精加工(即粗磨)。此外，磨削还可以代替气割、锯切来切断钢锭，清理铸件、锻件的硬皮和飞边，以及对毛坯做切削加工前的预处理。

第二节　磨削新工艺

磨削新工艺的应用，使得磨削加工正在向高效率和高精度方向发展。常用的磨削新工艺有高效磨削、砂带磨削等。

一、高效磨削

以提高磨削效率为主要目的的磨削加工称为高效磨削，常见的有高速磨削、缓进给深磨削、恒压力磨削、宽砂轮与多砂轮磨削等，本节仅介绍高速磨削、宽砂轮与多砂轮磨削。

1. 高速磨削

当砂轮的线速度达到45 m/s以上时则为高速磨削(普通磨削的砂轮线速度一般为30～35m/s)。这种方法和普通磨削相比技术经济效益十分明显，生产率一般可提高30%～100%，工件表面粗糙度 Ra 值可稳定地达到0.8～0.4 μm。

发达国家采用高速磨削时，砂轮的最高线速度达200～250 m/s(我国普遍采用50～60 m/s，最高可达80～120 m/s)。高速磨削目前已应用于各种磨削方法、各种批量以及磨削的各个阶段中。

2. 宽砂轮与多砂轮磨削

宽砂轮磨削通过增大砂轮宽度来增加磨削面积，达到成倍提高生产率的目的。宽砂轮外圆磨削通常采用横磨法(图8-11)，主要用于大批量生产中的外圆及外成形面磨削。这种加工方法的尺寸公差等级可达IT6，表面粗糙度 Ra 值为0.4 μm。

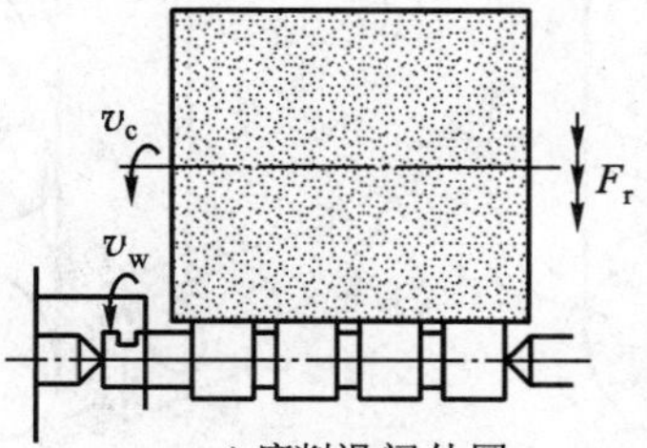

a) 磨削滑阀外圆

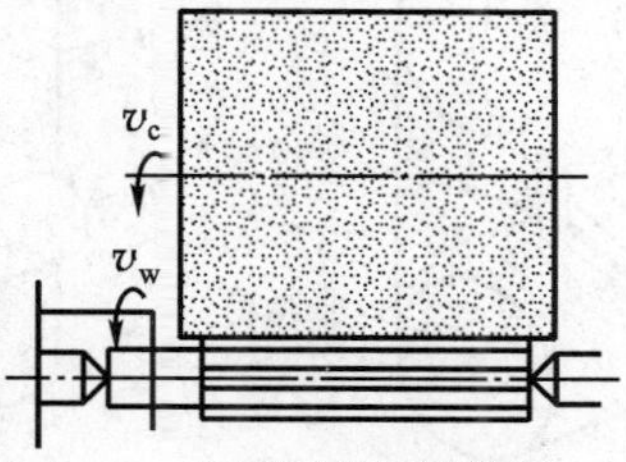

b) 磨削花键轴外圆

图8-11　宽砂轮磨削

多砂轮磨削(图8-12)可看成是多刀加工的组合或者是宽砂轮磨削的另一种形式，其加工质量和生产率与宽砂轮磨削相同。此方法多用于大批、大量生产

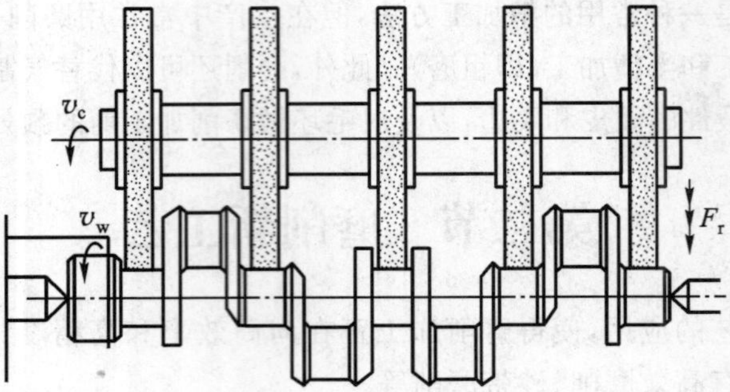

图 8-12 多砂轮磨削

中的外圆和平面磨削。

二、砂带磨削

砂带磨削是以砂带为切削工具，根据工件的形状而采用与之相应的接触方式，利用高速运动砂带上的磨粒对工件加工表面进行高效磨削的一种新工艺。目前发达国家约有1/3的砂轮磨削被砂带磨削所取代。

砂带由基底、磨粒和黏接剂组成(图 8-13)。砂带利用静电植砂工艺，使磨粒定向均匀地直立于基底上且锋刃向上，因此磨粒具有良好的等高性，容屑空间大。砂带磨削的效率高，工作条件好，适宜加工大、中型尺寸工件的外圆、内圆和平面(图 8-14)。

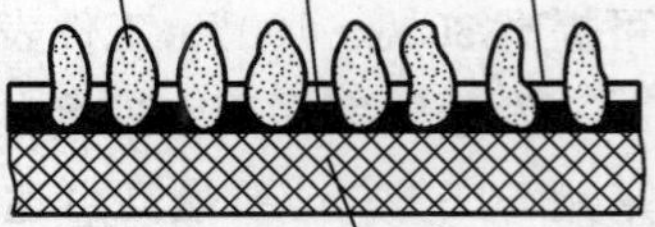

图 8-13 砂带的结构

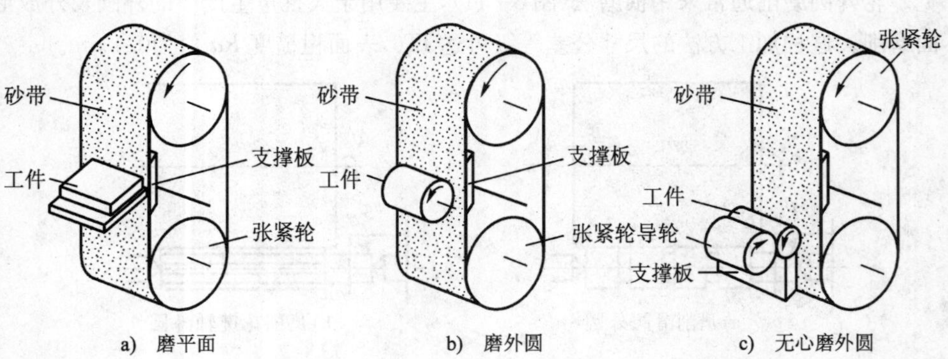

图 8-14 砂带磨削

第三节　精密加工

科学技术的迅速发展使人们很难给精密加工下准确的定义，只是把它看成是能够使零件的加工精度和表面质量达到某种程度的加工工艺。目前，精密加工是指能使零件的加工精度达到 1～0.1 μm，表面粗糙度 *Ra* 值为 0.2～0.008 μm 的加工方法，主要用于量具、工具、精密机械等制造领域及某些零件或装饰表面的加工。刮削、研磨、珩磨、超精加工和抛光等均属于精密加工。

一、刮削

刮削是用刮刀去除工件表面薄层的加工方法。一般在普通精刨和精铣的基础上，由钳工手工操作来完成(图 8-15)。刮削多用于单件、小批量生产中加工配合精度要求较高的表面(如滑动轴承表面、机床导轨面等)，不易或难于用机械加工进行维修的精密表面(如机床床身导轨磨损后的精度修复等)以及平板、平尺等检测用具的精加工和某些外露表面的刮花修饰加工等。刮削的尺寸公差等级可达 IT6～IT5，表面粗糙度 *Ra* 值为 0.8～0.4 μm。刮削劳动强度大，操作技术要求高，生产率低。

1. 刮削操作及质量检验

刮削时，将工件刮削表面及检验工具(或另一工件的相配表面)擦净，均匀涂上一层很薄的红丹油，然后将两者贴合，稍加压力推磨对研。对研后工件表面上显示出高点(亮点)，刮去高点—对研—再刮去高点—再对研，经过反复对研、显点和刮削，可使工件表面的显示点数目增多并逐渐均匀。在此过程中工件表面的形状误差逐渐减小，表面粗糙度 *Ra* 值逐渐降低。刮削表面的精度通常是用显点法来检验的。平面刮削表面的精度是用在 25 mm×25 mm 的方框内均布的点数来衡量的(图 8-15)。框内点数越多，分布越均匀，表明该表面的平面度

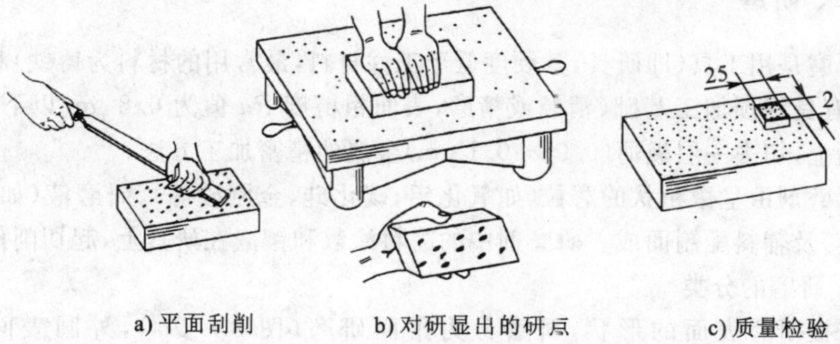

a) 平面刮削　　b) 对研显出的研点　　c) 质量检验

图 8-15　刮削研点法

精度越高。内孔刮削的显点方法与平面刮削相同，不过通常将显示剂涂在与内孔相对研的轴上。

2. 刮削的分类

按被刮削表面形状的不同，刮削分为平面刮削(图 8－16a)和曲面刮削(图 8－16b)。为了满足不同的加工要求，刮削又分为粗刮(图 8－17)、细刮、精刮和刮花。刮花可以获得美观的表面和良好的润滑，有外观要求的表面通常在精刮后刮花，常见的花形如图 8－18 所示。

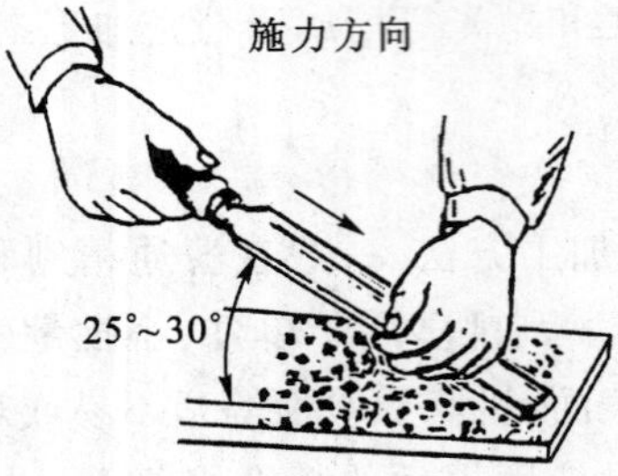

a) 平面刮削

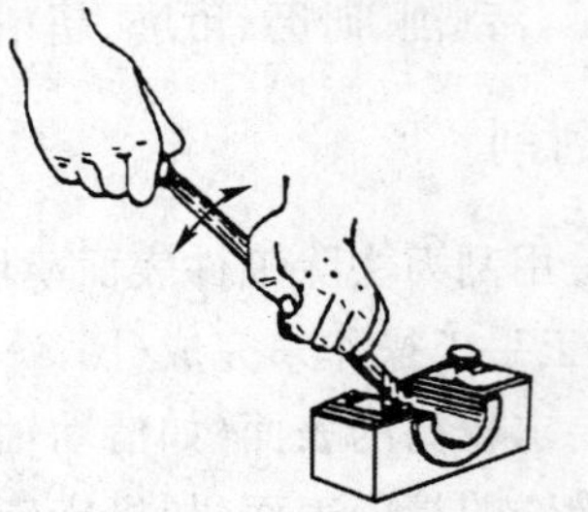

b) 曲面刮削

图 8－16　刮削的分类

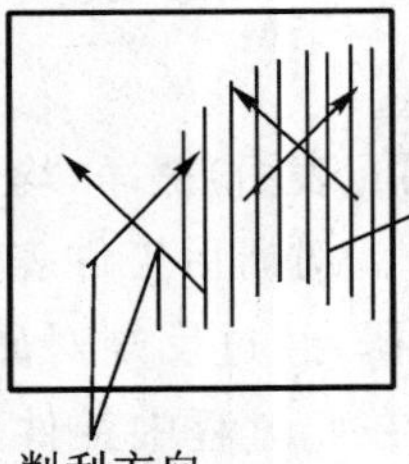

图 8－17　粗刮

a) 针纹花　b) 鱼鳞花　c) 半月花

图 8－18　常见的刮削花形

二、研磨

研磨是用工具(即研具，其硬度低于工件材料，最常用的材料为铸铁)和研磨剂，从有良好预加工基础(精镗或精磨，表面粗糙度 Ra 值为 0.8 μm 以下)的工件表面上，切去一层极薄(0.01～0.1 μm)金属的精密加工方法。

研磨剂由呈微粉状的磨粒(如氧化铝、碳化硅、金刚砂等)、研磨液(如机油、煤油等)及辅料配制而成。研磨剂中的磨料涂敷和镶嵌在研具上，起切削作用。

1. 研磨的分类

按被研磨表面的形状，研磨分为平面研磨(图 8－19a)，外圆表面研磨(图 8－19b、c)和内圆表面研磨(图 8－19d)等。根据生产类型，单件、小批量的研磨平面通常用手工研磨；研磨内外回转表面常在车床上配以手工进行

(图 8－19b、d)。大批量生产及螺纹和齿轮齿形的研磨应在研磨机或简单的专用设备上进行。生产中还常常采用工件相互对研的方法来获得高精度和低粗糙度值的研磨表面，其典型实例为高精度等级平板、平尺的对研。

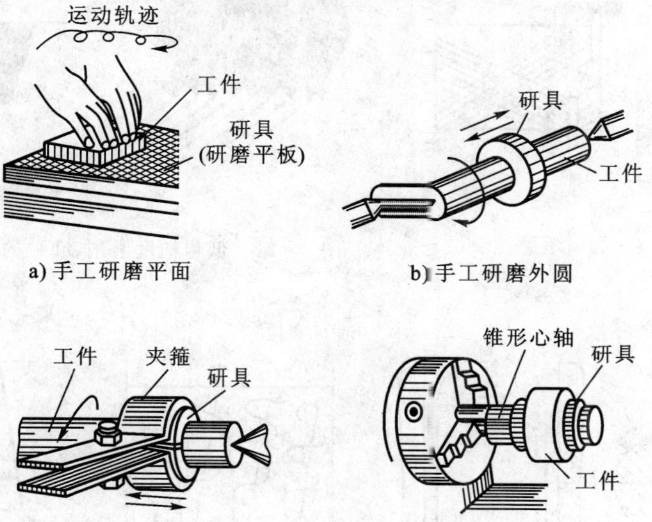

a) 手工研磨平面　b) 手工研磨外圆

c) 车床上研磨外圆　d) 车床上研磨内孔

图 8－19　研磨

2. 研磨质量的控制及应用

被研表面质量的好坏取决于所选磨料的种类与磨粒尺寸的大小，以及所采用的切削速度、进给量及运动轨迹等，此外正确的操作也是很重要的。研磨过程中工件与研具的接触位置具有随机性，而手工研磨时通过控制研磨位置和研磨时间能有效地提高加工质量，所以，研磨可以达到其他诸多切削加工方法难以达到的精度，其尺寸公差等级可达 IT5～IT3，表面粗糙度 *Ra* 值为 0.1～0.008 μm。但这种方法不能提高工件表面间的位置精度，且生产率较低。

研磨的应用范围广，既可加工多种材料(钢、铸铁、铜、铝、硬质合金、陶瓷和塑料等)，又能进行多种表面的加工(内外圆柱面、为外圆锥面、平面、螺纹、齿形等)。作为一种历史悠久(如古代铜镜表面就是采用研磨获得)的精密加工方法，研磨在现代工业中仍广泛用于精密零件，如精密量具(块规等)、精密刀具、光学玻璃镜片以及精密配合表面(阀体和阀杆的配合面)等的加工。

三、其他精密加工简介

生产中常用机械来完成的精密加工还有：珩磨(图 8－20)，低粗糙度磨削(图 8－21)，超精加工(图 8－22)以及抛光(图 8－23)和振动光饰(图 8－24)等。

各种常用精密加工的简介见表 8 - 3。

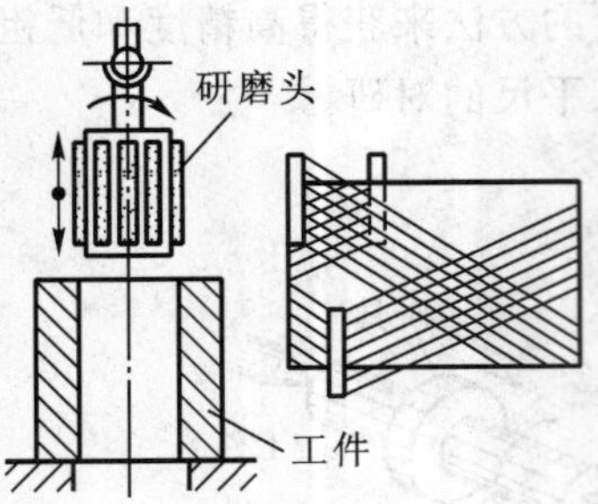

图 8 - 20　珩磨

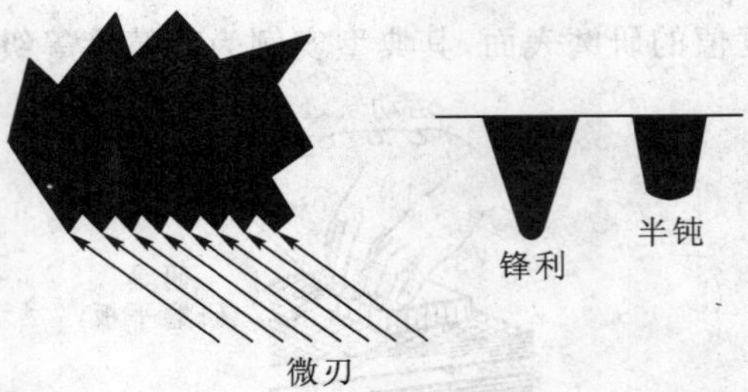

图 8 - 21　低粗糙度磨削(磨粒的微刃等高性)

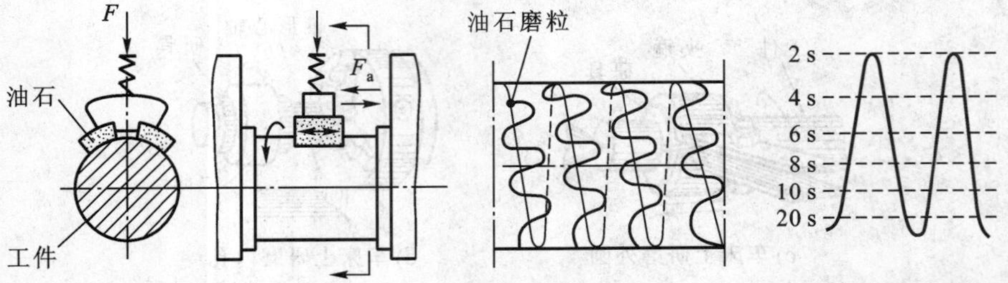

a) 加工原理　　b) 油石磨粒运动轨迹　　c) 凸峰被切除的过程

图 8 - 22　超精加工外圆

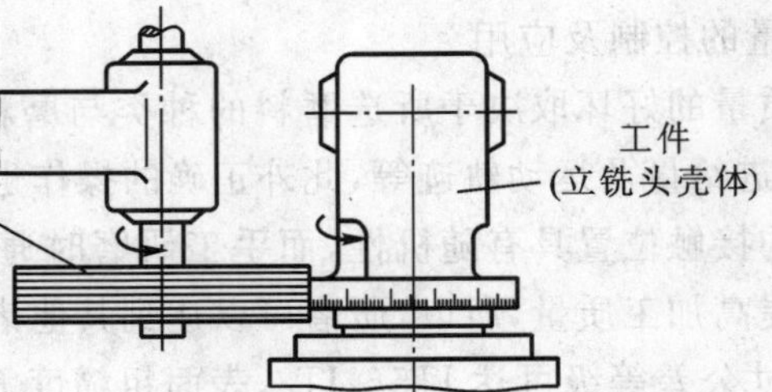

图 8 - 23　抛光

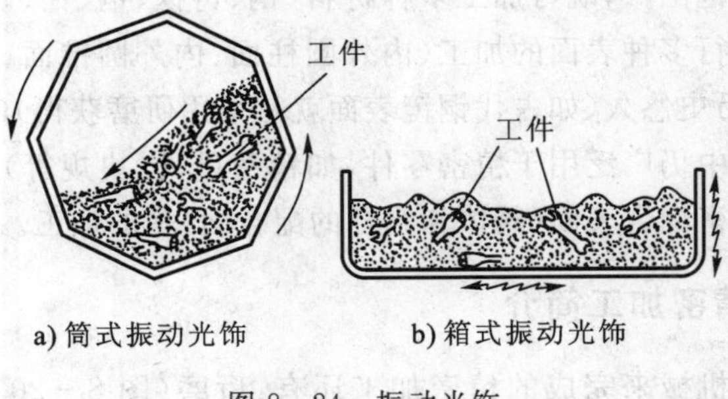

a) 筒式振动光饰　　b) 箱式振动光饰

图 8 - 24　振动光饰

表 8-3　常用精密加工的简介

工艺名称	加工精度		所用刀具	加工原理	生产批量	工件硬度 HRC	应用举例
	IT	Ra/μm					
刮削	6～5	0.8～0.4	刮刀	研点法(金属刀具切削)	一般不限	≤30	平板、平尺、导轨、轴瓦、结合面以及装饰表面
研磨	5～3	0.1～0.008	微粉磨粒(研具为载体)	磨粒的机械切削以及化学反应生成氧化膜	单件、小批量(手工)，大批量(机械)	不限	精密量具和刀具、光学玻璃镜片、精密配合面(如阀体与阀杆)
珩磨	6～4	0.4～0.05	珩磨头	磨料切削(切削轨迹为均匀而不重复的交叉网纹)	大批量	不限	各种内孔加工,如发动机气缸孔、液压装置的油缸孔、柱塞缸孔等
低粗糙度磨削 $Ra<0.2\ \mu m$	≤5	0.1～0.05(精密磨削) 0.025～0.012(超精密磨削) ≤0.012(镜面磨削)	磨料	等高磨粒极细切削,砂轮被精细修整,使之磨粒形成等高微刃、半钝化微刃,完成摩擦抛光	不限	不限	各种高精度表面
超精加工	5	0.1～0.05	油石(极细磨料)	磨粒微量切削,只能切除表面的微观凸峰	大批量	不限	加工曲轴、凸轮轴的轴颈外圆,飞轮、离合器的端面以及滚珠轴承的滚道等
抛光	不能提高尺寸形状和位置精度	0.2～0.1	抛光轮,又叫软轮,用皮革、毛毡、帆布等材料制成	软轮高速旋转,并对工件施压,产生大量的摩擦热使工件表面产生极薄的金属熔层,填平微观凹痕	不限	不限	表面装饰加工以及电镀前的预加工
振动光饰		0.1	硬质异形高分子材料块或粗砂粒	通过工件被加工表面与刀具间的相互振动接触进行机械切削	大批量	不限	各种工具、工件的表面装饰性加工

思考与分析

8-1　分析磨料切削加工与金属切刀加工的异同(如刀具、加工精度、适应性等)。

8-2　砂轮的特性由哪些技术指标决定?

8-3　试分析磨削加工时选择粒度、硬度的原则,并说明为什么?

8-4　平面端磨法和周磨法各自的工艺特点和运用场合是什么?

8-5　砂轮和铣刀有何相似之处,磨削和铣削有哪些异同?

8-6　综合分析内外表面磨削的工艺特点。

8-7　按照表面成形原理,试述齿轮齿形磨削的两种方法各自的加工原理与特点。

8-8　简述光整加工的常用加工方法。试选择液压油缸内孔、齿轮齿面、车床床身导轨、精密量具、轴承内外圈的滚道等表面的精加工方法。

8-9　简述磨削新工艺的主要方法与应用。通过自学和查阅资料展望磨削新工艺的发展趋势。

8-10　通过对表8-3的学习,结合你对常用精密加工方法的认识,举出一些教材外的精密加工应用实例。

第九章 新材料新技术

【学习提示】

新材料因在成分、组织、结构和形态等方面与传统材料不同，故显示出自身的优越性，它的出现促进了新技术①的发展。特种加工的运用使加工范围大大扩展；快速原型制造技术从根本上改变了传统的加工模式；数控技术是自动化加工技术；机器人是机器而不是人；CAD/CAPP/CAM 的集成使产品设计与制造紧密地结合起来。

本章的主要教学要求是：

(1) 了解新材料的概念及其应用和发展趋势

(2) 了解零件模具成形的常用方法及应用范围；

(3) 了解常用非金属材料（尤其是塑料）的成形方法，具有选择不同塑料制品成形方法的能力；

(4) 熟悉特种加工的概念、加工原理、工艺特点及其应用范围，具有独立完成线切割、电火花型腔加工、超声波焊接以及激光雕刻等实验的基本技能；

(5) 掌握快速原型制造技术的加工原理，具有完成相关实验的基本能力；

(6) 掌握数控加工的基本知识，具有独立编制、设计简单零件程序的能力；

(7) 了解机器人的分类与发展方向，具有完成 1～2 种机器人编程的基本能力；

(8) 了解机电一体化产品的概念、应用与发展方向；

(9) 了解 CAD/CAPP/CAM 的基础知识。

第一节 新 材 料

目前，人们一般将那些新出现的或正在发展中的，在成分、组织、结构、形态、作用等方面不同于传统材料，而且有自身特点和优越性的材料称之为新材料。新材料的发展势头很猛，涉及领域很广，本节仅介绍其中的几种。

① 技术——泛指根据生产实践经验和自然科学原理而发展成的各种工艺操作方法与技能，如电工技术、焊接技术、激光技术等。引自辞海 669 页。

一、功能材料

功能材料是指具有特殊的电、磁、光、热、声、力、化学性能和理化效应的各种新材料，用以实现对信息和能量的感受、计测、传导、输运、屏蔽、绝缘、吸收、控制、记忆、存储、显示、发散、转化和变换的目的。这种材料是现代高新技术发展的先导和物质基础。

1. 非晶态合金

非晶态合金的原子聚集状态与玻璃结构相似，即呈无序排列，但它同时具有金属的性质，故又称为“金属玻璃”或“玻璃态金属”。金属玻璃是金属，因为它的主要成分是金属元素；但它又是玻璃，因为它的原子排列形态类似玻璃。金属玻璃不像玻璃那么透明，它具有金属光彩。金属玻璃具有较高的强度、延展性、硬度以及耐腐蚀性和软磁性能好等优点，其物理、化学性能比相应的晶态合金更好。目前非晶态合金已用于制作变压器和磁头等产品，其应用前景可观。

2. 形状记忆合金

这类合金具有形状记忆功能，即合金在一个特定温度时受外力而变形，当外力去除后仍能保持其变形后的形状。但当温度变化回该特定温度时，合金的形状能根据“记忆”自动回复到变形前原有的形状，并且这种“改变—回复”的现象可重复进行。这种合金是一种“有生命的合金”。目前使用的形状记忆合金有Ni－Ti 合金、Cu－Zn－Al 合金等。

将用形状记忆合金制成的热敏元件作为温度控制器已很普遍，如用于控制温室窗户的开关，汽车散热器风扇的开停，冰箱、空调控制器的接通和断开等的控制器。美国已在 F－14 喷气式战斗机的输油管上使用形状记忆合金制作的管接头，到目前没出现一例漏油事故，可靠性很高。在医疗方面，可使用记忆合金制作脑外科微型手术用夹子、骨折用固定板、牙齿矫形器、人工关节、人造心脏等。

3. 敏感材料

敏感材料是指能敏捷地感受被测物体的某些物理量大小和变化的信息，并将其转换为电信号或光信号后输出的材料。敏感材料按物理、化学和结构特征可分为半导体、陶瓷、有机聚合物、金属、复合材料等；按功能可分为力敏材料、热敏材料、气敏材料、湿敏材料、声敏材料、磁敏材料、电化学材料、电压敏材料、生物敏感材料等。利用敏感材料可制成各种传感器，广泛用在自动控制、自动测量、机器人、汽车和计算机外部设备上。

4. 光学功能材料

光学晶体已成为光信息转换、存储及光计算领域的重要功能材料。光传递的信息容量是同轴电缆的 10 万倍，一束激光可传输 100 亿路电话或 1 000 万套电视节目。世界上第一条长达 6 684 km 的跨大西洋海底光缆最多可同时通 4 万条话路。光记录材料具有容量大、密度高、存取快速、可存储数字和图像信息的特点,在计算机领域的应用发展迅速;显示显像材料能以可见方式显示信息。光吸收材料最重要的应用是作隐身材料,红外隐身、可见光隐身、声隐身等材料均在发展中。

5. 新能源材料

新能源材料是指在开发、利用新能源(如太阳能、地热能、潮汐能、原子能等)和提高传统能源利用率的技术中起关键作用的材料,包括各种能量转换材料、储能材料、能量输运材料等。

二、超塑性合金

超塑性是指金属或合金在特定条件下,即在很低的变形速率($\varepsilon=10^{-2}$/s～10^{-4}/s),一定的变形温度(约为自身熔点的一半)和均匀的细晶结构(晶粒平均直径为 0.2～0.5 μm)时,其延伸率超过 100%以上的特征。

超塑性合金是一种在某一小应力状态下,产生像麦芽糖一样的粘滞变形,而在达到非常大的拉伸变形量时不出现缩颈也不产生断裂的金属材料。超塑性合金的变形应力较之常态时的变形应力降低几倍至几十倍。利用金属在超塑状态下具有极好的成形性和极小的流动应力的特点,可用小吨位设备加工形状复杂,用其他工艺方法难以加工的精密零件。如飞机上形状复杂的钛合金部件,原来由几十个零件组成,改用超塑成形后则可一次整体成形,大大减轻了构件的质量,提高了结构强度,节省了生产工时。目前已发现了 170 多种超塑性合金,常用的有锌铝合金、铝基合金、钛合金及高温合金等。其中部分超塑性合金的延伸率在 200%～2 000%之间。超塑状态下钢的延伸率超过 500%,纯钛超过 300%,锌铝合金超过 1 000%。

三、超导材料

金属的电阻一般随温度的降低而减小。但某些材料(如纯银、纯铅、铌钛合金等)当温度降到某一定值时其电阻突然消失,该温度称为"临界温度";这种电阻消失的现象称为超导电性,又称超导性;具有超导电性的材料称为超导材料或超导体。超导材料最主要的特性是:零电阻效应(即材料在极低温度下突然失去电阻)和完全抗磁效应(即金属变成超导体时磁力线会自动排出金属体外)。利用超导材料的零电阻效应,理论上可以无损耗地输送极大电流。利用超导材料制成的超导磁体可用于超导磁悬浮列车、核磁共振成像设备中。

中国科学家在超导研究方面做出了卓越贡献,我国不仅在低温超导材料的研究方面有较高水平,而且在高温超导研究方面一直位于国际前列。清华大学应用超导研究中心，于 2001 年 4 月研制成功 340 m 铋系高温超导导线，标志着中国创下了生产高温超导长导线的最高记录和掌握了处于世界先进水平的超导线材的产业化生产技术。

四、纳米材料

纳米(nm，nano meter)是一种几何尺寸的量度单位。纳米材料是 20 世纪 80 年代初发展起来的新材料，又称超微细材料，其粒子直径范围在 1～100 nm (1 nm＝10^{-9} m)之间。纳米技术是通过直接操纵和安排原子、分子级的结构而创造新材料，并控制新材料功能的一项综合技术。

1. 纳米材料的分类

纳米材料的分类方法多种多样，一般按结构、化学组分、物理性能及应用范围来分类。

纳米材料的分类
- 按 结 构：零维纳米材料、一维纳米材料、二维纳米材料、三维纳米材料
- 按化学组分：纳米金属、纳米晶体、纳米陶瓷、纳米玻璃、纳米高分子材料、纳米复合材料等
- 按物理性能：纳米半导体、纳米磁性材料、纳米超导材料、纳米热电材料等
- 按应用范围：纳米电子材料、纳米光电子材料、纳米生物医用材料、纳米敏感材料、纳米储能材料、纳米过滤材料等。

2. 纳米材料的应用

纳米超微粒子具有一系列优异的电、磁、光、力学、化学等特征，故具有广泛的应用前景。

(1) 信息领域

纳米技术开发物质潜在的储存和处理信息的能力，实现了信息采集和处理能力的革命性突破。目前，已经研究出存储容量比现有芯片大上千倍的纳米级存储器芯片。国外已运用纳米技术开始研制体积只有针头大小的计算机。

(2) 航天领域

美国于 1995 年提出纳米卫星的概念，纳米卫星的质量不足 10 kg，体积稍大于麻雀。这种全部部件均用纳米材料制成的卫星，采用了最先进的微机电一体化集成技术，具有可重组性和再生性，成本低、质量好、可靠性强。

(3) 军事领域

“苍蝇飞机”是一种如同苍蝇般大小的袖珍飞行器；“蚊子导弹”是利用纳米技术制造的如蚊子大小的微型导弹；“蚂蚁士兵”是一种通过声波控制的微型机器人。不难看出，纳米材料的出现使军事装备微型化成为可能。

(4) 制造与加工领域

纽约大学实验室研制的纳米级机器人的手臂,能在指定的位置之间旋转。研究人员认为,这一成果预示着科学家有朝一日能够研制出在纳米级工厂里制造分子的纳米机器人。这些纳米机器人有微小的"手指",可以精巧地处理各种分子;有微小的"电脑"来指挥"手指"如何操作。这种"手指"可以由碳纳米管制造,它的强度是钢的100倍,直径是头发丝的1/50 000;这种"电脑"可以由碳纳米管制造,这些碳纳米管既能做晶体管又能做连接它们的导线。

(5) 生物与医学领域

目前纳米材料在生物与医学领域中的应用主要集中在以下几方面:

1) 制造计算机组件 用生物材料制成的计算机组件与目前的计算机组件相比,单位体积物质的信息储存和信息处理能力提高了上百万倍。

2) 制造"人造细菌" 利用带状纳米级细管可以向人身体内释放药物。由于这种细管类似细菌的细胞壁,故将它称之为"人造细菌"。

3) 选择性治疗 由纳米粒子包裹的智能药物和纳米机器人可在人体内主动搜索并只攻击癌细胞或修补损伤组织。在人工器官移植领域,只要在人工器官外涂上纳米粒子,就可预防人工器官移植的排异反应。

(6) 环境保护领域

将纳米材料溶于纤维,不仅能吸收、阻隔95%以上的紫外线和电磁波,而且具有无毒、无刺激,不受洗涤、着色和磨损影响的特点,可做成衬衣、裙装、运动服等,保护人体皮肤免受辐射的伤害。环境科学领域将出现独特的纳米膜,这种膜能够探测到由化学和生物制剂造成的污染,并能够对这些制剂进行过滤,从而消除污染。用拌入纳米微粒的水泥、混凝土建成的楼房,可以吸收、降解汽车尾气,使城市的钢筋水泥能像森林一样"深呼吸",从而净化空气。

五、医用生物材料

医用生物材料又称医药用仿生材料,这类人工材料或天然材料可以单独或与药物一起用于人体组织或器官,起替代、增强、修复、治疗等作用。

用于医学治疗和康复工程的人工生物实体模型(biomodel)是医用组织生物材料与快速原型技术(参见第九章第五节)相结合的产物。用于快速成形的组织生物材料的研究经过三个阶段,即初级体外模型、中级植入体和高级人体器官。其中,初级体外模型及中级植入体对成形材料的生物相容性要求较低,而高级人体器官则要求成形材料要具有较高的生物相容性和生物可降解性,一般材料中要加有骨生长因子。组织生物材料是目前国际上的研究热点,其中生命体的人工合成和人体器官的人工替代已成为全球瞩目的科学前沿。国内也积极开展了这方面的研究工作,图9-1为清华大学用组织生物材料与快速原型技术相结合制作的人工生物活性骨骼模型。

图 9-1　人工生物活性骨骼模型

第二节　零件的模具成形技术

零件除了可以由毛坯经切削加工获得以外，还可以采用模具成形的方法直接获得。采用模具成形能大大提高原材料的利用率，减少机械加工工时，改进产品的质量，降低成本，是实现零件少、无切屑加工，提高生产率的重要途径之一。该工艺在机械、电机、电器、仪表及国防工业生产中占有十分重要的地位。

1. 零件的精冲

精密冲裁简称为“精冲”(图 9-2)，它是在普通冲裁(图 9-3)的基础上发展起来的。精冲加工时只需一次冲压就能得到高质量的冲裁零件。精冲件断面垂直，表面平整，无剪切裂纹。

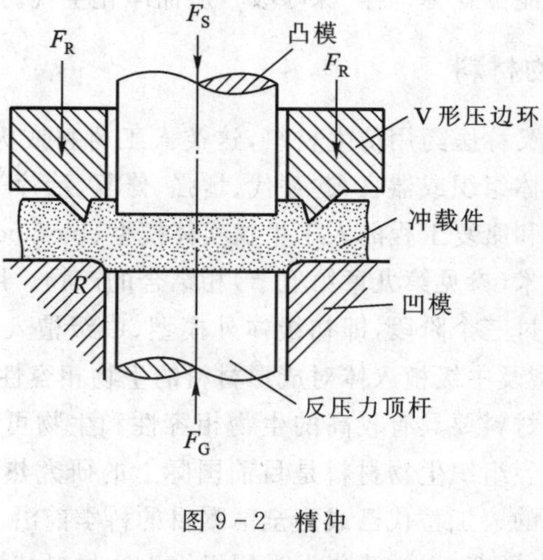

图 9-2　精冲

精冲广泛用于照相器材、机械钟表、电器、电机制造及仪表加工的大批、大量生产中，其典型实例有机械手表的齿轮、机械照相机的传动件、电机转子片等。

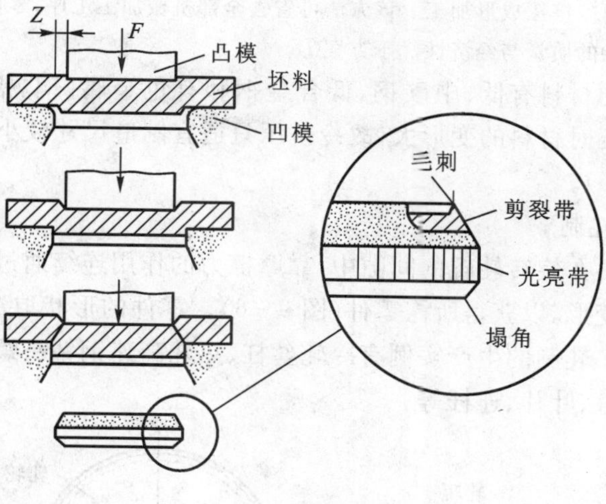

图 9-3 普通冲裁

大吨位精密冲裁压力机的出现，使精冲件的厚度达到 30 mm 左右。

2. 零件的挤压

挤压是指对挤压筒内的材料施加强大压力，使材料产生塑性变形，从模具上具有一定形状和尺寸的孔隙中出来(图 9-4)，从而获得所需零件的一种少、无切屑加工工艺。图 9-5 为挤压实例。在室温下进行的挤压称为冷挤压，冷挤压的材料利用率高，生产率高，大批、大量生产时零件成本低。以下是采用冷挤压与机械加工生产零件方法对比的两个实例。

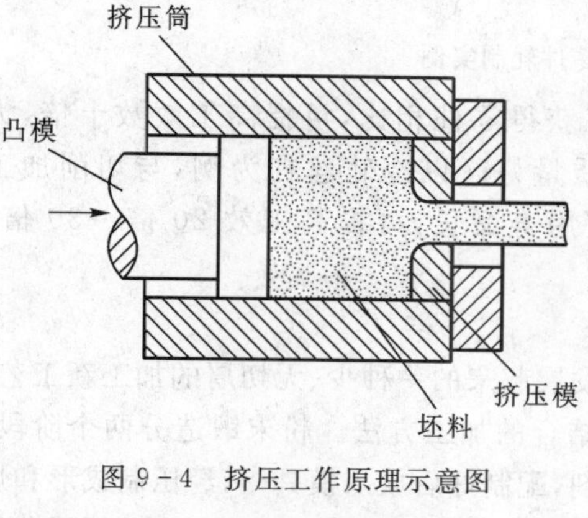

图 9-4 挤压工作原理示意图

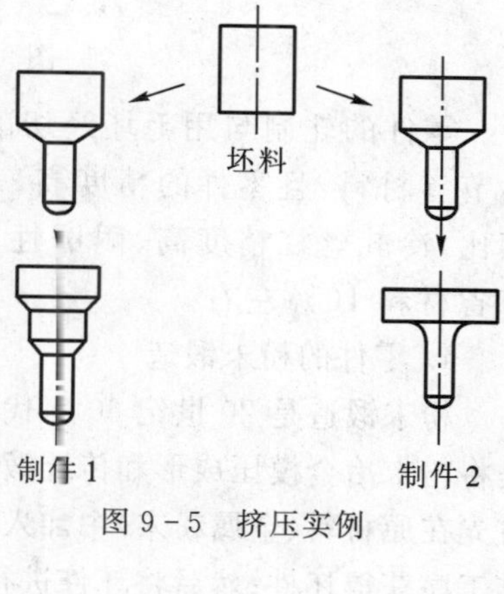

图 9-5 挤压实例

【例 1】 大量生产汽车活塞销

用冷挤压生产汽车活塞销(20 Cr)与用切削加工方法生产相比，可节省材料 20%，力学性能提高 20%～100%，提高工效 5 倍～10 倍，成本降低 40%左右。

【例 2】 大量生产钢质炮弹头

方案① 采用模锻件做毛坯，再经切削加工制成零件；

方案②　采用冷挤压成形加工。该方法可省去全部机械加工工序，零件质量好，成本低。

很显然方案②的质量与经济性优于方案①。

适宜挤压的材料有低、中碳钢，低合金钢和有色金属（铜、铝、镁及其合金）等。由于冷挤压时材料的变形大，故冷挤压只适宜制造尺寸较小的零件（质量一般为 30 kg 以下）。

3. 零件的轧制

轧制时坯料在旋转轧辊的间隙中，靠摩擦力的作用连续通过轧辊上的模具，使之产生塑性变形，以获得所需零件（图 9－6）。零件的形状取决于安装在轧辊上模具的形状。轧制的生产实例有冷轧丝杠、热轧高速钢钻头螺旋槽、轧制齿轮齿形及火车轮箍、叶片、连杆等。

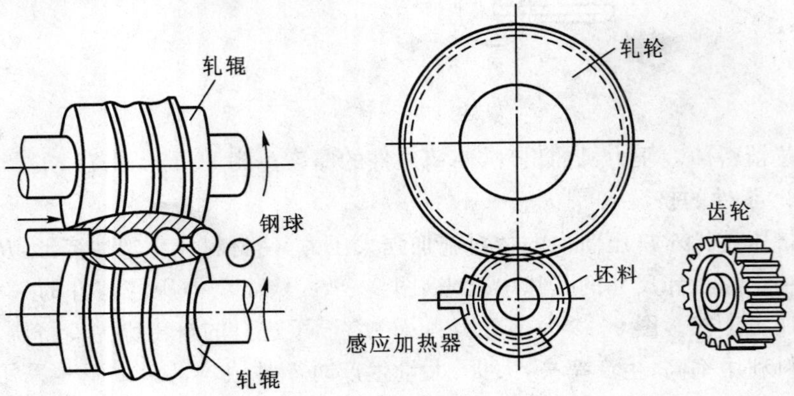

a) 轧制钢球　　　　b) 热轧齿轮

图 9－6　零件轧制实例

零件的轧制与用毛坯经切削加工获得零件相比，可提高工效数十倍，大大节省材料，且零件的精度高，表面质量好。以冷轧丝杠为例，与切削加工相比，冷轧丝杠精度高、耐磨性好、使用寿命长，可提高工效 20 倍～30 倍，节省材料 10％左右。

4. 零件的粉末锻造

粉末锻造是 20 世纪 60 年代后期发展起来的一种少、无切屑的加工新工艺，是将粉末冶金模压成形和传统锻造相结合的加工方法。粉末锻造分两个阶段：首先在原材料（金属粉末）中加入黏结剂，配制好后放入模具中，经压制成形和烧结工序获得坯件；然后将坯件进行加热锻造及热处理等后续处理工序，即可获得所需的零件（图 9－7）。

粉末锻造是粉末冶金材料致密化的主要手段。与普通模锻相比，其原材料利用率提高30％～40％，能源消耗节省 50％；锻件精度高，一般不需切削加工；制造成本平均节省 50％。由于该技术效益好，产品质量好，故在机械制造业中

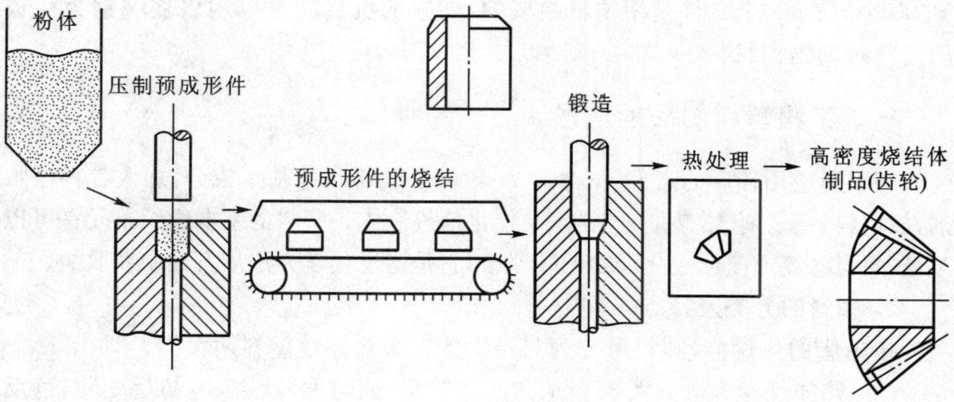

图 9-7 汽车行星齿轮的粉末锻造工艺流程图

广泛用于高强度、高韧性和形状较复杂零件的加工，如连杆、凸轮、离合器片、转向器、轴承座圈、各种成形金属切刀、缸体衬套、压缩机柱塞及高负荷齿轮等。粉末锻造的典型零件实例，如图 9-8 所示。

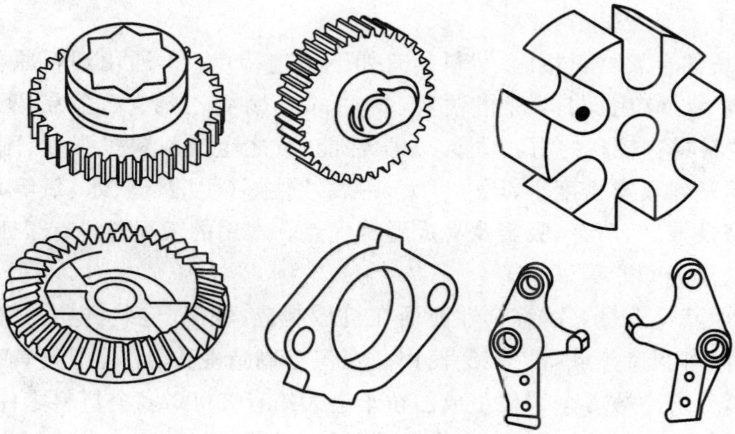

图 9-8 用粉末锻造方法生产的典型零件

第三节 非金属材料的成形

长期以来制造业使用的材料仍以金属材料为主，随着科学技术的发展，传统的金属材料已不能满足现代工业的需求。近 50 年来，各种非金属材料，如塑料、橡胶、纤维、陶瓷等正在越来越多地应用于工业生产中。如一辆汽车用非金属材料制成的零件比例约占 25%～30%，其中包括燃料箱、风扇、分电盘、仪表、齿轮以及车身等。人们目前已研制出全塑汽车；波音 757 近十万个零件中大约有

2 500 个～3 000个零件是用塑料制成的，如它的机翼就可以用以玻璃钢为面板的塑料蜂窝结构材料（见图 4－47）制成。

一、工程塑料制品的成形

塑料是应用较广的高分子材料。一般以合成树脂为基本成分，加入各种添加剂，如填料、稳定剂、增塑剂、色料以及催化剂等制成。塑料的基本组织单元是可以与氢、氧、氮、氯或氟形成化合物的碳原子，它是通过化学方法从石油中获取的。

1. 塑料的分类及特点

按树脂的热性能，塑料可分为热塑性塑料和热固性塑料两大类。

（1）热塑性塑料　这类塑料加热时呈软化（或熔融）状态，冷却后变硬，可反复成形加工。大量应用的热塑性塑料有聚乙烯、聚丙烯、聚苯乙烯、聚酰胺及ABS 等，这类塑料强度较高、成形工艺性良好，但耐热性和刚性较差。

（2）热固性塑料　这类塑料加热时呈软化（或熔融）状态，一次固化成形后将不能再软化（或熔融）了。常用的热固性塑料有酚醛塑料、氨基塑料、聚氨酯和环氧塑料。这类塑料的耐热性和刚性较高，但脆性大，且不能反复成形和再生使用。

与传统的金属材料相比，塑料具有如下工艺特点：1）通用塑料原材料来源丰富，产量大，应用面广，价格便宜，常用的有聚氯乙烯、聚乙烯、聚丙烯等。2）工程塑料具有较高的物理性能、力学性能，较之金属材料虽强度、刚性、耐温等不及，但塑料具有密度小，比强度大，耐腐蚀性好（耐酸、碱、水、氧等），电绝缘性好，耐磨及减摩，消音、吸震及易成形等优点。常用的工程塑料有聚四氟乙烯、环氧树脂、聚碳酸酯等。

塑料因其具有良好的综合性能而在机械制造、轻工、包装、电子、航天航空、建筑以及汽车制造领域得以广泛使用。在汽车制造业中，工程塑料具有非常重要的地位，目前由数万个零件组成的轿车上大约有 2 000 多个塑料零件，如轻载齿轮、轴承、密封件、摩擦片、方向盘以及各种车灯罩等。

2. 塑料制品的成形方法

塑料制品的成形方法很多，本书主要介绍注塑成形、挤塑成形、吹塑成形、真空板成形等。

（1）注塑成形（图 9－9）

注塑成形又称注射成形。加工时粉状或粒状的塑料原料经料斗流入料筒，并在其内加热至熔融状态。原料在注射机螺杆的挤压作用下注入模具，冷却固化后脱模即可得到所需形状的塑料制品。其工艺过程与挤塑成形相似，是加工工程塑料制件的主要成形方法。该工艺既适用于热塑性塑料又适用于某些热固性塑料。由于模具系统昂贵，注射成形工艺必须用于大批量生产中才是廉价和

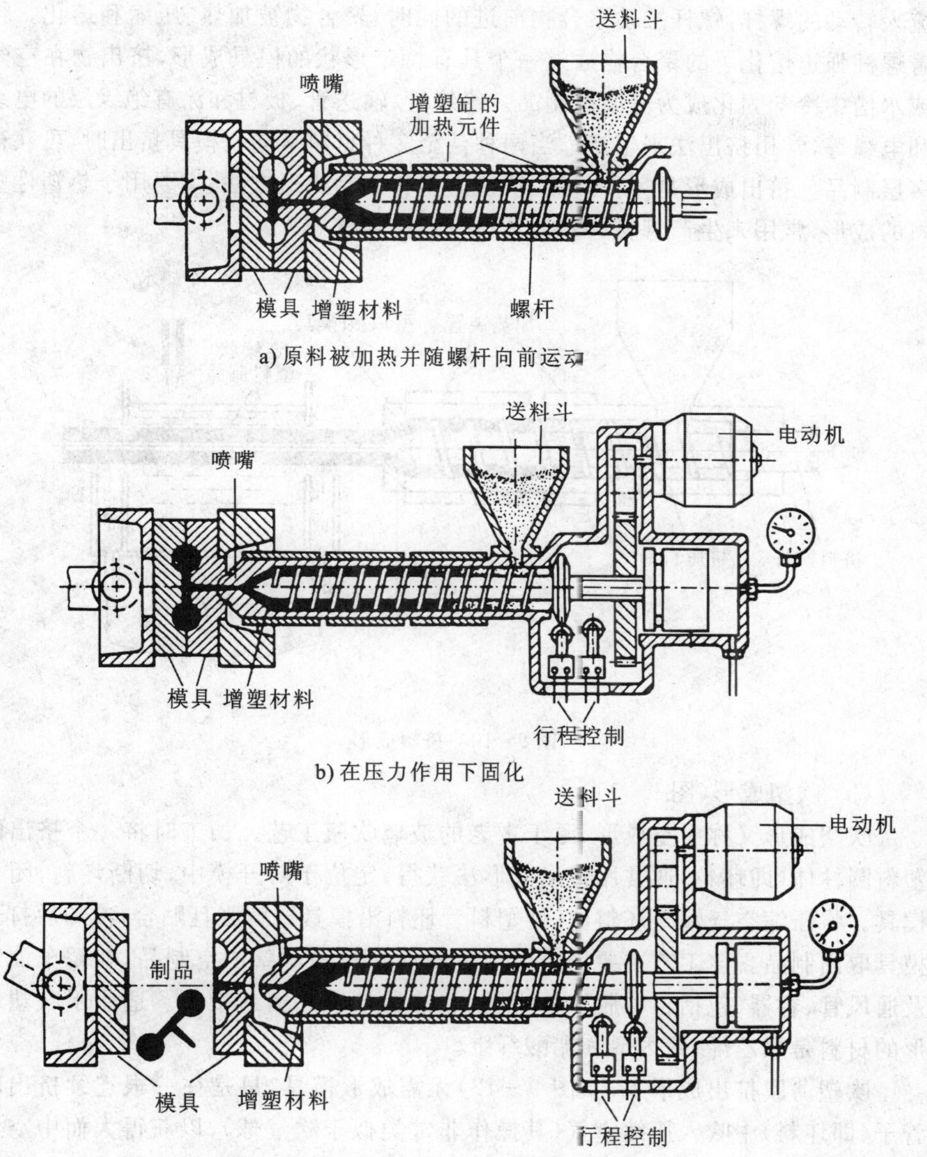

图 9-9　注塑成形

经济的。这种方法的主要应用实例有:玩具、容器、接头、泵、螺旋桨、齿轮、轴承、导向元件、罩、仪表箱等。

(2) 挤塑成形(图 9-10)

挤塑成形又称挤出成形。加工时聚合物原料(通常为粒状或粉末状)从料斗流入转动的螺杆，螺杆推动聚合物前进的同时，聚合物被加热、压缩和熔化。接着螺杆强迫熔化了的聚合物通过一个具有特定形状的模具成形，挤出物在空气或水槽中冷却固化成为等截面制品。绝缘管、输送管、板材和涂有绝缘层的电线和电缆等，常用挤出法来生产。当两种甚至多种材料从同一模具挤出时，可获得多层制品。挤出成形是一种价廉、快速的塑料制品成形方法，主要用于热塑性塑料的成形，常用来生产管材、棒材、片材、板材、型材等。

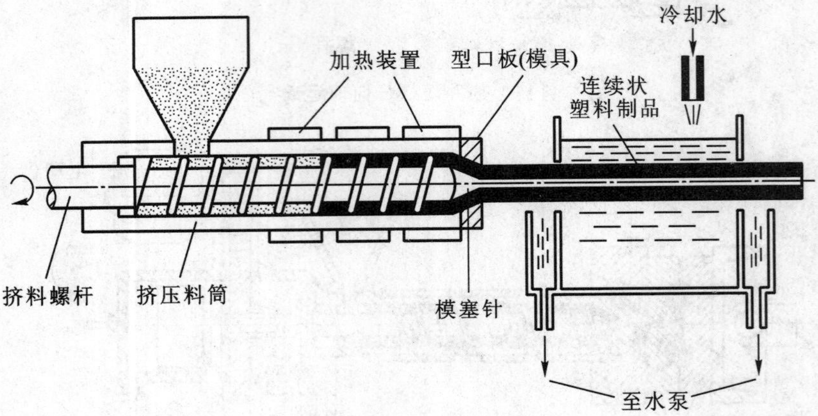

图 9-10　挤塑成形

(3) 吹塑成形(图 9-11)

吹塑成形又称中空成形，源于古老的玻璃吹瓶工艺。加工时将一个挤出的塑料圆柱体(即坯料，通常用挤出成形法获得)定位于对开模中，切断坯料，闭合模具。将压缩空气输入坯料中，使塑料管坯料沿模具壁膨胀且贴合，冷却后打开模具取出制品。该工艺主要用于生产热塑性塑料的薄壁中空制品，如轿车油箱及通风管、容器(包括各种瓶)、救生圈、加热器导管和密封带等。适用于吹塑成形的材料是聚乙烯、聚丙烯和醋酸纤维。

吹塑薄膜挤出成形工艺(图 9-12)无需成形模具，只是往一根连续挤出的管子(即坯料)中吹入压缩空气(其操作非常类似于吹气球)，以获得大而中空且薄(壁厚可达 0.1 mm)的管子，吹气膨胀后可用来做塑料袋制品或剖开制成薄膜。

(4) 真空板成形(图 9-13)

成形时将热塑性塑料板材、片材夹持在模具上加热至软化，用真空泵抽走板料与模具间所形成的封闭模腔中的空气(即抽真空)，故又称吸塑成形。在大气压力作用下，软化板材拉伸变形，与模膛内壁贴合，经冷却后定型即获得所需形状的制品。该工艺主要用于生产大尺寸的壳形制品，如汽车壳体、汽车或飞机用的控制板、护罩、小船、箱体、冰箱内胆及各类面板等。

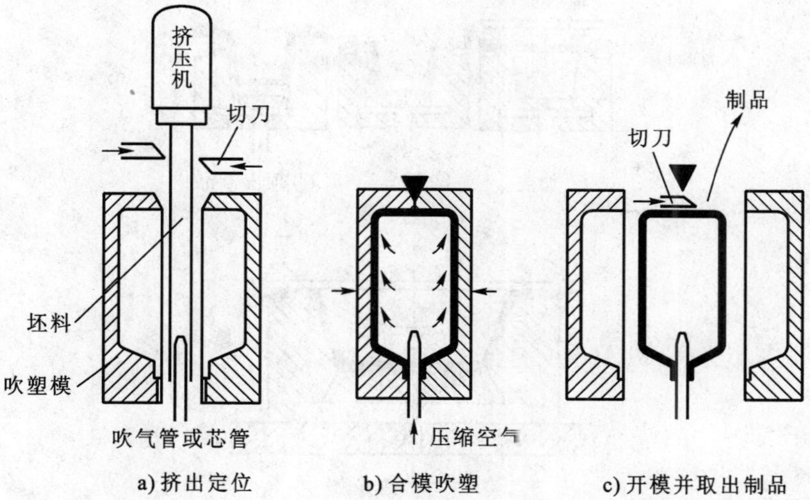

图 9-11　吹塑成形

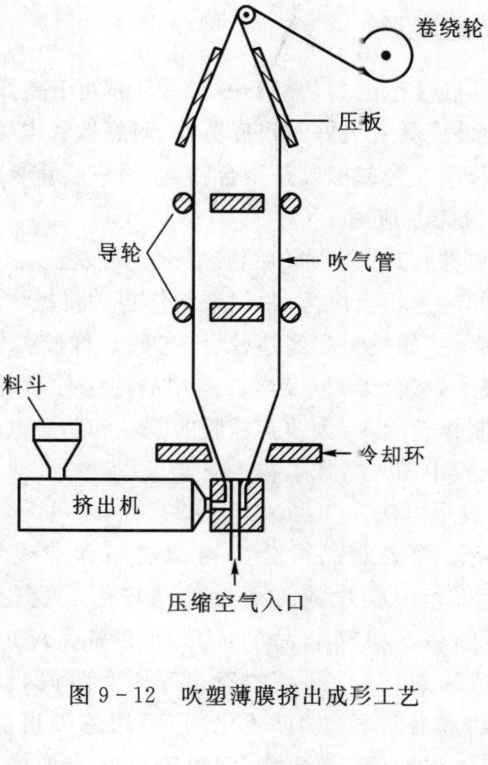

图 9-12　吹塑薄膜挤出成形工艺

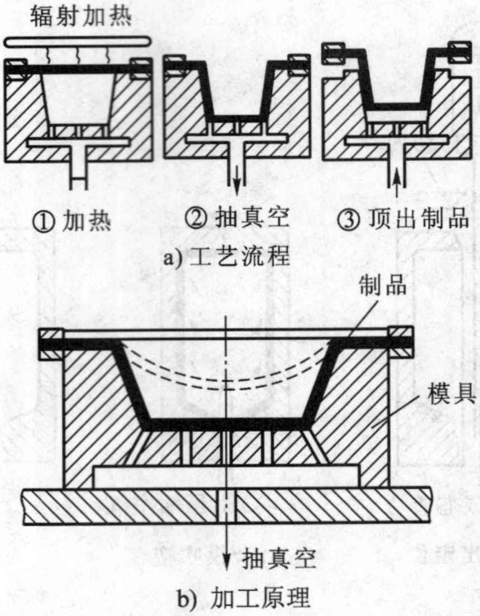

图 9 - 13　真空板成形

二、橡胶制品的成形

橡胶是在很宽的温度范围内(－50～150 ℃)都处于高弹性状态的高聚物材料，除了具有高弹性外还具有极好的耐疲劳性、耐磨性和电绝缘性能。天然橡胶从橡胶树的浆汁中获取。合成橡胶是聚合物，是另一类重要的高分子材料。

1. 橡胶制品的分类及应用

通常，橡胶行业将橡胶制品分为轮胎、胶带、胶管、胶鞋及橡胶工业制品五大类。

橡胶在工业中的应用相当广泛，常用来制作各种机械中的密封件(如管道接头处的密封圈)，减震件(如机床底座垫片、汽车底盘橡胶弹簧)，传动件(如三角胶带、传送带上的滚子、离合器)以及电器上用的绝缘件和轮胎等。轮胎所用的橡胶量是最大的。制作轮胎时，为改善橡胶的刚性和防止其断裂，提高轮胎对地面的附着力，应在橡胶中加入增强填料——炭黑。

2. 橡胶制品的成形方法

从生产过程来看，橡胶制品可分为模塑制品和非模塑制品两大类。橡胶工业制品中除胶布和用胶片加工而成的橡皮船、氧气袋等产品以外的大多数制品均为模塑制品。模塑制品的成形加工都要经过生胶的塑炼、胶体的混炼、模压成形或注射成形、制品的硫化等四个阶段。即将塑炼后的生胶(天然胶、合成胶等)和各种添加剂(硫化剂等)用炼胶机混炼而成的胶料，再按制品要求加入增强材料(玻璃纤维、钢丝等)，在成形模具中经加热、加压、硫化而获得所需制品。

(1) 生胶的塑炼

橡胶材料的高弹性虽然使其具有极高的使用价值,但也给加工带来极大的困难。如果不降低生胶的弹性,则在加工过程中为克服弹性变形将消耗大部分的机械能,且难以获得所需形状的制品。因此,必须在一定条件下将生胶从弹性状态转变为塑性状态,这个工艺过程称为塑炼。目前常用的塑炼设备有开放式炼胶机、密封式炼胶机和螺杆式塑炼机等。

(2) 胶体的混炼

使生胶和添加剂混合均匀成混炼胶的过程称为混炼。加工时,先将塑炼后的生胶在滚筒式炼胶机中预热,再按一定的顺序放入添加剂。一般应先放入防老化剂、增塑剂、填料等,最后放入硫化剂和硫化促进剂。

(3) 橡胶的模压成形

在橡胶工业制品的生产中,模压成形是使用最广泛的生产方法。所谓模压成形,就是将准备好的橡胶半成品置于模具中,在加热、加压的条件下,使胶料呈现塑性流动而充满型腔,经一定时间的持续加热后完成硫化,再经脱模和修边后得到制品的成形方法。其工艺流程如图 9-14 所示。

图 9-14　橡胶制品模压成形工艺流程图

此外,橡胶制品还可采用注射成形工艺获得。其工艺流程与塑料制品的注射成形工艺相似,主要包括喂料塑化、注射保压、硫化、出模等步骤。它是一种将胶料直接从机筒注入模具而硫化成形的生产方法。

三、复合材料的成形

复合材料是由两种或多种性质不同的材料组合而成的一种固体材料。它综合了各组成材料的优点,弥补了材料原有的不足。建筑中大量使用的钢筋混凝土就是复合材料。

1. 复合材料的分类及应用

复合材料一般由强度低、韧性好的基体材料(如塑料、橡胶等)和强度高、脆性大的增强材料(如玻璃纤维、有机纤维、金属等)组成。基体材料起粘结作用,增强材料起强化作用。复合材料有多种分类方法,按复合形式与增强材料种类的不同可分为以下几种。

(1) 层叠增强复合材料(图 9-15a)

它是以树脂为基体,用叠合方法将层状增强材料与树脂一层一层相间叠合而成的复合材料。用层叠复合材料制成汽车发动机的齿轮，可使机构实现低噪声运转。层叠材料还常用来制成天线罩隔板、机翼、火车车厢内壁、饮料纸包装等。典型的层叠复合材料有钢-铜-塑料三层复合无油润滑轴承材料。

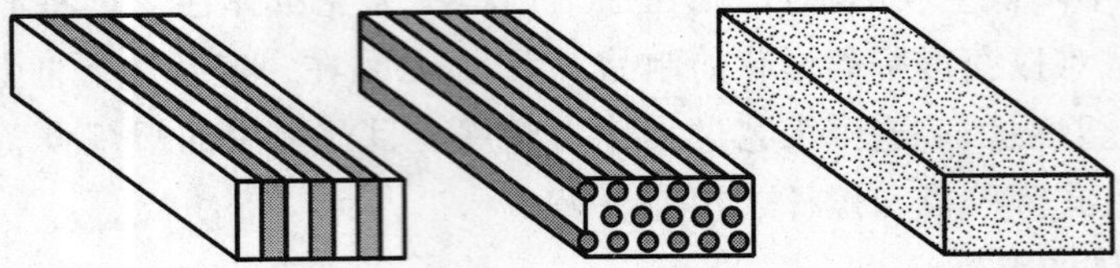

a) 层叠复合材料　b) 长纤维复合材料　c) 颗粒复合材料

图 9-15　复合材料的分类及结构

(2) 纤维增强复合材料(图 9-15b)

它是目前应用最广泛、消耗量最大的一类复合材料。用树脂做基体，玻璃纤维做增强材料而制成的纤维增强复合材料，俗称玻璃钢。玻璃钢问世以来，工程界才明确提出了“复合材料”这一术语。除玻璃钢外，常用的纤维增强复合材料还有纤维增强陶瓷、橡胶轮胎等。这类材料主要用来制造各种要求自重轻的受力构件，如汽车的车身、船体、机罩、贮罐以及齿轮泵、轴承等。

(3) 颗粒增强复合材料(图 9-15c)

它是由一种或多种颗粒均匀分布在基体材料内而制成的，颗粒起增强作用。常见的颗粒增强复合材料种类有树脂与颗粒复合(如橡胶用炭黑增强)以及陶瓷粒与金属复合(如金属基陶瓷颗粒)材料。目前，应用最为广泛的碳化硅颗粒增强铝基复合材料早已实现了大规模产业化生产，已批量用于汽车工业和机械工业中，制造大功率汽车发动机、柴油发动机的活塞、活塞环、连杆、刹车片等，同时还用于制造火箭及导弹构件、红外及激光制导系统构件等。

2. 常用复合材料的成形方法

生产中复合材料的成形方法，往往是按材料种类来分类的。

(1) 纤维增强材料

1) 缠绕法(图 9-16)　将浸泡过树脂的纤维缠绕在给定形状的心轴上，待树脂聚合后取走心轴即得到制件。目前这种方法已广泛使用计算机控制，使复杂的工程模型达到所需的要求。这种方法中增强剂常用玻璃纤维、碳纤维和硼纤维；树脂常用环氧树脂、硅树脂、热固性树脂等。纤维增强材料的典型制品有容器、管子、火箭外壳和飞机零件等。

2) 模具成形(图 9-17)　采用开式模时，将纤维和树脂放于与制品形状一致的凸模或凹模中，使其在不施压或低压条件下在空气中固化。此法所需设备少，模具常用木材、金属等制成，小批量时可用手工操作(图 9-17a)。当生产大

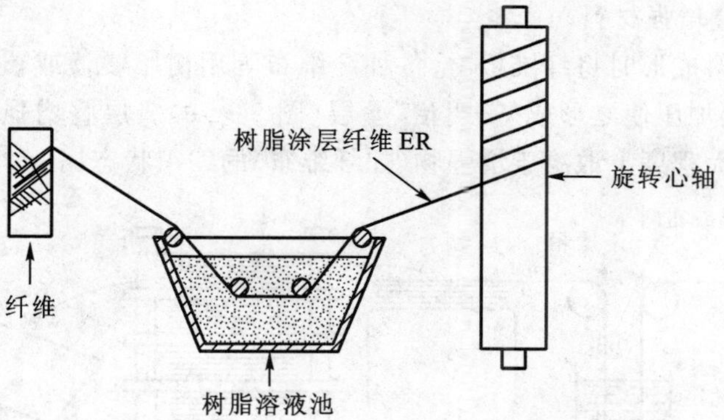

图 9－16　缠绕法

型制品时应采用喷射法(图 9－17b),此时切成小段的增强纤维和树脂一起喷射到模腔表面。这种成形方法的典型制品有玻璃钢船体、皮箱、车辆零件以及各类容器等。

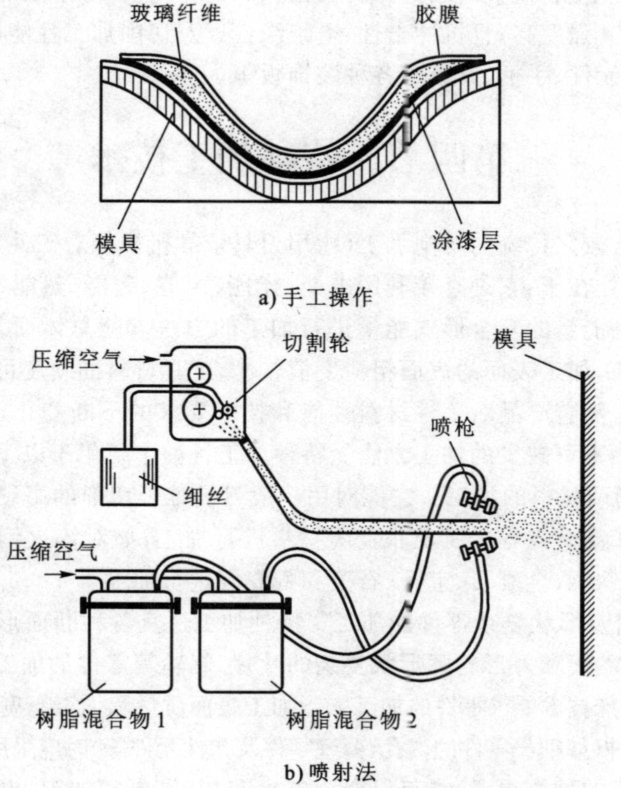

图 9－17　纤维增强材料的开式莫成形工艺

(2) 层叠增强材料

这种材料成形时将纤维板材、各种纤维布等用树脂浸渍或覆盖后一层层叠起来,并加热加压使之形成“三明治”叠层(图 9-18)。层叠增强材料的强度和方向性在很大程度上取决于增强物(如纤维布)的编织状态。

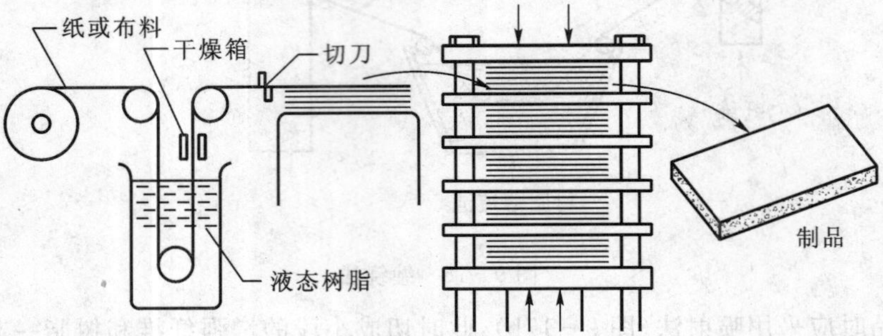

图 9-18　层叠增强材料的生产流程

通常层叠增强材料以板材、棒材、管材和其他一些特殊形状的制品作为坯料进行销售,因其强度高,且抗冲击性、电绝缘性以及切削加工性能好,故用来制造齿轮、电绝缘元件、手柄、家具和各种装饰板等。

第四节　特种加工技术

特种加工较之传统的切削加工(指用刀具依靠机械能对工件进行切削加工)而言,不同之处在于:它是直接利用电能、光能、声能、磁能、热能、化学能等形式的能量或几种能量的复合形式能量进行加工的方法。就总体而言,特种加工的加工精度较高,加工表面的表面粗糙度值较小;工具材料的硬度可大大低于工件材料的硬度。随着产品对工件材料性能和技术要求的不断变化,特种加工已成为工业生产中不可缺少的加工方法。特种加工目前主要用于以下几方面。

(1) 难切削材料的加工　它能对用一般刀具难于切削的高硬度、高强度、高韧性、高脆性、高熔点等金属及非金属材料进行加工,如对淬火钢、硬质合金、钛合金、耐热不锈钢、金刚石、宝石、石英和陶瓷等进行加工。

(2) 精密及形状复杂零件的加工　特种加工适宜各种断面形状复杂的模具型腔、炮管内腔线和外形轮廓形状复杂的叶片、蜗轮等零件的加工。

(3) 有特殊技术要求零件的加工　当加工表面质量和加工精度要求高、刚度很差、难装夹零件(如细长零件的内孔、薄壁零件及弹性元件等)时应采用特种加工。

特种加工的种类很多,本节仅介绍电火花加工、电解加工、电镀与电刷镀加工、超声加工和激光加工。

1. 电火花加工(EDM)

(1) 加工原理　人们在闭合电路保险盒时常常会看到接触处出现蓝光，这就是放电现象，此时，保险丝有可能被烧断而产生电蚀。电火花加工(EDM，electrical discharge machining)其实就是一个电蚀过程，该过程的四个阶段是：绝缘液体介质电离—火花放电通道形成—金属熔化或汽化—金属微粒脱离工件表面。电火花加工的工作原理如图 9-19a 所示。脉冲电源发出一连串的脉冲电压，加在浸于绝缘液体介质(多用煤油)中的工具电极(常用紫铜和石墨)和工件电极上，此时液体介质迅速发生电离，形成火花放电通道产生瞬时高温(高达10 000 ℃左右)，使局部金属迅速熔化，甚至汽化。每次火花放电后，工件表面就形成一个微小的凹坑。此脉冲放电过程连续不断，周而复始，随着工具电极不断向工件送进，结果在工件表面重叠起无数个电蚀出的小凹坑(图 9-19b)，从而将工具电极的轮廓形状精确地“复印”在工件电极上，获得所需尺寸和形状的表面。

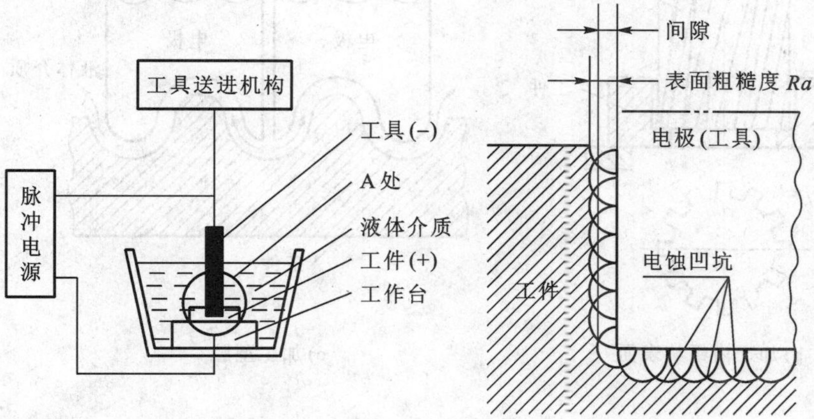

a) 加工原理　b) 加工过程

图 9-19　电火花加工

(2) 工艺特点及应用　电火花加工是特种加工中应用最为广泛的一种加工方式。其主要特点是加工适应性强，任何硬、脆、软的材料和高耐热材料，只要能导电都能加工；能胜任用传统加工方法难以进行的小孔、薄壁、窄槽及各种复杂截面的型孔和型腔的加工。加工中的脉冲参数可根据需要进行调节，工件安装方便，故在同一台电火花机床上可一次完成粗加工、半精加工和精加工。电火花加工的主要应用如图 9-20 所示。电火花加工主要有以下几种。

1) 电火花穿孔加工　适用于型孔(圆孔、方孔、多边孔、异形孔)、深孔、斜孔、弯孔以及小孔和微孔的加工。

2) 电火花型腔加工　主要用于锻模、挤压模、压铸模等模具型腔的加工，其加工尺寸范围大(小至汽车齿轮，大至汽车曲轴用的锻造模)。电火花型腔加工还包括型面加工和电火花表面雕刻(如获得具有微妙艺术性的凸凹花纹)等。

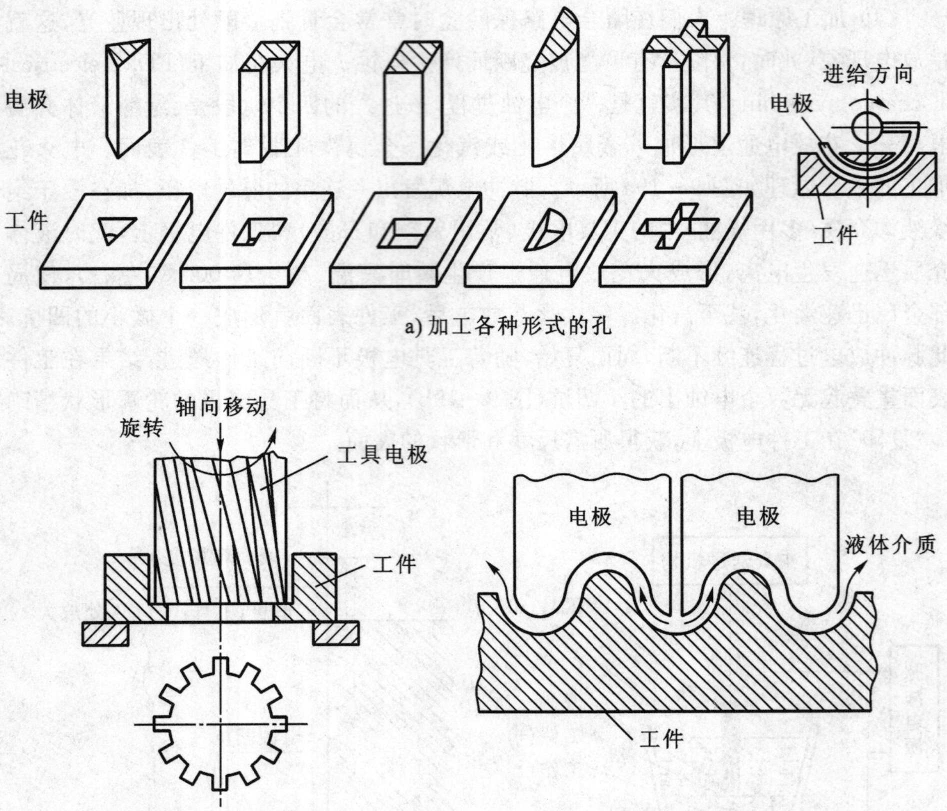

a) 加工各种形式的孔

b) 加工内螺旋表面　　c) 加工型腔

图 9-20　电火花加工应用实例

3) 电火花线切割加工　它是在电火花成形加工的基础上发展起来的。其成形原理是利用细金属丝(多用 ϕ0.02～ϕ0.3mm 的钼丝)做工具电极，电极由数控装置控制，按预定轨迹进行脉冲放电切割加工，故称线切割。由微机控制的线切割机床如图 9-21 所示。

线切割省去了成型的工具电极，缩短了生产周期，对新产品试制和小批量多变化零件的加工有重要意义。由于用做电极的金属丝作上下往复运动，因而受电蚀损耗量极小而且均匀，故线切割的加工精度大大高于电火花成型加工。电火花线切割加工广泛用于加工冲裁模(冲孔模、落料模)、样板和各种形状复杂的型孔、型面和窄缝。

4) 其他电火花加工　如电火花镗削、电火花磨削、电火花表面强化等。

2. 电解加工(ELM)

(1) 加工原理　电解加工(ELM，electro-lytic-machining)是将接于直流电源正极上的工件电极和接于直流电源负极上的工具电极插入导电溶液(即电解质溶液)

中，通过电极和溶液之间所产生的阳极溶解作用（图 9－22a，即工件阳极失去电子而工具阴极得到电子），使工件阳极表面的金属迅速溶解。随着工具阴极连续缓慢地向工件阳极送进，工件则不断地按工具轮廓形状溶解（图 9－22b），电解腐蚀物被高速流动的电解液冲走，最终工具的形状就“复印”在工件上。

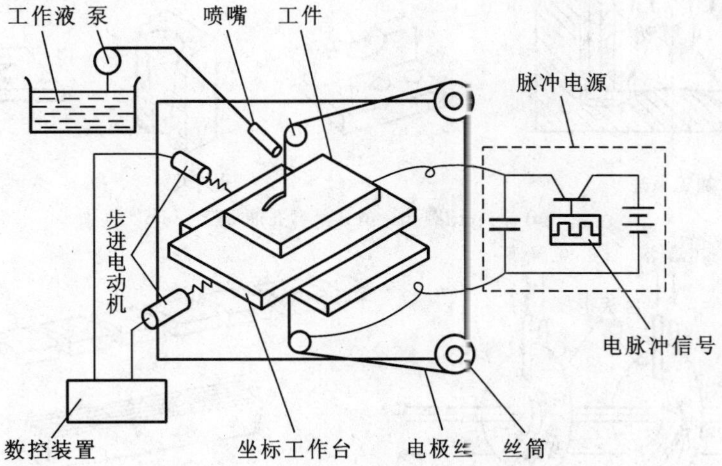

图 9－21　数控电火花线切割机床的工作原理图

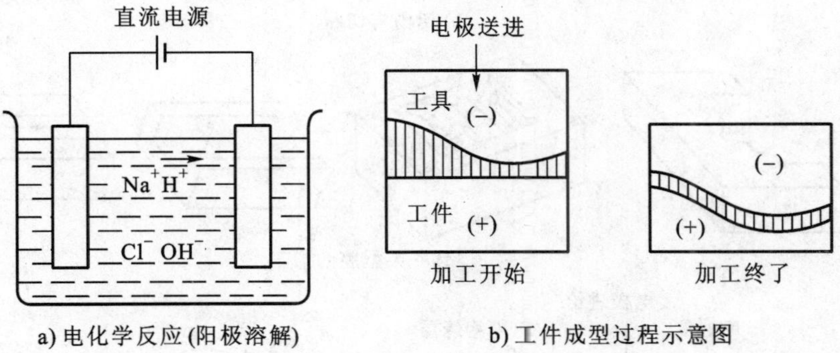

图 9－22　电解加工

(2) 工艺特点及应用　电解加工对工件材料的适应性强，不受材料的强度、硬度、韧性的限制，可以加工淬火钢、硬质合金、不锈钢和耐热合金等高强度、高硬度和高韧性的导电材料；加工过程中无机械力，加工表面不会产生应力、应变，也没有飞边毛刺，故表面质量好；工具电极理论上完全不被消耗，可长期使用，能以简单的进给运动一次完成形状复杂零件表面的加工，但加工精度较低；生产率较高，约为电火花加工的 5 倍～10 倍。电解加工的主要应用如图 9－23 所示。电解加工主要有以下几种。

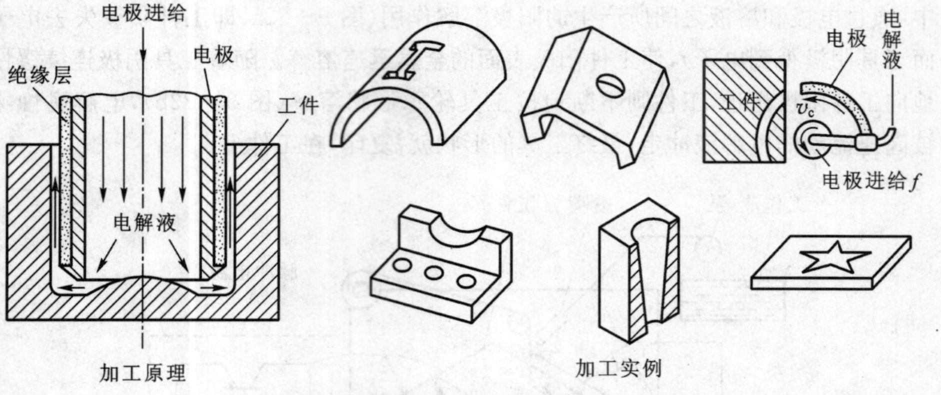

a) 各类孔(圆孔、型孔及弯孔)的加工

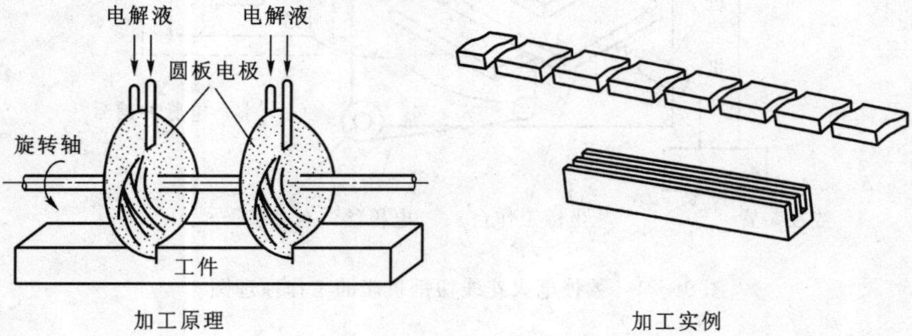

b) 切槽与切断

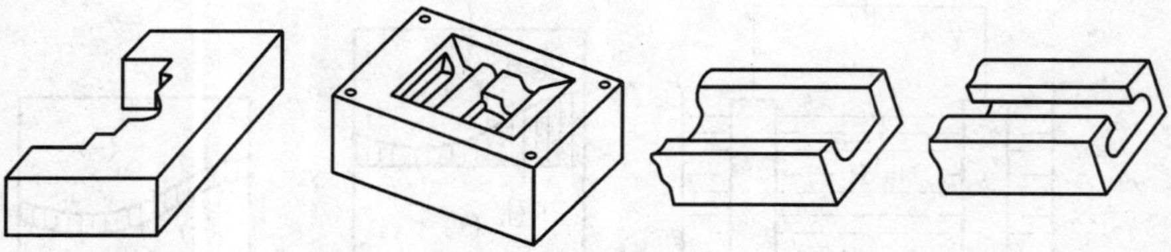

c) 各类型腔的加工

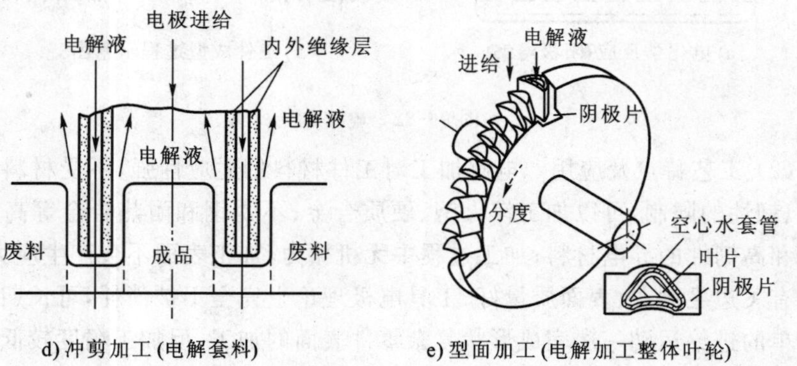

d) 冲剪加工(电解套料)　　e) 型面加工(电解加工整体叶轮)

图 9-23　电解加工应用实例

1）电解穿孔加工　它可以方便地加工深孔、弯孔、狭孔和各种型孔（图 9－23a）。这种加工方法的典型实例有，在耐热合金涡轮机叶片上加工孔径为0.8 mm，长150 mm的细长冷却孔，以及在宇宙飞船的引擎集流腔上加工弯曲的长方孔等。与电火花加工相比，电解加工可以显著地缩短加工时间。

2）电解型腔加工　生产中大多数模具的型腔形状复杂、工作条件恶劣、损耗严重，所以常用硬度、强度高的材料制成，此类零件用电火花加工，虽加工精度容易控制，但生产率较低。近年来，对于加工精度要求不太高的矿山机械、汽车、拖拉机所需锻模的型腔常采用电解加工方法加工（图 9－23c）。这种加工方法的典型实例有：连杆、曲轴类锻件的锻模模膛、加工汽车零件用的压铸模模膛以及生产玻璃用的金属模模膛等。

3）其他电解加工　电解成形加工的其他典型实例还有：汽轮机叶片、传动轴与叶片一体（图 9－23e）的叶轮等。电解加工还常用于切割（图 9－23b）、套料（图 9－23d）以及深孔的扩孔和抛光等。

3. 电镀与电刷镀加工

电镀属于电化学阴极沉积附着加工方法。电镀的目的是使很薄的电解沉积层紧密牢固地附着在工件或制品表面，起到耐腐蚀、强化及美化表面的作用。电镀需要镀槽，故又称槽镀。电镀时工件浸泡在镀液中，与镀刷间无相对运动。

电刷镀技术是电镀技术的新发展，又称涂镀、刷镀或无槽电镀，是在金属工件（或零件）表面的局部实现快速电化学沉积金属的新技术。电刷镀时，将包有棉花和耐磨涤棉套的高纯细石墨块（即镀笔）接在直流电源的阳极，工件接在电源的阴极。刷镀时使浸满镀液的镀笔与工件表面接触并保持一定压力（故又称为接触镀）。镀笔相对工件表面移动时，镀液中的金属离子在电场力的作用下沉积到工件阴极上形成镀层（图 9－24）。

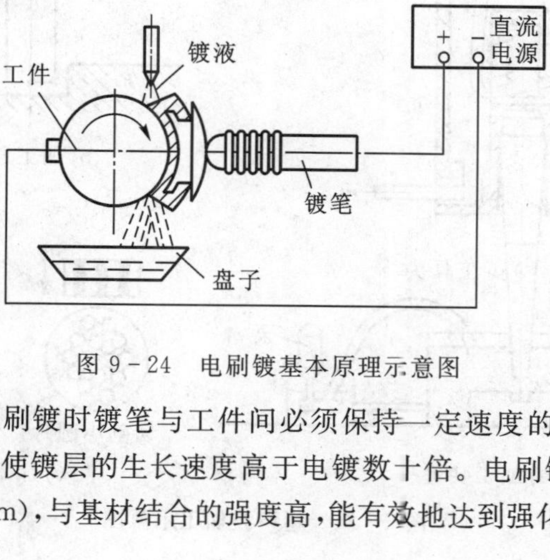

图 9－24　电刷镀基本原理示意图

与电镀相比，电刷镀时镀笔与工件间必须保持一定速度的相对运动，从而提高镀液的输送速度，使镀层的生长速度高于电镀数十倍。电刷镀镀层的厚度范围大（0.001 5～0.5 mm），与基材结合的强度高，能有效地达到强化零件表面的目的。

这种方法主要用于传动轴轴颈、机床导轨、压缩机缸体、活塞、柱塞等零件尺寸和形状磨损后的修复及表面划伤、压坑等缺陷的修补;切削加工中零件尺寸偏小的补救等。适宜作电刷镀镀层的材料种类多,采用电刷镀在零件、工艺品或建筑物表面镀膜,进行表面装饰性加工能增加其艺术性,获得可观的经济效益,如秦兵马俑表面的仿青铜色刷镀,世界诸多享有盛名的大教堂顶部的镀金等。

电刷镀无需镀槽,设备简单轻便(多为便携式或可移动式);适应性强,便于现场及野外操作,且对环境污染小,尤其适用于大型机械零件的不解体现场修复及野外抢修等。但电刷镀一般由人工操作,劳动强度较大。

【小结】

电解加工与电火花加工相比前者所需的设备及辅助费用较高,加工表面的表面粗糙度 Ra 值小,尺寸精度较低,生产率较高,故适宜大批量加工表面质量要求较高,加工精度较低的工件;而电火花加工零件的表面粗糙度 Ra 值大,尺寸精度较高,适宜单件、小批量生产加工精度要求较高、表面质量要求较低的工件。值得注意的是,电解加工中所用的电解液有腐蚀作用,使用时需采取防腐措施。为保护生态环境,必须加强对电解生成物的回收和处理。

4. 超声加工(USM)

(1) 加工原理　超声加工(USM,ultrasonic machining)有时也称超声波加工。超声波是指频率超过 16 000 Hz 的振动波(人耳能感受到的声波的频率为 16～16 000 Hz)。超声加工是将工件置于有磨料的悬浮液中,利用工具端面作超声频振动,通过磨料悬浮液加工硬脆材料的一种成形方法,其加工原理如图 9－25 所示。

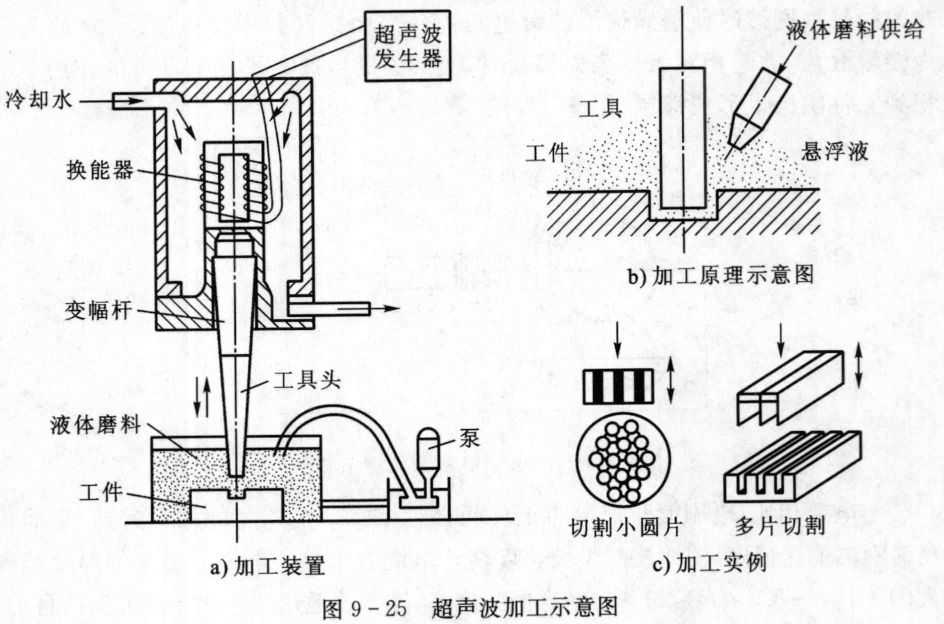

图 9－25　超声波加工示意图

超声加工时，换能器将超声波发生器产生的超声频振荡转换成小振幅的机械振动。变幅杆在将小振幅放大到 0.01～0.15 mm 的同时，驱动工具振动而冲击磨料，迫使工具与工件间悬浮液中的磨粒，以很高的速度不断撞击和抛磨工件表面，使工件被加工处的材料不断破碎成微粒脱落下来，随着工具不断送进，其形状就“复印”到工件上了。

(2) 工艺特点及应用　超声波加工适宜加工各种硬脆材料，尤其适宜加工用电火花和电解方法难以加工的不导电材料和半导体材料，如宝石、玛瑙、金刚石、玻璃、陶瓷、半导体锗和硅片等不导电的非金属硬脆材料。其加工质量优于电火花和电解加工，常用于因受较大切削力产生变形而影响加工质量的薄片、薄壁及窄缝类零件，各种形状复杂的形孔、型腔、成形表面的加工，以及用于刻线、分割、雕刻和研磨等(图 9-26)。此外，超声加工还常用于焊接和清洗中。

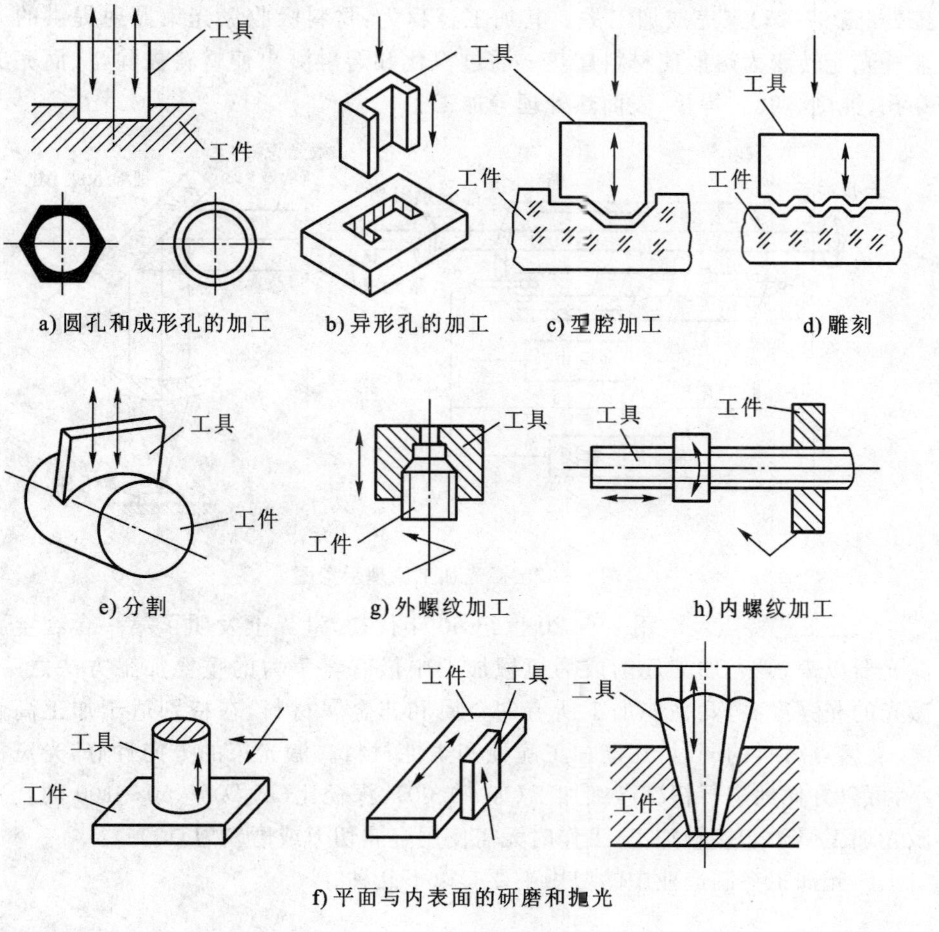

a) 圆孔和成形孔的加工　b) 异形孔的加工　c) 型腔加工　d) 雕刻

e) 分割　g) 外螺纹加工　h) 内螺纹加工

f) 平面与内表面的研磨和抛光

图 9-26　超声波加工应用实例

超声加工的生产率较低，但加工精度和表面粗糙度都比电火花、电解加工好，故生产中加工某些硬脆导电材料(如硬质合金、淬火钢等)的高精度零件和模具时，通常采用超声-电火花(或电解)复合加工，即先用电火花或电解加工进行粗、半精加工，然后再用超声加工进行精加工。

5. 激光加工(LBM)

激光是激光器发射出的光束①。激光也是一种光，除了具有一般光(如太阳光、灯光)的共性(如反射、折射等)，还具有自身的特性。激光加工是用激光为热源，对材料进行的热加工。

(1) 加工原理　激光的主要特性之一是，可以通过聚焦产生巨大的功率密度(10^5～10^{13} W/cm^2)，焦点的温度高达 10 000 ℃以上。激光加工(LBM，laser beam machining)正是利用了激光的这一特性，将高能激光束照射在工件的被加工处(图 9－27)来完成加工的。其加工过程为：材料吸收激光束照射提供的光能—光能转变为热能使材料加热—通过汽化和熔融溅出使材料去除，从而完成穿孔、蚀刻、切割、焊接、表面热处理等加工。

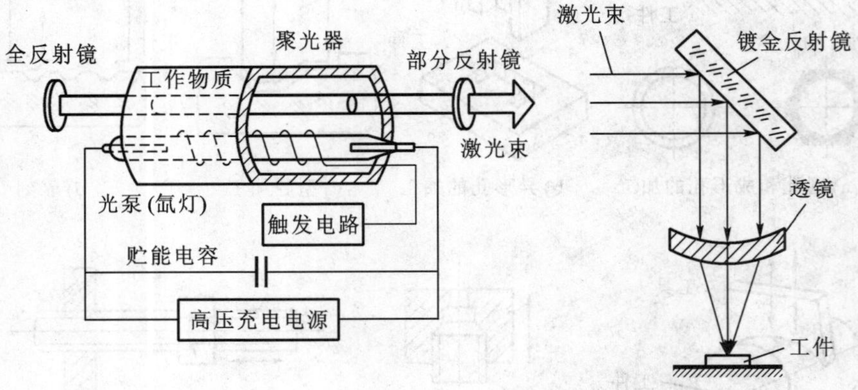

图 9－27　激光加工原理示意图

(2) 工艺特点及应用　自 20 世纪 60 年代初，世界上发明了第一台红宝石激光器以来，激光加工逐渐成为机械加工中最有竞争力的重要加工方法之一。激光的光强度高，几乎能加工所有的金属和非金属材料，在特别适于加工高硬度、高熔点材料的同时，还能加工脆性和柔性材料。激光束的方向性好，光斑极小，可以方便地进行精密微细加工(如 ϕ0.001，深径比(L/D)达 50～100 的孔)。激光加工属于非接触加工，工作时无需使用金属切刀或磨料刀具。

激光加工在制造业中的应用主要有以下几种。

① 引自辞海 993 页

1）激光打孔　利用激光几乎可以在任何材料上打微型小孔，最典型的应用实例是金刚石拉丝模孔、钟表上的宝石轴承孔、化学纤维喷丝头的小喷孔、火箭及柴油发动机的喷油嘴孔等的加工。其所加工的最小孔径可达 0.01 mm 以下，深径比大约为 50∶1 左右。激光打孔加工的效率很高，在直径为 100 mm 的喷丝板上，用数控激光加工只要 2～3 h 就能打出 1 万多个直径为 0.06 mm 的小孔。在金刚石拉丝模上用机械方法打孔所需 24 h 完成的工作，用激光打孔只需 2 s，提高工效 43 200 倍。因此，这种加工方法适用于自动化和流水作业线生产。

2）激光切割　激光是一种能高质量、高速度进行切割的有效工具。激光切割加工的原理与激光打孔相同，是一种热切割方法，其切缝窄（0.1～0.5 mm），热影响区小。这种加工除了广泛用于钢铁、船舶、汽车行业中对金属板材的切割外，还用于非金属材料（木材、塑料、橡胶、布料、纸张、多层纤维、石英、陶瓷、玻璃等）的切割。激光不仅能透过玻璃焊接，也能透过玻璃切割，这一特性是任何一种机械加工方法都不具备的。在有些情况下，激光切割可提高效益 8～20 倍。用激光切割钢材时可降低费用 70%～90%。

3）激光表面强化处理　这是一项新的表面处理技术，通过对金属制品表面的强化，可以显著地提高材料的硬度、强度、耐磨性、耐蚀性和高温性能等，从而大大提高产品的质量和附加值，成倍延长产品的寿命和降低生产成本，取得巨大的经济效益。目前该技术已广泛用于汽车、机床、轻工、纺织，军工等行业中的刀具、模具和零配件的表面强化中。

4）激光焊接　它是利用激光束“轰击”焊件所产生的热量进行焊接的一种熔焊方法。与激光打孔相比较，激光焊接时需要激光提供的能量密度较低，其热量只需将焊件的焊缝区熔化即可。激光焊接所需的加热时间（即激光照射时间）极短，约为1/100 s左右，焊接过程迅速，热影响区小，焊缝质量高。这种方法既可焊接同种材料，也可焊接异种材料，还可透过玻璃进行焊接。采用激光进行深熔焊接，其生产率较之传统焊接方法（如焊条弧焊等）提高数十倍。目前激光焊接在印刷电路板的焊接，尤其是片状元件组装、显像管电子枪的焊接、集成电路封装、汽车车架拼装、飞机发动机壳体及机翼隔架等零件的生产中得到了成功的使用。

在汽车制造中有 50%以上的零件可以用激光加工，其中激光焊接占 40%左右。汽车装配线上采用激光切割取代传统的修边模（去除飞边等），采用激光焊接取代传统的电阻焊等方法焊接车身，大大降低了成本。据介绍，美国汽车工业采用激光焊接技术后，每辆汽车车身的成本节约 100 美元。同时废料率下降，材料利用率得到提高。

激光在非制造业中的主要应用有以下几种。

1）医学方面　首例激光的临床应用是用于眼外科手术治疗视网膜脱离，激光为施行这种极其复杂的手术提供了一种最安全、最实用的工具。激光还用于摘除白内障、为青光眼降压，以及用于常规手术、内窥镜、射线治疗和探伤、拔牙、治牙等方面。

2）军事方面　主要用于模拟训练，如范围搜索、靶子显示、目标摧毁、对抗演习等。

3）通讯方面　激光的频率较之无线电波的最高频率高出数十亿倍，利用光纤电缆运载激光可极大地提高数字传输能力。

4）日常生活方面　激光的应用包括家庭安全系统（指纹识别）、信用卡上的全息照片及日用品包装上的光学条形码等。

激光系统与数控机床、机器人和计算机辅助制造（CAM）技术有机地结合起来，可构成一种极其灵活，适用于多品种、小批量生产的加工系统。激光直射、反射或散射到人体时，会对眼睛和皮肤造成不同程度的损伤。充分认识激光束的潜在危害，采取切实有效的防护措施，确保人员和设备的安全是推广激光加工技术的关键之一。图 9－28 所示是用于焊接核电站设备时采用的光纤传导激光焊接机器人。

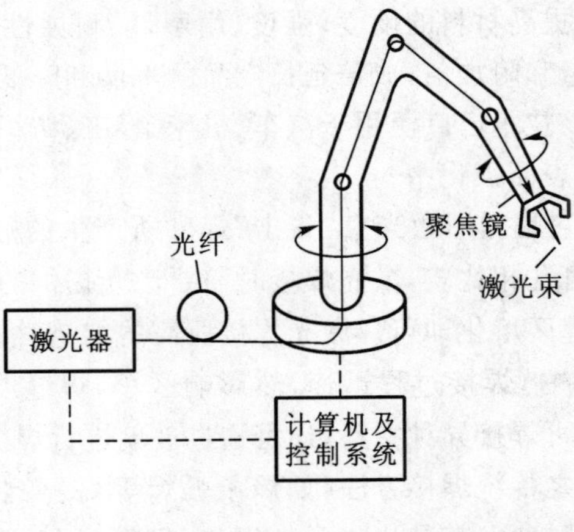

图 9－28　光纤传导激光焊接机器人

第五节　快速原型制造技术

20 世纪 80 年代中期，一种以 CAD/CAM 技术和计算机立体模型技术为基础的“渐增”式生长模式从根本上改变了制造技术传统的“切除”式加工模式，这种方法叫做快速原型制造（RPM，rapid prototyping manufacturing）。它最早问世于美国，并在很短的时间内完成了数十种 RPM 工艺技术的研究、开发与商品化过程，属于局部制造理论范围内的研究成果。

一、快速原型制造技术(RPM)的概念

快速原型制造(RPM)是由计算机数据信息驱动设备(如数控铣床、快速成型机等),直接制取零件的物理模型(即原型)的工艺方法,是目前应用最广、最成熟的快速成形方法。它最基本的特征是“分层制造”,即三维实体均可以由一系列连续的二维薄切片堆叠而成。采用快速原型制造不需要刀具、磨具、工装和模样,只需先设计出零件的三维 CAD 模型(图 9-29a),再利用 CAD 软件对三维模型进行离散化处理(图 9-29b)。接下来是用 CAM 软件对三维模型进行切片分层,就得到一系列厚度为 0.1~0.8 mm 的二维薄切片(图 9-29c),最后将每层切片的几何信息和生成该切片的最佳扫描路径(图 9-29d)信息直接存入控制数控系统的命令文件中。通过计算机控制三维数控系统,用激光烧结或其他方法,将原材料按最佳扫描路径逐层加工出来并自动堆叠(即“渐增生长”),从而快速制造出复杂零件的原型(即实物模型)或零件。不难看出,这种工艺方法是运用了软件离散—材料堆积的原理实现原型或零件成形的过程。

a) 用CAD系统生成三维零件模型　b) 用CAD软件对零件离散化　c) 用CAM软件进行切片　d) 用CAM软件生成最佳扫描路径

图 9-29　快速原型制造中零件模型的处理流程

二、快速原型制造技术的主要工艺

目前,世界上已投入应用的 RP 装置所采用的主要工艺方法有立体印刷(SLA)、选择性激光烧结(SLS)、分层实体制造(LOM)和熔融堆积制造(FDM)等。

1. 立体印刷(SLA)

立体印刷(SLA,stereo lithography apparatus)又称液态光敏树脂选择性固化,它是基于液态光敏树脂的光聚合反应原理工作的。首先利用 CAD 系统设计出零件的三维模型,将三维模型分层“切片”。接着,紫外激光束在数控装置的驱动下,根据计算机给出的扫描路径对工作台面上的一层液态光敏材料逐点扫描,被扫描部分固化后黏在工作台面上,未被照射的部分仍是液态树脂。一层固化后升降架下降,使固化层的表面又覆盖一层新的液态光敏树脂,然后再用紫外

激光束进行第二层扫描，使之成为新的固化层并牢固地黏在前一层上。如此重复，直到制造出所需零件的三维实体原型为止（图 9－30）。

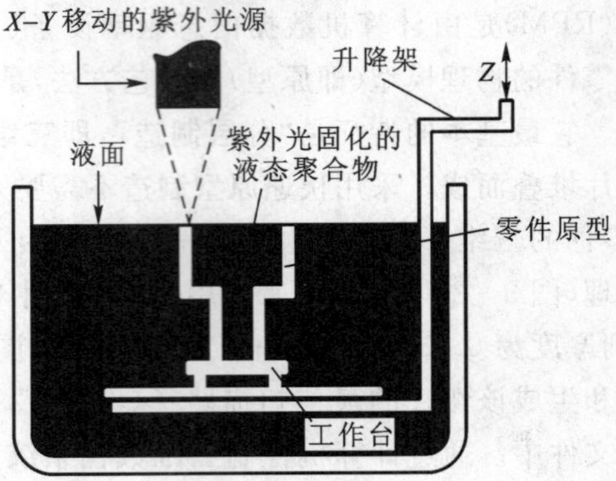

图 9－30　立体印刷（SLA）工作原理图

目前已广泛采用计算机立体模型和 SLA 原型制造技术，用高温有机复合材料来制造齿轮箱体、传动轴、齿轮和轴承等零件的原型。用这种方法也能直接得到塑料制品，此外，还可用光敏树脂制成模样代替蜡模直接用于熔模铸造。用该方法获得的原型和制品表面粗糙度 Ra 值小，尺寸精度较高。其不足之处是必须有支撑结构，否则成形过程中截面结构无法定位；光敏材料有气味，污染空气，有的人会因其产生皮肤过敏反应等。

2. 选择性激光烧结（SLS）

选择性激光烧结（SLS，selective laser sintering）又称为选区激光烧结，其工作原理与 SLA 相似。它与 SLA 的不同之处在于，它的成形材料是粉末材料，如蜡粉、PS 粉、ABS 粉、尼龙粉、覆膜陶瓷粉和金属粉等，而不是液态光敏聚合物。

这种工艺方法成形时，首先储料筒内的活塞上升，将一层粉末经顶部铺粉圆辊铺洒在工作台上面或上一步形成的原型的上表面，并刮平。激光束在计算机的控制下，根据从三维 CAD 立体模型中得到的数据，对零件轮廓截面内的粉末进行烧结；其余部分粉末不烧结，留在原处对加入的第二层粉末起支撑作用。当一层截面烧结完后，再送入新的一层材料粉末，选择性烧结新一层截面，并与下面已成形的一层截面粘接起来。如此重复，直到获得所需零件的原型（图 9－31）。

SLS 方法与其他快速原型方法相比，突出的优点是能加工出最坚硬的原型或零件。如烧结覆膜陶瓷粉末或覆膜金属粉末时，得到成形件后，将其放入加热炉中，烧掉其中的粘结剂，并在所形成的孔隙中渗入填充材料（如铜），可得到坚硬的原型或零件。SLS 优于 SLA 以及 LOM（分层实体制造，laminated object manufacturing）的另一特点是可以在一个原型或零件顶部再造一个原型或零件。目前，SLS 主要用于小批量制造模具及 EDM 电极等。为了提高原型的强度,SLS的材料研究方向主要集中在金属和陶瓷领域。

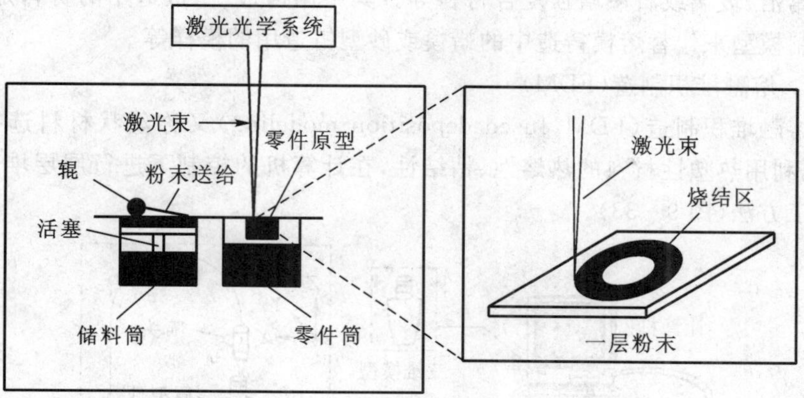

图 9-31 选择性激光烧结工作原理图

3. 分层实体制造(LOM)

分层实体制造(LOM,laminated object manufucturing)工艺又称薄型材料选择性切割(图 9-32)。加工时,激光器根据计算机提供的CAD零件轮廓数据,将放在工作台上的薄层材料切成零件原型的轮廓。接着将另一薄层材料黏在第一层上,再切去多余部分。如此反复进行,便"生长"出所需的三维实体模型。它与激光选择性烧结的不同之处是,用分层实体制造工艺时,是用激光在原材料薄片(如纸、塑料薄膜等)上切出零件原型的轮廓。

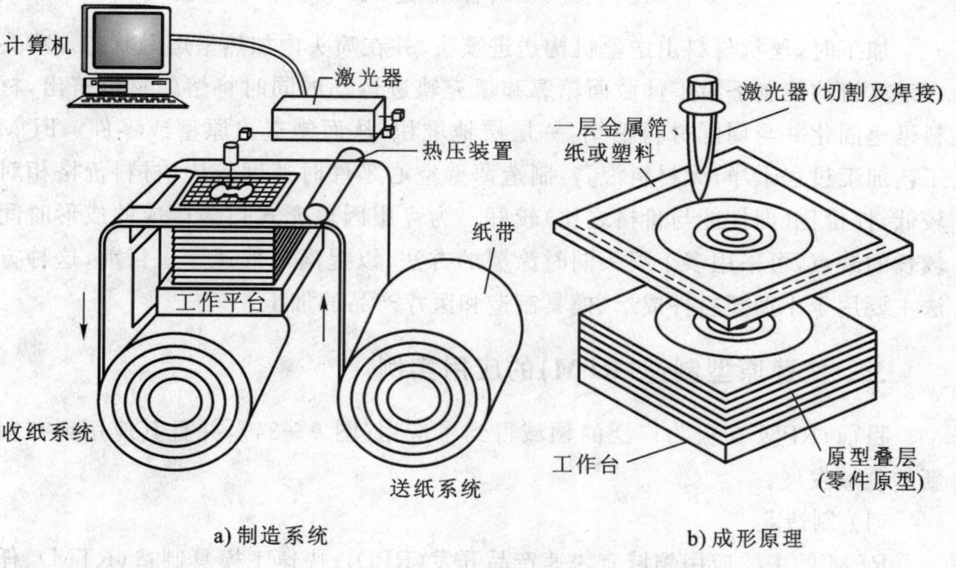

图 9-32 分层实体制造

适用于此技术的材料有:纸、涂有粘结剂的塑料薄膜、表面敷有低熔点合金的金属箔、玻璃或石墨增强复合材料等。其中用得最广、最适用的材料是纸,如用纸制模型来代替熔模铸造中的蜡模或砂型铸造用的模样等。

4. 熔融堆积制造(FDM)

熔融堆积制造(FDM,fused deposition modeling)又称丝状材料选择性覆熔,是利用热塑性材料的热熔性、粘结性,在计算机的控制下进行层层堆积成形的加工方法(图 9－33)。

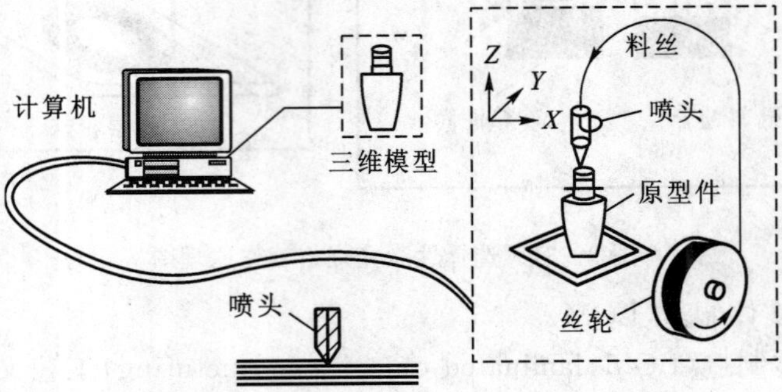

图 9－33　熔融堆积制造加工原理

加工时,丝状材料由送丝机构送进喷头,并在喷头内加热呈熔融状态。喷头在计算机的控制下沿零件截面轮廓和填充轨迹运动的同时将熔融材料挤出,材料迅速固化并与周围材料粘结,一层层地堆积,从而制造出原型或零件。FDM工艺加工过程干净,无材料浪费,制造薄壁空心零件时速度较快,材料价格相对较低,性价比(即性能与价格之比)较好。为克服因填充式扫描造成的成形时间较长的缺点,可采用多个喷头同时涂覆的方法,以提高成形速度。目前,这种方法主要用于小型塑料件成形、模具制造和医疗产品的加工。

三、快速原型制造(RPM)的应用实例

目前,RPM 在极为广泛的领域得到了应用(图 9－34),并且其应用还在向新的领域发展。

(1) 制造业

RPM 的主要应用领域有快速产品开发(RPD)、快速工模具制造(RTM)、任意成形(FF,freeform fabrication,即任意形状的零件都可以一步加工出来)、快速铸造(RC)以及微型机械的制造等。目前,海尔、海信、科龙、春兰、长虹等多家公司都已采用 RPM 技术来开发新产品,为客户制造原型及各种模具,如注塑模、压铸模等。

(2) 军事领域

RPM 主要应用于军事卫星及航测数字图像处理、军事武器(如炸弹、火箭等)的制造、三维地图模型的制作等。海湾战争期间,美军根据伊拉克地下掩体的深度和坚固性,利用与信息技术紧密结合的 RFM 技术,在不到一周的时间内完成了新型炸弹从设计、制造到装配、测试的全过程,并空运至战场。

零件

波轮

箱体

a) 机械产品

图腾

b) 工艺品

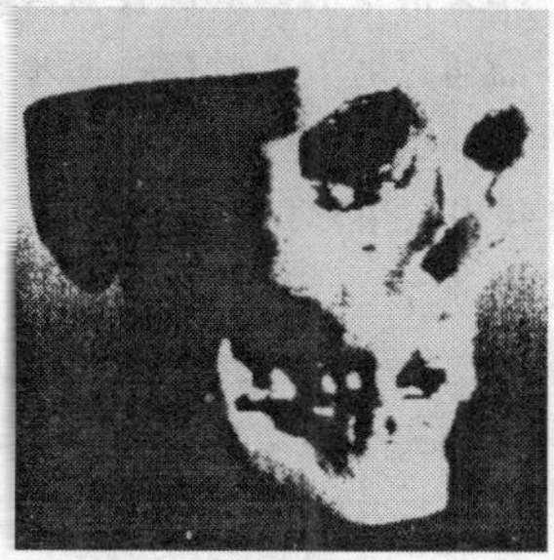

颌骨

c) 人体骨骼

手机壳

电视机壳

电奶锅锅座

d) 家电产品

图 9-34　快速原型制造技术的应用举例

(3) 航天领域

空气动力学地面模拟实验(即风洞实验)是设计性能先进的天地往返系统(即航天飞机)所必需的重要技术环节。采用 RPM 技术,根据严格的 CAD 模型,由快速成形制造系统(RPS)就可以自动完成形状复杂、精度要求高,且具有流线形特征的模型的制作。我国863计划中的航天领域项目在这方面已取得很大进展。

(4) 文物、考古、美学等领域

RPM在这些领域中的应用包括,工艺品、首饰、灯饰、家具、建筑装饰、建筑与桥梁的外观设计,以及古建筑和文物的复原等。

(5) 医学领域

医学领域已成为RPM研究的热点。RPM主要应用于颅外科、牙科、人体器官、人造骨骼、辅助病理诊断、假肢、畸形修复等方面。

【例】 人造骨骼的制造

在人造骨骼研究领域,用传统方法(如数控铣法、材料加发泡剂成形法等)来制造人造骨骼的周期长,产品大小、形状不完全符合患者的实际情况,其修复效果不甚理想;更由于人造骨骼内部微孔的数量、大小、分布及形状不可控制,影响了组织液的渗透和骨细胞长入材料内部,从而使人造骨骼在临床上的应用受到很大制约。

近十年来清华大学等高校与医院合作,利用RP技术开发人工生物活性骨骼已有一定的突破。下面通过对人造骨骼成形步骤的介绍,从另一个层面加深对RPM技术的理解。人工生物活性骨骼(即人造骨骼)的成形步骤如下:

(1) 利用医用CT扫描或磁共振方法获取骨骼断层内、外腔的数据,并用CAD技术建成骨骼的三维模型;

(2) 经过分层、加支撑等数据处理,在快速成形机上采用一种生物可降解材料制造出人工骨骼内腔的三维骨架和外腔模型;

(3) 将骨骼内腔的三维骨架放置到骨骼外腔的模具内,两者间的空隙处填充浆状自凝固羟基磷灰石(HA)和骨生长因子(BMP)的混合物,成形后去除外腔模具,得到生物活性骨骼(参见图9-1)。这种人造骨骼置入人体内若干天后便与原骨骼组织长为一体,达到了材料、成形、生物活性的统一。

用快速成形技术制作人工生物活性骨骼,其生产周期短,从数据采集到制出成品仅需几天;由于骨骼材料具有极好的生物相容性和可降解性,可以逐渐被人体再生骨组织所替代。

四、反求工程

反求工程(RE,reverse engineering)也称反(逆)向工程或再生工程。它是一种工程方法,通过快速检测及三维CAD重构技术,提供了由实物直接获得CAD模型的途径,从而完成对已有实物(即被测对象)的仿制、改进或发展创新。反求内涵包括形状反求、材料反求、工艺反求,目前形状反求具有最为重要的地位和作用。

【例】 人体残肢的反求

对于疾病以及意外事故引起的外伤,有时要将有病的或失效的部分从人体分离,从而达到使人的生命以及剩余肢体得以保全的目的。为了提高截肢者的生活质量,需用人工肢体(即假肢)来弥补肢体缺损,代替部分已丧失的功能。典型的小腿假肢结构如图9-35所示。

容纳残肢的接受腔是假肢最关键的部件，它是一个包容残肢的腔体，起到连接残肢与支撑的作用。

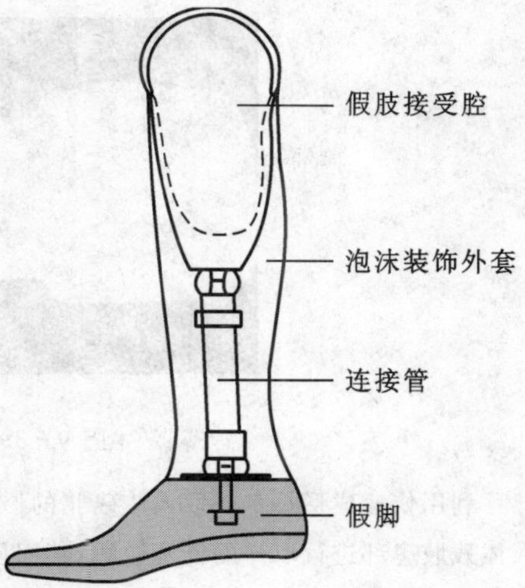

图 9-35　小腿假肢结构

(1) 假肢接受腔的传统制造工艺(图 9-36)

不难看出，传统的接受腔制作是一个周期较长且复杂的工作，患者穿戴假肢的舒适度主要取决于假肢矫形师的经验和专业水平的高低。

(2) 假肢接受腔的快速原型制造工艺流程(图 9-37)。

利用快速原型制造技术制作假肢接受腔时，首先对残肢进行快速检测(如利用激光检测)来获取残肢数据，再经过三维 CAD 重构技术得到残肢的三维模型(图 9-38)，接着利用快速成形技术制取人体残肢的原型(图 9-39)。该工艺从根本上改变了过去依靠手工进行设计、测量、取型、修型等环节的落后的生产模式。

获得假肢原型后，则以它为模型(阳模)，采用真空热成形技术(参见图 9-13)，来制取假肢接受腔(阴模)。目前真空热成形技术常用的材料有低密度聚乙烯热塑板、高密度羟分子聚乙烯热塑板、聚酰胺热塑板以及聚酯热塑板等。

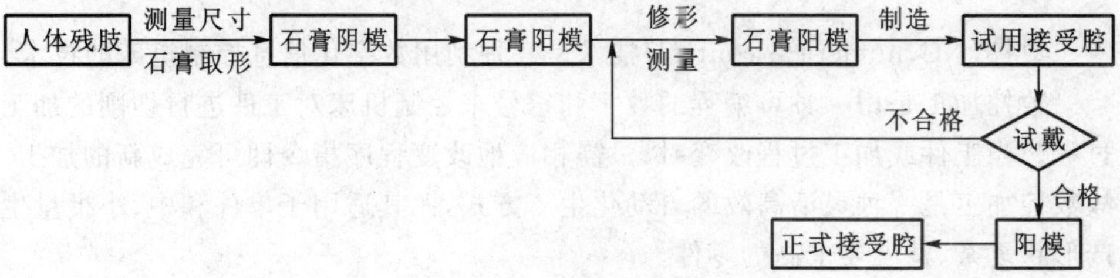

图 9-36　假肢接受腔的传统制造工艺流程图

图 9-37　假肢接受腔的快速原型制造工艺流程

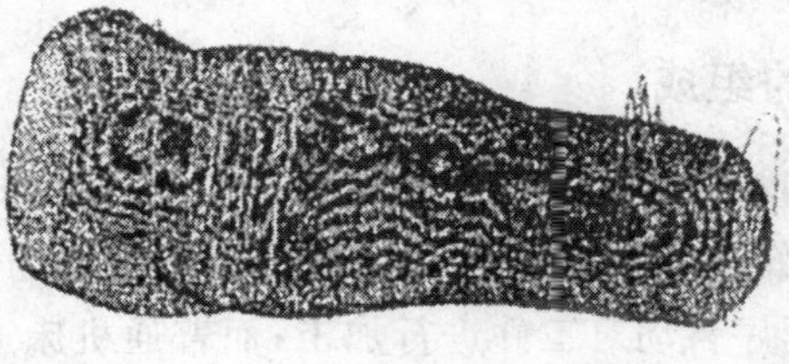

图 9-38　残肢扫描原始数据三维模型

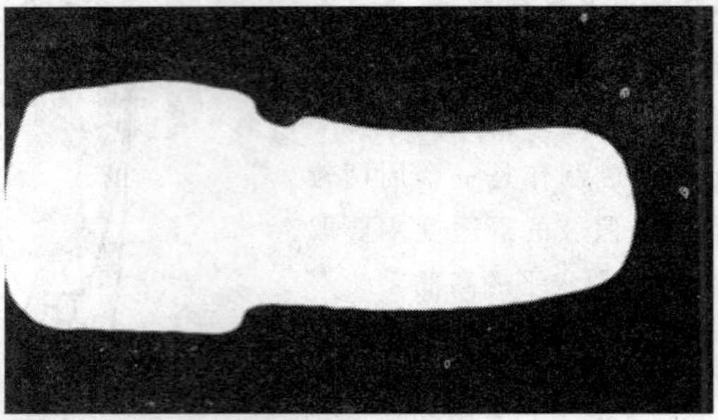

图 9-39 人体残肢原型

利用快速成形技术获取人体残肢的原型,从根本上改变了长期以来用石膏直接涂敷在人体残肢患部进行取样的传统做法,其实质是用 CAD/CAM 技术取代传统的手工制作。利用快速成形技术,通过方法的改变从而快速、准确地获取数据,可减轻患者的痛苦,提高康复效果和一次制作成功率,这是假肢接受腔制作过程的一次突破,充分体现了对肢体患者个性的尊重,为广大残疾人带来了福音。

第六节 数控加工技术

数控(NC,numerical control)技术是一种利用数字化信息控制机床的技术。

数控加工是用一种可编程的数字和符号来控制机床对工件进行切削的加工过程。当工件或加工过程改变时,只需相应地改变程序指令即可完成新的加工,故数控加工是一种灵活高效的自动化生产方式,尤其适用于单件和中、小批量生产形状复杂、精度要求高的零件。

数控机床是用数字信息进行控制,在工作过程中按照规定的程序实现自动化加工的机床。目前将数控机床分为数控车床、数控铣床、数控磨床以及数控火焰切割机、数控线切割机、数控激光加工机床等 16 大类。1952 年 3 月,美国麻省理工学院(MIT)成功研制出世界上第一台数控铣床。1958 年我国开始进行数控机床的研制,1975 年研制出第一台加工中心(是备有刀具库、自动换刀机构以及工件自动交换装置,能对工件进行多工序加工的多功能数控机床)。

一、NC 机床的组成

数控机床和普通机床一样,都需要通过刀具(或磨具)与工件的相对运动来实现切削加工,两者的不同之处在于控制切削运动方式的不同。NC 机床是按预先编制好的加工程序自动对工件进行加工;而普通机床通常必须由手工操作来完成整个加工过程。一般数控机床主要由机床本体、伺服系统、数控装置和控制介质组成(图 9-40)。

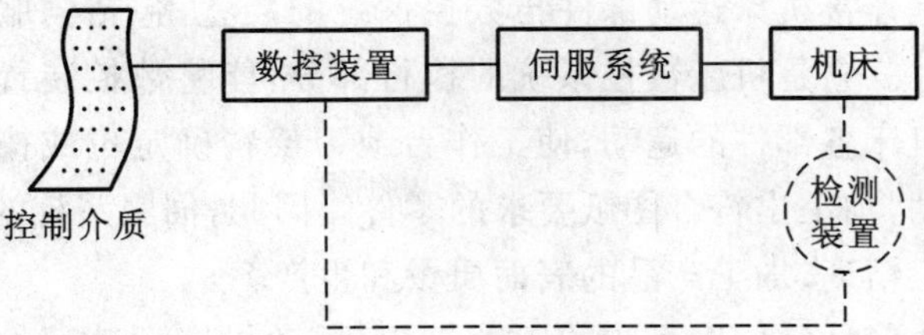

图 9-40　数控机床的组成

1. 控制介质

控制介质又称信息载体，是将人的操作意图转达给数控机床的中间媒介，它载有加工一个零件所必需的全部信息。一般说来，数控机床的输入装置有两类：一类是使用数码拨盘、字符键、按键等进行手动输入的装置；另一类是使用穿孔纸带、穿孔卡、磁带、磁盘、光盘等控制介质的自动输入装置。

2. 数控装置

数控装置是数控机床的中枢，一般由输入装置、控制器、运算器和输出装置组成，如图 9-41 中的虚线方框所示。它接受控制介质送来的信息，加以变换和处理后控制机床的动作。

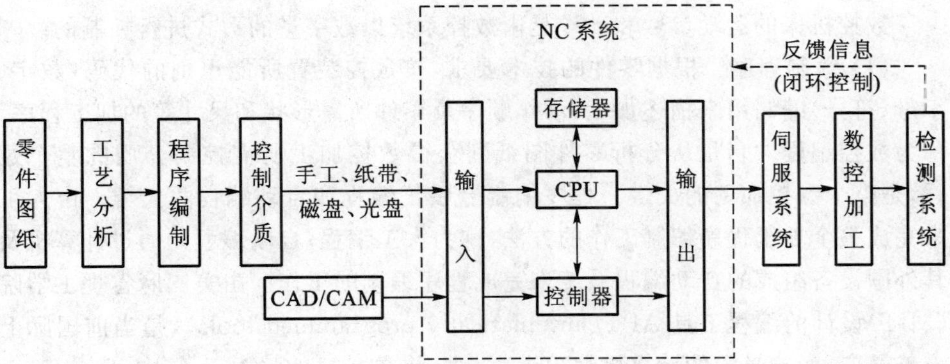

图 9-41　数控加工的一般形式

以纸带为介质时输入装置和读带机相连，接受后者送来的纸带代码，并将它转换成适当的信息送到各有关的储存器寄存，作为控制和运算的依据。控制器的功能是协调和控制数控装置各部分的工作，使机床按规定的要求协调地动作。运算器接受控制器的命令，及时对输入的几何信息进行插补运算，并向输出装置发出进给脉冲。输出装置的作用是根据控制器的命令接受运算器的输出脉冲，经过功率放大驱动伺服系统，使机床按编程的要求完成各种运动。

3. 伺服系统

伺服系统是连接机床运动部件与数控系统的装置,包括伺服驱动机构和机床的可移动部件。它是机床数控系统的执行部分,能将数控装置发送来的电脉冲信号转变为机床各部件的运动,使工作台或刀架精确定位或按预期的轨迹作严格的相对运动,加工出符合图纸要求的零件。因此,伺服系统的性能直接影响数控机床的加工精度、加工产品的表面质量和生产率。

每个电脉冲信号经伺服系统的驱动机构,驱动机床运动部件产生的位移量称为脉冲当量。常用的脉冲当量为 0.01 mm/脉冲、0.005 mm/脉冲以及 0.001 mm/脉冲。现代数控机床的脉冲当量多为 0.001 mm/脉冲,对于转动部件则为 0.001°/脉冲。

对于精度要求高的车床、铣床、加工中心等应采用闭环控制(图 9-41)。该控制系统能将刀具或工件的实际位移量与控制位移量进行自动检测和比较,并将比较所得的差值用信号反馈,再控制刀具或工件的位移,直至差值为零。闭环控制系统能消除因传动环节的制造精度而引起的误差。不带检测、比较和反馈功能,只按 NC 装置给出的位移量来控制刀具或工件移动的执行机构,则称为开环控制系统。

二、NC 机床的工作原理

数控机床的运动参数和动作是由数控系统以数字量的形式进行控制的。

(1) 编制程序　根据零件的技术要求,按数控装置所能识别的代码(数字、字母、符号)编制用来描述加工、动作顺序及零件所需形状和尺寸等的加工程序,称为数控编程。它是从分析零件图纸到获得数控加工所需控制介质的整个过程,是整个数控加工的关键。程序编制分手工编程和自动编程两大类。由人工来完成整个加工程序编制工作的方法,称为人工编程;自动编程则通过计算机及其外围设备组成的自动编程系统来完成程序编制的工作。由美国麻省理工学院(MIT)设计的编程工具 APT(automatically programmed tools),是当前国际上流传最广、影响最深的计算机编程语言。目前在 CAD/CAM 系统中,Pro/Engineering、UG-Ⅱ、CATIA 等软件都具有自动生成数控代码的功能。

(2) 存储程序　存储程序是将程序存入控制介质上的过程。

(3) 输入程序　是通过输入装置(如光电输入机)将加工信息输入数控装置内部的过程。目前数控装置既可用纸带输入程序,也可直接用键盘输入程序,以便随时都可灵活地修改或编辑程序;还可以采用自动编程机用 RS232 接口输入。用空运行的方式检查程序无误后,即可按预定程序进行加工。

(4) 数据处理及输出　数控装置对输入信息进行一系列的运算处理,并将结果转换成脉冲形式送入伺服系统,从而驱动伺服(或步进)电动机。

(5) 数控加工　由伺服(或步进)电动机带动与各坐标轴丝杠相连的执行机

械，以控制机床的进给机构(如工作台等)实现精密定位，或按程序规定的方式进行自动加工。

三、常用数控系统

1. 数控系统的种类

数控系统是一种运算控制系统，它能逻辑地处理具有数字代码形式的信息(程序指令)。数控系统的种类很多，其功能代码相近，但各系统也有不同之处，编程时需要查阅相应的编程手册。为了便于初学者学习和掌握，现将几种常用数控系统的功能代码列于表 9-1 中。

2. 编程时常用的工艺指令

数控加工的零件程序所用的代码主要有以下五种。

1) 准备功能 G 指令　是用来规定刀具和工件的相对运动轨迹、机床坐标系、插补坐标平面、刀具补偿、坐标偏置等各种加二操作的指令。

2) 进给功能 F 指令　是用来描述进给速度的指令，其指令表示为字母 F 和其后的若干位数。

3) 主轴功能 S 指令　是用来描述主轴转速或速度的指令，其指令表示为字母 S 和其后的数字。

表 9-1　常用数控系统功能代码的比较

功能 \ 系统		OKUMA OSPU10M	FANUC 18-T	MITSUBISHI M50L	SIEMENS
准备功能G指令	坐标系设定及转换	G15 Hn G16 Hn G11	G54～G59 G68	G54～G59 G61	G53～G57 G58、G59
	快速定位	G00	G00	G00	G00
	直线插补	G01	G01	G01	G01
	圆弧插补	G02、G03	G02、G03	G02、G03	G02、G03
	暂停	G04	G04	G04	G04
	绝对，相对	G90、G91	G90、G91	G90、G91	G90、G91
	公制，英制	G21、G20	G21、G20	G21、G20	G21、G20
	进给	G94、G95	G94、G95	G94、G95	G94、G95
	加工范围限定	G22、G23			G25、G26
	坐标平面选择	G17、G18、G19	G17、G18、G19	G17、G18、G19	G15～G19
	刀具长度补偿	G53～G59	G43、G44		
	刀具半径补偿	G41、G42、G40	G41、G42、G40	G41、G42、G40	G41、G42、G40
	固定循环	G73～G89	G73～G89	G70～G89	G81～G89
	子程序调用	CALL On	M98 Pn		Ln

续表

功能 \ 系统		OKUMA OSPU10M	FANUC 18-T	MITSUBISHI M50L	SIEMENS
辅助功能M指令	程序停	M00	M00	M00	M00
	程序选择停	M01	M01	M01	M01
	程序结束	M02(M30)	M02(M30)	M02(M30)	M02(M30)
	主轴正转、反转	M03、M04	M03、M04	M03、M04	M03、M04
	主轴停	M05	M05	M05	M05
	换刀	M06	M06	M06	M06
	冷却开、关	M08、M09	M08、M09	M08、M09	M08、M09
	主轴定向停	M19	M19	M19	M19
	变速挡	M40～M44	M40～M44	M40～M44	M40～M44
刀具功能T指令		Tn	Tn	Tn	Tn
主轴功能S指令		Sn	Sn	Sn	Sn
进给功能F指令		Fn	Fn	Fn	Fn

4) 刀具功能T指令　是用来描述根据加工需要而在某些程序段指令处进行选刀和换刀的指令，其指令表示为字母T和其后的四位数字，前两位数为刀具号，后两位数为刀具补偿号。每把刀具加工结束后，必须取消刀具补偿。

5) 辅助功能M指令　是用来控制机床各种辅助动作及开停状态的指令，如主轴的转向、切削液的开与关等。程序的每一个语句中M代码只能出现一次。

一般数控系统中常用的G和M功能与国际ISO① 所颁布的标准一致。在上述五种主要代码中，插补指令和刀具补偿指令与提高零件的加工精度有直接的关系。

(1) 插补功能　在加工过程中，可以采用逐点描述给定的一段直线或曲线的形状，且边运算边将计算结果转换成进给脉冲，分配给各个坐标。这种方法使刀具的运动轨迹尽可能地符合零件表面的几何定义要求，这种合成的复杂运动称为插补。

1) 直线插补指令(G01)　用来加工直线轮廓或用多条直线段来逼近曲线轮廓，这是一种计算直线段中间点的坐标的过程。

2) 圆弧插补指令(G02～G03)　是用来处理圆弧段或抛物线的加工信息的

① ISO是国际标准化组织(International Standardization Organization)的缩写。

指令。采用圆弧插补可明显缩短曲线加工时的程序长度，获得较高的加工精度。G02 为圆弧插补顺时针加工，G03 为逆时针加工。圆弧插补顺逆方向的规定如图 9-42 所示。

(2) 刀具补偿功能　数控加工中刀具磨损和每次刃磨后刀具尺寸的不一致性、刀具实际运动轨迹与工件轮廓表面间的偏移以及刀具几何位置偏移等因素，都直接影响零件的加工精度，因此必须通过补偿的方法进行纠正。

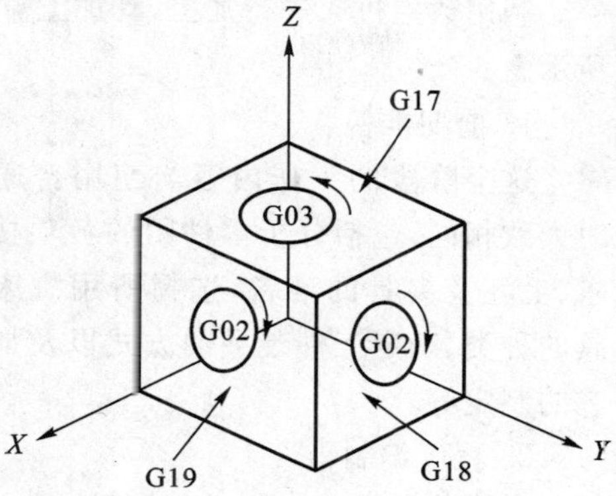

图 9-42　圆弧插补顺逆方向示意图

1) 刀具长度的补偿　刀具长度补偿包括刀具几何位置的补偿和刀具加工中磨损量的补偿，其补偿指令为 G43、G44。利用刀具长度补偿可以简化刀具的安装，实现刀尖位置与刀具参考点之间的快速转换。

2) 刀具半径的补偿　为了简化零件的编程，在编程时总是假定刀具是“尖的”，并按零件轮廓来编写加工程序，从而使刀具形状和尺寸与数控编程无关。要达到此目的数控系统必须具备刀具半径补偿功能，即编程时只需按零件图纸的轮廓尺寸计算走刀路线，实际加工时，机床可以自动判断补偿的方向和加入一个刀具半径值，使输出的插补信息成为刀具中心的走刀轨迹(图 9-43)。G40 为刀具半径补偿取消；G41 为刀具半径左补偿，此时，沿着刀具前进的方向观察，刀具位于工件轮廓的左边；G42 为刀具半径右补偿，此时刀具则位于工件轮廓的右边。

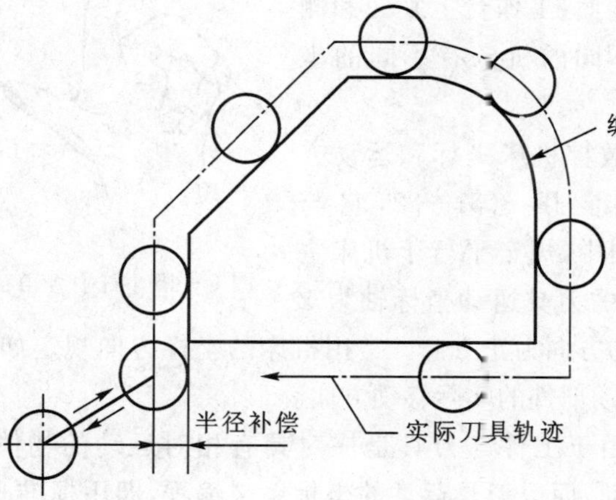

图 9-43　刀具半径补偿示意图

四、数控机床的加工流程

利用数控机床进行加工，其加工流程大致可分为以下三个阶段，如图 9-44 所示。

1. 前期准备

这个阶段的工作内容与使用普通机床时大致相同，包括分析零件图的各项技术要求、毛坯及夹具的准备、选择所用机床与刀具的种类、确定工件装夹的方式以及加工工艺的制定等。

2. 程序编制

完成前期准备工作后，就进入整个加工流程的关键阶段——程序的编制。它所包括的主要工作有以下几点。

(1) 确定坐标系　数控机床的坐标系规定已标准化，按右手直角笛卡儿坐标系来确定(图 9-45)。一般假设工件静止，通过刀具相对工件的移动来确定机床各移动轴的方向。

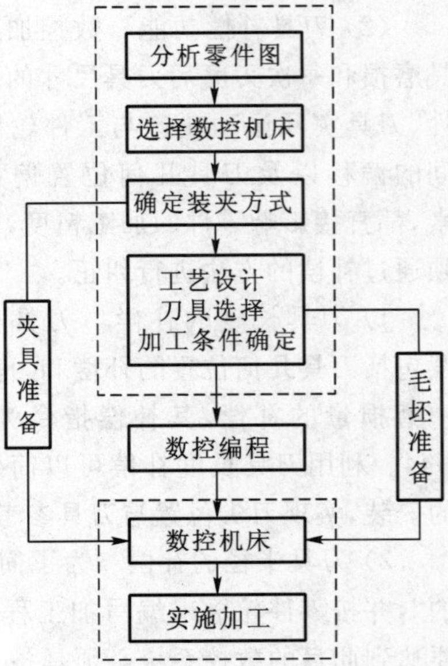

图 9-44　数控机床的加工流程图

1) 机床坐标系　是机床固有的坐标系。机床坐标系的方位是参考机床上的一些基准确定的。机床上有一些固定的基准线和基准面，如主轴中心线和端面、工作台上平面和侧面、床身导轨面等，不同的机床有不同的坐标系。

我国已制定了《数控机床坐标和运动方向的命名》数控标准 JB 3051—82，它与 ISO 841相同。在标准中，规定平行于机床主轴(传递切削力的轴)的刀具运动坐标轴为 Z 轴，取刀具远离工件的方向为正方向。常用机床的坐标方向规定如图9-46所示，图中表示的方向为运动部件的实际移动方向。

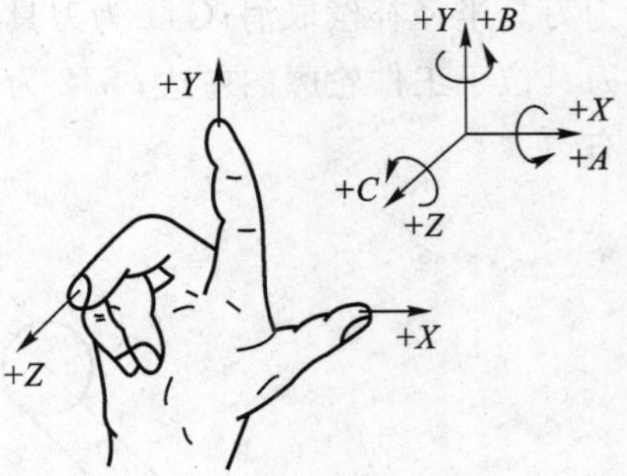

图 9-45　右手直角笛卡儿坐标系

在数控编程中，由于工件与刀具是一对具有相对运动的物体，为使编程方便，一律假定工件不动，而以刀具运动的坐标系来编程，即用标准坐标系 X、Y、Z 进行编程，该坐标则称为编程坐标。编程时正号可以省略，负号必须紧跟在字母后面标出。

2）工作坐标系　是编程人员在编程和加工工件时建立的坐标系。工作坐标系的原点简称为工作原点，又称为工件零点或编程零点，其位置由编程者自行设定。

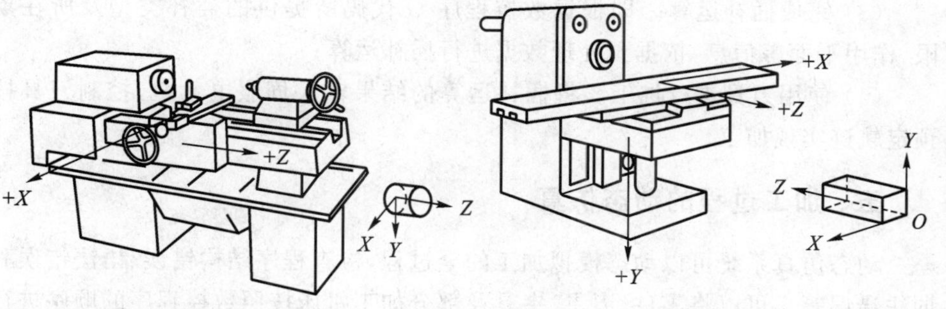

a) 数控车床的标准坐标系　b) 卧式数控铣床的标准坐标系

图 9-46　机床的坐标方向

3）绝对坐标　在绝对坐标中，刀具运动轨迹的坐标值是用固定的坐标原点来描述的，即用 X 轴、Y 轴来表示。

4）增量坐标　采用增量坐标时，刀具运动轨迹的坐标是相对于前一位置（或起点）来计算的。刀具远离工件时坐标为正值，靠近工件为负值。

（2）编写程序　它是数控加工中最基础也是最核心的工作。

1）程序的构成　数控加工所用程序是由程序号、程序内容和程序结束指令组成的。程序内容是整个程序的核心，它由许多程序段组成。一条程序段由多个词（或字，也称为语句）及程序段结束符号组成，它是一条完整的机床控制信息。一般而言，一个程序段中指令的字母数字排列如下：

N_	G_	X_	Y_	Z_	…	…	F_	S_	T_	M_	LF
语句顺序号	准备功能	坐标尺寸	坐标尺寸	坐标尺寸			进给功能	主轴功能	刀具功能	辅助功能	程序段结束

2）计算与编程　是根据零件的几何尺寸、刀具的加工路线和编程的坐标系进行数字处理，计算出刀具运动轨迹的坐标值的过程。加工由圆弧和直线组成的简单轮廓的零件，只需计算出相邻几何元素的交点或切点坐标即可；加工自由曲线、曲面等时，则要借助计算机辅助编程来完成。

用不同数控系统的功能代码（见表 9-1），在数控车床、数控铣床、数控电火花线切割机床及电火花成形机床等各类机床上加工的编程示例及编程练习，请参见实验指导书或相关编程资料。

3. 实施加工　加工前要进行程序试运行，确认无误后即可操作机床进行加工。

（1）首先从零件程序存储区逐段读出数控程序，在译码过程中完成对程序段的语法检查；

(2) 进行数据预处理。包括刀具半径及长度补偿、象限及进给方向判断、进给速度换算以及机床辅助功能判断等；

(3) 完成插补运算。即根据数控程序 G 代码所提供的插补类型及所在象限、作用平面等信息，依据预处理数据进行插补运算；

(4) 使用刀具进行加工。将插补运算的结果输入伺服电动机，控制刀具按预定轨迹实现加工。

五、加工过程的动态仿真

动态仿真系统可以动态模拟加工的全过程，检查程序结构错误、语法错误和词法错误等。可以将零件、刀具、夹具及部分加工机床按照数控程序的顺序进行动态模拟，将实际加工过程在计算机屏幕上显示出来，检查数控程序的编制是否正确，从而避免因错误程序而造成过切、欠切现象，以及发生刀具与夹具的碰撞、刀具与工件的干涉等错误。仿真过程中若发现错误，可提示错误的类型及出现的位置，并能自动报警。由于仿真模拟是由数控程序驱动的，如果在仿真过程中发现产品设计或工艺设计有问题，可以返回 CAD 或 CAPP 系统，对产品的设计或工艺规程进行修改，形成新的正确的数控程序后再进行仿真模拟加工。因此，利用动态仿真也可以实现产品的动态设计。

图 9-47 为数控车削程序动态仿真过程示意图，步骤⑩为加工好的零件成品图。动态仿真过程可以在数控机床的计算机显示屏上观察，而更好的途径是反映在离线编程系统中的计算机终端上，观察者看到的好像是一个真实的连续加工过程。数控程序仿真完成后，屏幕上显示出最后加工出的零件轮廓和尺寸，以便与零件图样进行比较。

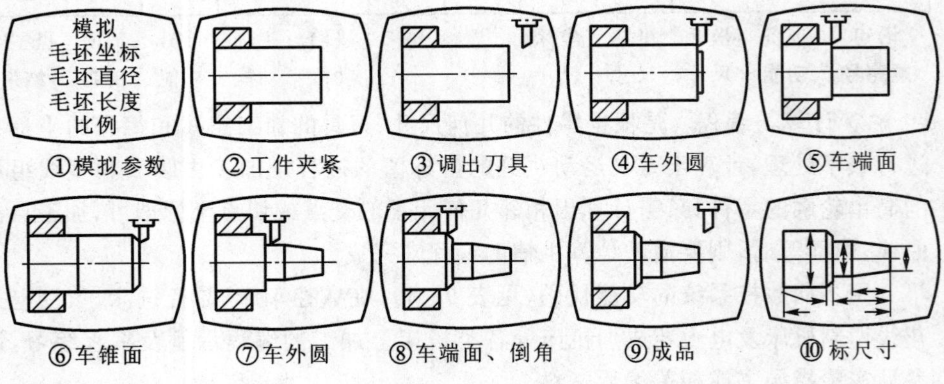

图 9-47　数控车削程序的动态仿真过程

六、数控加工的特点

数控加工具有以下特点。

(1) 零件加工精度高　数控机床机床主体的刚度、抗震性及传动机构的精度都较好。通常采用高精度的滚珠丝杠替代普通车床的梯形丝杠，用自动回转刀架代替手动四方刀台；有的机床还采用闭环控制，从而提高了机床的传动精度、定位精度和加工精度。数控加工中零件的加工质量完全可由机床保证，消除了操作者的人为误差，故采用数控加工可获得稳定的高加工精度。

(2) 加工灵活、适应性强　数控机床特别适合加工形状复杂的轮廓表面，如在数控车床上加工特殊螺纹和形状复杂的回转表面；在数控铣床上加工复杂的空间曲面等。数控机床为单件、小批量生产精密、复杂零件提供了自动化生产手段。

(3) 生产率高　由于数控机床的刚性好、功率大，故可选用较大的切削用量。数控加工过程中的辅助工序少(如可省去划线找正和检测环节，带有刀库的数控机床可实现自动换刀等)，使数控机床的净切削时间与全部加工时间的65%～70%(普通车床仅为18%左右)，用其加工复杂零件时效率可提高5～10倍。

(4) 加工成本较高　由于数控加工准备周期长，机床价格高，对操作及维修人员的要求较高，还需要专门培训，导致数控加工的成本大大高于普通机床加工。

(5) 便于建立通信网络　数控机床使用数字量信息，容易与计算机辅助设计系统相衔接，形成计算机辅助设计与制造紧密结合的一体化系统。

计算机数控(CNC，computer numerical control)是将计算机作为控制单元的一种数控系统。该系统利用存储在计算机内的控制程序，对数控机床实施部分或全部的数字控制。CNC系统一般采用小型或微型计算机来代替NC机床中的专用数控装置。CNC系统中的计算机可将一个或若干个零件的加工信息输入并以程序的形式存储于存储器中，加工时再根据零件的要求读出所需程序。由于加工信息的程序在使用前就已编好，当加工对象变换时，只需重新修改或编辑已有程序即可进行加工，因此CNC系统具有更高的灵活性、通用性。

七、加工中心(MC)

加工中心(MC，machining center)是具有多功能的数控机床。加工中心与单台CNC机床相区别的特征是它具有多功能的组合和自动换刀的能力。如镗铣类加工中心，可完成镗削、铣削、钻削和螺纹切削等功能；更重要的是它所设置的刀库能同时存放十几把甚至上百把刀具和量具，在加工过程中通过自动换刀装置实现自动换刀。这正是镗铣类加工中心区别于数控镗床和数控铣床的主要特征。

利用加工中心，工件在一次装夹中就能按预定程序自动完成车削、铣削、钻削、镗削、铰削、成形加工和螺纹加工等多种加工，可简化工艺过程，减少辅助时间。加工中心加工零件的精度高，加工效率是普通设备的 5～10 倍。

车削类加工中心的机床主体是数控车床，由于其配有刀库和换刀机械手，使刀具自动选择的范围大大增加。卧式车削中心（图 9-48）与普通数控车床的主要区别有以下两点。

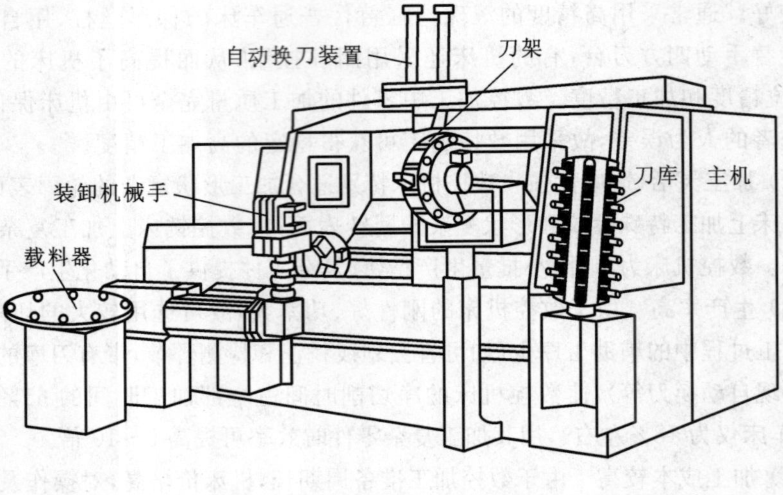

图 9-48　卧式车削中心

1）从图 9-48 中可以看出，卧式车削中心的刀架与数控车床的刀架结构完全不一样。卧式车削中心所具有的动力刀具功能，使刀架上某一刀位或全部刀位上的刀具（如铣刀、钻头等）能够转动，而数控车床上的刀具只能作直线移动。

2）数控车床原有的机床坐标为 X、Z（参见图 9-46a），卧式车削中心较之数控车床增加了 C 坐标（即 C 轴）。C 轴是指以卡盘-工件的回转中心轴线（即 Z 轴）为中心的旋转坐标轴。在卧式车削中心上，采用 $X-C$ 坐标联动，或 $Z-C$ 坐标联动，就能用铣刀完成凸轮槽或螺旋槽的加工，这在数控车床上是无法实现的。

第七节　计算机辅助设计与制造技术

计算机辅助设计和计算机辅助制造（常用 CAD/CAM 来表示），是指用计算机为主要技术手段来生成和处理各种数字信息与图形信息，实现产品设计和制造的一种先进制造技术。

一、计算机辅助设计（CAD）

计算机辅助设计（CAD，computer aided design）是近 30 年来迅速发展起来的一门集计算机学科与工程学科为一体的综合性学科。它的定义也是不断发展的，CAD 技术可从以下两个角度给予定义。

(1) CAD过程　它是工程技术人员以计算机为工具，运用各自的专业知识，完成产品设计的创造、分析和修改，以达到预期的设计目标的过程。

(2) CAD建模技术　它把产品的物理模型转化为产品的数据模型，并将其存储在计算机内供后续的计算机辅助技术（如CAPP、CAM等）所共享，驱动产品生命周期的全过程。

一个完整的CAD系统，由科学计算、图形系统和工程数据库等组成。科学计算包括有限元分析、可靠性分析、动态分析、产品的常规设计和优化设计等；图形系统包括几何造型、自动绘图（二维工程图、三维实体图）和动态仿真等；工程数据库对设计过程中需要使用和产生的数据、图形、文档等进行存储和管理。

CAD的主要任务是通过向计算机输入设计数据，进行自动编程、优化设计方案等步骤，最后绘制出零件或产品的图纸（图9-49）。CAD的主要基础是功能强大、用途广泛的计算机图形学，它的使用可大大降低设计人员工作的烦琐程度及所需的步骤。

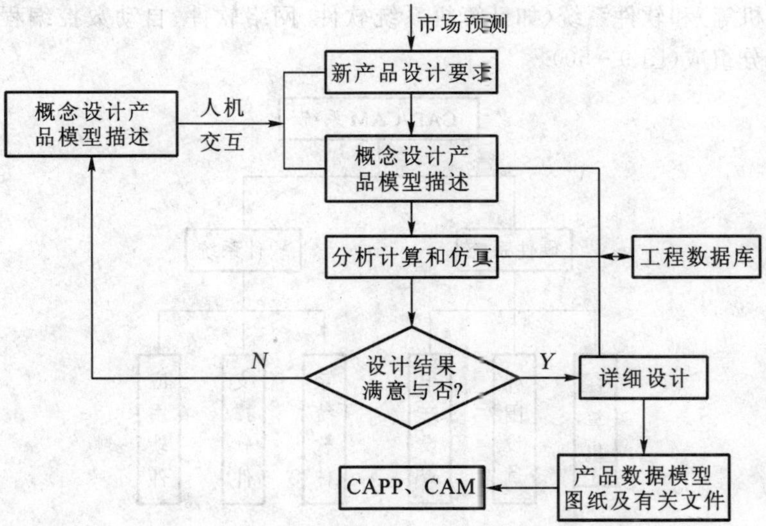

图9-49　CAD技术过程流程图

要很好地应用CAD技术，除了要掌握一定的计算机知识外，还必须具备相应的工程背景，这些背景知识是长期工作经验的积累。大多数人不具备这样的经验，同时这样的经验很难长久地保留下去。于是有人就考虑如何使这些经验得到更广泛的传播和应用，专家系统就是一个比较好的解决办法。CAD的开发人员将人工智能和专家系统加入到CAD中，以大大提高设计的自动化水平，降低对设计人员背景知识的要求。

二、计算机辅助制造(CAM)

计算机辅助制造(CAM,computer aided manufacturing)是指任何在计算机控制下的自动化控制过程,它源于20世纪40年代末到50年代间数控机床的发展。1952年研制成功数控机床,1955年在通用计算机上研制成功自动编程系统,实现了数控编程的自动化,这标志着柔性制造时代的开始,成为CAM硬、软件的开端。目前CAM技术主要集中在数字化控制、生产计划、机器人和工厂管理等四个方面。典型的CAM技术包括:计算机数控制造和编程、计算机控制的机器人制造和装配、柔性制造系统①等。

广义的CAM是利用计算机辅助完成从毛坯到产品的整个制造过程中的直接和间接活动。其中包括由CAD系统向CAM系统提供零件信息以及由CAPP系统向CAM系统提供加工工艺信息和工艺参数的过程。CAM系统主要由硬件系统(如数控机床、加工中心、检测装置、输送及装卸装置、大小型或微型计算机等)和软件系统(如计算机系统软件、网络软件、自动数控编程软件等)两大部分组成(图9-50)。

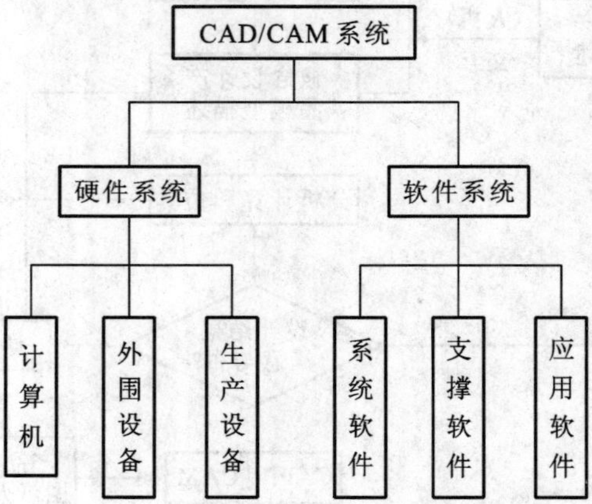

图9-50　CAD/CAM系统的组成

CAD/CAM可以简单地定义为用计算机来辅助完成设计及制造工作。它涉及到从设计绘图开始,到生产工艺、加工、装置、质量检验,直到成品入库的整个产品制造及管理过程。集成的CAD/CAM的总体概念可以用图9-51来描述,该系统中设计、制造和管理的各项功能都可以由计算机来完成,并且通过一个公用的中央计算机数据库将上述功能联结在一起。很显然,CAD系统可以让

① 柔性制造系统是由一组数控机床或一组柔性制造单元与一个公用的自动物料输送系统和计算机控制系统组成的加工综合体。

用户以图形终端和计算机对话的方式进行零件几何形状的设计，选择零件的结构工艺性，完成受力及运动分析和模型试验以及自动绘制各种工程图等。

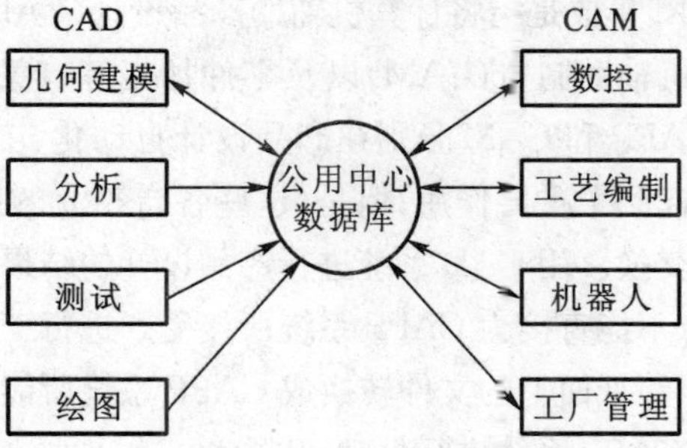

图 9-51　集成的计算机辅助设计与制造总体概念

生产中可以用 CAD 提供的几何参数作为 CAM 的起点来产生 NC 机床的程序。由于所有信息都存储在计算机中，使数据在部门间的传送变得迅速、可靠和准确。CAD/CAM 系统的使用能大大提高工作效率和生产率，缩短从原始设计构思到最后完成产品设计之间的周期，提高产品质量，从而增强产品在市场的竞争力。CAD/CAM 系统运用的典型实例有：20 世纪 80 年代后期的波音 757 飞机，通过采用 CAD/CAM 系统，使由多达十余万个零件组成的机身，实现了高效、优质的设计和制造。目前 CAD/CAM 与快速制造技术相结合（见本章第五节），已显示出极大的制造潜力。

三、计算机辅助工艺过程设计（CAPP）

计算机辅助工艺过程设计（CAPP，computer aided process planning）是连接 CAD 与 CAM 的桥梁。它是利用计算机技术，在工艺人员较少参与的情况下，完成过去完全由人工进行的工艺规程设计工作的一项技术。CAD 数据库信息只有经过 CAPP 系统才能变成 CAM 的加工信息。CAPP 系统根据建模后生成的产品信息和制造要求，自动决策出加工该产品应采用的加工方法、加工步骤、加工设备及加工参数等。其他生产管理（如零件的分类、标准化、数控加工、制造单元等）以及生产计划调度也必须依靠 CAPP 系统输出的数据。CAPP 系统不但能利用工艺人员的经验知识和各种工艺数据进行科学的决策，自动生成工艺规程，还能自动计算工艺尺寸，绘制工序图，选择切削参数，对工艺设计结果进行优化，从而设计出一致性良好、高质量的工艺规程。另外，由于计算机中存储的信息可以反复利用，从而大大提高了工艺设计的效率。因此 CAPP 不仅是企业各部门之间信息交叉汇集的环节，也是计算机集成制造系统（CIMS，computer integrated manufacturing system）的重要组成部分。

四、CAD/CAPP/CAM 集成技术

CAD/CAPP/CAM 集成是指将计算机辅助产品设计(CAD)、计算机辅助工艺过程设计(CAPP)、计算机辅助制造(CAM)以及零件加工等有关信息实现自动传递和转换的技术。CAD、CAPP 和 CAM 分别在产品设计自动化、工艺过程设计自动化和数控编程自动化方面起到了重要作用;但是,这些各自独立的系统,不能实现系统之间信息的自动传递和交换。用 CAD 系统进行产品设计的结果,只能输出图纸和有关的技术文档,这些信息不能直接为 CAPP 系统所接受。进行工艺过程设计时,还需由人工将这些图样、文档等纸面上的文件转换成 CAPP 系统所能接受的数据,并通过人机交互的方式输入给 CAPP 系统进行处理,才能生成零件加工的工艺规程。利用独立的 CAM 系统进行计算机辅助数控编程时,同样需要用人工将 CAD 和 CAPP 输出的纸面文件转换成 CAM 系统所能接受的输入文件和数据,然后再输入 CAM 系统。由于各独立系统所产生的信息需经人工转换,不但影响工程设计效率的进一步提高,而且在人工转换的过程中难免发生错误,这些都将给生产带来极大的危害。为此,自 20 世纪 70 年代起,人们就开始研究 CAD、CAPP 和 CAM 之间的数据和信息的自动传递与转换的问题,即 CAD/CAPP/CAM 集成技术。目前这一技术在国内外均已取得了很大的进展,达到了实用的水平。

CAD/CAPP/CAM 系统是 CIMS 的核心技术,主要支持和实现 CIMS 中产品的设计、分析、工艺规划、数控加工及质量检验等工程活动的自动化处理。CAD/CAPP/CAM 的集成使产品设计与制造紧密结合,其目标是确保产品设计、工程分析、工程模拟直至产品制造过程中数据的一致性,且使数据直接在计算机间传递,从而跨越由图纸、语言、编码造成的信息传递的“鸿沟”。

第八节 机电一体化技术

以机械工程学和电子工程学为支柱,综合控制工程学、信息工程学、材料学、光学等形成的多学科综合技术,就是机电一体化技术。简单地说,机电一体化就是机械的电子化或者机械电子工程。

一、机电一体化的概念

机电一体化(mechatronics)一词是机械(mechanics)和电子(electronics)的合成词,从 20 世纪 70 年代中期由日本首先开始使用至今,虽然其精确定义还不明确,但从广义上其含义可以简要概括为“机械工程与电子工程相结合的技术,以及应用这些技术的机械电子装置”。

机电一体化技术是以多种学科为基础的综合学科技术,构成和支撑机电一

体化的学科和技术如图 9-52 所示。

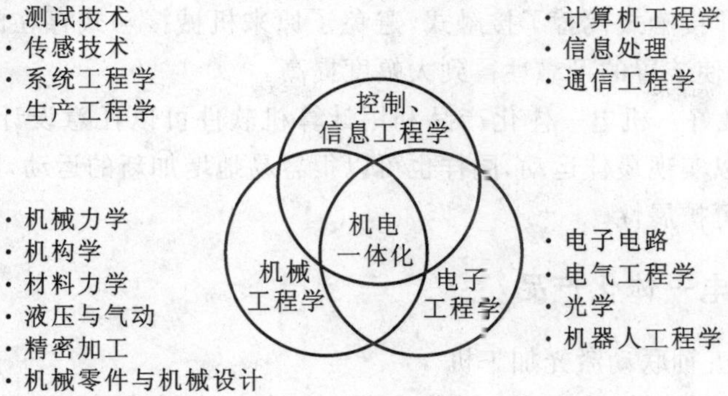

图 9-52　构成机电一体化的学科和技术

近年来，利用机电一体化概念得到的产品和机械电子装置随处可见。以下是一些机电一体化产品的实例。

(1) 原来仅由机械机构实现运动的装置，通过与电子技术相结合来实现同样运动的新装置。如石英钟表、自动(微机控制)照相机、电子缝纫机、电动(电子式)游戏机、电子式调速器等。机械缝纫机通过与电子技术相结合，就变成电子缝纫机，它装有大规模集成电路的半导体存储器、控制器以及交直流转换的微型控制系统，能自动操纵几十种装饰性花样的加工。

(2) 原来由人来判断和操作的设备，变为由机器进行判断而实现无人操作的设备。如自动售货机、自动出纳机(ATM)、自动售票机、自动剪票机、自动分检机、无人仓库、船舶和飞机的自动导航装置、预防碰撞装置等。

(3) 按照预先编制的程序实现灵活运动的设备。如数控机床、工业机器人、智能机器人等。

二、机电一体化产品的特点

机电一体化产品具有以下一些特点。

(1) 体积小、质量轻、性价比高　由于半导体与集成电路(IC，integrated circuit)技术以及液晶技术的发展，使得控制装置和测量装置可以做成原来质量和体积的几分之一甚至几十分之一，使产品迅速向轻型化和小型化发展，价格也越来越便宜。

(2) 速度快、精度高　随着半导体和集成电路的飞速发展，出现了电路集成度很高的大规模集成电路(LSI，large scale integrated circuit)和超大规模集成电路(VLSI，very large scale integrated circuit)，使机电一体化装置总的处理速度迅速提高，能够充分满足实际应用的需要。同时，由于机电一体化技术的应用，推动了超精密加工技术的进步，使其与高精度加工和精密运动控制的要求相适应。

(3) 可靠性高　由于激光和电磁应用技术的发展,传感器和驱动控制器等装置已采用非接触式代替了接触式,避免了原来机械接触式存在的漏油、磨损、断裂等问题,使装置的可靠性得到大幅度提高。

(4) 柔性好　机电一体化产品利用计算机软件可以任意设计动作,只要改变程序就可以实现最佳运动,同样也可以很容易地增加新的运动,因此这种产品具有很强的可扩展性。

三、机电一体化产品

1. 数控五轴联动激光加工机

这类机床集成了激光、机械、传感器和自动检测、信息处理、微机自动控制和伺服驱动等多项技术,能完成平面和三维曲面的激光加工。

如图 9-53 所示的多用途数控五轴联动激光加工机,由主机、横流激光器、电器控制系统等主要部件组成。五轴联动是指 X 轴、Y 轴和 Z 轴的移动以及 A 轴和 C 轴的转动。

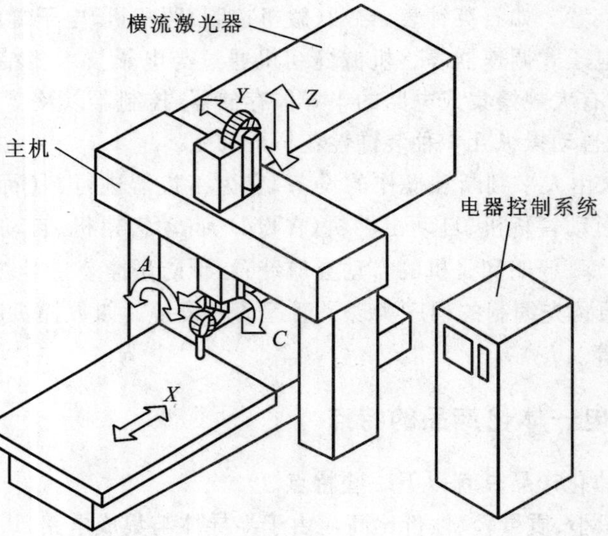

图 9-53　多用途数控五轴联动激光加工机

当机床装上输出功率为 3 kW、直径为 25 mm 的低阶模激光器(图 9-54a)时,激光束通过反射镜 6 反射,通过透镜 7 聚焦到工件表面,再通过机床五轴联动则可进行三维曲面的切割与焊接。

当换上输出功率为 5 kW、直径为 37 mm 的高阶模激光器(图 9-54b)时,激光束通过反射镜 1、2 进入 Y 轴方向,经过反射镜 3 后沿 Z 轴方向传到反射镜 4,再经聚焦头上的曲面反射镜 5 聚焦到工件表面,光头保持垂直,沿 Y 轴移动,工作台沿 X 轴移动则可进行平面加工。如果加上 Z、C、A 轴的运动就能进行三维曲面的热处理与熔覆。

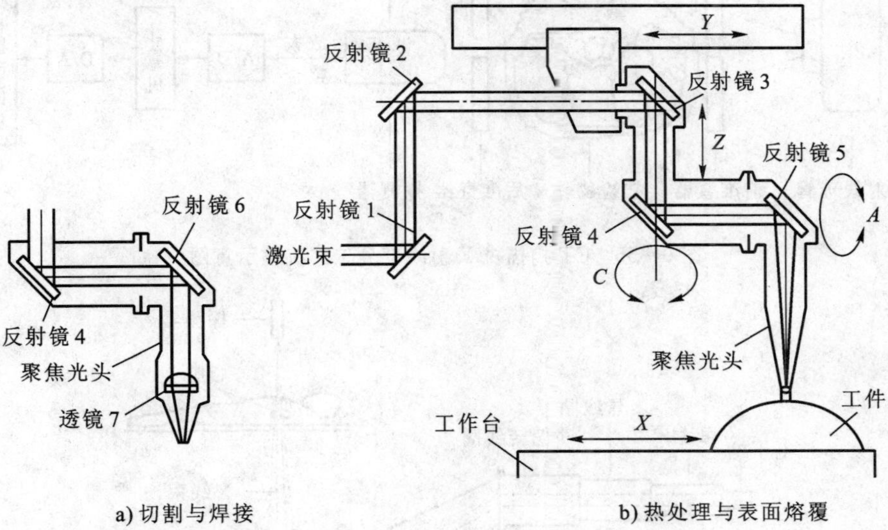

图 9-54　激光加工机外光路示意图

数控五轴联动激光加工机床主要用于汽车制造厂的车身模具制造、维修中的热处理与表面熔覆，及对汽车大型覆盖件和梁类零件进行激光切割与焊接等。

2. CT 扫描机

CT(computed tomography)是一种放射学成像技术，其全称是 X 射线电子计算机断层摄影。X 射线是一种波长很短，具有穿透效应、荧光效应和摄影效应的射线。将 CT 扫描机用作医疗器械时，它能穿透身体的不同组织，使荧光物质发光和感光胶片感光。由于人体组织各部分密度和厚度的不同，对于 X 射线的吸收量也不同。组织密度高(如骨骼)处吸收 X 射线的量多，在荧光屏上呈黑色，照片上呈白色；相反，组织密度低处在荧光屏上呈白色，在照片上呈黑色。

图 9-55 为 CT 扫描机 X 射线工作流程示意图。扫描过程中将稳定、高度准直的 X 射线束经前准直器投射到人体的被检查部位。穿透人体后的 X 射线经过后准直器准直后，由探测器进行阵列测量，测量结果被放大整合后，经过 A/D转换输入到计算机中，得到断面上各处单位面积 X 射线的被吸收值，其结果形成数字矩阵，再经过 D/A 转换后用黑白不同的灰度等级反映在荧光屏或胶片上，这样就形成了该部位的横切断面图像。

一般常用的 CT 扫描机都由探测系统和图像系统两大部分组成。第五代电子束 CT 扫描机的工作原理如图 9-56 所示。

3. 模糊控制全自动洗衣机

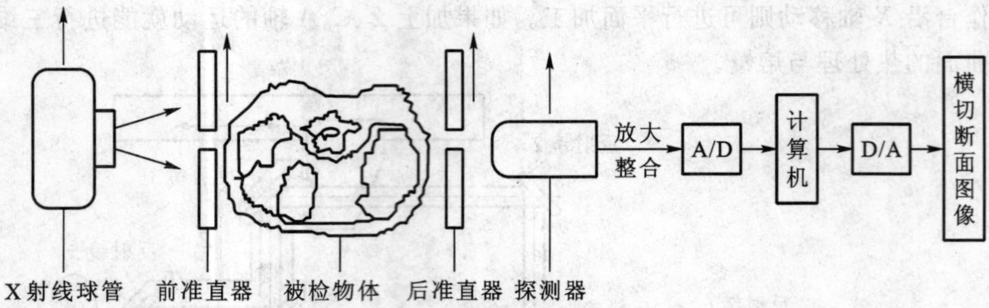

图 9-55　CT 扫描机 X 射线部分工作流程示意图

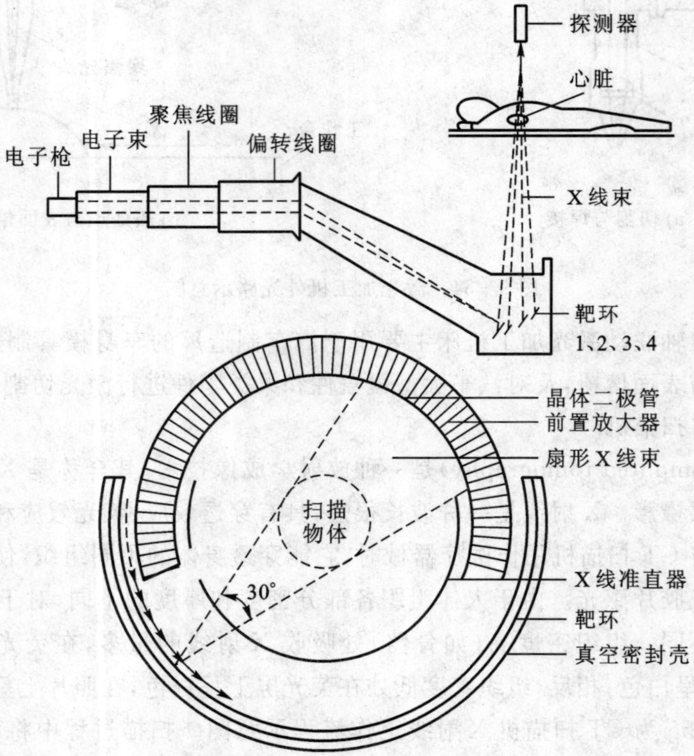

图 9-56　第五代 CT 扫描机的扫描方式

全自动洗衣机是在性能良好的波轮式结构洗衣机(图 9-57)的基础上增加搅拌功能形成的一种新式洗衣机，主要分为一般的全自动洗衣机和模糊控制的全自动洗衣机两大类。本节仅介绍模糊控制的全自动洗衣机。

模糊控制的全自动洗衣机采用了模糊控制技术，能自动识别被洗涤物的肮脏程度、衣量、布质以及决定投入洗涤剂的多少，从而实现整个洗涤过程的全部自动化。

(1) 模糊推理及控制软件　在模糊推理中要考虑推理的前、后件，即推理的输入条件和输出结果。图 9－58 所示为模糊洗衣机的推理框图。从图中可看出，在模糊洗衣机中要考虑的有布质、衣量、水温和肮脏程度（即水的浑浊度）等四个条件，以及由这些条件求取水位、洗涤时间、水流、洗涤方式和脱水时间等。

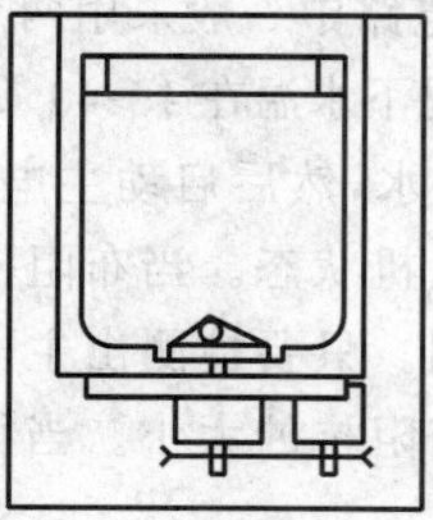

图 9－57　波轮式洗衣机

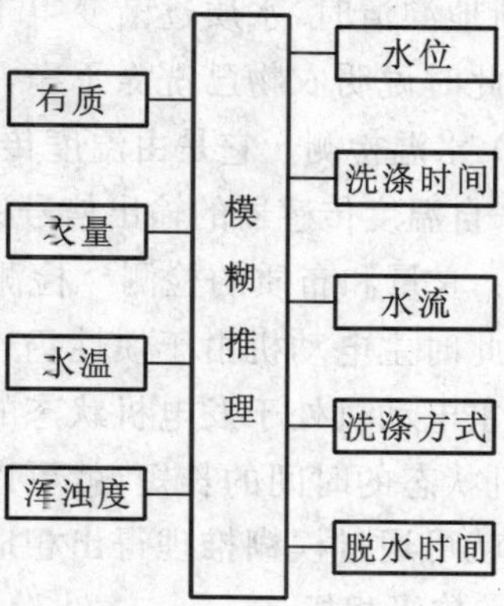

图 9－58　模糊洗衣机的推理框图

模糊推理分为洗涤剂浓度推理和洗衣推理两部分。

1）洗涤剂浓度推理规则　若水的浑浊度低，则洗涤剂放入量就少；若水的浑浊度较高，则需放入较多的洗涤剂；若水的浑浊度高，则洗涤剂放入量需大。

2）洗衣推理规则　若衣量少，化纤布质偏多，水温比较高，则水流要非常弱，洗涤时间非常短；若衣量多，棉布布质偏多，水温较低，则水流应为特强，洗涤时间为特长。

（2）物理量的检测　在洗衣过程中需要检测的物理量有浑浊度、水温、衣量、布质。

1）浑浊度检测　模糊控制洗衣机应用外传感器（如红外光电传感器）进行水的浑浊度检测，其检测原理如图 9－59 所示。它是利用红外线在水中的透光

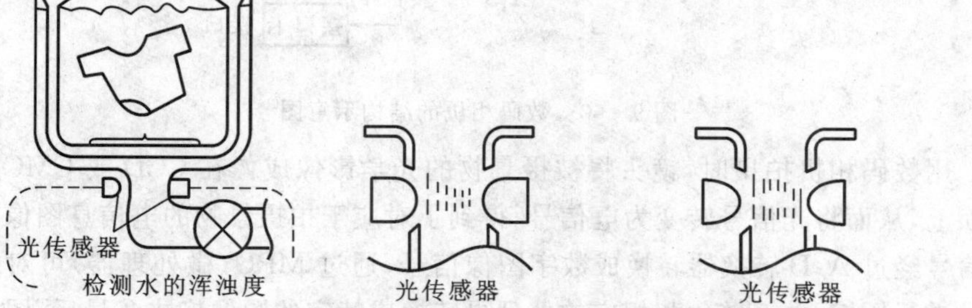

a) 安装情况　b) 浑浊度较高时的信号情况　c) 浑浊度较低时的信号情况

图 9－59　浑浊度检测原理

与时间的关系，通过模糊推理来得出检测结果，再将这个结果用于控制推理。即

洗衣机排水管一侧的红外发射管发射一定强度的红外线，另一侧的红外接收管接收此红外线，根据所接收到的红外线强度就可以得出水的浑浊度。在洗衣过程中随着污物的脱落和溶解，水的透光度将逐渐地下降并达到一个最低值；当衣物不断地漂清时，水质逐渐变得干净、清亮，其透光率会逐渐地升高，最后达到初始值，此时说明衣物已洗涤干净，可停止漂洗。

2）水温检测　它是由温度传感器完成的。在电路中一般采用两个运算放大器对来自温度传感器的输出信号进行处理，一般情况下水温在 4～40 ℃时最佳。

3）衣量和布质的检测　检测时加入一定量的水，然后启动主电动机；接着断电，此时主电动机由于惯性仍连续旋转处于发电机状态。当布阻抗的大小不同时，主电动机处于发电机状态的时间长短也不同。只要检测出主电动机处于发电机状态的时间的长短，就可以反过来推理出布阻抗的大小。当得出布阻抗之后，就可通过模糊推理得出相应的布质及衣量。

4. 数码相机

数码相机也称为数字相机，它融光学技术、传感技术、微电子技术以及计算机技术和机械技术于一体，是一个典型的光机电一体化产品。数码相机是由镜头、图像传感器(CCD 或 CMOD)、模/数转换器(A/D)、微处理器(MUP)、内置存储器、液晶显示器(LCD)、可移动存储器(PC 卡)和接口(计算机接口、电视机接口)等部分组成(图 9－60)的。数码相机的心脏是电荷耦合器 CCD 或光敏芯片 CMOS，它们代替了普通照相机的胶片，使用的介质是可以重复使用的内置存储器和 PC 卡。

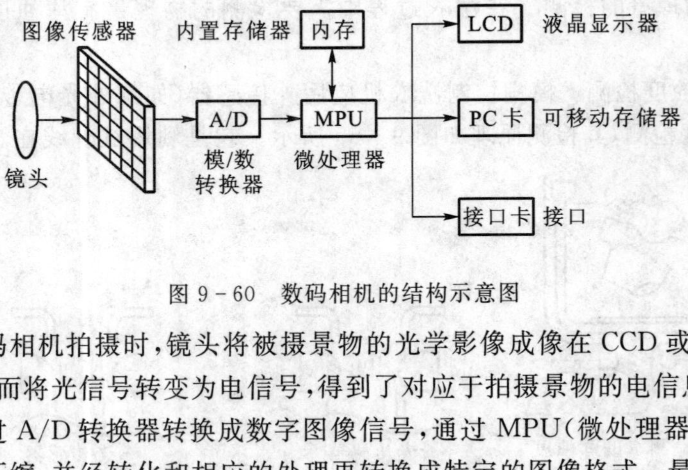

图 9－60　数码相机的结构示意图

用数码相机拍摄时，镜头将被摄景物的光学影像成像在 CCD 或 CMOD 的表面上，从而将光信号转变为电信号，得到了对应于拍摄景物的电信息图像。图像信号经过 A/D 转换器转换成数字图像信号，通过 MPU(微处理器)可对数字信号进行压缩，并经转化和相应的处理再转换成特定的图像格式。最后，图像以文件的形式存储在内置存储器或可移动存储卡中，从 LCD(液晶显示器)显示屏上可观察到拍摄的图像。经过数码相机的输出接口(如 USB 接口)，可将数字图像文件传送到计算机中，并由显示器显示，也可以经过图像处理软件处理，最后用打印机打印成图片(如 9－61)。

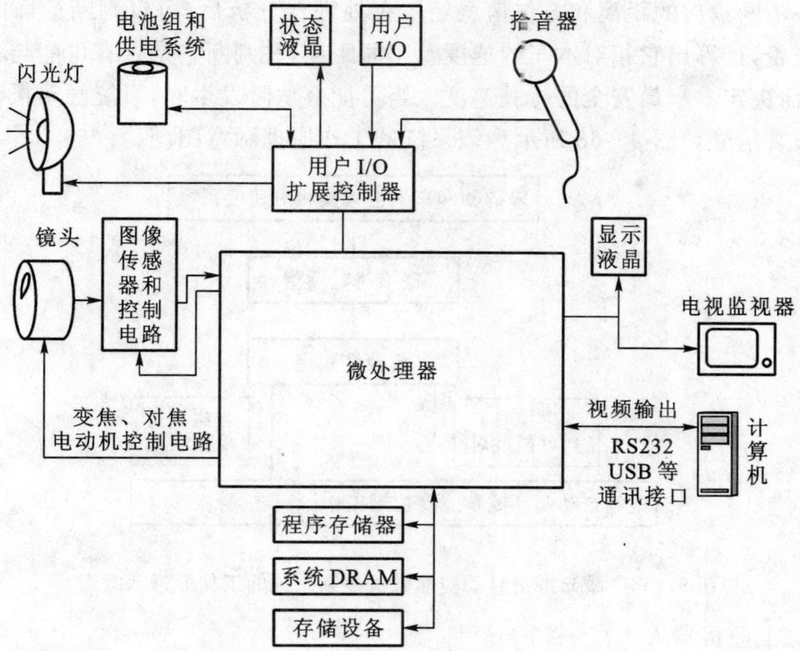

图 9－61　数码相机工作原理框图

5. 汽车激光雷达自动防撞微机控制系统

由激光-单片机组成的汽车防撞系统，能在正常行驶速度或慢速倒车时，检测和显示前、后方一定距离内有无障碍物，并在必要时报警，从而有效防止交通事故的发生。该系统主要由计算机控制的测量车间距离的激光测距雷达、中央处理器、汽车前后环境状况监测雷达及显示器、发光部、受光部、车速传感器和速度控制器等组成。其控制系统如图 9－62 所示。

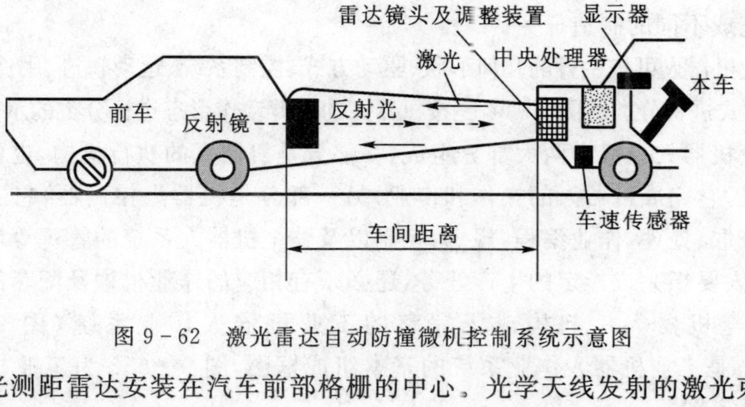

图 9－62　激光雷达自动防撞微机控制系统示意图

激光测距雷达安装在汽车前部格栅的中心。光学天线发射的激光束遇到前面的障碍物后产生向后散射的信号，同样被光学天线接收，并调制出距离和方位信息。不断输出的距离和方位信息经中央处理器分析后，可以判断前面的物体运动与否，计算出它相对本车的速度及车间距离，并判断它是否有可能与本车接触，从而决定本车最安全的行驶速度。当可能有危险发生时，系统触动报警装置发出报警信号。图 9-63 所示为该系统的工作原理示意图。

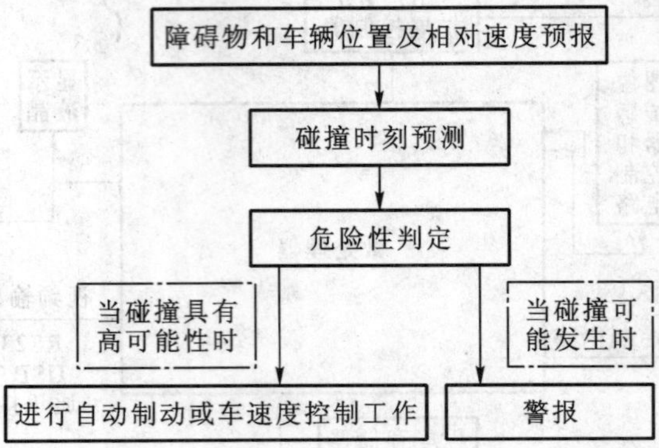

图 9-63　激光雷达自动防撞微机控制系统的工作原理示意图

6. 工业机器人

以机器人为代表的机电一体化产品，是利用位移和角度等传感器获得信息，由计算机进行力及其他操作量的计算，驱动“手”、“足”等各部分运动来实现操作的。机械制造自动化生产线上常用的机器人主要是工业机器人，如焊接机器人、装配机器人、搬运机器人、喷涂机器人等。由美国工业机器人学会提出的工业机器人定义是：工业机器人是一种可以重复编程的多功能机械手，“重复编程”和“多功能”是工业机器人区别于各种单一功能机器的两大特征。“重复编程”是指，机器人能按照所编程序进行操作，并能改变原有程序，从而获得新功能，以满足不同制造任务的需要。“多功能”则是指可以通过重复编程和使用不同的执行机构去完成不同的制造任务。

工业机器人可按手臂的几何形状、驱动方式、控制系统、运动轨迹、用途、智能化程度等方式进行分类。图 9-64 是按机器人的手臂动作形态进行分类的示意图。

工业机器人一般由两大部分组成：一部分是机器人的执行机构，也称为机器人操作机，它完成机器人的操作和作业；另一部分是机器人控制器，它主要完成信息的获取、处理，作业编程，规划，控制以及整个机器人系统的管理等功能。当然，机器人要想完成指定的生产任务，还必须有相应的作业机构及配套的周边设备，它们与机器人一起构成了完整的工业机器人作业系统（图 9-65）。图 9-65a是工业机器人作业系统的基本组成框图，图 9-65b 为工业机器人作业系统外形图。

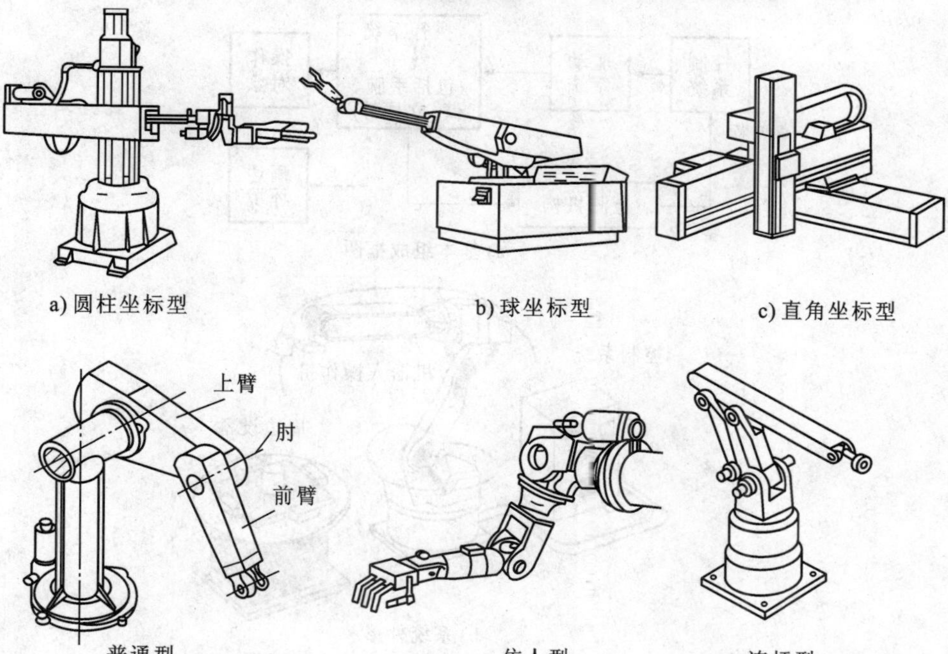

a) 圆柱坐标型　　b) 球坐标型　　c) 直角坐标型

普通型　　仿人型　　连杆型

d) 关节型机器人

图 9-64　机器人分类示意图

图 9-66 为工业机器人的结构示意图。工业机器人的组成和各部分的作用如下：

(1) 执行系统　它是由行走机构、手部、腕部、臂部、立柱组成的，作用是将物件或工具传送到预定的工作位置。

1) 行走机构　其作用是可以扩大机器人的活动空间，实现整机运动。行走机构的形态主要有模仿步行的脚和模仿汽车车轮的滚轮两种形态。大多数工业机器人(如图 9-65b 中的机器人)没有行走机构，一般由机座支撑整机。

2) 手部(手爪或抓取机构)　它用于直接抓取和放置物体，如零件、工具等。

3) 腕部(手腕)　它是连接手部和臂部的部件，并用于调整或改变手部的方位。

4) 臂部(手臂)　它是支撑腕部的部件，用于承受工作对象的重力，并将物件或工具传送到预定工作位置。

5) 立柱　它用来支撑并带动臂部作回转、升降和俯仰运动，扩大臂部的活动范围，是机器人的基本支撑件。

(2) 驱动系统　它是用来驱动执行机构的传动装置，常用的有液压传动、气压传动和伺服电动机传动系统等。

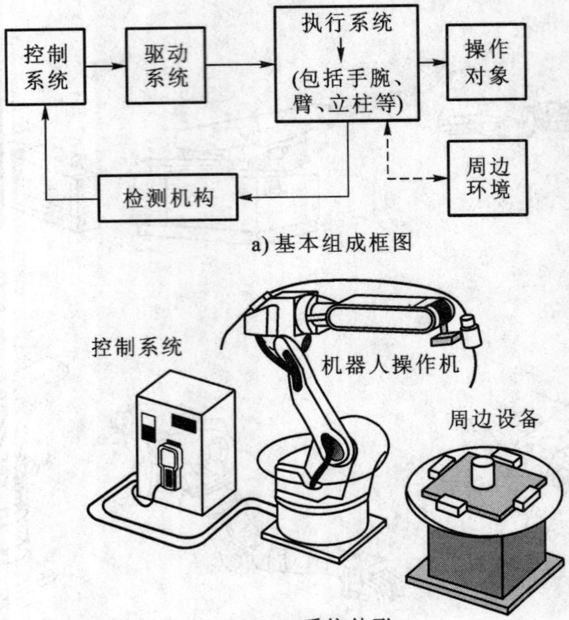

图 9-65　工业机器人作业系统

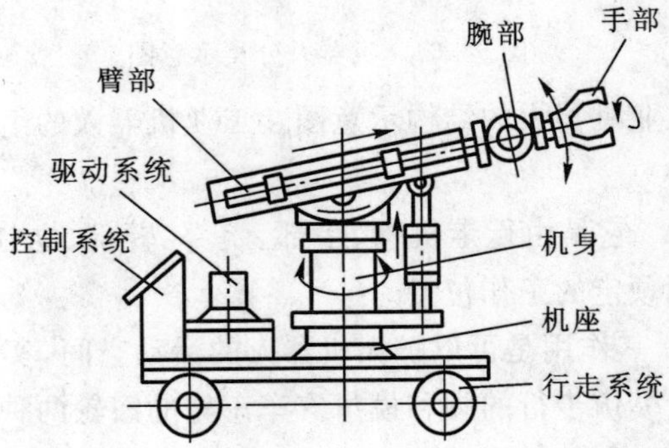

图 9-66　工业机器人结构示意图

(3) 控制系统　它是用来控制驱动系统，使执行系统按照预定的要求进行工作的系统。对于示教再现型工业机器人来说，就是指示教、存储、再现、操作等环节的控制系统。图 9-67 为机器人控制的基本原理框图。

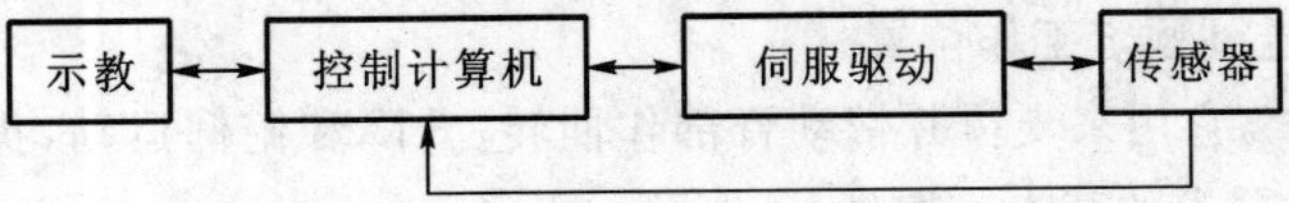

图 9-67　机器人控制的基本原理框图

人们心目中理想的机器人应该像人一样能自主地进行运动，但机器人毕竟是机器，而不是人。工业机器人和计算机一样，只能做预先被告之的工作，即人是通过程序来告诉机器人该做什么和怎么做的，这和计算机编制程序的概念是一致的。

(4) 检测机构　它是利用各种检测器、传感器，对执行机构的位置、速度、方向、作用力及温度等进行监视和检测，并反馈给控制系统以判断运动是否符合要求的机构。

(5) 周边设备　这里泛指工业机器人执行任务所能到达的工作环境，指协助机器人完成工作任务，或者对机器人正常工作产生影响的各种设备。

美国从 20 世纪 50 年代后期就大力开发工业机器人。世界上第一台工业机器人诞生于 20 世纪 60 年代。20 世纪 80 年代机器人产业得到巨大发展，成为一个新的里程碑。其间开发出的点焊机器人、弧焊机器人、喷涂机器人以及搬运机器人等工业机器人系列产品，已经成熟并形成产业规模，不仅满足了汽车行业的需求，也有力地推动了制造业的发展。20 世纪 90 年代，装配机器人及柔性装配线得到了广泛应用。目前，工业机器人已进入智能化发展阶段，并与数控(NC)、可编程控制器(PLC)一起成为工业自动化的三大技术支柱和基本手段，用于铸造、锻造、焊接、装配、切削加工、喷漆、热处理及水下作业等领域。

7. 服务机器人

服务机器人在动作规划、自主运行等方面与工业机器人相似，但两者间本质的不同在于应用领域的不同。服务机器人主要用来代替或协助人类完成提供服务和安全保障的各种工作。

(1) 医疗机器人　医疗机器人是指辅助或代替医生进行医疗诊治及护理的机器人。如医疗外科手术机器人、X 射线介入性治疗机器人、无操作诊断与检测微型机器人、人工器官移植与植入机器人、康复与护理机器人等。

医疗外科机器人是近几年来发展起来的，体现了多学科交叉渗透的研究成果。以脑神经外科手术辅助机器人为例，它主要完成手术规划和辅助手术两部分工作。手术规划的目标是构建一个“虚拟病人”，通过虚拟现实技术的各种仿真及交互方法，医生可以在“虚拟病人”身上反复进行手术，以确定最佳的手术方案。其实“虚拟病人”就是以计算机图形学为基础，以 CT、核磁共振图像(MRI，magnetic resonant imaging)、血管造影等影像学技术为主要手段，获取病人病灶点及周围组织的信息，对其进行处理后，利用三维模型重构技术所建立的三维立体图像。辅助手术是指将从规划系统传送到机器人控制器中的手术方案的技术参数，变换到机器人操作空间，使机器人按预定的手术方案完成指定的辅助手术操作。

(2) 个人服务机器人　这类机器人是指在医院、家庭、疗养院及康复中心等地方为残疾人、老人提供各种帮助的机器人，以及代替人进行家务劳动的机器人。目前，这类机器人主要有伤残人助理机器人、智能轮椅、除草机器人以及清洁机器人等。

1) 伤残人助理机器人　这种个人服务机器人可以为患有脑瘫、运动神经元疾病、中风以及肌肉萎缩等病人，意外事故受伤者和部分丧失生活自主能力的老人提供就餐、洗脸、刮脸、刷牙、化妆等多项服务。现以辅助就餐工作为例进行说明。伤残人助理机器人的重要组成部分之一是装有一个光扫描系统的托盘，托盘一旦通电食物就自动分送到并装在托盘上餐盘的若干小格中。此时光扫描器发出多束光线，在餐盘后面从左向右扫描，当光线扫到病人想吃的那格食品时，按动单一开关，机器人就前进到所选中的位置，盛出一勺食品送到病人嘴里。这一过程可重复进行，其间病人还可调节盛取食物的速度。当更换不同的托盘系统时，机器人还可完成喝水、洗脸、刮脸、刷牙、化妆等工作。对于这类机器人而言，安全、简便和多功能性对使用者(如病人及护理人员)来说都是重要的。机器人的控制器应当具有多种交互能力，如具有语音合成、语言识别、传感器输入、手柄控制等功能。

2) 智能轮椅　它与普通的机械式或电动式轮椅的不同之处在于，它具有视觉导航、口令导航、机器人自定位、动态随机避障等功能，并能与人进行语音交互。

3) 除草机器人　瑞典一家公司开发的自主式草坪除草机的有趣之处在于，机器人除了能像人一样完成除草工作外，还能在天亮时自动“醒来”开始工作，天黑时自动停止工作，能自动识别工作范围并且自动防盗。它的关键技术是如何使用、保护太阳能电池，以及怎样维持电能的供给和存储等。

4) 清洁机器人　它具有“移动”和“清洗”的双重功能。如地板清洗机器人除具有自主移动功能外，还具有清洗和干燥的功能。墙壁清洗机器人具有爬壁和清洗的双重功能。目前，我国蓝星集团与哈尔滨工业大学已成功开发出此类产品。

(3) 工程机器人　工程机器人是指在室外或野外代替人从事施工、建筑等作业的机器人，它是在传统工程机械的基础上结合了机器人技术的一种智能机器。它的优点是工作效益更高，质量更好，更安全可靠，并且大大降低了操作者的劳动强度和所要求的操作技能等级。生产中常用的有工程机器人有喷射混凝土的喷浆机器人、压路机器人、隧道凿岩机器人、林木球果采集机器人等。

长期以来，采集林木果实都是由人工来完成的。这项工作劳动强度大，作业安全性差，生产效率低，对母树损坏严重，一直是困扰科技人员的问题。东北林业大学研制成功的林木球果采集机器人，由机械手、行走机构、液压驱动系统和计算机控制系统组成。机械手前端的手爪(即采集爪)是由两个类似梳子，具有可以自动开合功能的夹子组成的。工作时机器人停在距母树 3～5 m 处，采集爪对准树枝后合拢梳齿夹，接着后退采下球果。

(4) 极限作业机器人　这类机器人是指代替人到他们不能或不宜去的环境中，如到高温、高压、有毒、放射性、深水、高空等环境中进行作业的机器人。目前常用的这类机器人有消防类机器人，包括遥控消防机器人、喷射灭火机器人、消防侦察机器人、攀登营救机器人以及救护机器人等。上海消防研究所与上海交通大学等单位于1998年成功研制出我国第一台消防机器人，它可以行走、爬坡、跨障碍、喷射灭火和进行火场侦察等。此外，为了防止拆除核反应堆生物保护混凝土层时受到核辐射的伤害，已经研制出具有切割和钻割功能的核污染混凝土切割机器人。

8. 足球机器人

足球机器人是一个典型的智能机器人系统，它为研究发展多智能体系统、多机器人之间的合作与对抗提供了生动的研究模型，从而有效地促进了机器人技术相关各个领域的发展。足球机器人中的理论与技术可应用于工业生产、自动化流水线、救援、教育等实践领域。

足球机器人系统的硬件设备包括机器人小车、摄像装置、计算机主机和无线发射装置(图9-68)。足球机器人的组成系统按功能可分为机器人小车、视觉、决策和无线通讯等4个系统。

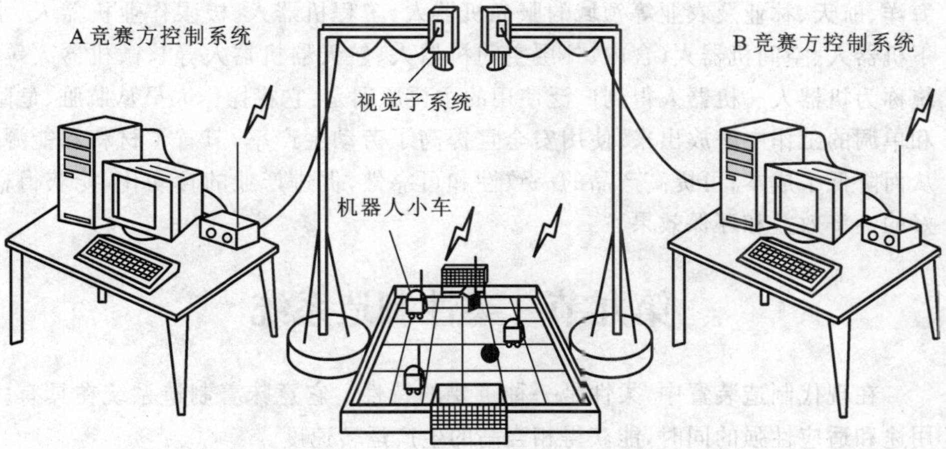

图9-68　足球机器人系统示意图

1) 机器人小车　由车架、车轮、电动机、减速器、测速码盘、驱动电源、单片机控制电路和无线接收模块等构成的机器人小车，可以按照主机发出的命令调整左、右轮转速，以保证其能按预定的轨迹运动。

2) 视觉子系统　它是机器人的眼睛。悬挂在球场中圈上空的摄像头所摄取的图像，由装在主机内的抓图卡进行数字化处理后送入主机内存，再由专用软件对图像进行理解。机器人双方各有不同颜色的队标(如黄色和蓝色)，计算机通过颜色分别辨识出全部机器人与球的坐标位置与朝向，以完成模式识别等工作。

3) 决策子系统　装在主机中的决策子系统根据视觉系统给出的数据，应用专家系统技术判断场上机器人的攻守态势，分配攻守任务，决定各机器人的运动轨迹，然后向各小车发出左、右轮轮速的命令值。

4) 无线通讯子系统　它通过主机串行口获得命令值，再通过独立的发射装置与装在小车上的接收模块建立无线通讯联系，遥控场上各机器人的运动。

在机器人足球比赛过程中，上述4个子系统以每秒二、三十次，甚至更高的速率连续运行，人不得干预。机器人比赛和人类足球一样也有严格的比赛规则，机器人的大小限制在7.5 cm×7.5 cm×7.5 cm以内，但质量不受限制。比赛采用高尔夫球，为使计算机容易识别，其颜色采用橙色。比赛场地的大小为150 cm×130 cm，表面涂黑色漆。比赛分为上、下半场，时间各为5 min，中间休息10 min。机器人足球赛必须在裁判的严格控制下进行，比赛开始之前双方通过掷铜币来决定进攻或防守；比赛过程中如果某一球队犯规，则根据情况分别罚点球、争球、球门球或自由球。世界杯机器人足球赛是一个在小平台上进行的“技术战争”。

【小结】

人们将工业机器人和随后发展起来的应用于医疗、教学、电子、国防、矿山、海洋、航天、林业及农业等领域的服务机器人、工程机器人、极限作业机器人、水下机器人、空间机器人（含内、外层空间机器人、航天器机器人等）、微机器人等，统称为机器人。机器人得到广泛使用的主要原因是：它将操作人员从肮脏、危险和单调的工作中解放出来；使用安全且提高了劳动生产率，节省了材料和能源，从而降低了成本；可提高产品的一致性和可靠性，促进产业的自动化，能获得良好的经济效益和环保效果。

第九节　柔性制造系统

在现代制造装置中，柔性是一种重要的特性。它意味着制造系统在具有多用途和适应性强的同时，能获得相当高的生产运转速度。

在20世纪70年代末、80年代初出现了柔性制造系统（FMS，flexible manufacturing system），这是一个由计算机控制的自动化制造系统，在它上面可同时加工形状相近的一组或一类产品。柔性制造系统（FMS）是一种广义上的可编程的控制系统，它具有处理高层次分布数据的能力，具有自动的物流，从而实现了小批量、多品种、高效率的制造，以适应不同产品周期的动态变化。

一、柔性制造系统的定义

根据《中华人民共和国国家军用标准》中有关“武器装置柔性制造系统术语”的定义，FMS是由数控加工设备、物料运储装置和计算机控制系统等组成的自动化制造系统，它包括多个柔性制造单元（FMC）①，能根据制造任务或生产环境

① 柔性制造单元（FMC）是一条较大柔性制造系统中的几组专用工作站，这种单元是柔性制造系统的单独组成部分。其最简单的形式是采用中央计算机控制和共用材料运送系统的一组CNC机床。

的变化迅速进行调整，适用于多品种生产和中、小批量生产。

美国制造工程师协会的计算机辅助系统和应用协会，把 FMS 定义为“运用计算机控制、柔性工作站和集成物料运储装置来控制并完成零件族某一工序或一系列工序的一种集成制造系统”。

一种更为直观的定义是：“FMS 是至少有两台机床，一套物料运储系统（从装载到卸载都能实现高度自动化）和一套控制系统的计算机所组成的制造系统，它采用简单地改变软件的方法便能制造出某些部件中的任何零件”。

从以上各种定义可以看出，FMS 是一种模块化的概念，它能够根据需要频繁地进行重新配置、扩大或缩小的功能，从而完成不同零件的加工。在制造过程中，生产率和柔性始终是互相矛盾的（图 9－69），而采用 FMS 则填补了存在于单台 CNC 机床和自动生产线之间的加工空白。

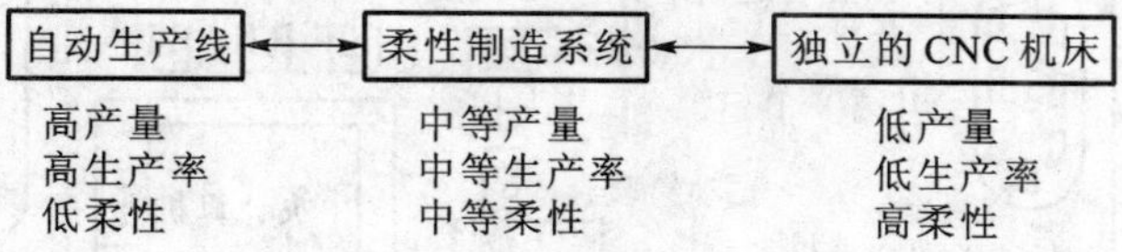

图 9－69　制造过程的连续系统

二、柔性制造系统的组成

一般情况下，FMS 由机床、控制系统、材料运送系统和操作人员等四部分组成，其平面布置如图 9－70 所示。

（1）机床　由一组自动加工设备（如 CNC、加工中心等）按不同的顺序自动完成各种表面的加工，通常配置 2～20 台甚至更多的机床。

（2）控制系统　能为 FMS 提供许多不同的控制功能，如零件加工程序的存储和分配，物料输送和存储，工作流向的监测、控制和自动诊断，生产过程的控制，系统/刀具的控制与监测等功能。

（3）物料运送系统　通过它将一组单独的 CNC 机床组成一条综合的 FMS 生产线。它必须能够自动地在一个工位上卸下工件 A，再装上工件 B，并把卸下的工件 A 送到下一个工位。该系统包括环形传送带、直线传送带、工业机器人以及自动拖车等。

（4）操作人员　在柔性制造系统中人和计算机均起着重要作用，尽管操作人员只承担劳动强度很低的任务，但这个任务却是决定性的。单台机床（如 CNC）由计算机控制；整个系统由中央控制器实现直接控制（如 DNC）；自动材料输送和其他功能（如数据采集、系统监测、工具控制等）都由计算机控制。可见，人/机对话是 FMS 获得柔性程度的关键。

图 9－71 为冲压 FMS 的平面图，它由多工位压力机、机器人、上下料装置、

模具库、换模装置、坯料供给及工件传送装置等部分组成。该系统适用于批量为200～400件，工序包括冲孔、修边、精压和弯曲，工序数为1～3道的冲压制品的生产。

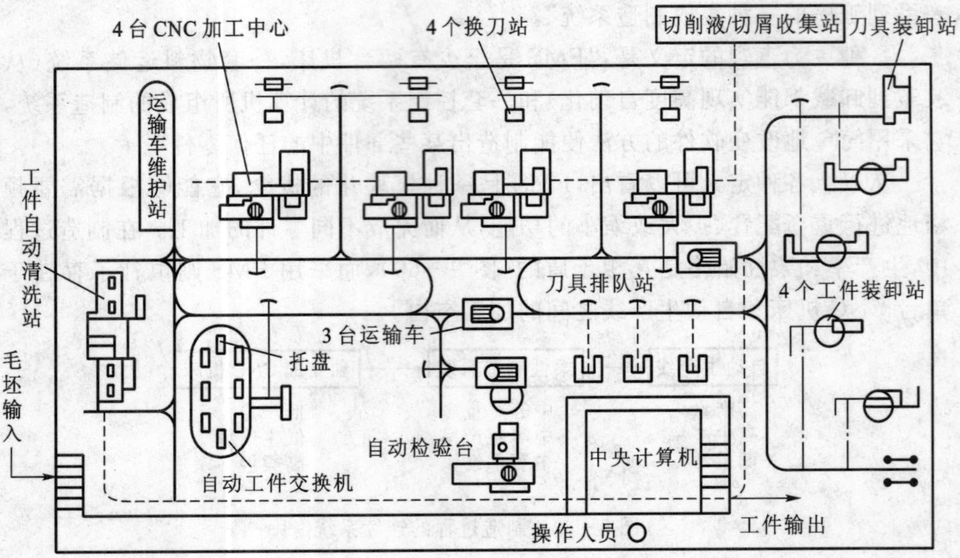

图 9-70 柔性制造系统的平面布置示意图

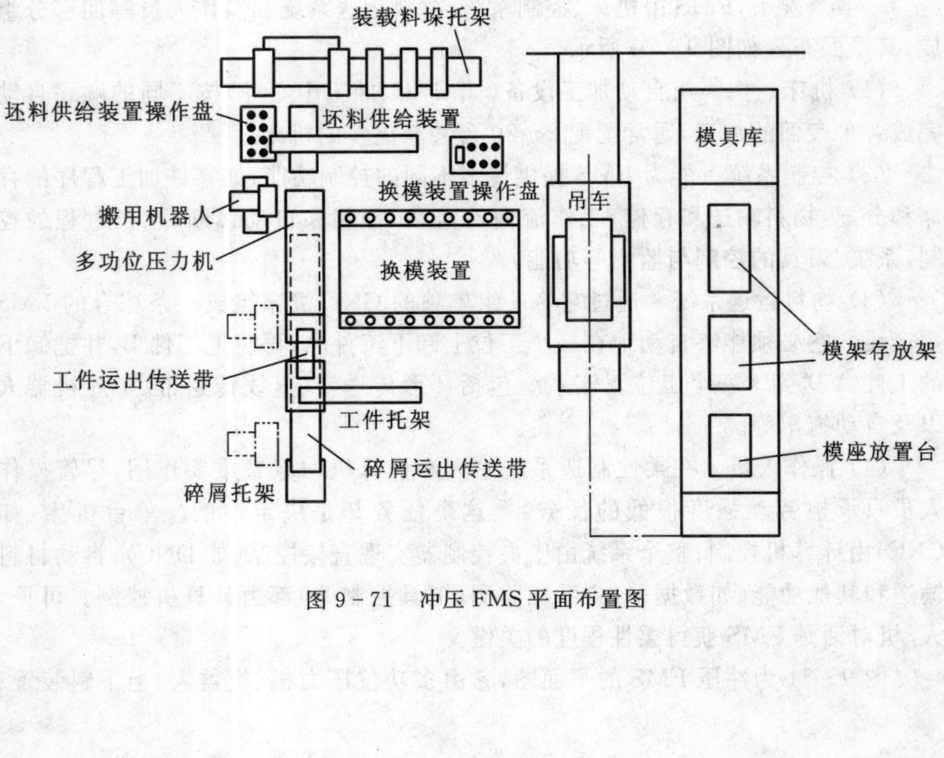

图 9-71 冲压FMS平面布置图

三、柔性制造系统的优点

尽管 FMS 只具有中等生产能力，但它通过将机床、运送装置和控制系统有机地结合起来，在获得最大的机床利用率和提高生产率的同时又能保持生产所需的柔性，从而解决了多品种、中小批量生产时生产率与柔性之间的矛盾，有利于发展新品种和扩大变型产品的生产。FMS 的优点表现为以下几方面：

（1）具有良好的柔性　对零件组（族）①具有良好的柔性，能迅速进行重新组合，以生产属于同组（族）的各种各样的零件。通过预编程序，对同一零件组的不同零件能实现在该系统的不同位置上进行同时加工。

（2）主要设备利用率高、投资减少　通过调整和编程，零件可随机插入到 FMS 中刚好有空的相应机床上，加之能够实现同一零件组不同种类零件的同时生产，从而减少了零件在各工序间的等候时间及更换零件所需的调整时间，缩短了生产周期，提高了生产的持续性和主要设备的利用率。

（3）产品质量高　在 FMS 中采用实时在线检测，能及时发现机床、刀具及加工过程中的质量问题，并采用相应的解决措施。FMS 本身所具有的自动化水平高、工件装夹次数和经过的机床台数少、夹具优质等特点，使其生产的产品具有极好的一致性，保证和提高了产品质量。

（4）降低加工费用　与传统的制造系统相比，FMS 采用了自动运送物料系统、计算机自动控制、程序离线调整和工具预置以及自动换刀等手段，大大降低了直接和间接的劳动成本。

近十年来 FMS 发展很快，其主要分布在工业发达国家，用户多为汽车、拖拉机和机床制造厂及航空企业等。其明显的经济效益是：减少操作人员 50%，降低成本 60%，机床利用率可达 60%～80%。FMS 将制造技术、管理科学、计算机科学等领域内的最新成就有机地结合在一起，是数控技术、网络技术、机器人技术、测试技术和计算机技术的综合，是机械制造业的发展方向之一。目前热加工领域已出现了各种类型的 FMS。

思考与分析

9-1　简述超塑性、超塑合金及超塑成形在生产中的应用。

9-2　简述你对新材料的认识，通过查找资料尝试论述新材料的发展趋势。

9-3　我国在超导材料方面的研究在一定范围已位于世界前列，尝试写一份科普通讯小

① 零件组（族）——利用零件在结构、材料、工艺等方面的相似性，把相似的零件进行分类并归为组（族）。

论文。

9-4 谈谈你对纳米材料和纳米技术的了解及对它们的应用和前景的认识。

9-5 试解释医用生物材料的生物相容性和生物可降解性的概念。

9-6 简述零件模具成形常用的方法、工艺特点及应用范围；分析粉末锻造与零件切削加工和普通模锻工艺的异同。

9-7 高分子材料与金属材料的化学成分和晶体结构主要有什么不同？

9-8 复合材料的组织和性能有什么特点？复合工艺对改善材料性能的实际意义是什么？

9-9 简述塑料的分类、性能、应用及塑料制品的主要成形工艺。

9-10 何谓特种加工？它与常规加工有何异同？

9-11 列表比较电火花加工、电解加工、电镀与电刷镀、超声波加工和激光加工的原理、所用工具、工艺特点及适用范围。找出激光加工与其他加工方法最主要的不同点。

9-12 试综述快速原型制造技术的原理、主要工艺方法及其适用范围；描述反求工程的概念、工艺流程及应用；试分析快速原型制造技术的发展趋势。

9-13 为什么说 NC 加工标志着切削加工技术进入了一个新阶段。

9-14 简述 NC 机床的组成和各部分的主要功能。

9-15 综述 NC 手工编程的步骤及机床坐标系与工件坐标系之间的关系。

9-16 CAD/CAM 包括哪些主要内容。分析其中的关键技术。

9-17 举例分析机电一体化技术得以广泛应用的原因。

9-18 举例论述你对先进制造技术与医学相结合所产生效益的看法。

9-19 简述机器人的主要组成部分和功能；用所学的知识设计一个机器人制作方案。

9-20 能否用学过的知识尝试着介绍模糊控制空调机的工作原理。

9-21 比较数码相机与普通相机的异同（成像原理、性价比、拍摄效果以及各自的优缺点）。

9-22 发挥你的想像设计一种服务机器人（阐明用途、基本结构、用材，并进行基本估价）。

9-23 简述柔性制造系统的概念、组成及应用。

第十章 现代生产系统

【学习提示】

产品既是制造的结果，又是销售的对象，产品从制造到销售的过程是一个系统工程；现代生产系统的特点是将生产、管理和消费人群有机地结合起来；产品的质量是生命线，全面质量管理是先进制造技术的重要组成部分；环境保护包括对生存条件与生存对象的保护，生态环境的“可持续发展”是一项综合性的战略。

本章的主要教学要求是：

(1) 了解产品的概念及产品开发的过程，通过实践具备初步的市场预测及分析的基本能力；

(2) 掌握产品设计的原则，独立进行产品造型设计的尝试；

(3) 了解全面质量管理和质量保证体系的基本概念，结合实际阐述制造、质量、销售、利润间的关系；

(4) 运用工程训练的综合知识(如材料的选择、加工方法及工艺的运用、经济性分析等)，结合市场调查，拟出一份具有创新点的某种产品的销售报告；

(5) 熟悉环境保护的内容和相关法规，运月所学知识提出环境保护的新想法；

(6) 了解绿色工程的概念。

第一节 概 述

生产系统是与实现规定的生产目标有关的生产单位的组合体，它是生产过程与管理过程有机结合的整体。在传统生产中，生产厂家按计划经济的模式，根据自己的设想来开发产品。而现代生产系统，是将生产、管理和消费人群有机地结合起来，形成了活跃的市场经济。现代生产系统框图如图 10-1 所示，从图中可以看出，一种新的生产系统的观念已经产生，即制造企业与供应厂商和用户结合成为一体的新观念。

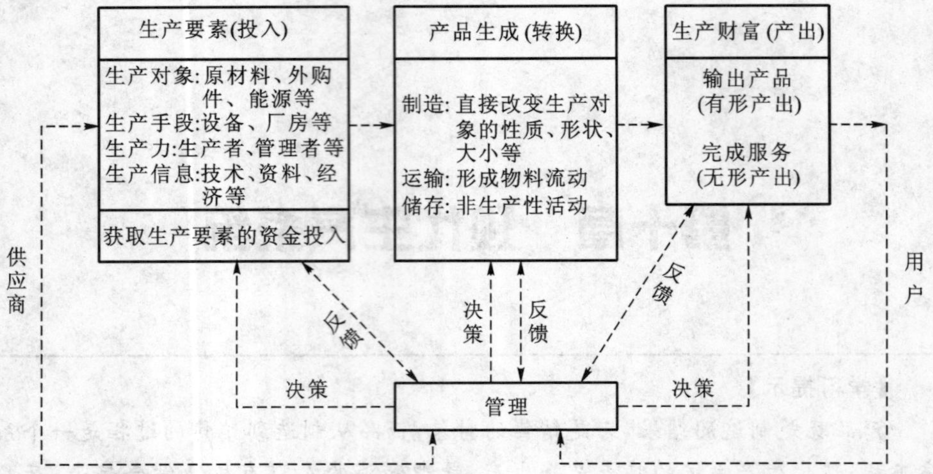

图 10-1　现代生产系统框图

第二节　产品的概念

产品是指在一个企业内已完成全部生产过程,经检验符合规定的质量标准,并可供销售的成品。产品的基本内涵包括产品的整体概念和新产品概念两个部分。

一、产品的整体概念

产品是生产管理及经营的对象。产品的整体概念包括整体概念和寿命周期理论。

1. 整体概念

整体概念的组成如图 10-2 所示。核心层必须确保顾客购买产品后的基本消费利益,这对于顾客而言永远是第一位的。有形层则应确保满足顾客的消费功能。延伸层是在对顾客提供完善的售前和销后服务的同时,为企业获取相应的利益。

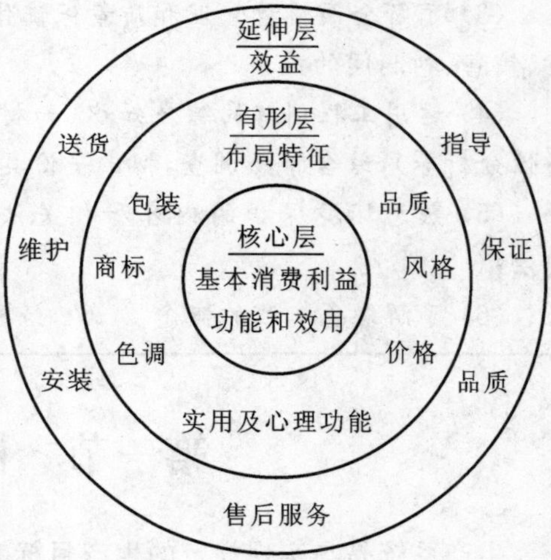

图 10-2　产品整体概念的内涵

2. 寿命周期

产品的寿命周期是指产品完成制造过程后,从投入市场、成长、成熟到最终

退出市场的时间段(图 10－3)。产品寿命周期中各阶段的特征分别为:

(1) 投入期　此阶段顾客对产品不了解,多数持观望态度,销售慢,无利或微利,风险大。

(2) 成长期　此阶段顾客开始接受产品,销售增长率大于 10%;企业赢利明显,产品呈现强大的生命力。

(3) 成熟期　此阶段顾客普遍接受产品,销售量大增,企业赢利额高;此时市场日趋饱和,竞争激烈。

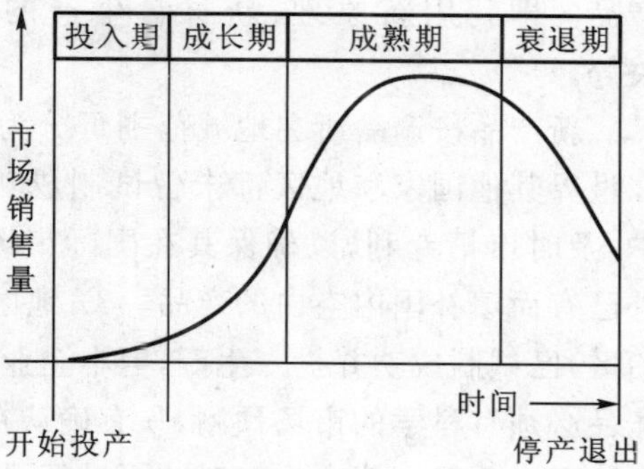

图 10－3　产品的寿命周期

(4) 衰退期　此时市场完全饱和,产品逐步滞销,利润下降,市场需求新产品替代老产品。

二、新产品概念简介

新产品是相对老产品而言的,是在产品结构、性能、材质、技术特征等某一方面或几方面有显著改进、提高或独创,具有先进性和实用性,能提高经济效益而有推广价值的产品。

1. 新产品的特征

新产品必须具备的三个主要特征是新颖性、风险性和商品性。

(1) 新颖性　新产品必须在原理、结构、材料、工艺、技术、功能、性能、品质等多项指标中具备一项或多项“新”的特点,而仅有外观、装饰、包装等改进的产品,不应视为新产品。

(2) 风险性　新产品的风险性包含技术风险性(新技术在原理上是否可行)市场风险性(取决于顾客的认可程度)和效益风险性(收回开发投资后的获利情况)。

(3) 商品性　它包括产品相对市场的适应性(产品能否满足顾客对性能、使用条件、价格及可靠性等的需求)、时效性(适时而有效地占领市场)、可生产性(技术可行、价格合理且能进行工业化生产)以及效益性(企业获得合理的利润)等。某项产品概念若虽经开发而缺乏商品性,则只能算做成果、专利或发明,而不能称为新产品。

2. 新产品的分类

新产品按技术性能特征可分为:1) 改进型新产品。如美国的波音飞机系列;2) 换代型新产品。如用溴化锂取代氟里昂的冰箱及制冷设备;3) 变型型新产品。如由普通吸尘器派生出来的微型吸尘器、特殊吸尘器等;4) 全新型新产品。即利用新原理、新材料生产的新产品，如激光器、红外感应延时开关等。

新产品按产品所在地域范围可分为：1）国际新产品。指除产品生产国外，在世界其他国家和地区都未曾试制成功的独创产品。对于该种产品要注意保护，及时申请专利，以确保其在国际市场上的竞争能力。2）国家新产品。指国外已有而填补国内空白的产品。3）地区性新产品。指在其他地区（如省、市、自治区）已试制成功并投入生产，但本企业所在地区尚未开发过的产品。开发这类产品必须有科学的市场预测，只有确认在一定时期内外地产品不能满足需要，而本地区企业又有能力生产时才可进行研制开发。

第三节　产品的开发

开发一个新产品必须经过从确定开发方向到组织实施开发，最后完成试制的整个过程。在这个过程中做任何决策都必须有科学的依据和做充分的调研。

一、市场需求和预测

开发新产品的主要目的是为了满足社会的需求，因此，市场需求将成为开发新产品决策时的主要依据，了解市场、分析市场和预测市场非常重要。在美国有70％以上的企业除了有独立的市场调研部门外，还从专门的市场调研公司获取常规或专项市场的调查数据；日本许多企业也十分重视市场反馈的信息，这也是使他们的企业获得成功的关键因素。

站在企业的角度，市场是由用户构成的。不同的用户就构成了不同的市场及需求。

1. 影响市场需求的因素

企业在对影响需求的多种因素进行调研时，应重视以下几个方面的内容：

(1) 购买力　它包括用户的收入、人口多少与构成以及集团消费品购买的意图与走势。

(2) 购买动机　购买是一种消费行为。在调查时应分清购买动机是产生于客观需要的理智购买动机，还是以重视需求（如心理需求、精神需求等）为基础的感情购买动机。

(3) 潜在需要　市场需求分为现实需求和潜在需求。调查现实需求则可了解整个市场对某个产品的需求能力，即市场容量；研究潜在需求是为了有针对性地将其转换成现实需求，从而开发新产品，占领新市场。

2. 市场调查与预测方法

调查和预测的目的是掌握市场的需求和发展趋势，找准企业当前和将来所处环境的状况，为企业正确进行经营决策、产品策划、新产品开发、市场占领提供充分和可靠的依据。

(1) 市场调查　市场调查的方法很多，主要采用的方法有以下几种：

1) 询问法　它通过面谈、电话、会议或函询等方式获得所需资料。

2) 观察法　是调查人员直接销售产品，或者在不违反被调查者意愿的情况下，利用仪器（如计数器、红外眼球跟踪仪等）间接记录被调查者的活动，从而了解消费者的购买行为的方法。

3) 实验法　是通过产品小规模的试销，如各种展销会、展览会，在商场设立专柜，开设直销门市部等方法来掌握消费者的反映情况。

4) 抽样调查法　它能节省调查费用和时间，同时又能获取全面、合理、公正的调查数据。其主要方式有简单随机抽样法、分类随机抽样法、分群随机抽样法以及非随机抽样法等。

5) 服务活动调查法　是通过售前、售后服务收集市场需求信息，争取更多客户的方法。

(2) 市场预测　它是在市场调研的基础上，对调查资料进行加工整理，从而对市场未来需求的变化作出估计，以此作为企业进行销售预测和生产决策的依据的方法。常用的市场预测方法有以下几种：

1) 购买意图调查法　通过这种方法了解消费者购买行为的可能性，这种可能性意图是对企业评估未来需求非常有价值的参考资料。如在美国，当顾客在超市购买牙刷时，与之相关的牙膏、牙线及漱口水等的购买预测就同时进行。

2) 销售及专业人员分析法　是对从销售人员处得到的信息与生产厂家专业人员对科技动态、用户需求、竞争对手等掌握的信息进行归纳、整理、分析、综合，借此预测市场需求总趋势的方法。

3) 专家意见法（又称为德尔菲法）　其核心是专家匿名对企业需要预测的专题给出书面意见，几批专家间的预测将被相互反馈。此预测方法比较深入、客观，由于采用匿名的方法，不受权威影响，故预测结果有较高的可信度。企业以这种市场预测方法进行决策，其成功的把握性大。

二、产品开发的方式

目前常用的产品开发方式有以下几种。

(1) 独立研制方式　实力雄厚的大型企业常采用从基础理论研究到应用技术研究，再到产品开发，全部过程都由自己完成的方式；借用他人的基础理论研究成果，自己只进行应用技术研究和产品开发的方式，通常为具有一定实力的较大型的企业所采用；而中小型企业往往会根据自身财力，采用、借用他人的应用技术研究成果，自己只进行产品开发的研究。

(2) 技术协作方式　这种方式的核心是集中优秀人才实现资源共享，其形式可以是科技成果转让、企业与大学联合开发、专利转让以及组成不同形式的科研-生产联合体等。

(3) 引进外国技术方式　这类技术必须是国际市场上已经成熟且符合我国国情的技术，它的引进能迅速填补国内空白。引进方式可以是通过对引进技术的学习、消化和吸收，从而生产自己的新产品的方式；也可以是直接采用引进技术，结合我国的研究成果生产新产品的方式。

三、当前新产品开发的方向

当前新产品开发最活跃的两个领域是新型实用产品和高科技产品开发领域。

(1) 新型实用产品的开发　这类产品主要涉及工作及生活两大领域。以提高工作质量和工作效率为目的的新型实用产品，包括大至计算机集成制造系统(CIMS)，小到电子血压计等的产品。以提高生活质量、方便生活为目的的新型实用产品的开发领域大有可为，如开发不用电的吸尘器、不用话筒的电话、不用鱼钩的钓鱼用具、不用轮子的摩托车、不用人控制的熨斗以及各类方便的生活用品、儿童玩具等。

(2) 高科技产品的开发　高科技产品可覆盖很多领域，具有代表性的产品有高精尖设备及仪器(如高精度坐标磨床、高精度花键磨床以及高精度遥感遥测装置等)，大型工程及设施(如三峡工程及设备、核能发电站等)，智能产品(如各种机器人、语言同步翻译系统、计算机硬、软件等)以及新能源产品(如采集新能源和使用新能源的产品)等。

第四节　产品的设计

产品设计是产品开发的先导，它包括结构设计和造型设计。产品设计的优劣将直接影响到产品的成本、价格、利润，进而决定了产品营销的成败。

一、新产品设计

新产品设计包括初步设计、技术设计和工作图设计三个阶段。

(1) 初步设计　其主要任务是编制技术任务书，阐明产品设计的理由及必要性。在这一阶段中通过专题研究或模拟实验进行方案论证，以此为依据画出产品结构草图。

(2) 技术设计　它是新产品的定型阶段。产品结构的合理性、工艺性、经济性、适用性、可靠性等都取决于此阶段的工作。这一阶段的主要工作内容有画出产品总图、部件和组件的结构装配图、传动及润滑和电气原理图，计算产品主要技术经济参数等。

（3）工作图设计　它是产品设计的最后工作，其内容是提供试制和生产所需的全部资料，如原材料及毛坯、通用件及标准件、外协件明细表，自制件的全部图纸，编制的说明书及使用手册等。设计过程中应尽可能采用标准化设计。

20 世纪 90 年代，我国的市场特征由“企业生产什么，顾客购买什么”变为“顾客需要什么，厂家就生产什么”，出现了市场竞争。面对功能、品质及价格大同小异、琳琅满目的商品，一方面消费者在选择时更加犹豫不决，另一方面越来越多的消费者已不再仅仅取向于功能的需求，更希望所选择的产品能给自己带来人性（如自信、感情、爱好等）方面的满足，即更注重产品的个性化形象。事实上，当两个产品的质量、功能和价格大致相当时，消费者决定取舍的依据应该是产品的造型和售后服务。在这两者中先入为主的是产品造型，人们总是愿意买外形和色彩都满意的产品，此时产品造型就成为首选的因素了。

二、产品造型设计

1. 产品造型设计的意义

产品造型设计是指从心理学的角度，运用美学理论来指导产品的外形设计和色彩设计。

前面已经分析过，当两个产品质量、功能和价格相当时，产品造型成为消费者决定取舍的主要因素之一。这个结论从一个方面说明了好的造型有利于产品在市场中的竞争。另一方面由于同一类产品的使用对象不同，因此，人们对同类产品就有不同的评价、要求和选择。通过市场调查发现，有一部分群体，他们经济条件较好，具有自身的审美观点，在认可产品的质量和功能之后，对产品造型情有独钟，对产品的个性化提出了要求。由于造型新颖等因素会增加商品的价格，但因其能对消费者投其所好，尽管价格偏高，仍然能为他们所接受。这就是为什么精品和名牌产品尽管价格与同类普通产品之间差异很大，仍然有市场的原因之一。在这里，产品的造型、品牌和商品的价格密切相关。一个企业只有在满足市场对产品共性（指功能、品质结构、价格、服务、信誉等）需求的同时，也满足消费者对产品个性（即不同个性消费者心理需求的产品特征）的需求 ，企业才能在竞争中立于不败之地。

2. 产品造型设计的原则

产品造型设计时，必须兼顾产品的技术功能和艺术造型。这两者之间的辩证关系是：功能决定造型，造型表现功能。必须说明的是，产品功能是第一位的，造型是第二位的。产品造型设计的共性是创造美。设计过程中应遵循“实用、经济、美观”的造型设计三原则。

(1) 实用　应表现为适应性强、标准化程度高、技术指标先进、安全可靠、维护方便、人机协调等。对于非艺术品类产品的实用性，应在实用两字上下工夫，才能赢得顾客和占领市场。

(2) 经济　是指能提高生产率、降低成本，结构工艺性好(结构合理，便于安装、加工、测量和装配)以及节省辅助工序及时间等。

(3) 美观　是指对产品通过艺术创造，使其具有美的形象、个性及表现力。

采用造型设计三原则时，应以实用为前提寻求美观，同时实用与美观必须以经济因素为制约条件。

3. 工业产品的造型设计

工业产品的造型设计是落实在有具体功能基础的产品上的，它与科学理论的内涵美及纯粹的艺术表现美是有区别的。工业产品美学包括功能美、工艺美、色彩美、材质美、和谐美、舒适美等要求。工业产品(尤其是机电产品)的美是设计的科学性、制造工艺的先进性以及外观造型的艺术性三者的统一。美的工业产品既具有使用价值，又能给人以美感享受。设计人员在进行整体考虑时必须立足于两个基本观点，即市场是否认可和企业能否制造。事实上，从某种意义上讲，产品的美学水平反映一个企业的科学管理和生产管理的总体水平。工业产品造型设计的主要内涵包括以下两个方面。

(1) 外形设计

设计工业产品的外形时，设计者在构思阶段，必须考虑产品的功能与美观、组成结构与加工工艺、人与机器的配合、质量与价格、选用材料所占成本的比例等因素，这些因素是工业产品造型设计中的普遍要求。而对每个不同的产品，如用于加工零件的普通机床或数控机床，用于不同地方测量数值的百分表、电流表等，由于他们各自的功能、作业方式以及工作环境不同，设计时必须采用不同的造型与之配合。一般规律是，对于精密的机床、仪器、仪表，应赋予雅致、精细的造型；大型和重型设备的造型应坚固、稳定和深沉。

在考虑产品功能的同时，设计人员还应注意实现这种功能的造型手段，即如何用材和选择合理的成形方法。下面以箱体类零件为例进行分析。

1) 机床主轴箱及进给箱类　这类箱体零件内一般装有传动轴、齿轮、轴承等零件，大多数箱体零件受力较大，结构复杂。当批量生产这类零件时应选用铸铁，采用铸造的方法获得；而单件生产时可采用钢板、型材等，用焊接的方法成形，以缩短周期，简化工艺，降低成本。

2) 电视机机体、塑料汽车壳体类　这类零件要求质量轻、刚度好，此时应选用塑料板材，利用模具进行板成形(见第九章第三节)制得。

其他因素，如生产管理的优劣、价格定位等也将直接影响产品的外观质量和造型效果。

(2) 色彩设计

人们在进行家具、房间的色彩设计时，选择色彩的依据通常是房间的功能。当确定以房间墙壁或地板为主色调①后，家具色彩的选择是与之和谐一致还是与之形成对比反差，应根据使用者的喜好来决定。

工业产品的色彩设计与绘画作品和家具设计的共同点是能有助于使用者的情绪调节，提高工作或生活质量。它们之间的不同点是工业产品的色彩设计应考虑的因素更多，如材料的种类与所选用的加工方法之间的直接关系，以及同时应满足产品的物质功能和色彩功能等因素。

产品色彩设计的关键是色调设计。色调是一组色彩配置的总倾向。色调不同给人的心理感受也是不同的，如红色代表火热，蓝色代表宁静，绿色代表清新等。因此，在满足人们审美要求的同时，产品的色彩设计还要追求色彩与产品的使用环境以及与人的心理感受等的统一协调问题。一个工业产品的色彩设计，不管其组成色彩的数目有多少，必须以获得统一的整体色调为目的。

第五节　产品的生产

人们把创造产品或完成服务的有组织的活动称为生产。在生产这个活动过程中，生产要素（指生产对象、生产手段、生产力和生产信息）将转换为有形财富（即产品）和无形的财富（即服务），达到增加附加价值并产生效用的目的。生产中的转换过程，是真正进行产品制造的部分，它将完成生产要素向生产财产的转变。为了有效地组织和管理生产过程，生产中应该按一定的标志对生产过程进行类别划分，这就是生产类型。

一、生产类型及经济分析

1. 生产类型的划分

不同的工业企业在产品结构、生产方法、设备条件、生产规模、专业化程度等方面都有各自不同的特点。生产类型反映企业的工艺技术水平、生产组织方法和管理组织的特点，又在很大程度上决定了企业的技术经济效益。生产类型的划分如表 10－1 所示。其中最能反映生产过程中生产技术水平和生产组织方式特征的是生产类型划分标志⑤和⑥。按标志⑤和⑥可将生产过程分为大量生产、成批生产和单件生产三种类型。很显然，决定生产类型的依据是产品生产的重复程度和生产专业化程度。

① 主色调——组色彩中面积占绝对优势的色彩。

表 10－1 生产类型的划分

生产类型的分类

- ①按设备的先进程度
  - 技术密集型
  - 劳动密集型
- ②按生产技术的特点
  - 合成型（机械等）
  - 调制型（钢铁等）
  - 分解型（炼油厂等）
  - 提取型（炼矿、油田等）
- ③按需求来源
  - 定货生产方式
  - 存货生产方式
- ④按生产过程的连续性
  - 连续生产（采油作业）
  - 间断生产（机床制造）
- ⑤按产品生产的重复程度
- ⑥按工作地的专业化程度
  - 单件生产
  - 成批生产（大批、中批、小批）
  - 大量生产

2. 不同生产类型的经济性分析

表 10－2 为不同生产类型的工艺特征。从表 10－2 中可以看出，工艺特征随着生产类型的变化而变化，很显然，不同生产类型的生产管理也是不相同的。大量生产类型由于产品的产量大、品种少，生产相对稳定，故在生产计划与控制工作中，以保证生产连续地、不间断地进行为重点。此类企业的获利手段主要是依靠降低成本。成批生产的特点是轮番生产，生产管理工作的重点应放在合理安排批量上，要做好生产的成套性和提高设备利用率之间的平衡。单件生产的产品种类复杂多变，因此生产计划应具有较高的灵活性，其管理重点是要及时解决不时出现的生产"瓶颈"，使生产通畅。

表 10－2 不同生产类型的工艺特征

比较项目 \ 生产类型		单件生产	成批生产			大量生产
			小批	中批	大批	
零件年产量件/年	重型零件	＜5	5～100	100～300	300～1 000	＞1 000
	中型零件	＜10	10～200	200～500	500～5 000	＞5 000
	轻型零件	＜100	100～500	500～5 000	5 000～50 000	＞50 000
产品特征		品种多，各品种数量小，品种变化大。很少有订货产品	品种较多，各品种数量较大。一般为自行设计的定型产品			均为标准产品，可为用户提供变型产品

续表

生产类型 比较项目		单件生产	成批生产			大量生产
			小批	中批	大批	
零件年产量件/年	重型零件	＜5	5～100	100～300	300～1 000	＞1 000
	中型零件	＜10	10～200	200～500	500～5 000	＞5 000
	轻型零件	＜100	100～500	500～5 000	5 000～50 000	＞50 000
机床设备		通用的（万能型）设备	大部分通用，部分为专用			高效率的专用设备
夹具		很少用专用夹具	广泛使用专用夹具			高效率专用夹具
毛坯成形方法		砂型铸件和自由锻件	常采用金属模铸件和胎模锻件、模锻件			机器造型和压力铸造件，模锻和滚锻件
物料库存	原材料	库存量少。通常在接订单后才采购	库存量中等。部分材料接订单后采购，部分则有储备			库存量大。按生产计划做好储备
	在制品	量大	中等			少
	成品	很少	变动不定			变动不定，一般直接发运给销售系统
劳动力特征	对工人的技术要求	技术熟练	技术比较熟练			调整工技术熟练，操作工熟练程度要求较低
	人工含量/单位产量	很高	高			低
管理特征	在线管理人员	生产线上的管理人员数量多，职能管理人员较少	生产线上的管理人员数量较多，是管理力量的关键。职能管理人员较单件生产多。			生产线上的管理人员仍很关键，但职能管理人员增多（从事工艺再设计、能力规划、方法研究、预测等）
	控制措施	通常为利润中心	或为利润中心，或为成本中心			通常为成本中心

生产类型对企业的生产经营有着重要的意义。美国人发明了彩色电视机，20 世纪 60 年代中期，厂家认为该产品处于成长期，故采用批量生产类型。而日本在 20 世纪 60 年代末引进美国的彩电生产技术后，短时间内形成大量生产类型，产品成本大大低于美国，并迅速占有美国和世界彩电市场的大部分销售份额。由此可见，不同生产类型的经济性显然是不相同的。

经济性分析就是对某一技术方案进行定性分析比较和定量计算论证及经济效果分析。本节主要从成本控制入手分析不同生产类型的经济性。

成本控制包括生产过程前和生产过程中的成本控制。生产过程前的成本控制,主要指在产品研制和设计的过程中,对产品的设计、工艺、设备、材料选用等进行技术经济分析和价值分析。生产过程中成本控制的关键是生产成本。产品的生产过程是产品成本形成的主要阶段,在技术经济分析所需考虑的诸多因素中,生产成本是最重要的因素。生产成本是制造一个零件或一台产品所必需的一切费用的总和,其中工艺成本占70%~75%。工艺成本是与工艺过程直接有关的生产费用,它不是零件的实际成本,而是构成实际成本的最重要部分。

通过对表10-2的分析可以看出:在大量生产类型中,采用高效专用机床是经济合理的;而在单件、小批量生产中,假如使用专用机床,因其不能被充分使用而变得不经济、不合理。在大量生产类型中,使用高效专用夹具是合理的;而在单件生产类型中,只有采用通用夹具才能有效地降低生产成本。故可以得出这样的结论:同一种设备或加工方法使用在不同的生产类型中,其技术经济效果是完全不相同的。

下面将用实例对加工不同批量、同一表面的不同加工方案及其经济性进行分析。

【例】　(1) 拟加工图10-4所示的三种批量不同但螺纹类型及精度等级相同的小丝杠。

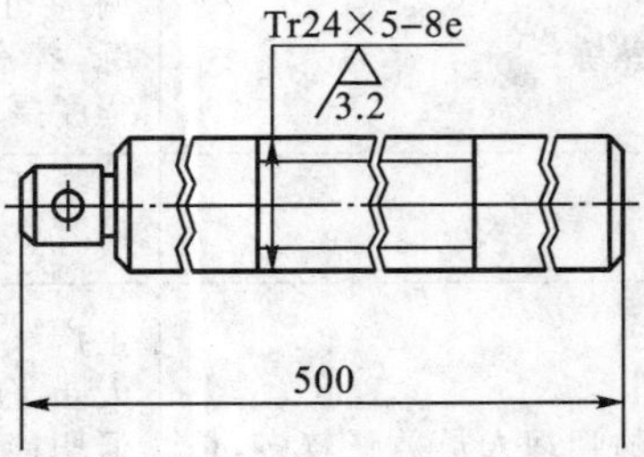

a) 丝杠 (45钢5件)

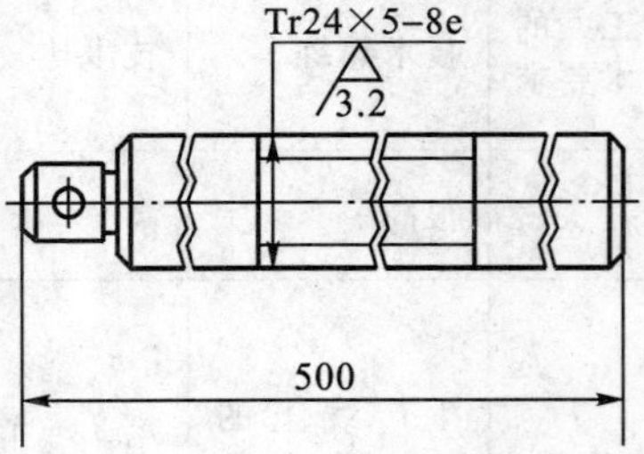

b) 丝杠 (45钢500件)

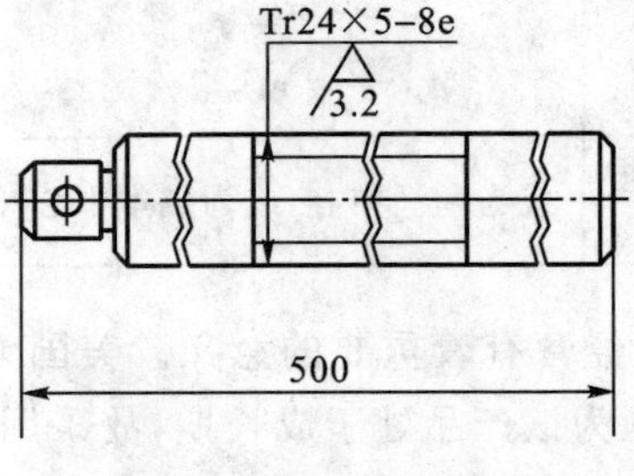

c) 丝杠 (30钢50 000件)

图10-4　三种不同批量的丝杠

(2) 拟加工图 10－5 所示的三种不同批量齿轮上的 ϕ35H7(Ra 为1.6 μm)的孔。

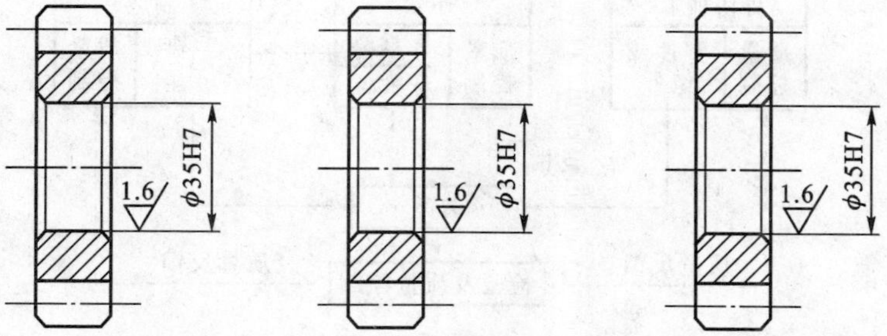

a) 齿轮 (45 钢 10 件)　　b) 齿轮 (45 钢 1 000 件)　　c) 齿轮 (45 钢 100 000 件)

图 10－5　三种不同批量的齿轮

上述两例中产品的加工方案及其经济性的比较见表 10－3。从以上两例可以看出,即使是加工同一种表面,当生产批量不同时所选用的加工方法是不同的,所获得的经济效果也是不同的。

表 10－3　不同生产类型的加工方案及经济性比较

加工内容	生产类型 / 比较项目	单件生产(10 件)	成批生产(1 000 件)	大量生产(100 000 件)
传动齿轮	毛坯种类	自由锻件	胎模锻件	模锻件
	切削加工方案	钻孔—半精镗—精镗	钻孔—扩孔—铰孔	钻孔—拉孔
	经济性	差	较好	好
梯形螺纹	生产类型	单件生产(5 件)	成批生产(500 件)	大量生产(50 000 件)
	毛坯种类	自由锻件	胎模锻件	圆钢
	切削加工方案	车削	铣削	滚轧
	经济性	差	较好	好

二、产品的生产过程

生产过程是指由原材料转化为成品时,各个相互关联的劳动过程的总和(图 10－6)。其基本内容是人的劳动过程,即劳动者使用一定的劳动工具,按照合理的加工方法使劳动对象(如毛坯、工件、组件或部件)成为具有使用价值的产品的过程。如车床的制造过程包括:先用铸造、锻造、焊接的方法获得毛坯;经切削加工将毛坯变为零件;进而装配成组件-部件 直至成为整台车床。图10－7为产品的机械制造工艺过程①图。

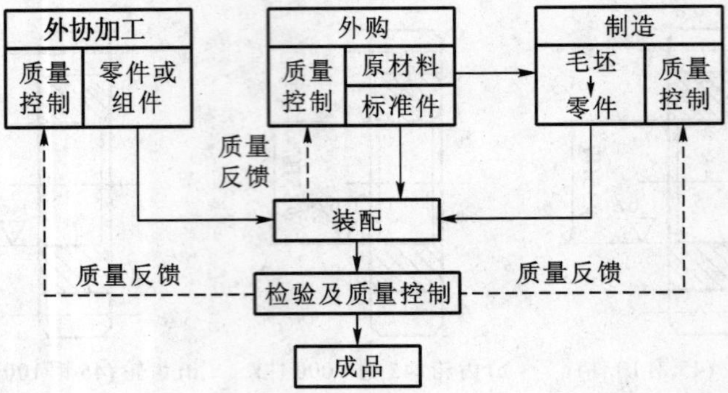

图 10-6　产品生产过程的组成框图

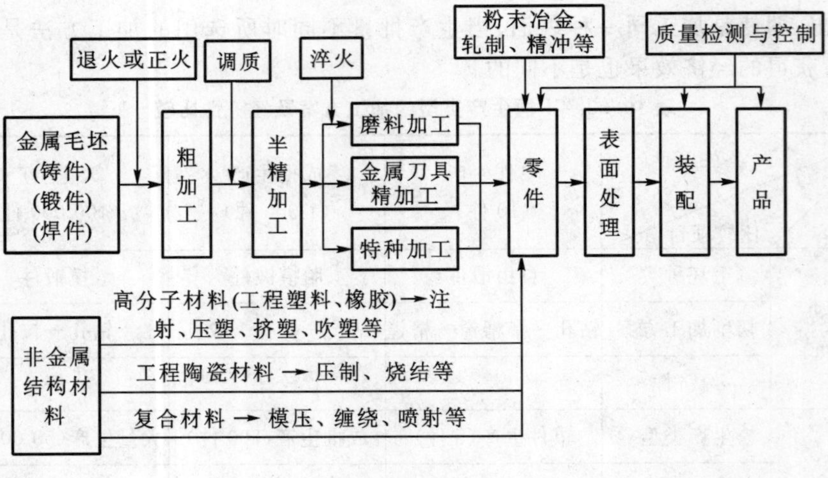

图 10-7　产品的机械制造工艺过程图

第六节　产品的质量

产品质量是指产品的使用价值，也就是产品为适应一定用途所必备的特性。产品质量与使用者的利益相关，同时也是生产企业各项工作的综合反映。在激烈的市场竞争中产品质量的含义正在发生根本的变化，它不仅体现为耐用，还应反映出可靠、寿命、安全、可维护及经济等特性。通常把用户是否满意以及满意

① 工艺过程是生产过程中的主要部分。如机械加工工艺过程是反映在机械加工车间里，直接用来改变原材料或毛坯的形状、尺寸，使之变为成品的过程。

的程度,作为评定一个产品质量优劣的依据。国际标准 ISO 8402 将质量定义为:质量是反映实体满足明确或隐含需要能力的特性总和。

一、全面质量管理

国际标准 ISO 8402(1994)将全面质量管理 TQM(tottal quality management)定义为:“一个组织以质量为中心,以全员参与为基础,目的在于通过让顾客满足和让本组织所有成员及社会受益而达到长期成功的管理途径”。由此可见全面质量管理的内涵应主要包括以下几项:

1. 全面质量管理的对象

全面质量管理的对象是“质量”。企业内各项工作的质量都将影响产品的质量,特别是直接参与产品研制和制造的各个环节对产品质量的优劣有决定性的影响。提高产品质量就能赢得市场,获得全面的经济效益。

2. 全面质量管理的范围

顾名思义,全面质量管理的管理范围应该是全面的,即要求实现产品全生命周期的质量管理。产品质量是生产活动的结果,是经过生产过程而获得的。因此,实行全面质量管理,体现了企业在各个工作环节都树立“下道工序就是用户”的思想。

全过程的质量管理,不仅要把握住产品设计和加工工艺过程的质量,还必须保证产品的出厂质量和使用质量,从而将质量管理从设计—制造过程延伸到产品市场调研、设计与制造、工艺与技术设备、材料与设备供应、生产计划以及售后服务等全过程中。

3. 全面质量管理的人员组成

参与全面质量管理的人员应为企业的领导和广大职工,即要成为全员性的质量管理,在这里“全面”的内涵是指“所有人”。

二、质量保证体系

企业为保证和提高产品质量,运用系统的概念和方法,通过协调机构,将一系列的质量管理活动组成一个有明确任务、职责、权限,互相协调和促进的整体,即质量保证体系。

1. 质量保证的含义

这是一个随着生产和质量管理工作的发展逐渐形成的新概念,它的提出反映了人们对质量意识的深化。质量保证体现了生产厂内部上下工序及生产厂与用户之间的关系,而连接他们的是相关文件或担保条件,如保单、质量保证书、质量契约书等。质量保证应落实在生产合格的产品和提供优质的售后服务两个方面。

2. 质量保证体系的基本内容

质量保证体系由设计试制、生产制造、辅助生产和销售使用等环节组成。

(1) 设计试制阶段的质量管理　产品的设计与试制是产品质量形成的起点,其质量管理目标是满足来自用户和制造两方面的要求。其工作内容有:调查研究、制订方案、产品结构及工艺设计、试验、试生产、验收鉴定及标准化工作等。

(2) 生产制造阶段的质量管理　制造是获得产品的直接过程,它以保证产品制造质量为目的。其管理任务是建立一个受控制状态下的生产系统,工作内容有以下几方面。

1) 加强工艺管理,完善工艺文件,使生产制造过程始终处于稳定的控制状态。

2) 确保质量监控,建立严格而行之有效的质量检测制度和组织。把好原材料、零件、部件直至产品的每个质量环节。

3) 及时掌握和分析质量动态,做好质量原始数据的记录以及综合统计和分析的工作。

4) 控制不合格产品的比例。其主要途径是降低不合格产品的比例;对于可修复的不合格品则修复后使用,这对降低成本,增加企业的经济效益是大有好处的。

5) 实行工序质量控制。重点工序必须由专职检验人员进行质量控制,企业内应建立有广泛群众基础的质量小组。

(3) 辅助生产阶段的质量管理　它是为生产提供优质服务和物资技术条件的过程,其服务对象为生产资料(如原材料、辅料等),工、夹、量具,能源,设备维修以及运输保管等。其质量管理任务是为制造过程实现优质、高效、低耗的目的创造必要条件。

(4) 产品使用过程的质量管理　它是以保证产品的质量特性在使用中能正常发挥,满足用户需要为目的的质量管理,突出体现了为用户服务的原则。使用过程中的质量管理覆盖了售前服务(如说明书、使用手册及使用培训等)及售后服务(如上门维修、提供维修、使用调查及处理质量问题等)。

三、ISO 9000 质量管理和质量保证系列标准

ISO 9000 质量管理和质量保证系列标准是第一个国际性的质量管理标准,它由质量术语标准、使用和实施指南标准、质量保证模式标准、质量体系要素标准和质量技术标准五大部分组成。其核心部分包括以下五个主标准。

(1) ISO 9000—1 指导性标准。

(2) ISO 9001 质量保证体系—设计、开发、生产、安装和服务的质量保证模式。

(3) ISO 9002 质量保证体系—生产、安装和服务的质量保证模式。

(4) ISO 9003 质量保证体系—最终检验和试验的质量保证模式。

(5) ISO 9004—1 质量管理和质量体系要素标准。

在上述五个主标准中,ISO 9000—1 为指导性标准;ISO 9004—1 为基准性标准;ISO 9001、ISO 9002、ISO 9003 为质量体系标准,这三者间的关系如图 10-8 所示。

图 10-8 三种质量体系标准之间的关系

贯穿 ISO 9000 系列标准的基本原理是:质量产生于生产全过程;在该过程中必须对影响产品质量的全部因素进行控制;质量管理的目的不仅要使企业具有持续提供符合要求的产品的能力,还要使企业能坚持质量改进和提高。不难看出,ISO 9000 系列标准无论从原理还是要求上都与全面质量管理保持一致。两者都强调以预防为主,实施系统管理;都强调管理层,特别是决策层在质量管理和质量体系建设中的主导作用。目前在企业中开展的 ISO 9000 系列标准的认证工作,是反映企业全面质量管理水平的重要举措。

第七节 产品的销售

对于生产者和消费者而言,产品的销售其实质就是商品流通的过程。在经济活动循环中,生产是起点,消费是终点,流通则是沟通两者的桥梁。一个产品进入市场后,决定其是否畅销的必要条件为以下几点。

(1) 质量是否可靠 质量是产品的生命。评定产品质量的指标是性能、寿命和安全性。

1) 性能——为满足使用要求所具备的技术特性;

2) 寿命——产品能正常使用的期限;

3) 安全性——在操作和使用产品过程中的安全程度,包括操作时设备和人身的安全以及产品产生公害和环境污染的可能性。

(2) 功能是否恰当 在功能设置方面,人们有时会产生错觉,认为功能越多的产品就越好。不可否认,由于一种功能只能完成某些工作,功能越多产品所能完成的工作范围越大，人们使用起来越方便。但事实上，不同的人群、不同的使用要求对产品功能的需求是不相同的。更何况就一般意义而言，功能越多的产品其制造难度越大，导致成本越高。

(3) 价格是否合理　价格是产品销售的杠杆。消费者总是希望用最少的钱买到最好的产品，而生产者又总是希望获取最大的利润，因此找到两者之间的结合点是十分重要的。

销售工作既是企业营销活动的组成部分，又是生产经营过程的最后阶段。做好销售工作必须从以下几个方面入手。

一、销售管理

产品销售属于商品流通范畴。事实上流通不仅是交换的一定要素，也是保证生产和消费得以有效进行的必要条件。现代流通不单纯起到流通商品的作用，同时还必须通过一系列功能活动来保证生产和消费的高效运行。销售管理工作的主要任务有以下几部分。

(1) 市场分析　随着经济体制的改革，企业必须根据市场需求来安排自身的生产经营活动。只有科学、客观地做好市场分析，才能做出正确的经营决策。市场分析的具体内容有以下几点。

1) 市场面分布　包括掌握产品市场的分布现状，分析其是否合理；市场需求变化的性质（是偶然性还是方向性）；潜在市场的存在可能性及销售量比重是否合理等。

2) 市场产品竞争　主要分析具有相同产品、相近产品、替代产品、潜在产品的竞争对手的实力，找准自己在同类产品竞争中的位置及存在的问题。

3) 消费群体　掌握不同消费群体的收入情况、购买走向与价格承受能力等。找出消费规律，制定正确的价格政策，主动争取市场。

4) 产品分析　指市场对产品的承认程度、对价格变动的敏感性、同类产品的竞争及新产品逐步取代老产品方面的对策等。

(2) 制定和实施销售计划　销售计划既是企业销售管理的纲领性文件，又是制定其他计划的重要参考依据。它是市场分析与企业经营目标和现实状况相结合的产物。

实施销售计划必须有科学合理的销售策略，如目标市场策略、价格策略、促销策略等。

(3) 组织销售业务活动　为保证销售策略的顺利实施和销售计划的完成，企业应将各种资源与销售的业务活动搭配起来（如市场分析、定价、合同管理、促销、售后服务计划、产品发运、货款回收等），从而有效地利用资源，保证销售业务的完成。

二、销售计划

销售计划是企业生产经营计划的重要组成部分，是计划期内销售工作的指南和具体安排。通常情况下销售计划由以下三大部分组成。

(1) 销售量计划　其主要目标为销售量和销售收入。它以产品的销售量为依据，推动企业真正做到以销定产，确保企业生产经营活动的正常进行。

(2) 销售策略规划　企业为实现销售目标，将潜在顾客转变为显在顾客，战胜竞争对手，就必须制定一系列的销售策略，以求获得最佳业绩。

(3) 销售费用计划　这是一个与成本和经营责任制有关的指标。它将在市场上因销售产品而发生的一切费用(如广告费、人员推销费、营业推销费、公共关系费及相应的不可预知费用等)进行分类统计和计算，从而找到最经济合理的销售资源分配办法。一个销售费用计划是否科学合理，可以用将销售额与销售费用相比较的方法来判断。

三、销售策略

销售策略是指企业为把产品销售出去，完成销售目标和计划所采用的方法、手段和程序，如市场面选择、宣传与广告、销售渠道、促销策略、商标策略以及品种及价格策略等。这里只介绍市场面选择和价格策略。

(1) 市场面选择策略　市场面选择包含确定目标市场和用户范围，是一个复杂的动态平衡过程。要想得到满意的市场，必须做好以下两项基础工作。

1) 准确选择目标市场　做好该项工作的基础是对市场要求(如需求方向、购买力、购买方式等)进行详细了解和分析，区分出新老用户、大小用户，从中确定重点目标市场。

2) 市场面选择的把握　目标市场数量的多与少是相对的，在无把握时或企业实力较雄厚时，可选择多一些的目标市场，进行试探、摸索、总结后再定重点目标市场。否则宁可少选目标市场，要集中精力打歼灭战。同时必须正确处理国内与国际市场、本地与外地市场的关系。

(2) 产品定价策略　产品的价格不仅与制造成本有关，而且与市场需求、竞争、产品特性以及消费者心理等因素有关，产品价格＝成本＋利润。一般情况下，价格低则需求上升，价格高则需求下降。产品定价可采用的策略很多，常用的有以下几种。

1) 基本定价策略　包括成本导向定位法、需求导向定位法和竞争导向定位法。

2) 阶段定价策略　对于产品销售的不同阶段(即导入期、成长期、成熟期、衰退期)制定不同的价格。

3）心理定价策略　根据消费者的购买心理，使消费者对价格产生一种“便宜”感觉的定价方法。这种方法在西方又称奇数定价法，即利用消费者认为奇数比偶数小，小数比整数小的心理感觉，产生购买欲望而完成购买行动。如一件商品定价为 2.00 元和定价为 1.99 元，它们之差仅为 0.01 元，但顾客会觉得后者比前者便宜很多。

4）价格策略　通过优惠、特价、打折、处理、免费使用、赊销及回扣等方式让利于顾客。

四、销售渠道

产品的销售渠道是指产品从生产者到达顾客手中的通道或方式。其组成有批发商、零售商、代理商、运输公司、仓储单位等个人或组织机构。目前常用的销售渠道类型有：直接销售渠道（即生产者和消费者之间无任何中介机构，又称为零级渠道）和间接销售渠道（含一级渠道和多级渠道）。

1. 销售渠道的确定

销售渠道的选择与产品特点（如价格、质量、体积、技术复杂程度等）和市场状况（如容量、地理分布、顾客集中程度等）等因素有关。确定销售渠道常用以下三种策略：

（1）广泛分销策略　此时企业是在某一产品（如日用消费品）的市场上，吸纳尽可能多的中间商从事产品的分销，使销售渠道尽可能地加宽。此方法的优点是产品市场覆盖面广、品牌宣传力度大，潜在顾客接触产品的机会较多；缺点是中间商积极性不高，责任心不强。

（2）独家分销策略　此时企业在一个地区或一定时间内，只选择一家中间商，授权独家经销技术含量高、价格较高以及属于名牌和较高档的产品。其优点是中间商积极性高、责任心强，但不足之处是产品市场覆盖面小，如遇中间商经营不善或意外情况，将直接影响企业在该地区的发展计划。

（3）选择性分销策略　这是一种介于前两者之间的销售策略，即企业在市场上选择部分中间商经销特选精品、高档消费品等。被选中间商一般经营业绩好、信誉度较高，故厂家承担的风险较小，有利于企业对被选中间商进行控制。不过对这类中间商的选择必须准确，否则容易出现前面两种策略引发的缺点。

2. 促销策略

促销是一种企业与顾客沟通的行为。企业采用人员或非人员方式动员、说服、引导潜在顾客购买自己的产品，或通过接受所提供的服务进而转变态度认同并购买自己的产品，达到影响消费者购买行为的目的。

促销方式五花八门，但最常用的方式有广告宣传、人员推销、营业推广和公共关系等四种。有经验的企业往往将上述四种方式灵活地组织起来，然后根据促销目的、产品性质、市场性质、产品寿命周期等匡素的异差，有的放矢地制定以一种方式为主，其余方式为辅的优化组合搭配促销策略。例如饮料、保健品、家用电器等主要采用广告（如电视、报纸、广播、路标等）促销，辅以产品说明书等文字资料；机床及工业生产资料等则主要采用人员推销，辅之产品说明书等文字资料来达到促销的目的。随着市场竞争程度的加剧，一种有效激励购买行为的促销方式——营业推广正在迅速地被顾客和中间商所接受。营业推广所包含的促销方式有免费样品、包退包换、减价、有奖销售等。

五、售后服务

长期以来大多数企业乃至中间商只注重售前服务，一旦产品售出而在使用过程中遇到问题，顾客不知该去找谁。随着市场经济的发展和现代营销观念的深入人心，目前一个企业的产品有无良好的售前、售中及售后服务，服务技术水平的高低，服务质量的好坏等，已经成为影响到企业能否提高企业信誉、增强竞争力、扩大销路、获取经济效益的重要因素，其中售后技术服务最为顾客所看重。售后服务的内容应包括：提供通俗易懂的产品使用说明书、安全操作手册，为顾客提供及时、正确及安全的技术指导和产品维修，对新产品可免费试用，帮助顾客选择型号，开展技术咨询以及送货上门、实行三包等。实践证明，当两个产品的功能、安全性、外观及价格大致相等时，有售后服务的产品就成为顾客的首选了。

第八节　环境保护

环境是指周围的情况，如自然环境、社会环境等。随着社会的发展，人类文明程度的提高，无论是对自然环境还是社会环境都提出了越来越高的要求。环境保护应该包括，对有可能造成环境污染和破坏的源头的法制化监控，对已被破坏的环境的治理以及对人们进行环境安全的教育等。

一、环境的监控

环境监控的对象是自然环境，而受益者是社会环境。通过对污染源危害的认识，制定出相应的控制指标和预防措施，并对上述两方面进行法制化的监控，使有可能产生的环境污染尽量减少达到防患于未然的目的。

1. 防尘污染

灰尘是把材料变为更小体积时所产生的固体微小颗粒。灰尘颗粒直径的大小用 μm 表示（1 μm＝1/1 000 mm）。灰尘浓度是用单位体积（如立方英尺、cm^3 或 m^3）中所含颗粒的数目来描述的。

(1) 灰尘的种类及其危害　灰尘无处不在、到处飞散，严重影响环境的质量和人们的身体健康。灰尘的分类及主要危害如下所示。

- 灰尘的分类及其危害
  - 有机灰尘
    - 棉花屑—采集或加工棉花时产生，导致气管炎、肺气肿等疾病
    - 羽毛屑—收集与加工羽毛时产生 } 导致急性哮喘、咳嗽等
    - 木屑尘—加工木材时产生 } 导致急性哮喘、咳嗽等
  - 无机灰尘
    - 导致肺部病变的灰尘—如游离的 SiO_2 灰尘、镉尘、石棉灰尘、铍尘、铁尘等
    - 导致神经系统病变的灰尘—如锰尘、铅尘、水银尘、锌尘等
    - 导致肾功能疾病的灰尘—如镉尘、铅尘等

值得一提的是目前铅尘仍是最主要的工业毒源之一。它除了对肾及神经系统产生危害外，还能破坏红细胞而造成贫血；导致便秘和结肠；对男、女性生殖系统也损害严重。此外，石棉灰尘若被吸入肺中则能造成严重纤维症，形成石棉肺，最后导致肺癌的产生。

(2) 防尘限值　对灰尘危害的评估主要从灰尘颗粒的大小、灰尘的浓度、人在灰尘中暴露的时间等三方面进行。

目前防尘限值是用最高限值（TLV）来描述的，即用每立方米（m^3）空气中所含灰尘的近似毫克数（mg/m^3）来表示。卫生组织对防尘的评估主要用短时间暴露极限值、时间加权平均值和灰尘浓度上限这三类指标的最高限值来评定。

1) 短时间暴露极限值　它是指工作群体持续暴露在灰尘中最长 15 分钟内不出现兴奋、昏迷、器官伤害、无法自救或工作效率降低的情况下，所能承受的最大灰尘浓度。

2) 时间加权平均值　它是用来评估工作群体可以长期暴露在此类灰尘浓度中，不会产生不利影响的灰尘浓度最高限值，是以每天正常工作 8 小时，一周工作 5 天来进行时间加权平均的。它是控制健康危害的参考底线，而不是安全与危险的分界线。

3) 灰尘浓度上限　它所描述的是无论接触时间长短，哪怕是一瞬间接触也不能超过的灰尘浓度。当灰尘浓度超过三类最高限值中的任一种，就可能存在某种物质的潜在危害。

(3) 防尘措施　防尘应该从劳动者自身和企业两方面入手。

1) 劳动者自身保护　劳动者工作时必须佩戴防尘口罩，工作场地必须通风，下班时必须立即换掉工作服。从事有毒、有害粉尘工作的人员，必须定期做针对可能造成的职业病的专项检查，加强相关防尘知识的学习和自身的维权意识等。

2) 企业的责任　企业以生产和谋利为目的，良好的工作环境是保证企业生存和发展的重要条件，一旦造成劳动者伤亡，企业就会受到经济损失和承担法律责任。因此，企业必须保障劳动者有知情权；注重安全教育；引进新工艺、新设备，尽量使用无毒或少毒材料；采用喷湿法、提供良好的排气通风装置以及封闭产生有毒粉尘的设

备,从而减少工人与粉尘接触的时间,达到降低工作环境危险程度的目的。

目前我国已有相关的劳动保护法,其中规定企业必须定期为工人进行针对有可能造成伤害的专项职业病的检查;对于造成工人职业伤害的企业,一般情况处以 10～30 万的罚款;对于已确诊造成伤害的人员,必须负责其终身治疗等。

2. 防噪声污染

噪声是指不和谐、不悦耳的声音①。噪音污染是指不同频率和强度的声音无规则地组合在一起,造成对人和环境的影响。噪音是社会公害之一。

(1) 噪声的来源与危害

噪声的来源：
- 工业噪声—如机械振动、摩擦、撞击和气流扰动等产生的噪声
- 交通噪声—如飞机、火车、汽车、轮船以及拖拉机等行驶过程产生的噪声
- 生活噪声—如街道或建筑物内部的各种生活设施、人群活动等产生的噪声

噪音影响人们的休息,降低工作效率,损伤听觉,严重时引起耳聋,诱发疾病,破坏建筑物和仪器设备的正常工作。

(2) 噪声的限制值

声音是由机械振动在媒介(如空气、水)中传播到人的听觉器官而产生的声波。声波每秒的振动次数称为声音的频率,单位为赫兹(Hz)。人耳最为敏感的声音频率范围为 500～4 000 Hz。声音的强度或压力用单位贝(Bel)来描述,十分之一贝叫分贝(deciBel,dB),分贝的标度从 0 dB 到 135 dB。

噪声对人的听力的影响和损伤取决于一个人所接收的总声能,因此对人们所能承受的噪声极限要从人暴露在噪声中的时间长短以及声音强度(即分贝数)来评估。表 10－4 为不同情况下的分贝值范围。

表 10－4　不同情况下的分贝值范围

分贝值/dB	情况分类
0	听力开始
10～40	刚刚能听到。比较安静,如图书馆、安静的办公室或教室等
50～80	正常范围,如心平气和的交谈,正常工作的缝纫机、订书机等
90	连续暴露 8 小时、听力受损的危险限,如处于车床、铣床、钻床等的工作环境
100～110	听力临时性下限位移②,如处于纺织机、冲击电钻、电锯等的工作环境
120	造成耳鼓疼痛的极限,如处于空气锤、锻锤、打桩机、玻璃切割机等工作环境
130 以上	长时间暴露于其中,会造成内耳鼓膜的永久性损伤,如铆接机、喷气发动机试车、空洞试验等

① 摘自辞海 756 页。

② 听力临时性下限移位—人们短时间暴露在超过噪声极限的环境里,所造成的可完全恢复的内耳鼓膜损伤。

(3) 噪声的预防

为了控制和预防噪声，必须从以下两方面制定相应的控制和预防标准，并切实执行。

1) 噪声本身的控制　噪声控制过程中的关键是控制噪声源。可以通过改进设计、提高产品质量、用好的替代产品等方法来降低噪声；对已产生的噪声，通过有效措施(如隔振、隔声屏障，封闭机器设备等)来降低。

2) 加强人身保护　相应的措施有：戴听觉防护器，如耳罩、耳塞等；如果允许让人尽可能远离噪声源；缩短人们在噪声中暴露的时间，如延长休息时间、缩短工作时间、定期更换工作场地等。不少国家与地区都已制定了强制性的噪声极限规定，以保证人们的工作和生活质量，例如新加坡、中国香港等都有成功的范例。目前我国已规定居民小区白天的噪声限制值为 55 分贝，夜间的限制值为 50 分贝。

3. 防光污染

光一般是指能引起视觉的电磁波，即可视光，这类光的波长约在红光(0.77 μm)至紫光(0.39 μm)之间。波长为 0.77 μm 至 1 000 μm 之间的电磁波称为“红外线”；波长在 0.04 μm 至 0.39 μm 之间的电磁波称为“紫外线”。红外线和紫外线不能引起视觉。在光学范畴内，光包括可视光、红外线和紫外线等。

(1) 光污染的分类和危害　光污染对环境和人类的危害主要集中在以下几个方面：

光污染的分类及其危害
- 工业生产
  - 如焊接生产中，电弧辐射产生强烈的弧光、红外线和紫外线，对人的眼睛和皮肤造成强烈刺激
  - 如激光加工中，激光对人的眼睛和皮肤会造成伤害
- 日常生活——大型的玻璃幕墙，如高层建筑的外墙、街头大型显示屏、霓虹灯以及大型娱乐场的各种彩灯等所造成的白亮、白昼、彩影等污染，严重干扰人们的生活或造成某些疾病
- 战争领域——核武器爆炸时的闪光以及从火球部分发出的强光和炽热，尽管只持续几秒至一、二十秒，但它所产生的光辐射对人、畜、建筑造成极大的杀伤和破坏。

(2) 光污染的预防　制定相应的光污染预防政策法规，做到有法可依、有法必依；改进不合理的设计结构，优化加工参数；做好自身防护以及制止核战争等。

二、污染源头的治理

在生活和生产中，有些类型的污染是可以通过相应的措施来预防或减少的，但有些污染随着社会进程的发展是必然要产生的，对于这些污染必须要从源头开始治理，以减轻其危害。

1. 废水

水是人们生活和生产中不可缺少的自然资源。废水是指天然水经人类使用后掺入了各种废弃物质后再排出的水，通常废水按利用方式可分为工业废水、生活废水与农业回流水。按物质组成废水可分为有机化合物废水、无机化合物废水、含油类废水、重金属废水、放射性物质废水、热流出物废水等。未经处理的废水任意排放将污染江、河、湖、海等水体，造成水污染，破坏环境和危害人体健康；但经回收处理后废水可成为工农业生产中有用的原料。

在各种废水中工业废水不但排放量大，而且排出的废水中含有大量的有毒、有害物质，是水污染防治的重点和难点，本处主要介绍工业废水。

(1) 工业废水的产生源头　产生工业废水的主要源头如下所示。

工业废水源
- 石油炼制—产生大量的含油、含硫、含碱、含酸、含盐废水以及循环系统排污水等
- 电镀生产—产生含氰、含铬、含碱、含酸废水等
- 造纸生产—产生纸浆废水，废水中含悬浮物、生物降解有机物、松香酸等毒性物质以及酸碱物质等
- 钢铁工业—产生矿山废水(以洗选矿废水为主)，高炉煤气洗涤水，冲渣废水，转炉烟气洗涤水，热、冷轧机产生的各种含碱、含油、含酸废水等
- 煤炭生产—洗选矿产生大量含各种杂质的废水
- 印染生产—产生着色剂、悬浮物、淀粉、洗涤剂等物质的废水，废水量大，水质复杂
- 机械制造—机床加工(如车床、铣床、磨床等)中用过的切削液，热处理产生的废酸液、表面活性剂等，锻造时去除锻件氧化皮的酸洗液等

(2) 工业废水的处理与回收利用　工业废水中尽管含有许多有毒、有害物质(如铬等)，但可以通过回收处理后再次被利用。其所需措施包括以下两方面：

1) 政策性措施　优化产业结构、合理进行工业布局；完善废水排放标准和相关水污染控制法规与条例；增强突发事件的预测和控制能力；加大执法力度，做到有法必依；注重对全民进行节水、爱水和相关法规的教育和学习等。

2) 技术性措施　在减少水污染的同时，建立废水处理系统；强化工、农业废水处理以及进行洁水新工艺的研究；提供多品种的安全饮用水等。

2. 废气

废气是指工业生产和燃料燃烧过程中排出的气体。目前，人类生活和生产活动产生的废气已经对地球造成严重的污染，具体表现为酸雨、温室效应与臭氧层破坏等，它们对公众健康、动植物生长以及生态平衡造成了严重威胁。

(1) 大气污染源

大气污染源可分为天然源和人为源。本处仅介绍由人类生活和生产活动造成的人为污染，其主要产生途径如下所示。

人为污染源的产生：

- 火电生产—火力发电时烟煤燃烧排放的气体，如 SO_2 等，这类污染约占大气总污染量的60%左右。
- 交通运输—机动车行驶时排放的尾气，如 CO_2、CO、NO_2、铅等。
- 机械制造—铸造、锻造、焊接及热处理等释放的各种有毒、有害气体，如CO、CO_2、SO_2、HCN（氢硫酸，剧毒）以及 Fe_2O_3（导致铁尘肺）等
- 生活污染—燃煤、燃气、燃烧秸秆等
- 其他领域—如生产化肥排出的氟气、氨气等，电池厂排出的铅蒸气，制造水银计、日光灯排出的汞蒸气以及电镀厂排出的铬酸雾等。

(2) 大气污染源的治理

大气污染源的治理途径主要从采用新技术、新工艺、新设备以及出台并切实执行相关政策、法规入手。

1) 燃煤净化技术

煤炭是全过程污染的能源，它在为国民经济做出重大贡献的同时，在其开采和利用过程中成为大气污染的重要源头。利用洁净煤技术来控制烟煤燃烧所产生的大气污染是一项有效的措施。洁净煤技术是指在使煤达到最大限度使用的同时，实现释放污染物最少的目的。此技术主要包括：开采煤时的污染防治，控制污染源头（如燃烧前的洗选净化，用化学方法将煤炭变为洁净燃料等）以及煤炭燃烧中和燃烧后的净化技术等。

2) 运输车辆尾气的治理

随着运输车辆的日益增多，车辆尾气排放成为大气污染的主要源头之一。在美国洛杉矶，由于汽车数量非常大，每天下午3点～4点钟时，大气能见度下降，空气中弥漫着刺鼻、刺眼的气味，造成很多人流泪、咳嗽。可见，对车辆尾气的治理刻不容缓。车辆尾气处理的主要措施有：

① 大力发展公共汽车、地铁及高架轻轨电车，以缓解大气污染和交通阻塞；

② 使用清洁能源，如电力、天然气、生物气等，使用优质动力油，如无铅汽油等；

③ 出台相应的政策，如在美国一些城市，除了对合坐一辆汽车的人给予经济奖励外，还为2人以上合坐的车辆开出专用快捷车道，以减少单位时间内行驶车辆的数量，从而控制和减少尾气对大气的污染；

④ 从车辆本身的设计、结构、质量入手，减少尾气的排放量，以及安装尾气过滤器等。

3) 工业生产废气的治理

工业废气排量大，是环境污染的主要源头之一，必须从以下方面加大投入力度。

① 使用高效、节能，能降低废气产出量的机器与设备；

② 改进加工工艺，优选加工参数，在不影响加工质量的前提下尽量选用产生有毒气体少的材料或替代品。例如，焊接中选用低尘焊条、低毒焊条等；

③ 用新设备、新工艺改造老企业。

3. 废渣

废渣是指人类生产和生活过程中排出的、倾倒的或投弃的固体废弃物。废渣污染环境，影响生物生长和危害人体健康，但经回收、处理后，废渣可成为工农业生产中有用的原材料。

(1) 废渣的分类　废渣主要来自人类生产和生活中，通常按来源做如下分类。

1) 生活垃圾　它产生于与人们生活有关的和为日常生活提供服务的活动中。

2) 工业废渣　它包括冶金工业、能源工业、石油化工工业、矿业、轻工业、电子电气业、建筑业以及机械制造业等领域中所产生的炉渣、矿渣、城建渣土、纤维渣土以及金属切屑等。据统计，全世界制造业每年大约产生 55 亿吨无害废物和 7 亿吨有害废物。仅汽车制造业 1996 年全球就有 2 400 万辆汽车报废；2000 年全球淘汰的计算机高达 2 000 万台。

3) 农业废渣　它包括农产品深加工后的废弃物、农作物收成后的遗留物、牧畜排泄物和牲畜残体等。

(2) 废渣的治理　废渣的治理主要从以下两个方面着手。

1) 控制污染源　采用新的生产工艺和新燃料减少废渣的产生，如改燃煤为燃气或燃油；尽量不用或少用不可回收的一次性商品；推广洁净菜工艺等。

2) 解决好回收、利用和再循环的问题　重点发展物质循环利用新工艺和绿色制造工艺；对各类废渣进行分类回收；开发新的废渣处理新工艺（如垃圾压缩工艺），以及建设生态型的回收、处理基地等。

废水、废气、废渣对土壤造成严重的污染，使土壤质量恶化，自然功能失调，土壤中的有害物质通过粮食、蔬菜、瓜果对人体健康构成的危害日益严重。因此必须通过对“三废”的治理来保护土地资源。

三、环境安全教育

人们越来越希望能够生活在一个安全、优质的环境中。加强与人们生活相关的环境安全教育十分重要。本处仅从日常生活中与人们联系最为紧密的用电与用材两方面进行这个问题的讨论。

1. 用电安全

电是实物的一种属性。古代就已观察到“摩擦起电”现象，并认识到电有正负两种；同种电相斥，异种电相吸。生活和生产中必须安全用电，否则对人和物将带来极大的伤害和破坏。

(1) 电对人身的伤害和伤害的防止

静电、闪电或接触带有电压的元件都可使人受到伤害甚至造成死亡。人身伤害主要表现为受到电击产生的电烧伤或死亡。电击产生于闪电、雷击或人体直接或间接承受高于安全电压的情况。电压是指静电场或电路中两点间的电势差(电位差),实用单位为 V。在交流电路中,电压有瞬时值、平均值和有效值之分,交流电的有效值简称为电压。工业用电的电压一般为 380 V;我国生活和照明用电的电压为 220 V,大多数欧美国家的用电电压为 110 V。目前国际上公认,对于一个正常人而言,所能承受的安全电压为 36 V。

安全用电的核心是必须普及用电安全知识。在发达国家这方面的教育从幼儿抓起,我国近年来这方面的教育已有进展,但仍有大量工作要做。例如:告诫人们用湿手接触电器受电击的可能性会大大增加;站在潮湿地面时不要接触任何电路;发生火灾时必须停止使用电梯;当人员受到电击时,必须首先切断电源或想办法把带电体从受伤者身上移开,确认他不再带电后立即进行人工呼吸等救护;使用家用电器前必须详细熟悉说明书,确保安装正确,并做到定期由专业人员维护;对于人体的烧伤部分必须及时冷敷,防止感染等。

(2) 电对环境的危害和危害的防止

电在为人们带来巨大好处和经济效益的同时,也给人们带来各种危害,如火灾、爆炸、电气设备的损坏等。当出现电路短路时将产生大量的热量,引燃可燃材料而导致火灾甚至爆炸;电路及电气设备中通常装有安全保护装置(如保险丝),当设计不合理,保护装置类型与参数选择不当时,有可能产生过热、燃烧和用电设备的损坏等。

电危害的防止措施包括:对于生产活动中的用电必须严格遵守相应的法规;带电操作时要做好安全保护(如戴绝缘手套、使用合格的绝缘工具等);所有机器、设备及连线均应接地;对有防静电要求的工作场所地面及着装应有特殊规定;在存在危险的地方标出“警告”、“危险”、“注意”等标志,提醒人们注意;加强对用电安全和科普知识的宣传。

2. 用材安全

人们的衣、食、住、行都会涉及到用材的安全。近年来食品和家装安全越来越受到人们的关注。

(1) 食品安全　用材的关键是选材。在食品安全方面要大力发展无公害食品;加强食品深加工过程中的质量监控;加大对假冒伪劣产品的打击力度;借鉴国外食品按新鲜程度分别定价促销的做法等,以确保食品安全。

(2) 家装安全　劣质家装对人身造成伤害,如甲醛超标引起的中毒、过敏性皮炎、咳嗽、头痛等日益严重。家装纠纷和投诉近年来呈逐年上升的趋势。从某种程度上看，家装过程中对材料的选用比家装结构设计的本身更为重要。前者涉及到人身健康，后者涉及到功能与视觉的感受。

保证家装质量的政策性措施是，主管部门必须出台更具体、可行性更好的相关政策和行业标准，提高自身的诚信度。在严格执行科学、合理并具有环保理念的行业标准的同时，加大执法和解决纠纷的力度以保护消费者的权益；对消费者而言必须加强环保意识，选择资质好的家装队伍，遇到纠纷时用法律的武器维护自身权益；家装队伍必须尽快规范行为，提高自身的整体素质。只有通过多方面的努力才能为人们营造一个安全、和谐、健康的生存空间。

保证家装质量的关键是选购安全、环保的材料。在选择墙面、地板、厨具、洁具、家具以及装饰品时，必须以少污染、少辐射，环保安全为出发点，控制家装污染的源头。目前各类新型优质材料已纷纷问世。以下是几种新型优质材料的实例。

【例 1】 会呼吸的墙纸——无纺羊毛型墙纸

无纺羊毛型墙纸表面带有凹凸感和纹理，能很好地吸收噪音，透气性能好，对人体无任何化学侵害，属于环保型家装材料。由于其本身能承受一定的拉力，所以能克服普通墙纸常常出现的开裂的缺点。

【例 2】 撕不破的墙布——纤维墙布

这类墙布由石英砂、苏打、石灰和白云石等天然材料制成，是一种能防止微生物和寄生虫的滋生、不产生静电和过敏反应的新型绿色环保材料。它能承受酸碱腐蚀且阻燃，由于韧性好，可以有效防止墙面开裂，故被称为撕不破的墙布。

【例 3】 会呼吸的强化地板——颗粒板

这种材料在结构设计时采用了能“呼吸”空气中水气的绿色颗粒基材，表层涂层为 Al_2O_3，能够阻燃、抗刮、抗划、抗磨。

【例 4】 天然复合木地板——软木地板

目前软木地板多为进口板，它用生长在地中海沿岸的橡树皮为原料，经粉碎、热压加工完成，是世界上最优秀的天然复合木地板之一。它木质软但十分耐磨，能减少噪声且防潮。

【例 5】 冷暖型空调式地板

这类地板的基材为硬聚乙烯原料，具有超强的抗冲击性、耐腐蚀性、抗老化性和密封性。它采用独特设计的结构，可对地板冬天通热水，夏天通冷水，从而实现调节温度的功能，是一种高科技专利产品。

四、ISO 14000 系列环境管理国际标准

国际标准化组织（ISO）是世界上最大的非政府性国际标准化机构，也是当今世界上规模最大的国际科学技术组织之一。它成立于 1947 年 2 月，其主要活动之一是制订各行各业的国际标准，协调世界范围的标准化工作。ISO 下设若干个管理技术委员会，TC 207 就是专门为制定环境管理国际标准而成立的，在

ISO中有非常重要的地位。为此ISO中央秘书处为TC 207环境管理技术委员会预备了101个标准号，即ISO 14000～ISO 14100，统称为ISO 14000系列环境管理国际标准。其中：

ISO 14000～14009	环境管理体系标准(EMS)
ISO 14010～14019	环境审核标准(EA)
ISO 14020～14029	环境标志标准(EL)
ISO 14030～14039	环境行为标价标准(EPE)
ISO 14040～14049	生命周期评估(LCA)
ISO 14050～14059	术语与定义(T&O)
ISO 14060	产品标准中的环境指标
ISO 14061～14100	备用

我国非常重视ISO 14000系列标准的宣传和有效实施工作，为此专门成立了环境管理体系审核机构——国家认可委员会和中国环境管理体系审核人员国家注册委员会，以保证从事ISO 14000审核的机构的科学性、公正性和权威性，以及从根本上保证审核人员的素质。

第九节 绿色工程

绿色工程是一个系统工程，是指通过绿色设计与绿色制造，获得绿色产品的整个过程。

1. 绿色产品

绿色产品是相对传统产品而言的，至今还没有权威性的定义。目前人们共识的绿色产品的内涵为：绿色产品在从原材料制备、设计、制造、包装、运输、使用、回收、再生和再用的整个生命周期内，都得做到节约资源和能源，对生态环境少危害或无危害，且对生产者和使用者具有良好的保护性。和谐的环境友好界面、最优的材料资源利用和最大限度的节省能源是绿色产品较之传统产品最鲜明的特点。

2. 绿色设计

传统设计主要考虑的是产品的功能、质量和成本等基本属性，以企业获取最大经济利益为出发点。而绿色设计(也称寿命周期设计)是以保护环境资源为核心，设计时优先考虑的是产品全生命周期里的环境属性，在满足环境目标的同时保证产品的基本性能和使用寿命。

绿色设计是为生产绿色产品所引申的一种发展中的系统化设计方法，是集产品质量、功能、寿命和环保为一体的设计系统。它不仅要满足消费者的需求，更重要的是要持续地运用一体化、预防性的环境保护战略，从根本上实现环境保护、劳动保护和资源能源的优化利用。

3. 绿色制造

绿色制造是一种综合考虑环境影响和资源效率的现代制造模式,它包括三项内容、两个过程和两个目标(图 10-9)。作为一种新的可持续发展模式,它所包含的新理念有以下两方面。

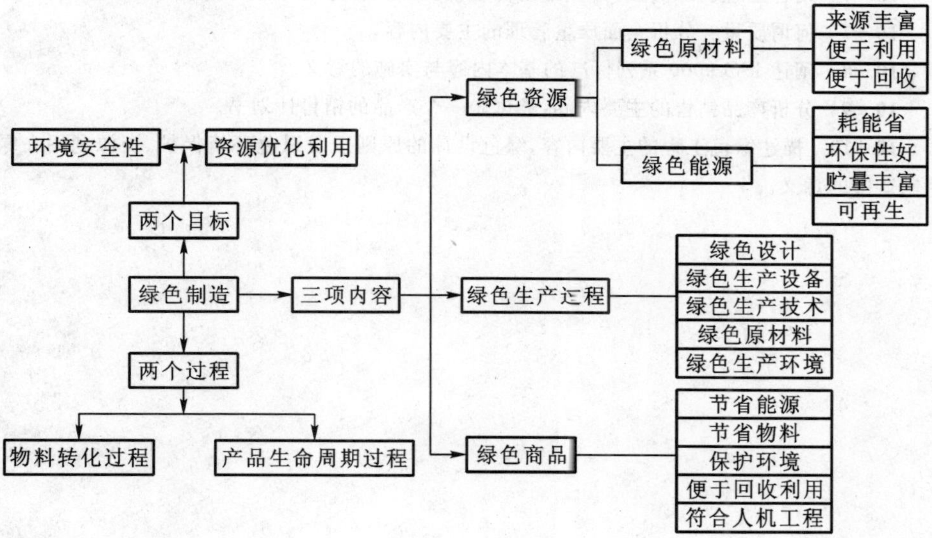

图 10-9　绿色制造的内涵

(1) 环保新理念　即制造业的每个环节都要求对环境的影响为零或最小,资源消耗尽可能低。在保证产品基本功能的前提下,必须重视节省能源与资源、保护环境和劳动者的健康。

(2) 设计新理念　即绿色设计是绿色制造的核心,也是实施绿色制造的关键技术;在绿色制造全过程中必须实现绿色控制,从管理的角度来看,不能只停留在获得绿色产品的结果上,还应重视对过程的监控和管理,其中最主要的是污染治理和产品的回收利用。

面对日益严重的环境恶化问题,人们提出了"可持续发展"的综合性战略。这种新概念既能满足当代人的需求,又不对子孙后代所需的生存环境和资源构成危害。新概念将生态环境与经济发展结合成一个既相互制约又相互促进发展的有机整体。

思考与分析

10-1　试述现代生产系统的内涵和它所包含的新理念。

10-2　试述你对新产品的理解,并举例进行分析和论证。

10-3　试述产品开发的主要环节、技术措施与新产品开发的方向。

10-4　试述产品造型设计的内涵、原则以及经济性分析。

10-5　试述生产类型的划分，它与经济性之间的内在联系；通过对不同生产类型工艺特征的分析，尝试对1～2种产品（或零件）进行技术方案的制订和经济性分析。

10-6　结合工程训练实践，尝试编制传动轴、齿轮、箱体类零件的机械加工工艺流程。

10-7　何谓质量？分析全面质量管理的主要内容。

10-8　阐述ISO 9000系列标准的基本内容与实施的意义。

10-9　分析产品销售的主要内涵，尝试做一个产品的销售计划书。

10-10　描述绿色工程的主要内容，绿色设计的原则以及绿色环境保护、资源利用在绿色制造中的意义。

附　录

一、实验项目

1. 数控车床离线编程实验。

2. 数控铣床离线编程实验。

3. 数控电火花线切割自创意离线编程实验。

4. 数控电火花成形加工离线编程实验。

5. 连接技术综合试验(方法比较、材料及参数的选择、结构设计等)。

6.“慧鱼”创意实验。

7. 等离子切割及焊接实验。

8. 可编程控制器(PLC)综合实验(含程序、智能化控制等)。

9. 超声焊接及切割实验。

10. 工业机器人控制与操作综合实验。

11. 加工方法的选用及分析比较综合实验(如刨削、铣削、NC 铣削;内孔的钻—扩—铰;常规加工与特种加工;二维造型、三维造型与组合造型等)。

12. 铸造成形综合实验(如合金流动性、造型方法的选择、浇注系统、铸件质量等)。

13. 小产品自创意综合实验(自行设计—自己加工—自己装配等)。

14. 手工制作玻璃钢小制件自创意实验(形状设计及胎模的设计和制作、选材、制件制作等)。

15. 塑料成形综合实验(含简单模具设计、注塑件制作、注塑件超声焊接等)。

16. 平面造型创新综合实验(手动或电动工具、NC 铣床、NC 线切割机等)。

17. 纸质结构件的制作及受力分析实验(结构设计、黏接、受力分析等)。

18. 立体造型创新实验(快速原型制作、平面造型组合等)。

19. 特种焊接实验(点焊、吸锡拔焊、等离子焊、超声焊等)。

20. 根据市场调查的结果,结合工程训练所学的知识,尝试写一份新产品开发的调研报告。

21. 独立完成部分医学基础实验(如人身紧急救护中的静脉注射、肌肉注射等;手术器械的改型设计;功能材料性能测试及选用等)。

22. 以小组为单位,完成一份有实用价值的环境保护调查报告。

23. 以小组为单位,进行实用型机电一体化小产品的研制与开发。

二、实验报告示例

大小组号		姓名		学号		成绩	
实验名称	等离子切割			实验设备	等离子弧切割机		
实验目的	1. 了解等离子弧切割的原理；2. 了解等离子弧切割的工艺特点及适用范围；3. 具有初步的等离子弧切割的操作技能，学会切割不同材料时定性分析加工质量的方法						
实验原理	1. 等离子弧是经过压缩的高能量密度的电弧，它具有高温（可达 24 000 ～ 50 000 K）、高速（可数倍于声速）及高能量密度（可达 10^5～10^6 W/cm²）的特点；2. 等离子弧切割是一种利用等离子流冲力大的特点，将被切割材料局部加热熔化并随即切除，从而形成较整齐的割口的热切割技术						
实验步骤							
实验结论	1. 等离子弧可以切割多种金属、合金以及非金属材料；2. 等离子弧切割的割口窄，切割面质量较好，切割速度快，可用于厚件切割；3. 等离子弧可切割不同材料及不同割口尺寸的工件				指导教师签名：		

注：本报告格式适用电火花成形实验、激光焊接实验和超声波加工等各类实验。

参考文献

1 机械工程手册编委会．机械工程手册．北京:机械工业出版社,1996
2 王雅然．金属工艺学．北京:机械工业出版社,1999
3 施陶特．汽车技术基础教程．陈国辉等译．北京:北京大学出版社,1996
4 蒋贵善等．生产与运作管理．大连:大连理工大学出版社,1998
5 孙以安,陈茂贞．金工实习教学指导．上海:上海交通大学出版社,1998
6 傅水根．机械制造工艺基础．北京:清华大学出版社,1998
7 刘胜青．金工实习．成都:成都科技大学出版社,1999
8 沈其文．材料成型工艺基础．武汉:华中理工大学出版社,1999
9 殷国富,陈永华．计算机辅助设计技术与应用．北京:科学出版社,2000
10 严绍华．材料成型工艺基础．北京:清华大学出版社,2001
11 王贵成,张银喜．精密与特种加工．武汉:武汉理工大学出版社,2001
12 丁厚福,王立人．工程材料．武汉:武汉理工大学出版社,2001
13 卢清萍．快速原型制造技术．北京:高等教育出版社,2001
14 鞠鲁粤．机械制造基础．上海:上海交通大学出版社,2001
15 周根然,黄仲明等．产品开发．南京:东南大学出版社,2001
16 王天然．机器人．北京:化学工业出版社,2002
17 方建军,田建君,郑青春．光机电一体化系统设计．北京:化学工业出版社,2003
18 林宋,刘杰生,殷际英等．光机电一体化技术产品实例．北京:化学工业出版社,2003
19 傅征,任连仲．医院信息系统建设与应用．北京:人民军医出版社,2002
20 邓文英,郭晓鹏等．金属工艺学．第4版．北京:高等教育出版社,2002
21 刘胜青．工程训练．成都:四川大学出版社,2002
22 夏德荣．金工实习．南京:东南大学出版社,1999
23 韩文祥．金工实习．天津:天津大学出版社,2000
24 孙以安．金工实习．上海:上海交通大学出版社,1999
25 清华大学金工教研室．金属工艺学实习教材．北京:高等教育出版社,1997
26 倪为国．金属工艺学实习教材．天津:天津大学出版社,1994
27 刘会霞．金属工艺学．北京:机械工业出版社,2001
28 李魁盛．铸造工艺设计基础．北京:机械工业出版社,1981
29 劳动部培训司．铸工工艺学．北京:中国劳动出版社,1991
30 李绍成,梁协铭等．焊接技术及质量检验．南京:东南大学出版社,2001
31 何德浮．焊接与连接工程学导论．上海:上海交通大学出版社,1998
32 李志远．先进连接方法．北京:机械工业出版社,2000
33 Schey J A. Introduction to Manufacturing Processes. New York,McGraw—Hill,1987
34 The Lincoln Electric Company. New Lessons in Arc Welding. U. S. A:1982
35 Rybakov V　Arc and Gas Welding,MOSCOW　Mir Publishes 1981
36 Schwartz　M　M. Metals Joining Manual. New York:Mcgraw—Hill,1979
37 Cary　H　B Modern Welding Technology. Fifth Edition. New Jersey:Upper Saddle River,2002

38 周济．数控加工技术．北京:国防工业出版社,2002
39 叶伯生．计算机数控系统．武汉:华中理工大学出版社,1999
40 林奕鸿．机床数控技术及应用．北京:机械工业出版社,1994
41 王克胜．快速自动成型技术．北京:中国石化出版社,2000
42 蔡建国．现代制造技术导论．上海:上海交通大学出版社,2000
43 林建榕.工程训练.北京:航空工业出版社,2004
44 陈宗城.安全技术与管理.南京:东南大学出版社,2001

策划编辑　龙琳琳

责任编辑　龙琳琳

封面设计　于文燕

责任绘图　郝　林　朱　静

版式设计　王　莹

责任校对　王效珍

责任印制　朱学忠